Gestaltungsmodell zur thermischen Auslegung additiver Prototypenwerkzeuge aus Kunststoff

Model for Thermal Design of Polymer Additive Prototype Injection Molds

Von der Fakultät für Maschinenwesen
der Rheinisch-Westfälischen Technischen Hochschule Aachen
zur Erlangung des akademischen Grades eines
Doktors der Ingenieurwissenschaften
genehmigte Dissertation

vorgelegt von

Gerret Lukas

AF640538

Berichter/in:

Univ.-Prof. Dr.-Ing. Dipl.-Wirt. Ing. Günther Schuh
apl. Prof. Dr.-Ing. Wolfgang Boos

Tag der mündlichen Prüfung: 13. Februar 2024

Diese Dissertation ist auf den Internetseiten der Universitätsbibliothek online verfügbar.

ERGEBNISSE AUS DER PRODUKTIONSTECHNIK

Gerret Lukas

Gestaltungsmodell zur thermischen Auslegung additiver Prototypenwerkzeuge aus Kunststoff

Herausgeber:
Prof. Dr.-Ing. T. Bergs
Prof. Dr.-Ing. Dipl.-Wirt. Ing. G. Schuh
Prof. Dr.-Ing. C. Brecher
Prof. Dr.-Ing. R. H. Schmitt

Band 11/2024

WZL | RWTH AACHEN UNIVERSITY

Fraunhofer IPT

Bibliografische Information der Deutschen Nationalbibliothek
Die Deutsche Nationalbibliothek verzeichnet diese Publikation in der Deutschen Nationalbibliografie; detaillierte bibliografische Daten sind im Internet über https://portal.dnb.de abrufbar.

Gerret Lukas:

Gestaltungsmodell zur thermischen Auslegung additiver Prototypenwerkzeuge aus Kunststoff

1. Auflage, 2024

Gedruckt auf holz- und säurefreiem Papier, 100% chlorfrei gebleicht.

Copyright Apprimus Verlag, Aachen, 2024
Wissenschaftsverlag des Instituts für Industriekommunikation und Fachmedien an der RWTH Aachen
Steinbachstr. 25, 52074 Aachen
Internet: www.apprimus-verlag.de, E-Mail: info@apprimus-verlag.de

Alle Rechte, auch das des auszugsweisen Nachdruckes, der auszugsweisen oder vollständigen Wiedergabe, der Speicherung in Datenverarbeitungsanlagen und der Übersetzung, vorbehalten.

Druck: CPI Druckdienstleistungen GmbH, Ferdinand-Jühlke-Straße 7 I 99095 Erfurt

ISBN 978-3-98555-209-2

D 82 (Diss. RWTH Aachen University, 2024)

Vorwort

Zu Beginn dieser Dissertation möchte ich die Gelegenheit nutzen, um all jenen zu danken, die mich auf diesem Weg begleitet und unterstützt haben. Die vielen Einblicke in die produktionstechnischen Institute der RWTH Aachen, angefangen am Fraunhofer-Institut für Produktionstechnologie IPT, mit Station am Lehrstuhl für Production Engineering of E-Mobility Components (PEM) und abschließend am Lehrstuhl für Produktionssystematik am Werkzeugmaschinenlabor WZL, haben dazu beigetragen, dass ich diese Dissertation vollenden konnte.

Ein besonderer Dank gilt meinem Doktorvater Herrn Professor Günther Schuh. Seine fachliche Expertise und inspirierende Leidenschaft waren für mich während meiner akademischen Laufbahn eine unersetzliche Stütze. In gleicher Weise gilt mein großer Dank Herrn Professor Boos für die Übernahme des Korreferats und vor allem für die spannenden und konstruktiven Gespräche rund um diese Dissertation und die gemeinsame Arbeit am WZL sowie in der WBA Aachener Werkzeugbau Akademie.

Ebenso möchte ich mich bei meinen Kolleginnen und Kollegen an der RWTH Aachen, insbesondere bei denjenigen am Lehrstuhl für Produktionssystematik am WZL, bedanken. Die Vielfalt der Gespräche und Sichtweisen haben dazu beigetragen, dass meine Zeit in gemeinsamer Arbeit an diversen Projekten und auf unzähligen Dienstreisen unvergessen bleibt. Stellvertretend für die tollen Erlebnisse und inspirierenden Diskussionen möchte ich mich bei Dr. Sebastian Kawollek, Dr. Peter Ayvaz, Dr. Georg Bergweiler, Dr. Steffen Hohenstein, Dr. Stephan Ziegler, Viktor Slawik, Lea Niwar, Niklas Kessler, Dr. Tim Ochel, Dr. Julian Schweins, Bernd Haase und Julian Trisjono bedanken, deren Freundschaft und fachlicher Rat mir besonders wertvoll waren. Meinen studentischen Hilfskräften und Abschlussarbeitern möchte ich für Ihren Einsatz und Ihre Unterstützung ebenso danken. Ganz besonders gilt dies für Lena Stöcker, Simon Terhorst und Marcela Schönheit sowie meinen heutigen Kollegen Jan-Marvin Schäfer, Matthias Oly und Thomas Martens.

Nicht zuletzt möchte ich meiner Frau Lisa-Naimi danken. Ihre Liebe, Geduld und ihr unerschütterlicher Glaube an mich waren immer meine stärkste Motivation. In den vielen Momenten, in denen die Arbeit für Entbehrung sorgte, war sie mein Rückhalt und Antrieb. Ohne ihre Unterstützung wäre diese Dissertation nicht möglich gewesen.

Diese Arbeit ist nicht nur ein Produkt meiner Anstrengungen, sondern auch das Ergebnis der Unterstützung und des Glaubens vieler Menschen an mich. Ihnen allen gebührt mein tiefster Dank.

Aachen, im Februar 2024 Gerret Lukas

Kurzzusammenfassung

Additive Prototypenwerkzeuge aus Kunststoff bieten der Kunststoffherstellung ein spannendes Nutzenpotenzial. Für den Werkzeugbau sind additive Prototypenwerkzeuge eine Antwort auf die zunehmende Verkürzung von Entwicklungszyklen oder Variantensteigerung bei ihren Kunden. Jedoch erfüllen derartige Prototypenwerkzeuge die Anforderungen an zu erzielende Stückzahlen oder Bauteilqualitäten nur in Einzelfällen. Eine Ursache ist das enge thermische Prozessfenster durch die Verwendung von verschiedenen Kunststoffen als Werkzeugmaterial und als Formmasse. Im Gegensatz zu Stahl beginnt für Kunststoffe bei vergleichsweise niedrigen Temperaturen eine plastische Verformung. Die verminderte thermische Leitfähigkeit führt gleichzeitig zu einem geringeren Abtransport von Wärme. Dies gilt auch für Kunststoffe, die in additiven Fertigungsverfahren zur Herstellung von Prototypenwerkzeugen eingesetzt werden.

Die thermische Auslegung ist eine von drei Auslegungsdisziplinen in der Konstruktion von Spritzgießwerkzeugen. Das primäre Ziel ist die Sicherstellung der gleichmäßigen, aber schnellstmöglichen Abkühlung der Formmasse. Unter Berücksichtigung der neuen Randbedingungen durch die Werkzeugmaterialien aus der Gruppe der Kunststoffe verändern sich die Prämissen für die thermische Auslegung. Es entsteht ein zweidimensionales Zielsystem, in dem der Erhalt der Funktion des Werkzeugs unter thermo-mechanischen Belastungen das zweite Ziel bei Anwendung additiver Prototypenwerkzeuge darstellt. Betriebe stehen folglich vor der Herausforderung, die Auslegung der Werkzeuge nach diesen beiden Zielkriterien auszurichten.

Das Ziel dieser Dissertation ist es daher, Werkzeugbaubetriebe zu befähigen, einen Prozess zu gestalten, der die thermische Auslegung für additive Prototypenwerkzeuge unterstützt. Dafür wird ein Gestaltungsmodell entwickelt, welches in drei Bereichen produkt- und prozessseitig Gestaltungsaspekte sowie Gestaltungsaspekte von Temperiersystemen berücksichtigt. Damit die thermische Auslegung in der Praxis adäquat gestaltet werden kann, werden diese drei Bereiche in Struktur-, Aktivitäts- und Verhaltenselemente gegliedert. Strukturelemente definieren Normen und Regeln aus Produkt- und Prozessrandbedingungen. In den Aktivitätselementen sind die Abläufe der thermischen Auslegung beschrieben. Die Verhaltenselemente stellen eine Modellierung der Ursache-Wirkzusammenhänge in der Anwendung additiver Prototypenwerkzeuge dar und befähigen eine zielgerichtete Gestaltung der Struktur- und Aktivitätselemente. Eine Validierung des Gestaltungsmodells anhand eines praktischen Beispiels sowie die Analyse technischer Lösungsansätze zur Steuerung der Temperatur durch die Morphologie der Temperiersysteme ermöglichen der industriellen Praxis, mithilfe des Gestaltungsmodells eine Leistungssteigerung der Nutzung additiver Prototypenwerkzeuge zu realisieren.

Abstract

The emergence of polymer additive prototype injection molds has introduced a realm of possibilities in the field of plastics manufacturing. For toolmakers, these additive prototype molds offer a solution to the growing challenges posed by shortened development cycles and increasing customer demands for product variations. Nonetheless, the applicability of such prototype molds remains contingent upon specific cases, primarily due to the constraints associated with the utilization of diverse polymers as mold and part material. In contrast to traditional steel molds, polymers initiates deformation at relatively lower temperatures, coupled with reduced thermal conductivity, resulting in inefficient heat dissipation. These challenges extend to polymers employed in additive manufacturing processes for prototype molds.

Thermal design constitutes a pivotal aspect of the trinity of design disciplines for injection molds, with the core objective being the uniform and expedited cooling of the mold insert. Given the evolving landscape of polymers as mold materials, thermal design has to be reshaped. Within this context, thermal design has now two core objectives, wherein preserving the mold's functionality under thermo-mechanical stresses becomes the secondary objective. Consequently, toolmakers are confronted with the task of harmonizing thermal mold design to meet these dual criteria.

This dissertation seeks to empower tooling companies by facilitating the development of a process that supports thermal design for polymer additive prototype injection molds. The scientific contribution is a design model that encapsulates product and process-related design considerations and addresses temperature control systems. In order to ensure the practical feasibility of thermal design, the model divides into structural, activity, and behavioral elements. Structural elements establish standards and regulations predicated on product and process constraints, while activity elements explain the procedural details of thermal design. Behavioral elements encompass a modeling of the causal relationships governing the application of additive prototyping molds, thereby enabling a targeted enhancement of structural and activity elements. The validation of the design model through a practical case study, in conjunction with an analysis of technical solutions pertaining to temperature control system morphology, equips toolmakers with the means to realize increased performance in the application of additive prototype molds, thus facilitating the transition from theory to practical implementation.

Inhaltsverzeichnis

Abbildungsverzeichnis

Tabellenverzeichnis

Abkürzungsverzeichnis

AM . . . . Additive Manufacturing
AMF . . . . Additive Manufacturing File

CAD . . . . Computer Aided Design
CLI . . . . Common Layer Interface

DMA . . . . Dynamisch-mechanische Analyse
DPAT . . . . Direct Polymer Additive Tooling
DSC . . . . Dynamische Differenzkalorimetrie

FA . . . . Formale Anforderung
FOT . . . . First-Off-Tools

HTP . . . . Formlabs High Temp v2

IA . . . . Inhaltliche Anforderung

LFA . . . . Laser-Flash-Analyse

MEX . . . . Materialextrusion
MJT . . . . Freistrahl-Materialauftrag

PBF . . . . Pulverbettbasiertes Schmelzen

RGD . . . . Rigur RGD450

STL . . . . Standard Transformation Language

TDK . . . . TDK Electronics AG

VPP . . . . Badbasierte Photopolymerization

WBA . . . . WBA Aachener Werkzeugbau Akademie GmbH

1 Einleitung

1.1 Ausgangssituation und Problemstellung

Die Produktionstechnik befindet sich in einem stetigen Wandel. Dieser Wandel wird durch unterschiedliche Faktoren verursacht, gebremst oder angetrieben. MOURTZIS und DOUKAS beschreiben die Ergebnisse der Wandlung als Paradigmen der Produktion.[1] Paradigmen definiert AGAMBEN als Erkenntnisformen, die analogisch sind: „Aus dem Besonderen entwickelt sich ein anderes Besonderes".[2] Zu den Auslösern solcher Entwicklungen zählen soziale und politische sowie technologische Veränderungen. Die Entwicklungen seit Beginn der Industrialisierung werden in Abbildung 1.1 dargestellt. Heute bestimmt das Paradigma der Personalisierung noch die Gestaltung von Produkten und Produktionssystemen, welches sich durch die Vernetzung von Produktionssystemen im Sinne der Industrie 4.0 auszeichnet.[3]

Im Kern jedes neuen Paradigmas stehen Fertigungstechnologien, die entweder den Paradigmenwechsel ausgelöst oder sich als dessen Konsequenz entwickelt haben. Die additive Fertigung ist eine solche Technologie der Industrie 4.0. YAO und LIN bewerten die additive Fertigung als den wichtigsten Befähiger einer personalisierten Produktion.[4] Der Hauptvorteil der additiven Fertigung für eine personalisierte Produktion ist die Fähigkeit, Produkte ohne Werkzeuge und Halbzeuge herzustellen. Auf dieser Basis können Unikate ohne Kostenaufschlag produziert werden.[5]

Diese Wahrnehmung der additiven Fertigung ist teilweise heute noch gültig. Jene Eigenschaften, die den Wirbel um die additive Fertigung ausgelöst haben, sind durch die Weiterentwicklung der Technologie detailliert. Der fehlende Kostenaufschlag bei der Produktion von Einzelstücken ist im Hinblick auf die Komplexität der Konstruktion, der Verfahren und der Nachbearbeitung heute relativiert.[6] Die Komplexität der additiven Fertigungsverfahren führt jedoch zu einer langsamen Implementierung. Eine Strategie zur Steigerung der Implementierung ist die Bewerbung von erfolgreichen Fallbeispielen mit Fokus auf einer verbesserten Wirtschaftlichkeit gegenüber konven-

[1] Vgl. Dimitris MOURTZIS und Michael DOUKAS, „The Evolution of Manufacturing Systems", in *Handbook of research on design and management of lean production systems*, hrsg. Pavol SEMANCO und Vladimir MODRAK, Bd. 75, Advances in Logistics, Operations, and Management Science (Hershey, PA, USA: IGI Global, 2014), S. 3.

[2] Vgl. Giorgio AGAMBEN, *The signature of all things: On method*, 2. print (New York, NY: Zone Books, 2010), S. 31.

[3] Vgl. MOURTZIS und DOUKAS, „The Evolution of Manufacturing Systems", S. 3-5.

[4] Vgl. Xifan YAO und Yingzi LIN, „Emerging manufacturing paradigm shifts for the incoming industrial revolution", *The International Journal of Advanced Manufacturing Technology* 85, Nrn. 5-8 (2016): S. 1666.

[5] Vgl. I. GIBSON et al., *Additive Manufacturing Technologies: 3D printing, rapid prototyping, and direct digital manufacturing* (New York: Springer, 2016), S. 9 f.

[6] Vgl. Martin BAUMERS und Matthias HOLWEG, „On the economics of additive manufacturing: Experimental findings", *Journal of Operations Management* 65, Nr. 8 (2019): S. 11 f.

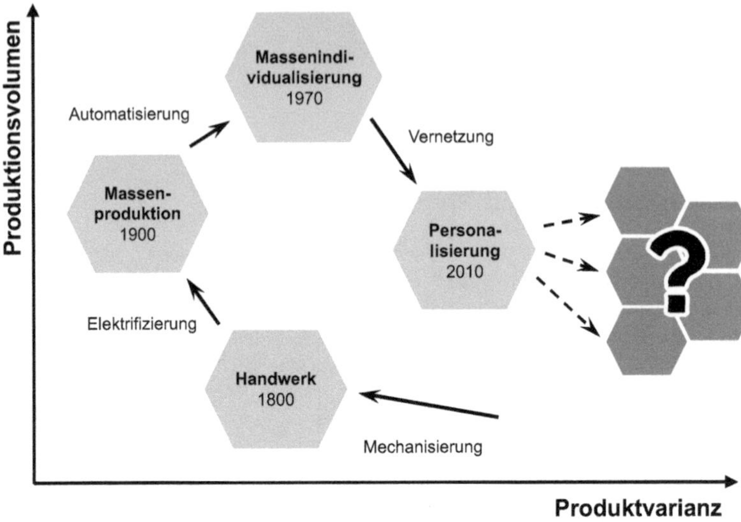

Abbildung 1.1: Veränderung der Paradigmen der Produktion[8]

tionellen Technologien. Solche Vorteile werden besonders dem Werkzeugbau als Fokusindustrie für eine Adaption der additiven Fertigung als Fertigungstechnologie zugeschrieben.[7]

Bereits 1999 analysieren CHUA et al. verschiedene Rapid Prototyping Technologien in Hinblick auf deren Eignung zur Herstellung von Werkzeugen. Unter anderem werden auch Prototypenwerkzeuge mithilfe additiver Fertigungsverfahren hergestellt und erprobt. Hier zeigen sich mögliche Vorteile in Bezug auf Kosten und Herstellungszeit der Werkzeuge.[9] Dies ist für die Branche des Werkzeugbaus von besonderem Interesse. In Deutschland ist die Branche ein zentraler Bestandteil des Mittelstands und hält im internationalen Wettbewerb eine führende Rolle aufgrund überlegender Qualität, der erreichten Komplexität von Werkzeugkonzepten und der Präzision in der Ausführung der Herstellung.[10] Über Jahre ist eine Fokussierung auf wenige Fertigungsprozesse gewachsen. Dies ist unter anderem bedingt durch eine hohe Spezialisierung auf Produktgruppen

[7] Vgl. B. K. PAUL und S. BASKARAN, „Issues in fabricating manufacturing tooling using powder-based additive freeform fabrication", *Journal of Materials Processing Technology* 61, Nrn. 1-2 (1996): 168–172; Wolfgang BOOS et al., *Erfolgreich Additive Manufacturing nutzen: Im Werkzeugbau* (Aachen: WBA Aachener Werkzeugbau Akademie GmbH, 2022).

[8] Eigene Darstellung nach KOREN (*The Global Manufacturing Revolution: Product-process-business integration and reconfigurable systems*, S. 34)

[9] Vgl. C. K. CHUA et al., „Rapid tooling technology. Part 1. A comparative study", *The International Journal of Advanced Manufacturing Technology* 15, Nr. 8 (1999): S. 605-607.

[10] Vgl. Wolfgang BOOS et al., *World of Tooling 2022*, 3. Auflage (Aachen: RWTH Aachen Werkzeugmaschinenlabor, 2022), S. 11, 31-35.

mit ähnlichen Qualitätsmerkmalen oder Funktionalitäten. Als Konsequenz ergibt sich eine starre Positionierung des Werkzeugbaus in globalen Wertschöpfungsketten. Dies macht die Unternehmen der Branche anfällig für Angebots- und Nachfrageschwankungen. Werkzeugbaubetriebe, z. B. in der Automobilzulieferindustrie, könnten daher tendenziell stärker von Krisen betroffen sein als global agierende Konzerne. Folglich werden zukünftig neue Lösungen zur Steigerung der Effizienz der Werkzeugherstellung und die Stärkung der Integration in Entwicklungsprozesse beim Kunden benötigt. Diese beiden Themen fokussieren Werkzeugbaubetriebe in Deutschland besonders.

Werkzeugbaubetriebe müssen mehrere Anforderungen erfüllen, um eine aktive Rolle im Entwicklungsprozess spielen zu können. In den frühen Phasen steht oft schon das Verfahren zur Herstellung des Serienprodukts fest. Die Entwicklung fokussiert die fertigungsgerechte Gestaltung der Produkte bspw. auf das Spritzgießen. Dennoch benötigt es Prototypen und Iterationen von Werkzeugen. Besonders für neue Produkte ohne eine Historie von Vorgängerprodukten müssen diese Herstellprozesse abgesichert werden. Das Forschungsprojekt „Lebenzykluskostenreduktion im elektrischen Verteilerverkehr durch individuell adaptierbaren Antriebstrang (LiVe)" liefert hierfür ein praxisnahes, vorwettbewerbliches Anschauungsobjekt. Die allgemeine Zielsetzung ist in der Bezeichnung des Projektes bereits integriert. Auf den Werkzeugbau bezogen ist die kostengünstige Herstellung von kleinen Stückzahlen von Bauteilen, die in einem angepassten Antriebsstrang zum Einsatz kommen, zentral. Eine Erkenntnis des Projektes ist, dass bei der Entwicklung der Antriebskonzepte die Serienfertigung mit additiven Werkzeugen aus Kunststoff wenige Vorteile bietet. Jedoch spielt der Einsatz der additiven Werkzeuge zur Beschleunigung der Entwicklungszyklen für neue oder angepasste Bauteile eine bedeutende Rolle. Im Austausch mit der Industrie ergibt sich die Relevanz auch für andere Industriebereiche, z. B. für die Elektroindustrie.

Die Herausforderungen bei der Anwendung der additiven Werkzeuge sind an einem zentralen Beispiel erklärbar. Diesen Zweck erfüllt ein Bauteil der Hochvoltbatterie. Der Halter für Pouchzellen ist ein elementarer Bestandteil eines Moduls von Zellen innerhalb der Batterie. In der Abbildung 1.2 ist der Zellhalter in einer spritzgießgerechten Ausführung gezeigt.

Abbildung 1.2: Zellhalter aus der Batterieentwicklung des Forschungsprojektes „LiVe"

Das Material der Zellhalter muss den Anforderungen einer hohen elektrischen Durchschlagfestigkeit und einer hohen Wärmeleitfähigkeit gerecht werden. Die abrasiven Eigenschaften der nutzbaren Kunststoffe stellen bereits für konventionelle Prototypen- und Serienwerkzeuge aus Metall eine Herausforderung dar. Zudem müssen im Entwicklungsverlauf verschiedene Varianten der Zellhalter erprobt werden, um die simulationsbasierte Auslegung auf physischer Ebene zu unterstützen. Hier setzt die additive Fertigung der Werkzeuge an, deren wesentlicher Vorteil eine niedrigere Herstelldauer bei komplexen Bauteilen ist. KAMPKER et al. zeigen, dass es mit additiven Prototypenwerkzeugen je nach Geometrie möglich ist, die Zeit bis zum letzten fallenden Bauteil um 50 % zu kürzen.[11] Für die Entwicklung des Zellhalters bedeutet dies, dass innerhalb kürzester Zeit verschiedene Aspekte des Bauteils im Serienprozess abgebildet werden können. SCHUH et al. zeigen unter anderem die Darstellung von Taschen für den Zellkontaktierungsprozess durch einen Schieber. Weitere Untersuchungen zeigen jedoch auch eine Verlängerung der Prozesszeiten im Spritzgießen selbst.[12]

1.2 Zielsetzung

Somit ergeben sich für die Anwendung additiver Prototypenwerkzeuge zwei Herausforderungen. Mit Fokus auf die Herstellungszeit des Werkzeugs selbst muss beachtet werden, dass konventionelle Verfahren zur Herstellung von Prototypenwerkzeugen in Zukunft weiter beschleunigt werden könnten. Lieferzeitverlängerungen durch Engpässe sind auf additiven Maschinen ebenso möglich. Besonders ist zu beachten, dass eine höhere Losgröße pro Werkzeug eine Verschlechterung der Prozesszeitbilanz bedingt. Dies lässt sich mit den thermischen Eigenschaften der für das Werkzeug verwendeten Kunststoffe erklären, die einen langsameren Wärmetransport als in metallischen Werkzeugen zulassen. Für das Beispiel des Zellhalters spielt dies aus Sicht der Produktentwicklung eine untergeordnete Rolle, da eine niedrige Time-to-Market oder Dauer bis zum First-Off-Tools (FOT) Bauteil[13] im Gesamtkontext wichtiger für den Erfolg des Unternehmens wäre als geringe Einsparungen bei den Produktionszeiten. Ein Prototypenhersteller, der im Auftrag einer Entwicklung arbeitet, wird allerdings den Aspekt der längeren Prozesszeiten stärker beachten. Längere Prozesszeiten erzeugen längere Bedienzeiten für die Mitarbeitenden an der Maschine und in der Konsequenz geringere Verfügbarkeiten der Maschine oder der Mitarbeitenden.

Aus Sicht der Prototypenhersteller ist nicht nur die Prozesszeit entscheidend, sondern auch die Qualität der erzeugten Bauteile sowie die auftragsgerechte Lebensdauer des Werkzeugs. Letztlich verdient ein Prototypenhersteller Geld mit verkauften Bauteilen, wobei der Deckungsbeitrag und schlussendlich der Gewinn von der Kosteneffizienz abhängen. Eine hohe Anlagenauslastung ist dabei ein wichtiger Baustein. In Ergänzung dazu sollte sichergestellt sein, dass die produzierten Bauteile den Anforderungen entsprechen, bestenfalls ab dem ersten werkzeugfallenden Bauteil. Die Vermeidung von Ausschuss reduziert Material- und Energiekosten. Einen zusätzlichen Faktor

[11] Vgl. Achim KAMPKER et al., „Direct Polymer Additive Tooling - Economic Analysis of Additive Manufacturing Technologies for Fabrication of Polymer Tools for Injection Molding", *Key Engineering Materials* 843 (2020): S. 15.

[12] Vgl. ebd., S. 15.

[13] Engl. erste werkzeugfallende Bauteile

stellt das Werkzeug selbst dar, welches der Herstellung der Auftragsmenge standhalten muss. Im Verhältnis zu möglichen Ausschussteilen ist die Herstellung eines neuen Werkzeugs deutlich kostenintensiver und sollte dementsprechend vermieden werden.

Die Perspektiven der Produktentwicklung und der Prototypenherstellung liefern die Rahmenbedingungen für den Einsatz additiver Prototypenwerkzeuge. Allerdings werden die Rahmenbedingungen aktuell nicht erfüllt, sodass Unternehmen, die eine Anwendung wünschen, Unterstützung benötigen. Für die Detaillierung dieser Unterstützung werden im Verlauf dieser Arbeit die Herausforderungen untersucht und Lösungsansätze erarbeitet. Als übergreifendes Ziel der Arbeit kann daher die Steigerung des Anwendungspotenzials von additiven Prototypenwerkzeugen hinsichtlich Bauteilqualität, Lebensdauer und Prozesszeiten definiert werden.

> Das übergreifende Ziel der Arbeit ist die Steigerung des Anwendungspotenzials von additiven Prototypenwerkzeugen aus Kunststoff unter Berücksichtigung der Anforderungen an Bauteilqualität, Lebensdauer und Prozesszeiten im Spritzgießen.

1.3 Forschungsansatz

Der Forschungsansatz dieser Arbeit beschreibt abstrakt das methodische Vorgehen mit dem Ziel des Erkenntnisgewinns. Grundlage dafür bildet das allgemeine Forschungsverständnis des Lehrstuhls für Produktionssystematik am Werkzeugmaschinenlabor WZL der RWTH Aachen. Dieses Verständnis basiert auf dem wissenstheoretischen Ansatz für die Betriebswirtschaftslehre nach ULRICH et al.[14] sowie dem forschungsmethodischen Vorgehen nach KUBICEK.[15] Als Grundlage dienen außerdem die vorangegangenen Arbeiten des Lehrstuhls für Produktionssystematik am Werkzeugmaschinenlabor WZL der RWTH Aachen, insbesondere HENSEN,[16] KELZENBERG[17] und LANGE,[18] die den Ansatz und das Vorgehen bereits anwenden.

1.3.1 Wissenschaftstheoretische Einordnung

Zur Erklärung des Forschungsansatzes dient zunächst die Einordnung in die Wissenschaftstheorie. Darauf folgt die Erläuterung des forschungsmethodischen Vorgehens. Den Abschluss der wissen-

[14] Vgl. Hans ULRICH et al., *Management: Hrsg. von Thomas Dyllick u. Gilbert J. B. Probst*, Bd. 13), (Schriftenreihe Unternehmung und Unternehmungsführung (Bern & Stuttgart: Haupt, 1984), S. 151-154.

[15] Herbert KUBICEK, „Heuristische Bezugsrahmen und heuristisch angelegte Forschungsdesigns als Elemente einer Konstruktionsstrategie empirischer Forschung", in *Empirische und handlungstheoretische Forschungskonzeptionen in der Betriebswirtschaftslehre*, hrsg. Richard KÖHLER (Stuttgart: Poeschel, 1977), S. 3–36.

[16] Tobias HENSEN, „Strategische Auslegung industrieller Werkzeugbaubetriebe" (Dissertation, Rheinisch-Westfälische Technische Hochschule Aachen, 2017).

[17] Christoph KELZENBERG, „Datenstrukturmodell für den digitalen Schatten der Auftragsabwicklung von Werkzeugbaubetrieben" (Dissertation, Rheinisch-Westfälische Technische Hochschule Aachen, 2019).

[18] Johan de LANGE, „Prozessmodell für den Werkzeugbau im iterativen Produktentwicklungsprozess" (Dissertation, Rheinisch-Westfälische Technische Hochschule Aachen, 2020).

schaftstheoretischen Einordnung bildet die Herleitung des heuristischen Bezugsrahmens dieser Arbeit. Zweck dieser Einordnung ist die Nachvollziehbarkeit der Erkenntnisse ohne notwendige Erläuterungen. Als Ausgangspunkt dafür dient die systematische Aufgliederung der Wissenschaft nach ULRICH und HILL. Hier wird die Unterteilung der Wissenschaften in die Formal- und die Realwissenschaften proklamiert.[19]

Das Hauptziel der Formalwissenschaft ist die Entwicklung von Zeichensystemen sowie entsprechenden Regeln zu ihrer korrekten Verwendung. Solche Zeichensysteme und Regelwerke finden sich unter anderem in den Fachrichtungen Logik, Mathematik und Philosophie, die somit den Formalwissenschaften zugeordnet werden können.[20] Laut CARNAP unterscheidet sich die Formalwissenschaft durch den analytischen Charakter der Sprache, in der die Wissenschaft zum Ausdruck kommt. Deshalb beschränkt sich ihre Überprüfung auf Richtigkeit allein auf die Suche nach logischen und theoretischen Widersprüchen.[21]

Neben den Formalwissenschaften existieren die Realwissenschaften. Im Gegensatz zu den Aussagen der Formalwissenschaften sind die Aussagen der Realwissenschaften nicht analytischer, sondern synthetischer Natur und erfordern daher eine zusätzliche Faktenanalyse zur Überprüfung auf Richtigkeit.[22] Nach ULRICH und HILL fokussieren die Realwissenschaften die Beschreibung, Erklärung oder Gestaltung jener Teile der Wirklichkeit, die empirisch wahrnehmbar sind.[23]

Die Realwissenschaften können einerseits in die Grundlagenwissenschaften und andererseits in die Handlungswissenschaften unterteilt werden. In den Grundlagenwissenschaften steht die Erklärung von Teilen der Wirklichkeit im Mittelpunkt. Zu den Grundlagenwissenschaften gehört beispielsweise die Physik. Daneben stehen die Handlungswissenschaften, welche die Analyse von Handlungen und die Gestaltung von Systemen in den Vordergrund stellen. Als Beispiele gelten hier die Sozialwissenschaften und die Betriebswirtschaftslehre.[24] Diese Definition kann als ein Ansatz der Wissenschaftssystematik angesehen werden, der ebenso Lücken aufweist, wie dies andere Systematiken tun. Die Ingenieurwissenschaften bilden hier einen Streitpunkt, denn diese können aufgrund ihres gestaltenden Charakters, z. B. in der Entwicklung, als Handlungswissenschaft definiert werden. Dennoch ist belegbar, dass die Ingenieurwissenschaften Vorgehens- und Denkweisen mit den Grundlagenwissenschaften teilen.[25]

1.3.2 Forschungsmethodik

Ferner bedarf es neben der Betrachtung der grundsätzlichen Ergebnisperspektive der Beschreibung einer Forschungsmethodik. Eine Methodik beschreibt ein festgelegtes Vorgehen sowie die darin

19 Vgl. Peter ULRICH und Wilhelm HILL, *Wissenschaftstheoretische Grundlagen der Betriebswirtschaftslehre*, 7+8, 1976, S. 305.

20 Vgl. Rudolf CARNAP, „Formalwissenschaft und Realwissenschaft“, *Erkenntnis* 5 (1935): S. 30.

21 Vgl. ebd., S. 31 f.

22 Vgl. ebd., S. 32, 35.

23 Vgl. ULRICH und HILL, *Wissenschaftstheoretische Grundlagen der Betriebswirtschaftslehre*, S. 305.

24 Vgl. ebd.

25 Vgl. Hans ULRICH, „Der systemorientierte Ansatz in der Betriebswirtschaftslehre“, in *Wissenschaftsprogramm und Ausbildungsziele der Betriebswirtschaftslehre*, hrsg. Gert von KORTZFLEISCH, Tagungsberichte des Verbandes der Hochschullehrer für Betriebswirtschaft e. V (Berlin: Duncker & Humblot, 1971), S. 47.

einbezogenen Modelle, Methoden und Hilfsmittel. Der Zweck ist, die Art und Weise der Erkenntnisgewinnung transparent darzustellen und den Forschungsprozess nachvollziehbar offenzulegen. Grundlegend dafür sind verschiedene Denkarten hinsichtlich der Wirklichkeit. Diese Arbeit basiert auf den wissenschaftstheoretischen Einordnungen von ULRICH et al., die weitestgehend dem kritischen Rationalismus zugeordnet werden können.[26]

Im Zentrum des kritischen Rationalismus steht die streitbare Kritik am Induktivismus.[27] ULRICH et al. stellt in diesem Zusammenhang eine Dissonanz zwischen den Grundlagenwissenschaften und den Handlungswissenschaften fest. So sind Handlungswissenschaften problemorientiert, was zu einem Konflikt in der Anwendung von Empirie im Sinne des Induktivismus führt. Dieser besteht darin, dass die Grundlagenwissenschaften Empirie zum Beweis von Theorien einsetzen. Für Handlungswissenschaften gilt dies nach Auffassung von ULRICH et al. nicht. Vielmehr ist die empirische Beschreibung von Problemen zentral, denn Probleme entstehen im Praxiszusammenhang.[28]

Das Ziel der angewandten Handlungswissenschaften bedingt weiterhin die Wichtigkeit des Erkenntnisgewinns für die Entwicklung von Modellen, die dazu beitragen, die Realität besser zu beherrschen.[29] Darauf aufbauend konzeptionieren ULRICH et al. die explorative Forschung, mit dem Zweck, die Empirie zur Sammlung systematischen Erfahrungswissens zu nutzen. Dies erlaubt wiederum die Entwicklung theoretischer Aussagen im Sinne der Problembeschreibung und Systemgestaltung.[30] Zusammenfassend gilt für den Forschungsansatz die Einordnung in die anwendungsorientierten Handlungswissenschaften und die Wahl des systemtheoretischen Forschungsansatzes. Dem wird der Forschungszyklus nach TOMCZAK,[31] wie in Abbildung 1.3 dargestellt, zugrunde gelegt.

1.3.3 Heuristischer Bezugsrahmen

Die Wahrscheinlichkeit der Zielerreichung hängt unter anderem vom Maß der Ordnung und Planung eines Vorhabens ab. Auch in der Wissenschaft werden Methoden angewandt, um den Forschungsprozess zu strukturieren und die Bemühungen nach außen zu kommunizieren.[32] Konzeptionelle, nach KUBICEK[33] auch heuristische, Bezugsrahmen stellen grafisch vermutete Zusammenhänge und Strukturen im Untersuchungsbereich dar. Der Bezugsrahmen wird dabei in drei Arten von Variablen unterteilt: Gestaltungsvariablen, Kontextvariablen und Erfolgsvariablen.

[26] Vgl. ULRICH et al., *Management: Hrsg. von Thomas Dyllick u. Gilbert J. B. Probst*, S. 169.

[27] Vgl. Herbert KEUTH, *Karl Popper: Logik der Forschung*, 3. Aufl., Bd. 12, Akademie Klassiker Auslegen (München: Oldenbourg Akademieverlag, 2007), S. 2.

[28] Vgl. ULRICH et al., *Management: Hrsg. von Thomas Dyllick u. Gilbert J. B. Probst*, S. 173.

[29] Vgl. KUBICEK, „Heuristische Bezugsrahmen und heuristisch angelegte Forschungsdesigns als Elemente einer Konstruktionsstrategie empirischer Forschung“, S. 7.

[30] Vgl. ULRICH et al., *Management: Hrsg. von Thomas Dyllick u. Gilbert J. B. Probst*, S. 185-187.

[31] Vgl. Torsten TOMCZAK, *Forschungsmethoden in der Marketingwissenschaft - Ein Plädoyer für den qualitativen Forschungsansatz* (C.H. Beck in Gemeinschaft mit dem Verlag Franz Vahlen, 1992), S. 84.

[32] Vgl. Joachim WOLF, *Organisation, Management, Unternehmensführung: Theorien, Praxisbeispiele und Kritik*, 6., überarbeitete und erweiterte Auflage (Wiesbaden: Springer Fachmedien Wiesbaden, 2020), S. 38.

[33] KUBICEK, „Heuristische Bezugsrahmen und heuristisch angelegte Forschungsdesigns als Elemente einer Konstruktionsstrategie empirischer Forschung“.

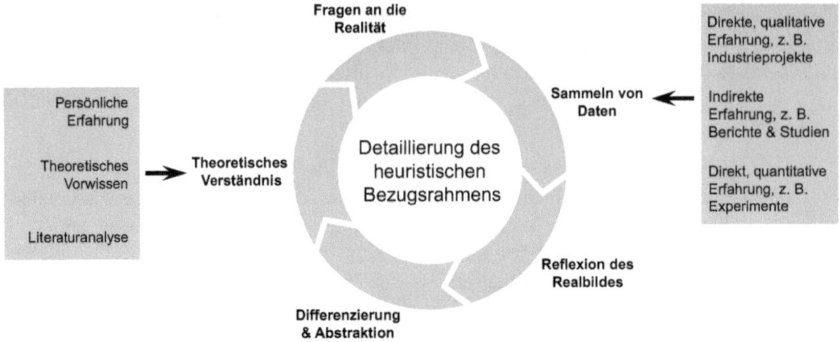

Abbildung 1.3: Forschungsmethodisches Vorgehen[34]

Im Zentrum der Theoriebildung stehen die Gestaltungsvariablen, die den unmittelbaren Kern des Forschungsprozesses darstellen. Daneben stehen die Kontextvariablen, die einen Einfluss auf die Gestaltungsvariablen haben. Nach WOLF müssen Kontextvariablen die Gestaltung nicht zwangsläufig direkt beeinflussen. Es genügt, wenn die forschende Person die Kontextvariablen bei Untersuchungen berücksichtigt. Ergebnis dieser Untersuchungen sind die Erfolgsvariablen, die abhängig von der Ausprägung von Gestaltungsvariablen sowie den Zusammenhängen von Gestaltungs- und Kontextvariablen sind.[35]

Der konzeptionelle Bezugsrahmen erfüllt somit vier Funktionen, die zur Planung und Ordnung des Forschungsprozesses notwendig sind. Der Bezugsrahmen beschreibt den Forschungsprozess und ist somit ein Kommunikationsinstrument.[36] Weiterhin erklärt der Bezugsrahmen den Forschungsgegenstand und liefert die Basis für aufbauende Forschungsvorhaben.[37] Es werden dabei keine Zusammenhänge im Detail vermittelt, jedoch reduziert die grafische Darstellung durch den heuristischen Ansatz die Komplexität des Forschungsgegenstands.[38] Zuletzt dient der Bezugsrahmen jedoch durch seine forschungsleitende Funktion dem Forschenden selbst.[39]

Die Abbildung 1.4 zeigt den für diese Arbeit entwickelten Bezugsrahmen. Ausgehend von einem Bedarf der Volumenflexibilität bei der Herstellung von Bauteilen und Produkten als Kontextvariable ergeben sich zwei zentrale Elemente der Produktionstechnik: Der Werkzeugbau als traditioneller Befähiger der Produktion sowie die additive Fertigung als potenziell disruptive Technologiesammlung. Vor diesem Kontext liegen die Gestaltungsvariablen der Werkzeugauslegung, der

[34] Eigene Darstellung nach KUBICEK und TOMCZAK („Heuristische Bezugsrahmen und heuristisch angelegte Forschungsdesigns als Elemente einer Konstruktionsstrategie empirischer Forschung", S. 14; *Forschungsmethoden in der Marketingwissenschaft - Ein Plädoyer für den qualitativen Forschungsansatz*, S. 84)

[35] Vgl. WOLF, *Organisation, Management, Unternehmensführung: Theorien, Praxisbeispiele und Kritik*, S. 38 f.

[36] Vgl. ebd., S. 38.

[37] Vgl. KUBICEK, „Heuristische Bezugsrahmen und heuristisch angelegte Forschungsdesigns als Elemente einer Konstruktionsstrategie empirischer Forschung", S. 18.

[38] Vgl. WOLF, *Organisation, Management, Unternehmensführung: Theorien, Praxisbeispiele und Kritik*, S. 38.

[39] Vgl. ebd., S. 37.

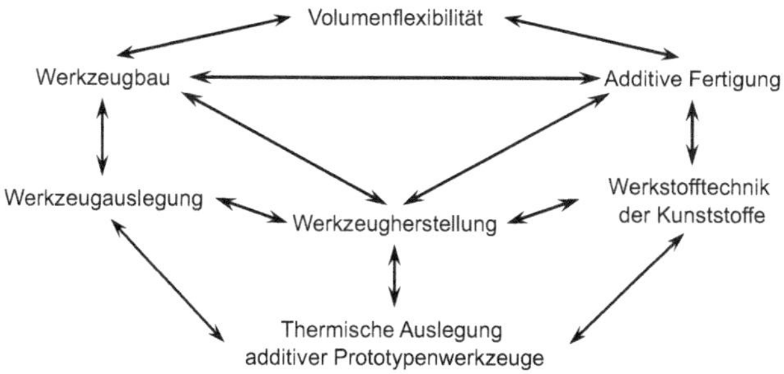

Abbildung 1.4: Heuristischer Bezugsrahmen[40]

Werkzeugherstellung sowie der Werkstofftechnik bezogen auf die Kunststoffe. Als Erfolgsvariable steht zum Schluss die thermische Auslegung additiver Prototypenwerkzeuge.

1.4 Struktur

Die Arbeit strukturiert sich nach der „Strategie der angewandten Forschung“ nach ULRICH et al.[41] Demnach wird bei angewandter Forschung der erforderliche Praxisbezug dadurch erreicht, dass die Forschung bereits in der Praxis beginnt und auch mit dieser endet. Der Bezug zur Praxis wird jedoch nicht ausschließlich zu Beginn durch die Erfassung eines Problems und zum Ende durch den Transfer der Lösung sichergestellt, sondern auch durch die Integration in den Erkenntnisprozess. Die grundsätzliche Vorgehensweise ist in Abbildung 1.5 auf der linken Seite dargestellt.

Für die Kapitel dieser Arbeit ergeben sich aus diesem Leitkonzept entsprechende Leitsätze zur inhaltlichen Ausgestaltung. Das Kapitel 2 dient der Erfassung und Interpretation problemrelevanter Theorien und Hypothesen. Der Fokus liegt auf der Darstellung des Betrachtungsbereiches zur Abgrenzung zentraler Begriffe und Zusammenfassung relevanter Grundlagen. Zum Betrachtungsbereich dieser Arbeit gehören Inhalte der Kunststofftechnik, des Werkzeugbaus und der additiven Fertigung.

In Kapitel 3 werden Theorien und Hypothesen durch Verfahren der Formalwissenschaften ergänzt. Auf Basis der Inhalte von Kapitel 2 wird das Forschungsfeld der additiven Prototypenwerkzeuge erläutert. Zunächst wird der Gestaltungsrahmen auf Werkzeuge für das Spritzgießen eingegrenzt, sodass in der Folge die Inhalte von Ansätzen der Anwendungs- und Formalwissenschaften auf diese Einschränkung hin gefiltert und analysiert werden können. Anschließend werden Anforderungen an die thermische Auslegung extrahiert. Es folgt die Analyse bestehender Ansätze im Feld

[40] Eigene Darstellung nach KUBICEK („Heuristische Bezugsrahmen und heuristisch angelegte Forschungsdesigns als Elemente einer Konstruktionsstrategie empirischer Forschung“)

[41] ULRICH et al., *Management: Hrsg. von Thomas Dyllick u. Gilbert J. B. Probst*, S. 192 f.

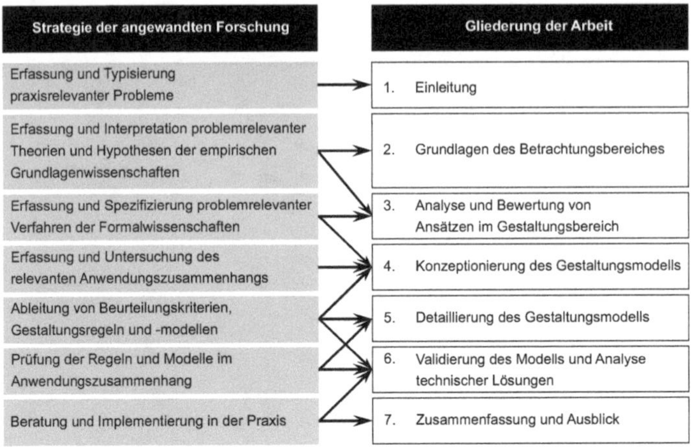

Abbildung 1.5: Aufbau der Arbeit folgend der Strategie der angewandten Forschung[42]

der Temperierung von Spritzgießwerkzeugen hinsichtlich der Übertragbarkeit auf additive Prototypenwerkzeuge aus Kunststoff. Abschließend ergibt sich der theoretische Handlungsbedarf zur Gestaltung der thermischen Auslegung.

Das Kapitel 4 dient der Konzeptionierung eines Gestaltungsmodells mittels der Erfassung und Untersuchung der relevanten Anwendungszusammenhänge. Im Fokus stehen Phänomene bei der Anwendung unterschiedlicher Bauteilgeometrien, Werkzeugmaterialien sowie Prozessparameter für das Spritzgießen. Dabei werden deskriptive Aussagen zum Zustandekommen von Phänomenen im Sinne des Werkzeugversagens sowie Bauteilqualität erarbeitet. Diese Aussagen bilden die Grundlage der Gestaltung der thermischen Auslegung durch die Skizzierung des Handlungsraumes in Form von Gestaltungselementen, sowie die Möglichkeit zur Bewertung unterschiedlicher Handlungsalternativen.

Die Detaillierung des Gestaltungsmodells ist Gegenstand von Kapitel 5. Nach Ulrich et al. dient die fünfte Phase der Strategie der angewandten Forschung der Ableitung von Beurteilungskriterien, Gestaltungsregeln und -modellen. Daraus ergibt sich das Ziel der Formulierung von technologischen Aussagen, die aus den hergeleiteten Gestaltungselementen des Kapitel 4 einen Mittel-Ziel-Zusammenhang herstellen. Dazu wird das Vorgehen verschiedener Handlungsalternativen strukturiert und in einem detaillierten Gestaltungsmodell aggregiert. Das detaillierte Gestaltungsmodell bildet die Kernerkenntnis dieser Arbeit und zielt auf die Optimierung der thermischen Auslegung für additive Prototypenwerkzeugen ab.

In Kapitel 6 erfolgt zunächst die Untersuchung hergeleiteter technischer Verfahrensweisen zur Temperierung. Darauf folgt zur Prüfung der Regeln und Modelle im Anwendungszusammenhang

42 Eigene Darstellung nach Ulrich et al. (*Management: Hrsg. von Thomas Dyllick u. Gilbert J. B. Probst*)

exemplarisch eine Demonstration des Vorgehens sowie Handlungsalternativen anhand eines Fallbeispiels. Zuletzt wird in Kapitel 7 das entwickelte Vorgehen kritisch reflektiert und die praktische Anwendbarkeit überprüft. Abschließend werden die Kernergebnisse zusammengefasst und weiterführende Forschungsfragen diskutiert.

2 Grundlagen des Betrachtungsbereiches

2.1 Kunststofftechnik

In diesem Abschnitt werden die begrifflichen Grundlagen der Kunststofftechnik vorgestellt. Es werden Aspekte der Werkstofftechnik der Kunststoffe detailliert. Weiterhin werden Verfahren der Kunststoffverarbeitung, die im Zusammenhang mit dieser Arbeit stehen, erläutert.

2.1.1 Begriffsverständnis und Einordnung

Die wissenschaftliche Disziplin der Polymerchemie, auf der die Kunststofftechnik aufbaut, geht auf Hermann Staudinger, einen deutschen Chemiker, zurück. Entsprechend schöpft diese Disziplin aus einer mehr als 100-jährigen Geschichte, in der Normen und Standards entwickelt wurden. Diese tragen zum Verständnis der modernen Kunststofftechnik bei. An dieser Stelle werden nur die Begriffe Kunststoff und Kunststofftechnik detaillierter beschrieben.

2.1.1.1 Kunststoff

Der Begriff „Kunststoff" ist der Überbegriff für hochmolekulare Werkstoffe. In der Umgangssprache werden Kunststoffe häufig als Plastik bezeichnet. Eine Abgrenzung zum Begriff „Polymer" ist notwendig, da dieser ebenfalls als Synonym zum Kunststoff verwendet wird. Polymere, aus dem Altgriechischen für polý „viel" und méros „Teil", bezeichnen jedoch die chemischen Verbindungen aus Ketten oder Verzweigungen von Monomeren, die ein Makromolekül bilden. Von einem Kunststoff wird dann gesprochen, wenn es sich um einen Werkstoff handelt, der aus synthetischen oder durch Umwandlung von Naturprodukten entstandenen Polymeren besteht.[43]

Die zur Kunststoffherstellung benötigten Makromoleküle werden aus verschiedenen Bildungsreaktionen gewonnen. Nach der International Union of Pure and Applied Chemistry (IUPAC) wird dabei in Additionspolymerisation als Kettenreaktion (APK), Kondensationspolymerisation (KP), und Additionspolymerisation als Stufenreaktion (APS) unterschieden.[44] Die relevanten Bildungsreaktion werden in Kapitel 2.2.4 detaillierter im Kontext der relevanten Werkstoffe der additiven Fertigung beschrieben. Innerhalb der entstandenen Makromoleküle sind Elektronenpaarbindungen für den Zusammenhalt verantwortlich. Zwischen den Makromolekülen hingegen bestimmen verschiedene andere Kräfte die Eigenschaften des Kunststoffes.[45]

[43] Vgl. Christian HOPMANN et al., *Technologie der Kunststoffe: Lern- und Arbeitsbuch für die Aus- und Weiterbildung*, 4., aktualisierte Auflage (München: Hanser, 2015), S. 6.

[44] Vgl. Erwin BAUR et al., *Werkstoff-Führer Kunststoffe: Eigenschaften - Prüfungen - Kennwerte*, 11., aktualisierte Auflage (2019), S. 9-12.

[45] Vgl. ebd., S. 13.

Die unterschiedlichen Bindungsarten und Makromoleküle erzeugen eine hohe Vielfalt von Kunststoffen. Diese Vielfalt ermöglicht entsprechend auch viele Anwendungen. Zudem sind die Rohstoffe, z. B. Erdöl, zur Herstellung von Kunststoffen vergleichsweise günstig und verfügbar. Die Herstellung der Kunststoffe benötigt zudem weniger Energie, als die Herstellung von Rohmetall. Ein weiterer Grund für die hohe Verbreitung kommt aus der chemischen Zusammensetzung. Die Makromolekülketten enthalten mit Wasserstoff (H) das Element mit der kleinsten Massenzahl. Dies erzeugt einen grundsätzlichen Dichtevorteil gegenüber Metallwerkstoffen.[46] Kunststoffe sind zentraler Bestandteil unseres täglichen Lebens und mittlerweile ein geologischer Erkennungsfaktor unseres Zeitalters.[47] Die Vielfalt der Kunststofftypen, deren Verteilung Abbildung 2.1 zeigt, ist begründet an der wachsenden Zahl von Anwendungen, in denen Kunststoffe Vorteile gegenüber Metall oder anderen Werkstoffen besitzen.

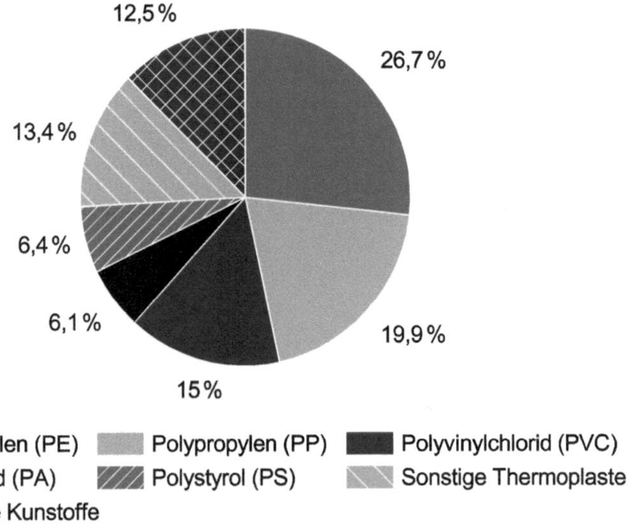

Abbildung 2.1: Anteil verschiedener Kunststoffarten an der Produktionsmenge in Deutschland im Jahr 2021[48]

[46] Vgl. Wolfgang KAISER, *Kunststoffchemie für Ingenieure: Von der Synthese bis zur Anwendung*, 1. Aufl. (s.l.: Carl Hanser Fachbuchverlag, 2011), S. 3 f.

[47] Vgl. Jan ZALASIEWICZ et al., „The geological cycle of plastics and their use as a stratigraphic indicator of the Anthropocene“, *Anthropocene* 13 (2016): S. 17.

[48] I.A.a LINDNER et al. (*Studie: Stoffstrombild Kunststoffe in Deutschland 2021*, Kurzfassung S. 22)

2.1.1.2 Kunststofftechnik

Die Kunststofftechnik beschreibt die Verfahren zur Herstellung und Bearbeitung von Produkten aus Kunststoffen.[49] Im weiteren Sinne können auch Verfahren zur Aufbereitung von Kunststoffen dazu gezählt werden, nicht jedoch Verfahren zur Herstellung von Makromolekülen.[50] Die Einteilung der Verfahren erfolgt nach DIN DEUTSCHES INSTITUT FÜR NORMUNG E. V.[51] KAISER teilt die Verfahren der Kunststofftechnik in Aufbereiten, Urformen, Umformen, Trennen, Fügen, Beschichten und Veredeln ein.[52] Insbesondere die Anpassung der Hauptgruppe 6 „Stoffeigenschaften verändern“ hin zu „Veredeln“ bezieht sich auf die spezifischen Verfahren im Bereich der Kunststoffe.[53]

Die Aufbereitungsverfahren von Rohstoffen der Kunststofftechnik verfolgen Ziele, wie die Änderung der Teilchengröße oder die Einarbeitung bzw. Entfernung von anderen Stoffen. Die beiden letztgenannten Zielen dienen dem Zweck der Herstellung von Formmassen, z. B. für das Spritzgießen. Solche Formmassen entstehen durch das Mischen von Polymeren und Zusatzstoffen.[54] Dafür stehen wiederum verschiedene Mischverfahren zur Verfügung. Zum Schluss steht das Granulieren, welches das Ziel der Änderung bzw. Vereinheitlichung der Teilchengröße und -form verfolgt.[55]

Die Verarbeitungsverfahren hingegen sollen Formen definieren, Formen oder Stoffeigenschaften verändern.[56] Die bekanntesten kunststofftechnischen Urformverfahren sind das Extrudieren für Strang- oder Folienware, das Blasformen und das Spritzgießen. Zentrale Komponente für sämtliche Verfahren ist der Extruder. Dieser stellt für die Fließfähigkeit die Temperatur der Formmasse sicher und dosiert für diese die Folgeschritte des jeweiligen Prozesses.[57] Für die umformenden Verfahren ist das Thermoformen der bekannteste Vertreter. Hier wird in mehrere Unterverfahren unterschieden.[58]

Die kunststoffverarbeitenden Verfahren erzeugen Produkte für die unterschiedlichsten Anwendungen. Der GKV GESAMTVERBAND KUNSTSTOFFVERARBEITENDE INDUSTRIE E.V. stellt jährlich Zahlen zur Entwicklung der Kunststoffbranche in Deutschland vor. Nach Aussage der Abbildung 2.2 ist der wichtigste Absatzmarkt für kunststofftechnische Produkte die Baubranche. Dahinter folgt die Gruppierung von technischen Teilen, zu denen auch die Automobilbranche zählt. Zusätzlich wird noch die Verpackungsindustrie und die Konsumgüterindustrie ausgewiesen. Ein Blick auf die Umsatzzahlen zeigt ein stetiges Wachstum im Binnen- und Exportmarkt. Allerdings

[49] Vgl. Christian HOPMANN und Walter MICHAELI, *Einführung in die Kunststoffverarbeitung*, 7. Aufl. (s.l.: Carl Hanser Fachbuchverlag, 2015), S. 109.

[50] Vgl. Tim OSSWALD et al., *Plastics Handbook: The Resource for Plastics Engineers*, 5. Auflage (Cincinnati, Ohio: Hanser Publications, 2018), S. 178.

[51] Vgl. DIN DEUTSCHES INSTITUT FÜR NORMUNG E. V., *Fertigungsverfahren - Begriffe, Einteilung*, 8580:2020-01, Berlin, 2020-01-01.

[52] Vgl. KAISER, *Kunststoffchemie für Ingenieure: Von der Synthese bis zur Anwendung*, S. 133.

[53] Vgl. ebd., S. 132.

[54] Vgl. Wolfgang KAISER, *Kunststoffchemie für Ingenieure: Von der Synthese bis zur Anwendung*, 5., neu bearbeitete und erweiterte Auflage (München: Hanser, 2021), S. 150 f.

[55] Vgl. ebd., S. 153-155.

[56] Vgl. KAISER, *Kunststoffchemie für Ingenieure: Von der Synthese bis zur Anwendung*, S. 134.

[57] Vgl. KAISER, *Kunststoffchemie für Ingenieure: Von der Synthese bis zur Anwendung*, S. 161-163, 179, 175.

[58] Vgl. ebd., S. 224.

ist das Wachstum des Exportmarktes größer. Während die Umsätze steigen, nimmt die Menge an Kunststofferzeugnissen 2022 im Vergleich zu 2021 ab.[59]

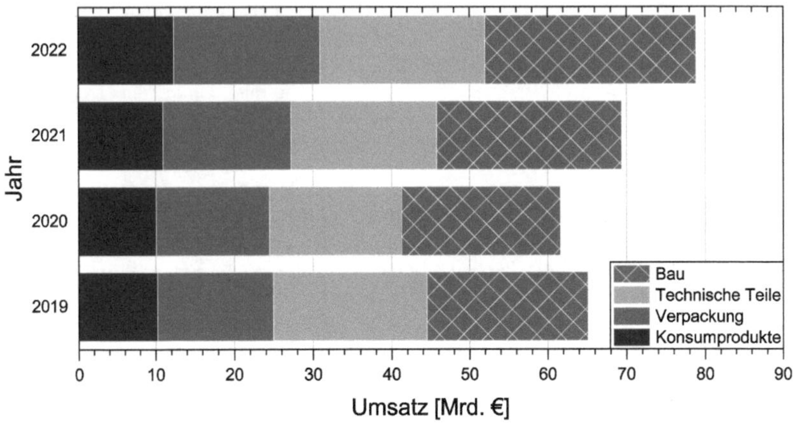

Abbildung 2.2: Umsatz der Kunststoff verarbeitenden Industrie in Deutschland nach Branchen in den Jahren 2019 bis 2022[60]

2.1.2 Werkstofftechnik der Kunststoffe

Die Anwendbarkeit von Kunststoffen ist durch das Verständnis der werkstofftechnischen Eigenschaften möglich. Analog zu metallischen und keramischen Werkstoffe muss ausreichend Wissen über das Verhalten der Materialeigenschaften in Abhängigkeit von Gestalt, Zeit und Belastung vorhanden sein. Die Abbildung 2.3 zeigt eine mögliche Einteilung der Kunststoffe auf Basis der chemischen Struktur, Polymerisation und Verarbeitungsverfahren.[61] So können die Makromoleküle von Kunststoffen auch aus biologischer Monomersynthese oder Polymerisation stammen. Naturstoffen kommen ohne chemische Monomersynthese oder Polymerisation aus. Bei Naturstoffen, wie Kunststoffen, werden die Eigenschaften maßgeblich durch die inneren Kräfte der Molekülsysteme bestimmt. Daraus wurden die drei Gruppen Thermoplasten, Elastomere und Duroplasten abgeleitet. Thermoplastische Elastomere stellen, je nach Definition, eine vierte Gruppe dar, sind jedoch von geringerer Relevanz.[62]

59 Vgl. GKV Gesamtverband Kunststoffverarbeitende Industrie e.V., *Branchenstatistik der Kunststoffverarbeitung in Deutschland: Statistiken anlässlich der Aschermittwochs-Pressekonferenz am 22. Februar 2023*, hrsg. GKV Gesamtverband Kunststoffverarbeitende Industrie e.V., 30.07.2023.

60 Eigene Darstellung nach *Statistiken anlässlich der Aschermittwochs-Pressekonferenz: Kunststoffverarbeitung 2021* und GKV Gesamtverband Kunststoffverarbeitende Industrie e.V. (*Statistiken anlässlich der Aschermittwochs-Pressekonferenz: Kunststoffverarbeitung 2021*; *Branchenstatistik der Kunststoffverarbeitung in Deutschland: Statistiken anlässlich der Aschermittwochs-Pressekonferenz am 22. Februar 2023*)

61 Vgl. Osswald et al., *Plastics Handbook: The Resource for Plastics Engineers*, S. 15.

62 Vgl. Baur et al., *Werkstoff-Führer Kunststoffe: Eigenschaften - Prüfungen - Kennwerte*, S. 14.

Thermoplaste sind Kunststoffe aus vernetzten Makromolekülen, die eine plastische Verformung in definierten Temperaturbereichen zulassen. Die Anordnung der Moleküle kann amorphe oder teilkristalline Gestalt annehmen. Während in der amorphen Struktur die Molekülketten lediglich miteinander verschlungen sind, befinden sich in der teilkristallinen Struktur geordnete Bereiche. Die Anordnung bestimmt eine Reihe weiterer Eigenschaften der Thermoplasten, etwa die Transluzenz.[64] Der Einfluss der Anordnung wird durch die vorliegenden Bindungstypen definiert. Van-der-Waalssche Kräfte wirken, laut BAUR et al., maßgebend in unpolaren Kunststoffen, sowie erhöht in teilkristallinen Bereichen von Thermoplasten. Weiterhin treten polare Kräfte oder Wasserstoffbrücken je nach Art des Hauptatoms der Makromoleküle auf.[65]

Elastomere sind formfeste Kunststoffe, deren Materialverhalten sich zwischen dem Hookeschen Gesetz idealer fester Körper und Newtonschen Flüssigkeiten bewegt. Charakteristisch sind eine hohe Elastizität, häufig auch als Gummielastizität umschrieben, sowie ein niedriger E-Modul aufgrund einer hohen Dehnung. Diese Eigenschaften werden durch den molekularen Aufbau bestimmt. Dabei sind zwei Arten von Elastomeren zu unterscheiden: Permanent vernetzte Elastomere und reversibel vernetzte oder thermoplastische Elastomere. Bei den ersteren bedingt die weitmaschige Vernetzung der Makromoleküle die resultierenden Eigenschaften.[66] Thermoplastische Elastomere erhalten ihre Eigenschaften aus den Bindungen zwischen thermoplastischen und klassischen elastomerischen Phasen in Form von Polymberblends oder Copolymeren.[67]

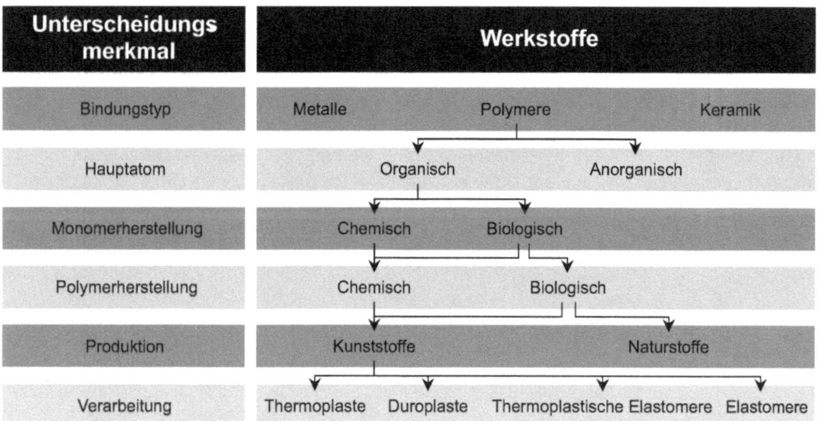

Abbildung 2.3: Klassifizierung von Kunststoffen im Umfeld von Werkstoffen[63]

63 I.A.a. OSSWALD et al. (*Plastics Handbook: The Resource for Plastics Engineers*, S. 15)
64 Vgl. ebd., S. 34.
65 Vgl. BAUR et al., *Werkstoff-Führer Kunststoffe: Eigenschaften - Prüfungen - Kennwerte*, S. 14.
66 Vgl. ebd., S. 229.
67 Vgl. OSSWALD et al., *Plastics Handbook: The Resource for Plastics Engineers*, S. 533.

Während bei den Thermoplasten und Elastomeren Elektronenpaarbindungen nur innerhalb der Makromoleküle vorhanden sind, werden Duroplaste fast ausschließlich durch diese Bindungsart zwischen den Makromolekülen bestimmt.[68] Diese Werkstoffe gehen unter anderem zurück auf das Bakelit.[69] Duroplaste sind dreidimensional engmaschig vernetzt und aufgrund dessen in den allermeisten Fällen nicht löslich und nicht schmelzbar.[70] Die Basis für Duroplaste bilden wenig vernetzte, niedermolekulare Harze, die aus Monomeren hergestellt werden. Diese Harze enthalten funktionelle Gruppen, die durch Reaktionsmittel zur Vernetzung gebracht werden. Die Dichte der Vernetzung, die Regelmäßigkeit von kristallinen Strukturen und die Kettenlängen haben entscheidenden Einfluss auf wichtige Eigenschaften, wie Glasübergangstemperatur und Wasseraufnahme.[71]

2.1.2.1 Prozesseigenschaften

Die Prozesseigenschaften von Kunststoffen sind für das Verarbeiten und Anwenden dieser Kunststoffe von Relevanz. Zur Beschreibung dienen die thermisch-mechanischen Zustandsbereiche. Diese Bereiche unterscheiden sich je nach Gruppe von Kunststoffen.[72] Für alle Gruppen sind die definierbaren Bereiche der Energieelastizität, auch Glasbereich (I), der Entropieelastizität oder Gummielastizität (III), des Fließens oder Viskosität(V), des Glasübergangs (II), sowie des Schmelzbereichs (IV) in Abbildung 2.4 dargestellt.[73] Zur Erläuterung der Zustandsbereiche wird üblicherweise anhand des Schubmoduls G in Abhängigkeit von der Temperatur dargestellt. Das Schubmodul beschreibt dabei das Verhalten bei Schub- oder Torsionsbelastung und ist spezifisch für Kunststoffe.[74]

Zwei Zustandsbereiche sind für alle Kunststoffgruppen charakteristisch. Zum einen der Glasübergangsbereich und zum anderen der energie-elastische Zustand. Aus Perspektive der Verarbeitung von Kunststoffen ist der Glasübergangsbereich von Relevanz.[75] In diesem Bereich verändert ein Kunststoff temperaturabhängig seine molekulare Struktur, welche zu veränderten mechanischen Eigenschaften führt. Unterhalb des Glasübergangs wird das Verhalten als spröde oder glasartig beschrieben, oberhalb ist es weich oder zäh. Ursächlich dafür sind freie Volumen zwischen den

[68] Vgl. BAUR et al., *Werkstoff-Führer Kunststoffe: Eigenschaften - Prüfungen - Kennwerte*, S. 14.

[69] Vgl. Leo H. BAEKELAND, Method of making insoluble products of phenol and formaldehyde (Patent 942699A, eingereicht 1909).

[70] Vgl. KAISER, *Kunststoffchemie für Ingenieure: Von der Synthese bis zur Anwendung*, S. 209.

[71] Vgl. R. SCHMID, „Spezifische Eigenschaften von hochvernetzten Polymeren", in *Physik der Duroplaste und anderer Polymerer*, hrsg. E. W. FISCHER et al., Bd. 64, Progress in Colloid & Polymer Science (Darmstadt: Steinkopff, 1978), S. 28-31.

[72] Vgl. Gottfried EHRENSTEIN, *Polymer-Werkstoffe: Struktur ; Eigenschaften ; Anwendung*, 3. Aufl. (s.l.: Carl Hanser Fachbuchverlag, 2011), S. 199.

[73] Vgl. Hans-Jürgen BARGEL und Günter SCHULZE, Hrsg., *Werkstoffkunde*, 11. Aufl. 2012, Springer-Lehrbuch (Berlin, Heidelberg: Springer Berlin Heidelberg, 2012), S. 443.

[74] Vgl. ebd., S. 444.

[75] Vgl. DIN DEUTSCHES INSTITUT FÜR NORMUNG E. V., *Polymere Werkstoffe: Gruppierung polymerer Werkstoffe aufgrund ihres mechanischen Verhaltens*, 7724:1993-04, Berlin, 1993-04-01, S 4-6.

Polymerketten für Umlagerungen und Rotationen.[76] Solche Umlagerungen finden im energie-elastischen Zustand nicht statt, sind jedoch charakteristisch für den entropie-elastischen Bereich. Auf die Vernetzung eines Kunststoffes bezogen, begünstigt eine weite Vernetzung die Bewegungen. Daher steigt der Temperaturbereich des Glasübergangs mit der Vernetzung und existiert für kristallin angeordnete Polymerketten gar nicht.[77]

Der energie-elastische Zustand ist charakteristisch für Thermoplasten und Duroplasten, da der Gebrauchsbereich der meisten Kunststoffe diesen Zustand benötigt. Der Gebrauchsbereich ist zwar abhängig der Anwendung, dennoch meistens um Raumtemperatur. Thermoplasten und Duroplasten sind bei Raumtemperatur in einem glasartigen, spröden Zustand. Die mechanischen Eigenschaften werden vom elastischen Verhalten dominiert.[78] Zu den Zusammenhängen des mechanischen Verhaltens im Gebrauchsbereich folgt das Kapitel 2.1.2.2.

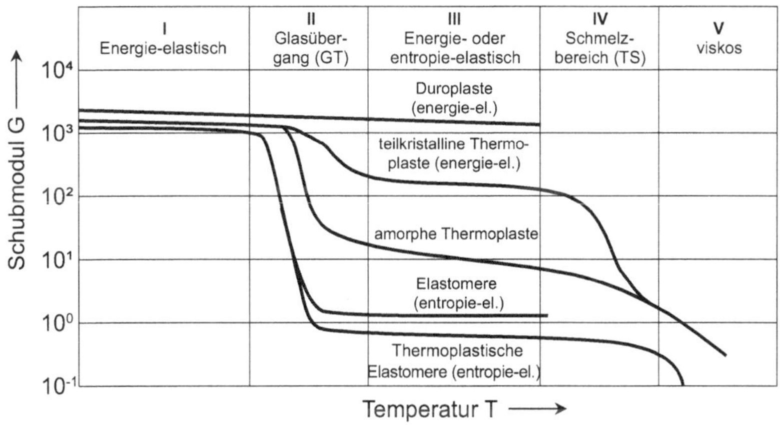

Abbildung 2.4: Zustandsbereiche von Kunststoffen und Verlauf des Schubmoduls G in Abhängigkeit der Temperatur[79]

Oberhalb des Glasübergangs verhalten sich Kunststoffe entropie-elastisch. Rotationen und Umlagerungen von Kettensegmenten ermöglichen unter Belastungen eine Gestaltveränderung mit einer Abnahme der Entropie. Jedoch ist diese Gestaltveränderung thermodynamisch instabil, weshalb sich die Ketten wieder eine Knäulform zusammenziehen. Dies ist durch die elastische Rück-

[76] Vgl. G. Kanig, „Das freie Volumen und die Änderung des Ausdehnungskoeffizienten und der Molwärme bei der Glasübergangstemperatur von Hochpolymeren", *Kolloid-Zeitschrift und Zeitschrift für Polymere* 233, Nrn. 1-2 (1969): S. 844.

[77] Vgl. Ehrenstein, *Polymer-Werkstoffe: Struktur ; Eigenschaften ; Anwendung*, S. 194-196.

[78] Vgl. ebd., S. 185.

[79] I.A.a Bargel und Schulze (*Werkstoffkunde*, S. 444)

stellkraft beschrieben.[80] Eine Ausnahme bilden kristalline Phasen von Kunststoffen, hier ist das Verhalten auch oberhalb des Glasübergangs energie-elastisch.[81]

Thermoplastische Kunststoffe, eingeschlossen thermoplastischer Elastomere, haben als einzige Kunststoffgruppe einen Fließbereich. Dieser Bereich liegt oberhalb der Temperaturen des entropieelastischen Bereiches. Aufgrund der Bewegungsfähigkeit der Polymerketten bei höheren Temperatur lösen sich die Kettenknäule und verbliebende Bindungen in der Nahordnung weitestgehend auf. Zuletzt schmelzen die kristallinen Bereiche der Kunststoffe, deren Bindungen durch Nebenvalenzkräft stärker ausgeprägt sind, als in den amorphen Bereichen.[82] Aufgrund der Länge verhaken sich die Polymerketten jedoch weiterhin, sodass es sich bei einer Kunststoffschmelze nicht um eine newtonsche Flüssigkeit handelt. Die Schmelze verhält sich strukturviskos, was bedeutet, dass die Viskosität mit steigender Schergeschwindigkeit wieder abnimmt.[83]

In einem über dem Fließbereich liegenden Temperaturbereich beginnen sich die Kunststoffe zu zersetzen. Verantwortlich dafür sind Abbaumechanismen, die thermisch oder auch thermo-oxidativ sind. Beide Mechanismen führen zu einer Auflösung oder irreversiblen Veränderung von Bindungen der Polymerketten. Der thermische Abbau erfolgt dann, wenn die zugeführte Energie der Bindungsenergie in den Ketten übersteigt. In einer sauerstoffhaltigen Atmosphäre findet einer Radiakaloxidation statt. Radikale im Kunststoff können in den vorherigen Zustandsänderungen oder durch mechanischen Abbau entstanden sein. Die Oxidation führt zu Kettenspaltungen, -vernetzungen oder -verzweigungen in den amorphen Bereichen eines Kunststoffs, die zur Reduktion des Molekulargewichts führen.[84]

2.1.2.2 Mechanisches Verhalten

Bei der Betrachtung des mechanischen Verhaltens von Kunststoffen kann die Zeit oder die Temperatur als relevanter Parameter der Beschreibung fokussiert werden.[85] In beiden Fällen sind die Bindungskräfte der verschiedenen Kunststoffklassen für das Verhalten bestimmend. Im Folgenden wird das von der Zeit abhängige mechanische Verhalten von Kunststoffen für den Gebrauchsbereich eingeordnet.

Das zeitabhängige mechanische Verhalten von Kunststoffen kann nicht ausschließlich durch das Hookesche Gesetz beschreiben werden.[86] Stattdessen existieren und überlagern sich drei Verformungsanteile, wenn ein Kunststoff von einer von außen einwirkenden Kraft verformt wird: Elastische Deformation ϵ_0, viskose Deformation ϵ_v und viskoelastische Deformation ϵ_{rel}.[87] Aus dem Letzteren geht die gängige Bezeichnung von Kunststoffen als viskoelastische Materialien

---

80 Vgl. Ehrenstein, *Polymer-Werkstoffe: Struktur ; Eigenschaften ; Anwendung*, S. 187.

81 Vgl. Bargel und Schulze, *Werkstoffkunde*, S. 444.

82 Vgl. Ehrenstein, *Polymer-Werkstoffe: Struktur ; Eigenschaften ; Anwendung*, S. 197.

83 Vgl. Kaiser, *Kunststoffchemie für Ingenieure: Von der Synthese bis zur Anwendung*, S. 111 f.

84 Vgl. Ehrenstein, *Polymer-Werkstoffe: Struktur ; Eigenschaften ; Anwendung*, S. 287 f.

85 Vgl. Kaiser, *Kunststoffchemie für Ingenieure: Von der Synthese bis zur Anwendung*, Kapitel 2.6.

86 Vgl. Ian M. Ward, *Mechanical Properties of Solid Polymers*, 3rd ed. (New York: John Wiley & Sons Incorporated, 2012), S. 21 f.

87 Vgl. Kaiser, *Kunststoffchemie für Ingenieure: Von der Synthese bis zur Anwendung*, S. 123.

hervor. Die Abbildung 2.5 zeigt den zeitlichen Verlauf der Verformung. Nach der Entlastung zu t' geht die elastische Deformation sofort zurück. Mit der Zeit verschwindet der viskoelastische Anteil, bis nur die viskose Deformation zurückbleibt. Der Ablauf der Verformung in Geschwindigkeit und Intensität hängt von der Dauer und Stärke der Belastung ab, sowie von der Temperatur.[88] Die drei Verformungsanteile werden durch das Burgers- oder 4-Parameter-Modell mit guter Übereinstimmung zu praktischen Versuchen berechnet.[89]

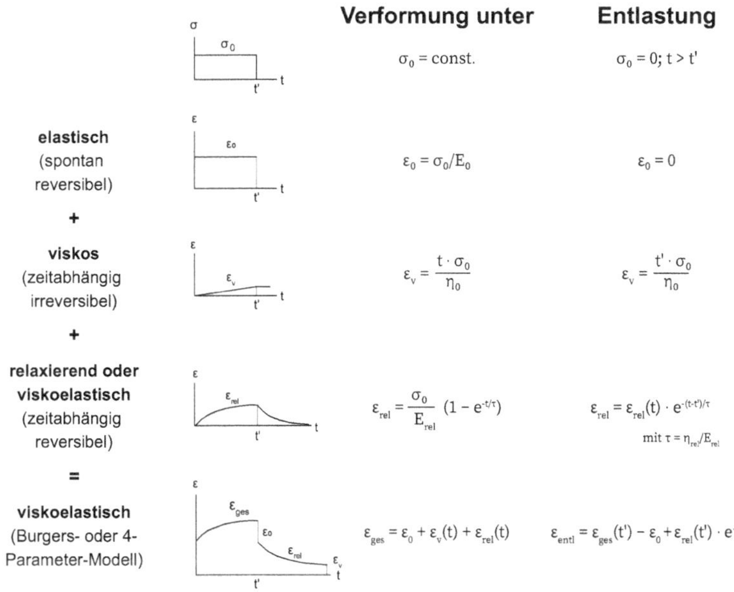

Abbildung 2.5: Beschreibung des Verformungsverhaltens von Kunststoffen[90]

Der elastische Verformungsanteil eines Kunststoffes wird wie ein ideal elastischer Körper beschrieben und durch das Hooke Element modelliert. Die angelegte Spannung σ_0 führt proportional zur Deformation ϵ_0 in Abhängigkeit des Elastizitätsmoduls E_0 für den Fall der Dehnung. Sobald die Spannung nicht mehr wirkt, beträgt die verbleibende elastische Verformung $\epsilon_0 = 0$. Dieser Anteil ist vollständig reversibel und äußert sich molekular durch Valenzwinkelstreckungen und Abstands-

[88] Vgl. Kaiser, *Kunststoffchemie für Ingenieure: Von der Synthese bis zur Anwendung*, S. 114.

[89] Vgl. Claus Dallner und Gottfried Wilhelm Ehrenstein, „Thermische Einsatzgrenzen von Kunststoffen: Teil I: Kriechverhalten unter statischer Belastung", *Journal of Plastics Technology* 2, Nr. 3 (2006): S. 6.

[90] I.A.a Dallner und Ehrenstein („Thermische Einsatzgrenzen von Kunststoffen: Teil I: Kriechverhalten unter statischer Belastung", S. 6)

änderungen.[91] Hauptsächlich bestimmt dieser Verformungsanteil das Verhalten von amorphen und teilkristallinen Thermoplasten, sowie von Duroplasten im üblichen Gebrauchstemperaturbereich.[92]

Im viskosen Verformungsanteil verschiebt sich der molekulare Schwerpunkt. Die Modellierung erfolgt, wie bei einem ideal viskosen Körper durch ein Newton-Element. Die angelegte Spannung σ_0 erzeugt eine verzögerte Deformation ϵ_v, welche, solange fortschreitet, wie die Spannung angelegt ist. Nach Abklingen der Spannung bleibt die gesamte Deformation zurück und ist somit irreversibel.[93]

Der dritte Verformungsanteil beschreibt das viskoelastische Verhalten, welches einem Körper zugeschrieben wird, der sowohl elastische als auch viskoses Materialverhalten aufweist. Als einfache Modellierungsansätze existieren der Kelvin-Körper und das Maxwell-Element. Unter einer angelegten Spannung σ_0 stellt sich zeitabhängig eine Deformation ϵ_{rel} ein. Diese bildet sich nach Ende der Beanspruchung zurück, jedoch nur so weit, wie der elastische Anteil das Verhalten bestimmt. Auf molekularer Ebene findet eine Streckung und Orientierungsänderungen der Polymerketten statt.[94]

Neben der Betrachtung des Verhaltens bei statischer Belastung, ist auch das Verhalten bei dynamischer Belastung von Interesse. Für Kunststoffe ist eine Darstellung als sinusförmige Kurve üblich. Hierdurch wird die Phasenverschiebung beim linear-viskoelastischen Verhalten verdeutlicht. Die Kurve in Abbildung 2.6 zeigt den Verlauf der Deformation ϵ als Antwort auf die Spannung σ im zeitlichen Verlauf. Die Verschiebung wird durch den Winkel δ bezeichnet. Aus der Kurve lassen sich wichtige Kennwerte für die Bestimmung des dynamisch-mechanischen Verhaltens von Kunststoffen ableiten.[95] Zunächst sind die Verläufe von Spannung und Deformation über die beiden folgenden Gleichungen zu bestimmen:[96]

$$\sigma(t) = \hat{\sigma} \cdot sin(\omega t) \tag{2.1}$$

$$\epsilon(t) = \hat{\epsilon} \cdot sin(\omega t - \delta) \tag{2.2}$$

Daraus wird der komplexe Elastizitätsmodul abgeleitet:

$$E* = \frac{\hat{\sigma}}{\hat{\epsilon}}(cos\delta + jsin\delta) \tag{2.3}$$

Der komplexe Elastizitätsmodul hat zwei Bestandteile, den Speichermodul E' und den Verlustmodul E''. Aus dem Quotienten dieser Größen berechnet sich der Verlustfaktor d:

$$E* = \frac{E''}{E'} = tan\delta = d \tag{2.4}$$

[91] Vgl. Ehrenstein, *Polymer-Werkstoffe: Struktur ; Eigenschaften ; Anwendung*, S. 210-212.

[92] Vgl. DIN Deutsches Institut für Normung e. V., *Polymere Werkstoffe: Gruppierung polymerer Werkstoffe aufgrund ihres mechanischen Verhaltens*, S 5, 6.

[93] Vgl. Ehrenstein, *Polymer-Werkstoffe: Struktur ; Eigenschaften ; Anwendung*, S. 210 f.

[94] Vgl. ebd., S. 210-212.

[95] Vgl. ebd., S. 181 f.

[96] Vgl. Claus Dallner und Gottfried Wilhelm Ehrenstein, „Thermische Einsatzgrenzen von Kunststoffen: Teil II: Dynamisch-Mechanische Analyse unter Last“, *Journal of Plastics Technology* 2, Nr. 4 (2006): S. 3.

Bei viskoelastischen Werkstoffen beschreibt der Speichermodul E' die Steifigkeit unter Belastung. Üblicherweise entspricht er dem in der Literatur angegebenen E-Modul, sofern der nicht elastische Anteil der Verformung nicht zu groß wird. Der Verlustmodul E'' beschreibt hingegen den Anteil der Energie, der in Schwingung umgewandelt wurde, jedoch nicht wieder zurückzugewinnen ist. Je näher die Temperatur, bei der die Belastung stattfindet, an der Glasübergangstemperatur liegt, desto größer ist E''.[97]

Für das nicht-linear viskoelastische Verhalten können ebenso Messverfahren und Modellierungen vorgenommen werden.[98] DALLNER und EHRENSTEIN beschreiben die Problematik, Einsatzgrenzen auf Basis der Wärmeformbeständigkeit oder von Wöhlerkurven zu bestimmen und demonstrieren eine alternative Vorgehensweise.[99] Insbesondere für hohe Belastungen in der Praxis, wie eine Durchführung einer dynamisch-mechanischen Analyse mit hohen Lasten bessere Aussagen bezüglich der thermischen Einsatzgrenzen getätigt werden können.[100]

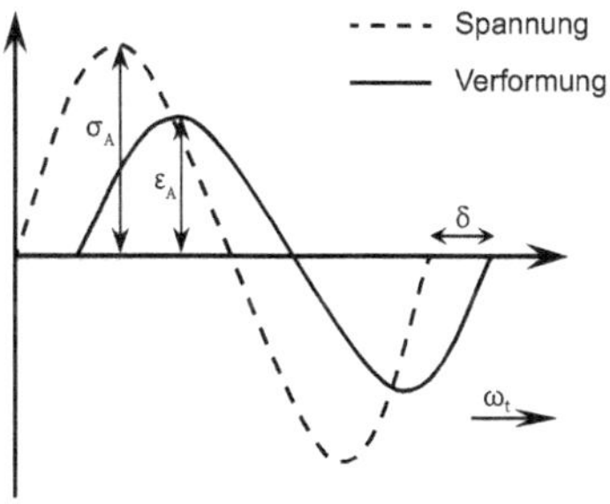

Linear-viskoelastisch

$$|E^*| = \sqrt{[E'(\omega)]^{2} + [E''(\omega)]^{2}}$$

$$E'(\omega) = |E^*| \cdot \cos\delta$$

$$E''(\omega) = |E^*| \cdot \sin\delta$$

$$\tan\delta = \frac{E''(\omega)}{E'(\omega)}$$

Abbildung 2.6: Phasenverschiebung des Antwortsignals ϵ bei Schwingungsbelastung σ bei linear-viskoelastischen Werkstoffen[101]

2.1.3 Spritzgießen als Verfahren der Kunststoffverarbeitung

In diesem Abschnitt werden Grundlagen des Spritzgießen als Kunststoffverarbeitungsverfahren vorgestellt. Zusätzlich werden Aspekte der Werkstofftechnik für Kunststoffe mit Relevanz für die Verarbeitung diskutiert, da diese Einfluss auf den Formen- und Werkzeugbau haben. Weiterhin wird das Spritzgießen als Verfahren der Kunststoffverarbeitung im Kontext der additiven Prototypenwerkzeuge vorgestellt.

---

97 Vgl. EHRENSTEIN, *Polymer-Werkstoffe: Struktur ; Eigenschaften ; Anwendung*, S. 182.

98 Vgl. DALLNER und EHRENSTEIN, „Thermische Einsatzgrenzen von Kunststoffen: Teil II: Dynamisch-Mechanische Analyse unter Last", S. 4.

99 Vgl. ebd., S. 5-10.

100 Vgl. ebd., S. 30.

101 I.A.a. EHRENSTEIN (*Polymer-Werkstoffe: Struktur ; Eigenschaften ; Anwendung*, S. 181)

2.1.3.1 Prototypenwerkzeuge zur Kunststoffverarbeitung

Die Norm DIN 8580 dient zur Orientierung bei der Abgrenzung von Verfahren der Kunststoffverarbeitung.[102] Im Kontext von additiven Prototypenwerkzeugen sind jene Verfahren relevant, die Formen einsetzen, siehe dazu Abbildung 2.7. Dazu zählt an erster Stelle das Spritzgießen, wo schon mehrere Einsätze wissenschaftlich dokumentiert, beispielsweise in ZHANG et al.[103] und KAMPKER et al.[104] Weiterhin wurde für das Extrusionsverfahren Relevanz für additive Prototypenwerkzeuge bewiesen.[105] Auch bei den Verfahren zur Formänderung könnten diese Werkzeuge zum Einsatz kommen. JUNK et al. zeigen ein Beispiel für die Anwendung im Thermoformen.[106]

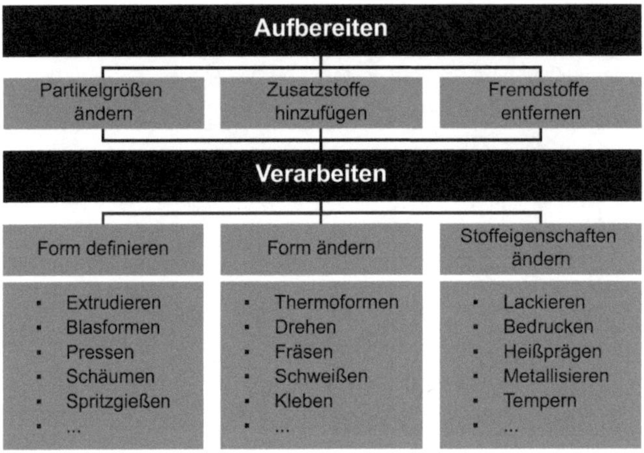

Abbildung 2.7: Einteilung von Fertigungsverfahren in der Kunststofftechnik[107]

Die Anwendung additiver Prototypenwerkzeuge ist insbesondere für das Spritzgießen interessant. Die Rahmenbedingungen des Werkzeugbaus für das Spritzgießen erlauben es, die Vorteile der additiven in vielfältigen Belangen zu nutzen. Bei Extrusion von Profilen ist die Dauerbelastung besonders für additive Prototypenwerkzeuge aus Kunststoff ungünstig. Die Studie von TURAZZA

102 Vgl. DIN DEUTSCHES INSTITUT FÜR NORMUNG E. V., *Fertigungsverfahren - Begriffe, Einteilung*.

103 Vgl. Yang ZHANG et al., „A Soft Tooling process chain employing Additive Manufacturing for injection molding of a 3D component with micro pillars“, *Journal of Manufacturing Processes* 27 (2017): 138–144.

104 Vgl. Achim KAMPKER et al., „Direct Polymer Additive Tooling – Verwendung von Polymerwerkzeugen für den Einsatz im Kleinserien Spritzguss“, in *Rapid.Tech + FabCon 3.D – International Trade Show + Conference for Additive Manufacturing*, hrsg. Michael KYNAST et al. (München: Carl Hanser Verlag GmbH & Co. KG, 2018), S. 45–62.

105 Vgl. A. TURAZZA et al., „Towards the integration of additively manufactured photopolymer dies in the polymer profile extrusion process chain“, *Procedia CIRP* 93 (2020): S. 6.

106 Vgl. S. JUNK et al., „Application of 3D Printing for the Rapid Tooling of Thermoforming Moulds“, in *Proceedings of the 36th International MATADOR Conference*, hrsg. Srichand HINDUJA und Lin LI (London: Springer London, 2010), S. 371.

107 I.A.a KAISER (*Kunststoffchemie für Ingenieure: Von der Synthese bis zur Anwendung*, S. 133)

et al.[108] zeigt somit Potenziale auf, diese liegen jedoch noch weiter von der Anwendung weg, als jene für das Spritzgießen von ZHANG et al. und KAMPKER et al.[109] Daher beschäftigt sich die Arbeit mit der Verwendung additiver Prototypenwerkzeuge aus Kunststoff ausschließlich für das Spritzgießen. Eine Übertragbarkeit der Ausführung wird am Ende dieser Arbeit diskutiert.

Sowohl Extrusionsverfahren als auch das Spritzgießen belasten Werkzeuge thermisch, rheologisch und mechanisch. Die Auslegung, wie bereits in Kapitel 2.3.3 diskutiert, beschäftigt sich mit der Steuerung der Belastung im Zielsystem des Verfahrens. Bei der Betrachtung aus Sicht der Werkstoffwissenschaft ergeben sich daraus mehrere spannende Aspekte. Das viskoelastische Verhalten von Kunststoffen ist ebenso temperaturabhängig und zeitabhängig, wie belastungsabhängig. Aufgrund dieser Eigenschaften ist die Auslegung von Werkzeugen aus Kunststoffen nicht ausschließlich mit den bekannten Regeln und Vorgehen zu bewältigen. In der Extrusion sind die Belastungen kontinuierlich, womit die Leistung des Werkzeugs tendenziell schneller abnimmt. Beim Spritzgießen entstehen im Zyklus Erholungsphasen für das Werkzeug, womit jedoch die Komplexität der Verhaltensanalyse steigt. Das viskoelastische Materialmodell muss immer für einen neuen Parametersatz analysiert werden. Die Erzeugung der Prozessstabilität ist somit aus werkstofflicher Sicht die entscheidende Aufgabe.

2.1.3.2 Spritzgießmaschine

Der Aufbau und die Funktionsweise der Spritzgießmaschine wird anhand einer Produkt- und eine Funktionsstruktur dargestellt. Dabei dient die Produktstruktur zur Darstellung des Aufbaus und der Definition der Begrifflichkeiten um und in der Spritzgießmaschine bis zu einzelnen Komponenten. Die Funktionsstruktur unterstützt das Verständnis für Verfahrensabläufe und Einflüsse auf Prozessstabilität und Bauteilqualität und wird am Beispiel für thermoplastische Formmassen beschrieben.

Für Spritzgießmaschinen existieren verschiedene, für Anwendungsfälle optimierte, Bauformen. Den Standard bilden horizontale Maschinen. Die Ausrichtung bezieht sich dabei auf die Positionierung der Trennfläche des Werkzeugs. Das Werkzeug gehört neben der Plastifiziereinheit, der Schließeinheit und der Steuerung zu den vier Hauptbaugruppen einer Spritzgießmaschine, siehe Abbildung 2.8. Die Plastifiziereinheit besteht aus eine Lagerkomponente mit Trichter zum Vorhalten von Kunststoffgranulat. Weiterhin gehört eine Extruderschnecke zum Aufbau. Hierbei gibt es verschiedene geometrische Variationen je nach verwendetem Kunststoff. Die Schnecke wird mittels Heizungen auf Temperatur gebracht. Am einen Ende der Schnecke befindet sich ein Kolben, der die horizontale Bewegung erzeugt, zusätzlich hat die Schnecke noch einen Antrieb für die Rotation. Am anderen Ende der Schnecke befinden sich die Düse, der Schnecken- oder Düsenvorraum sowie die Rückstromsperre.[110]

[108] Vgl. TURAZZA et al., „Towards the integration of additively manufactured photopolymer dies in the polymer profile extrusion process chain".

[109] Vgl. ZHANG et al., „A Soft Tooling process chain employing Additive Manufacturing for injection molding of a 3D component with micro pillars"; KAMPKER et al., „Direct Polymer Additive Tooling – Verwendung von Polymerwerkzeugen für den Einsatz im Kleinserien Spritzguss".

[110] Vgl. Christian HOPMANN et al., *Technologie des Spritzgießens: Lern- und Arbeitsbuch*, 4., aktualisierte Auflage (München: Hanser, 2017), Lektionen 2-3.

Zwischen Plastifiziereinheit und Schließeinheit liegt das Werkzeug. Zentrales Element des Werkzeuges ist das Formnest mit düsen- und auswerferseitigen Formeinsätzen. Die Formeinsätze werden auf einem Plattensystem montiert. Zu diesem Plattensystem gehört das Auswerfersystem der Werkzeughälfte aufseiten der Schließeinheit, auf dem die Auswerfer befestigt werden. Die weiteren Platten bilden das Angusssystem, das Kühlsystem, sowie die Aufspannung auf der Maschine ab. Wichtiger Bestandteil sind die verschiedenen Führungselemente zur Ausrichtung der Werkzeughälften zueinander.[111]

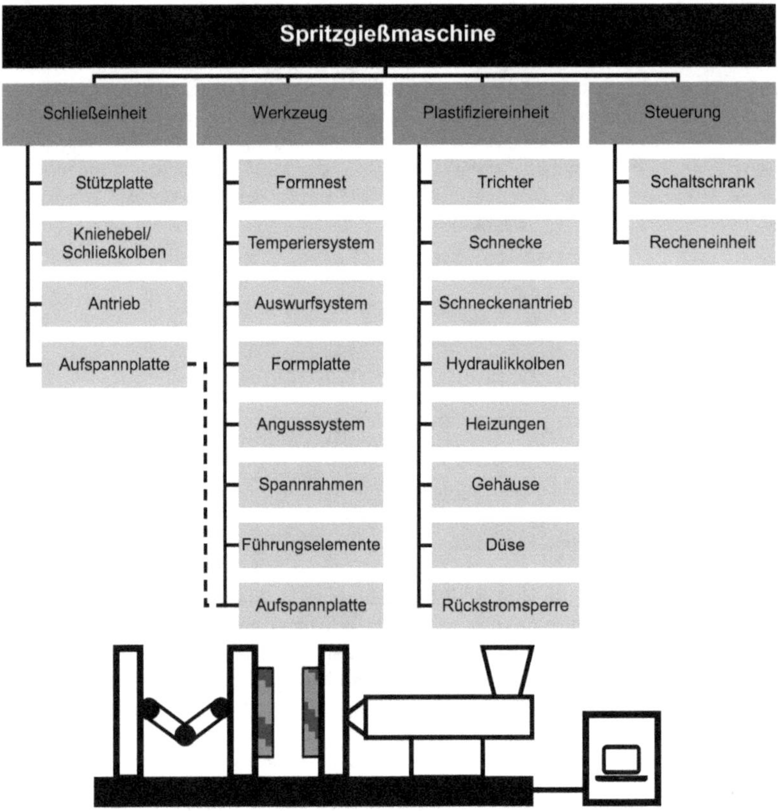

Abbildung 2.8: Exemplarische Produktstruktur einer Spritzgießmaschine[112]

[111] Vgl. Harry Pruner und Wolfgang Nesch, *Spritzgießwerkzeuge kompakt: Ein Praxisbuch für Einsteiger*, 2. Auflage (2020), S. 1.

[112] Eigene Darstellung nach Hopmann et al. (*Technologie des Spritzgießens: Lern- und Arbeitsbuch*, Lektionen 2-6)

Die Schließeinheit teilt sich eine Komponente mit dem Werkzeug. Die Aufspannplatte bildet den beweglichen Teil der Schließeinheit. Dieser wird durch die Bewegung eines Kniehebels oder einer anderen Vorrichtung zur starren Plastifiziereinheit gefahren. Der Antrieb des Kniehebels kann hydraulisch oder elektrisch erfolgen.[113] Die Bewegungen werden über eine CNC-Maschinensteuerung berechnet. Weiterhin sorgt ein Schaltschrank mit entsprechenden Elementen für die Übertragung der Steuerbefehle aus der Recheneinheit zu den Maschinenkomponenten.[114]

Die Funktionsstruktur einer Spritzgießmaschine fokussiert das Herstellen von Spritzlingen. Dazu muss zunächst die Formmasse aufgeschmolzen werden. Dies erfolgt in der Regel, wenn die Formmasse über die Schnecke zur Düse gefördert wird. Die notwendige Energie wird über Heizbänder an der Schnecke oder durch Reibung zwischen Formmassepartikeln selbst oder mit der Schnecke bzw. mit dem Gehäuse erzeugt. Über den Förderweg der rotierenden Schnecke wird die Schmelze homogenisiert. Dies dient der gleichmäßigen Verteilung von Zuschlagstoffen, wie Farbpigmenten. Die Schmelze wird vor der Düse gesammelt und durch eine horizontale Bewegung der Schnecke in Richtung Düse durch diese in das Werkzeug gedrückt. Das Werkzeug wird vorher geschlossen und nimmt nun die geschmolzene Formmasse auf. Durch den Gießkanal, das Gießsystem und die Anschnitte verteilt sich die Schmelze in der Hohlgeometrie und bildet diese nach. Die Schmelze kühlt nun im Werkzeug ab, in dem die Wärme durch das Werkzeug abgeleitet wird. Nachdem das Bauteil ausreichend abgekühlt ist, wird das Werkzeug geöffnet und das Formteil ausgeworfen. In Abbildung 2.9 sind die einzelnen Funktionen dargestellt.[115]

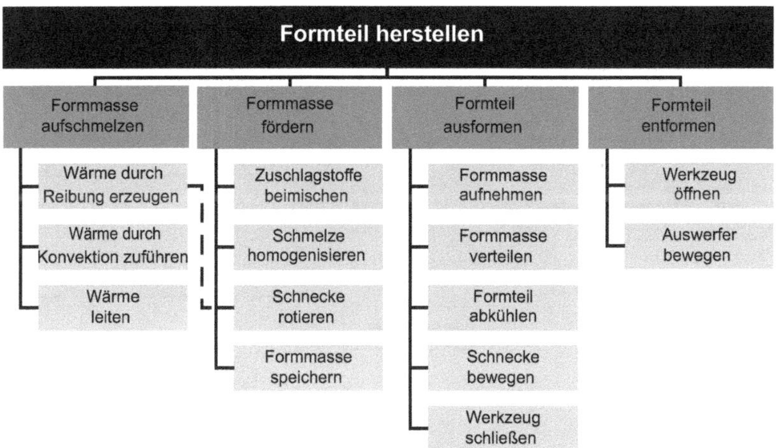

Abbildung 2.9: Exemplarische Funktionsstruktur einer Spritzgießmaschine[116]

113 Vgl. ebd., Lektion 5.

114 Vgl. ebd., S. 59.

115 Vgl. ebd., Lektionen 2-6.

116 Eigene Darstellung nach HOPMANN et al. (*Technologie des Spritzgießens: Lern- und Arbeitsbuch*, Lektionen 2-6)

2.1.3.3 Spritzgießzyklus

Zu Beginn sind alle Komponenten der Anlage im Startzustand. Die Vorbereitung für den ersten Zyklus entsprechen weitestgehend dem Durchlaufen der Funktionsstruktur bis hin zur Funktion „Formmasse speichern".[117] Darauf folgt der eigentliche Spritzgießzyklus, wie in Abbildung 2.10 dargestellt. Meistens wird der Zyklus mehrfach und automatisiert durchlaufen. Den Anfang des Zyklus bildet das Schließen des Werkzeugs, bei dem die voreingestellte Zuhaltekraft aufgebaut wird. Das Werkzeug ist so fest verschlossen, sodass die Plastifiziereinheit an das Werkzeug gefahren werden kann. Die Düse wird geöffnet und durch die vorwärts Bewegung der Schnecke die Schmelze in das Werkzeug gedrückt. Die Zeitspanne bis zu Füllung des Bauteils wird Einspritzzeit t_E genannt.[118]

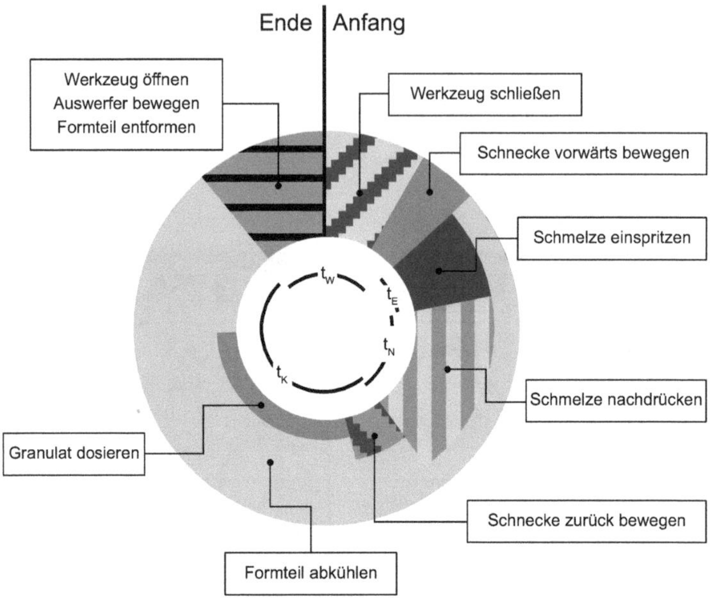

Abbildung 2.10: Ablauf eines Spritzgießzyklus[119]

Währenddessen wird im Werkzeug und im Vorraum zur Düse Druck aufgebaut. Dieser bleibt im Raum vor der Düse bis zum Ende des Zyklus erhalten. Im Werkzeug steigt der Druck durch den Beginn der Nachdruckphase, in der über die Zeitspanne t_N weiter Schmelze in die Hohlgeometrie gedrückt wird. In der Hohlgeometrie beginnt die Schmelze zu erstarren und das Volumen des Materials verkleinert sich. Durch das Nachrücken wird diese Schwindung reduziert und ermöglicht die

117 Vgl. HOPMANN et al., *Technologie des Spritzgießens: Lern- und Arbeitsbuch*, S. 64.

118 Vgl. ebd., S. 65 f.

119 I.A.a. HOPMANN et al. (*Technologie des Spritzgießens: Lern- und Arbeitsbuch*, S. 62)

maßgetreue Füllung der Hohlgeometrie. Dieser Prozess endet mit der Erstarrung des Gießkanals, zeitlich als Siegelpunkt bezeichnet.[120] Danach beginnt die eigentliche Kühlphase.

Bereits zum Einspritzzeitpunkt beginnt die Kühlung des Werkzeugs, um das Formteil auf eine entformungsfähige Temperatur zu bringen. Hauptsächlich dient dazu jedoch die Kühlzeit t_K. Maßgeblich für die Länge der Kühlzeit ist die Dicke des Formteils, die Massetemperatur, die Werkzeugwandtemperatur und die anvisierte Entformungstemperatur.[121] Sobald diese erreicht ist, öffnet sich das Werkzeug und das Formteil wird entweder manuell entnommen oder mittels Auswerfer aus dem Formeinsatz gedrückt. Diese Zeit wird als Wartezeit t_W bezeichnet.[122]

120 Vgl. ebd., S. 68.
121 Vgl. ebd., S. 71 f.
122 Vgl. ebd., S. 75.

2.2 Additive Fertigung

In der industriellen Wertschöpfungskette nimmt die additive Fertigung seit einigen Jahren einen wichtigen Platz in der Produktentwicklung ein.[123] Zuletzt wurden additive Fertigungstechnologien vermehrt in der Serienproduktion für Kundenprodukte platziert.[124] Die Branchen Luftfahrt und Medizintechnik sind mit zahlreicher Anwendung die Pioniere in der industriellen additiven Fertigung.[125] Die verschiedenen additiven Fertigungstechnologien befähigen industrielle, wie private Anwender zur Individualisierung von Produkten,[126] steigern die Flexibilität in Lieferketten[127] und reduziert die Grenzkosten pro Variante im Herstellungsprozess.[128]

Die Grundlagen der additiven Fertigung gehören zum Betrachtungsbereich dieser Arbeit. In den folgenden Unterkapiteln wird ein einheitliches Verständnis von Begriffe und Definitionen geschaffen. Weiterhin folgt die Beschreibung der allgemeinen additiven Prozesskette. Daran anschließend werden, die für den Werkzeugbau relevanten additiven Verfahren für Kunststoffe erläutert. Zum Abschluss folgt ein Exkurs in die Werkstofftechnik der additiven Fertigung.

2.2.1 Begriffsverständnis und Einordnung

Auf dem Gebiet der additiven Fertigung existieren wenige allgemeingültige Definitionen. In den vergangenen Jahren wurden in verschiedenen Gremien Normen und Standards entwickelt, um der Vielfältigkeit von Verständnis und Auslegung von Verfahrensbezeichnungen und anderen Bezeichnungen entgegenzuwirken. Die hier vorgestellten Definitionen ermöglichen für diese Arbeit ein einheitliches Verständnis auf dem Gebiet der additiven Fertigung.

2.2.1.1 Additive Fertigung

Die additive Fertigung ist ein Sammelbegriff für Fertigungsverfahren, bei denen durch das Verbinden von Material Gegenstände hergestellt werden.[129] Das Gegenteil der additiven Fertigung stellt die subtraktive Fertigung dar, die ebenso wie die umformende Fertigung von der additiven Fertigung abzugrenzen ist. Bei der subtraktiven Fertigung wird ein Bauteil durch das Abtragen von nicht gewünschtem Material erzeugt. In der umformenden Fertigung entstehen die Bauteile durch Veränderung der Form des Materials durch Druckanwendung bei gleichbleibender Mas-

123 Vgl. Andreas Gebhardt, *Rapid Prototyping*, 1. ed. (München: Hanser Verlag, 2003), S. 21-23.

124 Vgl. Terry Wohlers et al., *Wohlers Report 2019: 3D printing and additive manufacturing state of the industry* (Fort Collins, Colo.: Wohlers Associates, 2019), S. 29.

125 Vgl. ebd., S. 197-202.

126 Vgl. R. Hague et al., „Implications on design of rapid manufacturing", *Proceedings of the Institution of Mechanical Engineers, Part C: Journal of Mechanical Engineering Science* 217, Nr. 1 (2003): S. 30.

127 Vgl. Mia Delic und Daniel R. Eyers, „The effect of additive manufacturing adoption on supply chain flexibility and performance: An empirical analysis from the automotive industry", *International Journal of Production Economics* 228 (2020): S. 32.

128 Vgl. Baumers und Holweg, „On the economics of additive manufacturing: Experimental findings", S. 12.

129 Vgl. DIN Deutsches Institut für Normung e. V., *Additive Fertigung - Grundlagen - Terminologie*, 52900:2018-06, Berlin, 2018-06-01, S. 6.

se des Materials.[130] Anders als im Spritzgießen, wo das spritzgegossene Objekt als Spritzling bezeichnet wird, gibt es in der additiven Fertigung keinen feststehenden Begriff für ein additiv hergestelltes Objekt. Im Umfeld der Rheinisch-Westfälische Technische Hochschule Aachen ist jedoch die Bezeichnung „Printe" nicht nur für die lokale Variante des Lebkuchens üblich, sondern auch für additive hergestellte Objekte. Ebendarum können solche Objekte auch in dieser Arbeit als „Printen" bezeichnet.

2.2.1.2 Schichtweiser Aufbau

Während sich der Begriff der „additiven Fertigung" insbesondere in der englischen Variante als „Additive Manufacturing (AM)" im Sprachgebrauch etabliert hat, wird häufig auf den schichtweisen Aufbau bei der additiven Fertigung hingewiesen. GIBSON et al. weisen darauf hin, dass bei der additiven Fertigung es Stand der Technik ist, schichtweise das Material zu verbinden, jedoch in Zukunft Systeme auch auf andere Weise additiv Bauteile herstellen.[131] Daher ist der schichtweise Aufbau nicht als Voraussetzung für eine additive Fertigungstechnologie zu sehen, sondern als ein mögliches Merkmal. Diese Sichtweise gewinnt an Bedeutung bei der Betrachtung der Gestaltungsmöglichkeiten von Bauteilen durch die additive Fertigung.

2.2.1.3 Digitales Material

Digitale Materialien stellen eine Gestaltungsmöglichkeit, die durch die additive Fertigung befähigt werden, dar. POPESCU et al. definieren ein „Digitales Material" als eine diskrete Zusammensetzung von Elementen verschiedener Größe, Form und Material.[132] HILLER und LIPSON ergänzen diese Definition durch die Verbindung mit dem Volumenpixel, kurz auch Voxel genannt, womit ein digitales Material der Gesamtheit von Voxeln im Sinne der Zusammensetzung, Anordnung und Material, entspricht.[133] Mit dem Voxel-basierten Ansatz zur Herstellung eines digitalen Materials verknüpfen CHUA et al. die Möglichkeit mittels verschiedener Materialien neue Eigenschaften zu erzeugen.[134]

2.2.2 Prozesskette der additiven Fertigung

Die additive Herstellung von Bauteilen folgt einer spezifisch festgelegten Reihenfolge an Arbeitsschritten. Die Arbeitsschritte können grob in die drei Arbeitsgänge unterteilt werden: Datenaufbereitung, Prozessdurchführung und Nachbearbeitung. In diesen drei Arbeitsgängen befinden sich

[130] Vgl. ebd., S. 30.

[131] Vgl. Ian GIBSON et al., *Additive Manufacturing Technologies: Rapid Prototyping to Direct Digital Manufacturing* (Boston, MA: Springer US / Springer Science+Business Media LLC, 2010), S. 7.

[132] Vgl. George A. POPESCU et al., „Digital material for digital Printing", in *Digital Fabrication*, hrsg. James STASIAK (2006), S. 1.

[133] Vgl. Jonathan HILLER und Hod LIPSON, „Design and analysis of digital materials for physical 3D voxel printing", *Rapid Prototyping Journal* 15, Nr. 2 (2009): S. 138.

[134] Vgl. Chee Kai CHUA et al., *Rapid Prototyping: Principles and Applications*, 2nd ed. (Singapore: World Scientific Publishing Company, 2003), S. 2.

mehrere Arbeitsschritte, die abzuarbeiten sind. GIBSON et al. definieren insgesamt acht Arbeitsschritte, wobei der achte die Anwendung bzw. Nutzung des Bauteils darstellt.[135]

2.2.2.1 Datenaufbereitung

Die Datenaufbereitung beginnt mit der Konzeption eines Bauteiles mittels Skizzen und Beschreibungen. Dem folgt die Erstellung eines dreidimensionalen Computer Aided Design (CAD) Modells, sobald ausreichend Informationen zur Umsetzung bereitstehen. Neben der Neuerstellung der CAD-Datei, können auch 3D-gescannte Objekte in ein entsprechendes Dateiformat umgewandelt werden. Diese dienen dann ebenso als Basis für die additive Fertigung, wie neu-konstruierte Bauteile.[136]

Nach der Erstellung eines 3D-CAD-Models erfolgt die Umwandlung in Aufbauinformationen. Diese Aufbauinformationen werden pro Schicht erzeugt, da die allermeisten additiven Fertigungsverfahren einen schichtweisen Aufbau nutzen. GEBHARDT beschreibt dazu zwei Verfahrenswege: das direkte Schneiden des CAD-Models in eine Common Layer Interface (CLI) Datei und die Triangulation und Umwandlung in eine Standard Transformation Language (STL) Datei.[137] Das STL-Format bildet den aktuellen Industriestandard, wobei neben dem CLI noch weitere Datenformate zu finden sind, die der Triangulation oder dem direkten Schneiden zuzuordnen sind.[138]

Bei der Triangulation wird die Oberfläche des 3D-CAD-Models durch ungleiche Dreiecke ohne auftretende Lücken näherungsweise beschrieben. Zur Erzeugung der Schichtinformation lassen sich diese Dreiecke an jeder z-Koordinate trennen, auch eine Skalierung ist mit den Informationen der Dreiecke möglich.[139] Fehler in den geometrischen Informationen können verhältnismäßig einfach repariert werden.[140] Allerdings können STL-Dateien sehr große Datenmengen enthalten, je nach Feinheit des Netzes der Dreiecke. Außerdem fehlen weitere Informationen zum Bauteil, etwa das Material.[141] Hierfür ist Additive Manufacturing File (AMF) Format eine Alternative.[142]

2.2.2.2 Prozessdurchführung

Die Mehrheit der heutigen additiven Fertigungsverfahren durchlaufen immer wieder zwei Prozessschritte zur Erzeugung von Printen: Schichtgenerierung und Schichtverbindung.[143] Aufgrund der

---

135 Vgl. GIBSON et al., *Additive Manufacturing Technologies: Rapid Prototyping to Direct Digital Manufacturing*, S. 41.

136 Vgl. ebd., S. 42-44.

137 Vgl. Andreas GEBHARDT, *Additive Fertigungsverfahren: Additive Manufacturing und 3D-Drucken für Prototyping - Tooling - Produktion*, 5., neu bearbeitete und erweiterte Auflage (München: Hanser, 2016), S. 35.

138 Vgl. Yuchu QIN et al., „Status, comparison, and future of the representations of additive manufacturing data", *Computer-Aided Design* 111 (2019): S. 47 f.

139 Vgl. GEBHARDT, *Additive Fertigungsverfahren: Additive Manufacturing und 3D-Drucken für Prototyping - Tooling - Produktion*, S. 35-37.

140 Vgl. ebd., S. 39 f.

141 Vgl. ebd., S. 37.

142 Vgl. ebd., S. 45.

143 Vgl. ebd., S. 47.

Vielzahl verschiedener Verfahren sind die Teilschritte nur theoretisch voneinander abzugrenzen. Grundsätzlich ist die Reihenfolge und Trennschärfe von Schichtgenerierung und Schichtverbindung abhängig von der Dimension des Materialauftrags, der Dimension des Energieeintrags, der Reihenfolge von Materialauftrag und Energieeintrag zueinander, sowie der Zeitdimension. Die Tabelle 2.1 veranschaulicht anhand der des Materialauftrags und des Energieeintrags die Variationsmöglichkeiten.

Materialauftrag	**Energieeintrag**	**Auftragsmodus**	**Reihenfolge**
0-D - z.B. Ablegen von Tropfen	0-D - z.B. per Laserstrahl	Diskret	Energieeintrag vor Materialauftrag
1-D – z. B. i.w.S. Ablegen von Strängen	1-D – z. B. per LED-Kette	Schicht-kontinuierlich	Materialauftrag vor Energieeintrag
2-D – z. B. mittels Pulverbett	2-D – z. B. per Bildprojektion	Volumen-kontinuierlich	
3-D – z. B. mittels Flüssigkeitstank			

Tabelle 2.1: Morphologie der Prozessgestaltung für additive Verfahren[144]

Der Materialauftrag erfolgt zwischen dimensionslos bis dreidimensional, abhängig von Art und Aggregatzustand. Der nulldimensionale Materialauftrag kann wie folgt definiert werden: Ablage von Tropfen oder Pulverpartikeln ohne kontinuierliche stoffliche Verbindung zu vorher oder folgend abgelegtem Material. Ein Materialauftrag ist eindimensional, wenn die Ablage von Strängen mit einer kontinuierlichen stofflichen Verbindung mit gleichzeitig abgelegtem Material außer bei einem Schichtwechsel erfolgt. Wenn Ablage von Schichten ohne kontinuierliche stoffliche Verbindung zu vorher oder folgend abgelegtem Material erfolgt, liegt ein zweidimensionale Materialauftrag vor. Der Sonderfall, dass Material zu Beginn des Prozesses in einem Volumen vorliegt, z. B. als Flüssigkeit in einem Tank, und kein weiteres Material hinzugefügt wird, beschreibt den dreidimensionalen Materialauftrag, auch wenn kein eigentlicher Materialauftrag vorliegt.

Der Energieeintrag folgt üblicherweise dem Materialauftrag. Bei nur wenigen Verfahren wird dem Material zuerst Energie zugeführt. Im Falle des punktuellen Eintrags liegt ein dimensionsloser Fall vor. Für einen eindimensionalen Eintrag wird Energie entlang einer Linie zugeführt, während beim zweidimensionalen Fall einer ganzen Fläche Energie eingetragen. Sowohl der Energieeintrag, als auch der Materialeintrag können diskret erfolgen. Häufiger sind jedoch Verfahren, die innerhalb einer Schicht kontinuierlich Energie oder Material ein- oder auftragen. In Sonderfällen kann

[144] Eigene Darstellung

beides auch zwischen Schichten kontinuierlich erfolgen. Hierbei sind jedoch entweder besondere Verfahren oder eine spezielle Datenaufbereitung in Form einer Bahnplanung notwendig.[145]

2.2.2.3 Nachbearbeitung

Nachdem die Printe hergestellt wurde, liegt bei den meisten Verfahren noch kein verwendungsfähiges Bauteil vor. Der Prozessdurchführung folgt ein mehr oder weniger komplexes Zusammenspiel verschiedene Nachbearbeitungsverfahren. Die Bauteilentnahme ist dabei der einzige Schritt, der immer vollzogen werden muss. Dies erfolgt entweder direkt aus dem Bauraum einer Anlage oder nach der Entnahme der Bauplattform. Je nach Verfahren ist es dazu notwendig, überschüssiges Material oder Stützstrukturen zu entfernen. Stützstrukturen liegen dann vor, wenn das zudruckende Bauteil geometrische Strukturen enthält, die durch Schwerkrafteffekte im schichtweisen Aufbau ihre Form nicht halten könnten.[146] Neben den Oberflächeneffekten durch die Entfernung von Stützstrukturen, ist der schichtweise Aufbau verantwortlich dafür, dass Printen eine Oberflächenbehandlung erhalten. Beispiele für solche Behandlungen finden sich für Metalle bei LAMIKIZ et al. und KOPP et al.[147] und für Kunststoffe bei PANDEY et al. und BRAUN et al.[148]

In einigen Verfahren muss die Printe in weiteren Prozessschritten zum verwendungsfähigen Bauteil veredelt werden. Beispielsweise sind Printen aus den sogenannten Freistrahl-Bindemittelauftragsverfahren, wie in Kapitel 2.2.3 beschrieben, zunächst als Grünling zu bezeichnen. Ähnlich zu bekannten Sinterprozessen muss der Binder aus diesen Grün-Printen entfernt werden. Die auftretende Schwindung ist bei der Auslegung des Bauteils zu berücksichtigen.

2.2.3 Additive Fertigungsverfahren

Die Literatur kategorisiert die verschiedenen additiven Fertigungsverfahren auf unterschiedliche Weise. Die vorliegende Arbeit orientiert sich an den Kategorien sowie Definitionen in DIN DEUTSCHES INSTITUT FÜR NORMUNG E. V.[149] Im Anhang A der DIN DEUTSCHES INSTITUT FÜR NORMUNG E. V. ist die Konvention zur Bezeichnung von spezifischen Merkmalen in einer Prozesskategorie festgehalten, damit soll eine Hilfestellung zur Unterscheidung geliefert werden DIN

145 Vgl. Brett E. KELLY et al., „Volumetric additive manufacturing via tomographic reconstruction", *Science (New York, N.Y.)* 363, Nr. 6431 (2019): S. 2; Donghua ZHAO und Weizhong GUO, „Mixed-layer adaptive slicing for robotic Additive Manufacturing (AM) based on decomposing and regrouping", *Journal of Intelligent Manufacturing* 31, Nr. 4 (2020): S. 991 f.

146 Vgl. GIBSON et al., *Additive Manufacturing Technologies: Rapid Prototyping to Direct Digital Manufacturing*, S. 403.

147 Vgl. A. LAMIKIZ et al., „Laser polishing of parts built up by selective laser sintering", *International Journal of Machine Tools and Manufacture* 47, Nrn. 12-13 (2007): 2040–2050; Alexander KOPP et al., „Influence of design and postprocessing parameters on the degradation behavior and mechanical properties of additively manufactured magnesium scaffolds", *Acta biomaterialia* 98 (2019): 23–35.

148 Vgl. Pulak M. PANDEY et al., „Improvement of surface finish by staircase machining in fused deposition modeling", *Journal of Materials Processing Technology* 132, Nrn. 1-3 (2003): 323–331; Karsten BRAUN et al., „Laser polishing as a new post process for 3D-printed polymer parts", *Procedia CIRP* 94 (2020): 134–138.

149 Vgl. DIN DEUTSCHES INSTITUT FÜR NORMUNG E. V., *Additive Fertigung - Grundlagen - Terminologie*, S. 8.

Deutsches Institut für Normung e. V.[150] Für die Arbeit sind insbesondere die Prozesskategorien für Polymere relevant. Diese werden mit einem Suffix „/P" hinter dem Prozessakronym bzw. einem Prozessmerkmal markiert. Prozessmerkmale, wie eine Angabe zur Energiequelle, folgen dem Prozessakronym mit einem „-". Auf das Suffix wird für ein Prozessmerkmal oder das Material verzichtet, sobald die wichtigsten Verfahren für diese Arbeit definiert wurden: Badbasierte Photopolymerization (VPP), Materialextrusion (MEX), und Freistrahl-Materialauftrag (MJT).

2.2.3.1 Badbasierte Photopolymersation

Die badbasierte Photopolymerisation wurde 1984 von Charles W. Hull erfunden.[151] In dem Verfahren werden spezielle Kunststoffe verarbeitet. Die hergestellten Bauteile sind direkt nach der Herstellung einsatzfähig. In Abhängigkeit vom Photopolymer müssen durch einen zusätzlichen Prozessschritt die Materialeigenschaften final eingestellt werden. Die verwendeten Kunststoffe werden auch Photopolymere genannt und gehören zur Gruppe der Duroplaste. Bauteile aus Photopolymeren bestehen also aus hochvernetzten Kunststoffen. Zur Vernetzung der Makromoleküle des Photopolymers wird Energie aus verschiedenen Lichtquellen genutzt.[152]

Die Vernetzung von Makromolekülen über Polymerisationsreaktion stellt den Wirkmechanismus von VPP-Verfahren dar. Die Makromoleküle befinden sich dabei in flüssiger, gemischter Form in einem Bad. Dieses Bad wird mit Licht unterschiedlicher Wellenlängen belichtet. Die Intensität der Belichtung bestimmt dabei die erzielbare Schichtdicke und wird gleichzeitig durch die Zusammensetzung der Makromolekülmischung bestimmt. Die Zusammensetzung der Mischung hängt vom Reaktionsmechanismus ab, so beschreiben Crivello und Reichmanis[153] fünf verschiedene Photopolymerkategorien. Dementsprechend entwickelten sich unterschiedliche Verfahrensweisen für das VPP. Gibson et al. unterscheidet in das Vektorscannen, das Maskenverfahren und das Zwei-Photonen-Verfahren (2PP),[154] welche in Abbildung 2.11 veranschaulicht sind.

Als Lichtquelle kommt beim Vektorscannen und auch beim 2PP-Verfahren ein Laser zum Einsatz, während im Maskenverfahren die Quelle sichtbares oder UV-Licht emittiert. Im Vektorscannen projiziert der Laser über einen Spiegel einen Punkt auf die Badoberfläche projiziert und initiiert dabei die Polymerisationsreaktion. Im 2PP-Verfahren initiiert der Laser nur im Fokusvolumen die Polymerisation. In diesen beiden Verfahren werden die Bauteile durch das Abfahren von Bahnen erzeugt. Im Gegenteil dazu wird beim Maskenverfahren eine komplette Schicht als binäres Bild auf die Badoberfläche projiziert. Grundsätzlich können für VPP-Anlagen, wie in Abbildung 2.11, sogenannte Top-Down-Bauweisen genutzt werden. Das Bauteil wird dabei in das mit Photopolymer gefüllte Becken abgesenkt, nachdem eine neue Schicht an der Oberfläche polymerisiert

150 Vgl. ebd., S. 27 f.

151 Vgl. Charles W. Hull, Apparatus for production of three-dimensional objects by stereolithography: Patentschrift (Patent US455330, eingereicht 1986).

152 Vgl. Gibson et al., *Additive Manufacturing Technologies: Rapid Prototyping to Direct Digital Manufacturing*, S. 61.

153 Vgl. James V. Crivello und Elsa Reichmanis, „Photopolymer Materials and Processes for Advanced Technologies", *Chemistry of Materials* 26, Nr. 1 (2014): 533–548.

154 Vgl. Gibson et al., *Additive Manufacturing Technologies: Rapid Prototyping to Direct Digital Manufacturing*, S. 62.

ist. Als Alternative werden auch Bottom-Up-Bauweisen genutzt. Hierbei wird das Bad von unten belichtet und das Bauteil aus dem Bad „herausgezogen“. Dies verringert das benötigte Badvolumen. Im 2PP-Verfahren kann das Bauteil hingegen direkt im Bad und nicht an der Oberfläche hergestellt werden.

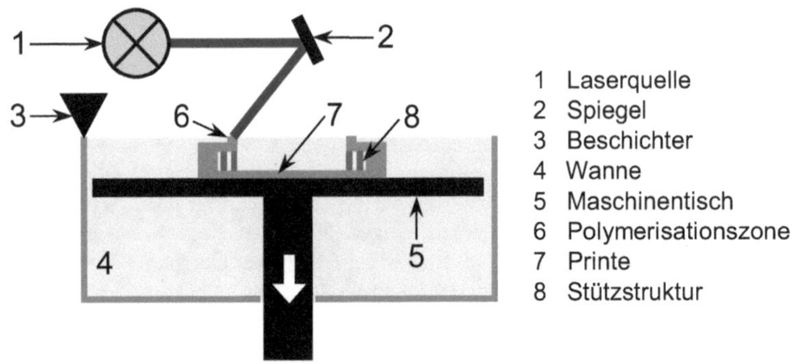

Abbildung 2.11: Prozessschema für die badbasierte Photopolymerisation[155]

Unabhängig vom expliziten Arbeitsprinzip der VPP stehen verschiedene Materialsysteme zur Verfügung. Diese sind im Hinblick auf die gewünschten Eigenschaften wichtig und werden stetig weiterentwickelt. Die genaue Zusammensetzung eines solchen Materialsystems bezieht sich immer auf einen der genannten Reaktionsmechanismen. Die als Ausgangsstoff verwendeten Makromoleküle reagieren unter verschiedenen Umgebungsverhältnissen und erhalten andere Eigenschaften. Das bekannteste Materialsystem der VPP basiert auf Acrylsäure. Historisch gesehen waren dies die ersten in der additiven Fertigung genutzten Photopolymer.[156] Es handelt sich um ein Materialsystem der radikalen Photopolymerisation. Hierbei werden sogenannte Photoinitiatoren eingesetzt, die bei Lichtkontakt einer bestimmten Wellenlänge Radikale bilden. Diese Radikale induzieren dann die Kettenbildung.[157] Neben den acrylbasierten Materialsystemen für die radikale Photopolymerisation gibt es noch die Thio-Systeme, mit dem Ziel eine Alternative mit besseren Schwindungseigenschaften zu bieten.[158]

Bekannte Materialsysteme für die kationische Photopolymerisation sind Epoxid-Systeme und Vinylether. Epoxid-System bieten spannende Eigenschaften für das vollständige polymerisierte Material, allerdings verläuft die Polymerisation langsamer als bei Acryl-Systemen,[159] jedoch ist die

[155] Eigene Darstellung nach GIBSON et al. (*Additive Manufacturing Technologies: Rapid Prototyping to Direct Digital Manufacturing*, S. 62)

[156] Vgl. Samuel Clark LIGON et al., „Polymers for 3D Printing and Customized Additive Manufacturing“, *Chemical reviews* 117, Nr. 15 (2017): S. 10221.

[157] Vgl. CRIVELLO und REICHMANIS, „Photopolymer Materials and Processes for Advanced Technologies“, S. 534 f.

[158] Vgl. Christopher J. KLOXIN et al., „Stress relaxation via addition-fragmentation chain transfer in a thiol-ene photopolymerization“, *Macromolecules* 42, Nr. 7 (2009): S. 2555 f.

[159] Vgl. LIGON et al., „Polymers for 3D Printing and Customized Additive Manufacturing“, S. 10225.

Schwindung deutlich geringer. Photopolymere auf Epoxid-Basis unterscheiden sich von den Epoxidharzen, die bei einer Kalt- oder Heißhärtung entstehen. Hierbei ist der Wachstumsmechanismus der Polymerketten entscheidend. Die Photopolymer besitzen regelmäßigere Vernetzung an einer zentralen Polymerkette, wodurch eine höhere Sprödigkeit entsteht.[160] Vinylether werden als Ergänzung zu den Epoxid-Systemen eingesetzt. Hierbei ist die Beschleunigung der Polymerisation, dem Nachteil von Epoxid-Systemen gegenüber Acryl-Systemen, das Ziel.[161]

2.2.3.2 Materialextrusion

In der Materialextrusion können metallische, keramische Werkstoffe, sowie Kunststoffe verarbeitet werden. Für Metalle und Keramiken ist der MEX-Prozess bis zum fertigen Bauteil jedoch mehrstufig. Es wird additiv ein Grünling hergestellt, der in der Folge noch gesintert werden muss.[162] Einstufige System befinden sich in der Entwicklung.[163] Kunststoffe sind die hauptsächlich genutzten Materialien im Bereich der MEX. Für Kunststoffe ist MEX ausschließlich einstufig, kann sich jedoch in der Bindungsreaktion in Thermisch und Chemisch unterscheiden, wobei die thermische Reaktion die übliche Bindungsreaktion ist. Materialunabhängig können die Materialien in Form von Filament oder Granulaten vorliegen.[164] Die Verarbeitung unterscheidet sich dann lediglich im Prinzip des Energieeintrages zur Phasenumwandlung.

Die Phasenumwandlung von Fest zu Flüssig und das Austragen des Materials in Bahnen sind die Kernprinzipien von MEX im Sinne der Erfindung von Scoot Crump.[165] Der prinzipielle Aufbau einer solchen Maschine ist in Abbildung 2.12 veranschaulicht. Zunächst wird Material von einem Speicher zur Druckeinheit befördert. Die Druckeinheit ist je nach System und Ausgangsform des Materials unterschiedlich gestaltet. Zentraler Bestandteil ist jedoch eine Heizeinheit, um dem Material Wärmeenergie zuzuführen. Bei Anlagen, die Granulate aus Ausgangsstoff verwenden, können auch andere Mechanismen zum Energieeintrag, beispielsweise Scherung, in der Druckeinheit zum Einsatz kommen. Ein weiterer Bestandteil der Druckeinheit ist die Düse, mit der das flüssige Material ausgetragen wird. Die Düsengeometrie bestimmt dabei Grenzen für Austragungsraten, Schichtdicken und Bahnbreiten. Das Material wird nach dem Austritt aus der Düse in Bahnen auf der Substratplatte oder dem schon vorhandenen Bauteil abgelegt. Mit dem Austritt

---

160 Vgl. ebd., S. 10226.

161 Vgl. ebd., S. 10226 f.

162 Vgl. R. Vaidyanathan et al., „The extrusion freeforming of functional ceramic prototypes", *JOM* 52, Nr. 12 (2000): S. 36; M. Agarwala et al., „Fused Deposition of Ceramics and Metals : An Overview", in *Proceedings of the Solid Freeform Fabrication Symposium* (1996), S. 385.

163 Vgl. Jorge Mireles et al., „Development of a Fused Deposition Modeling System for Low Melting Temperature Metal Alloys", *Journal of Electronic Packaging* 135, Nr. 1 (2013); Massimiliano Annoni et al., „Feasibility Study of an Extrusion-based Direct Metal Additive Manufacturing Technique", *Procedia Manufacturing* 5 (2016): 916–927.

164 Vgl. Anna Bellini et al., „New developments in fused deposition modeling of ceramics", *Rapid Prototyping Journal* 11, Nr. 4 (2005): 214–220.

165 Vgl. Scott Crump, Apparatus and method for creating three-dimensional objects: Patentschrift (Patent US5121329, eingereicht 1992).

aus der Düse beginnt das Material abzukühlen. So wird das Bauteil Schicht für Schicht aus einer oder mehreren Bahnen aufgebaut[166]

Hinsichtlich der realisierbaren Möglichkeit der Bauteile bestehen jedoch einige Grenzen. Bei der Nutzung des Verfahrens sollte beachtet werden, dass das Austragen aus der Düse durch Schwerkraft und Oberflächenspannung der Schmelze beeinflusst wird. Die Austrittstemperatur und die Temperatur des bereits abgelegten Materials bestimmen die Bindungsstärke der einzelnen Schichten. Weiterhin entstehen durch die Abkühlung und der damit einhergehenden Schrumpfung Spannungen im Bauteil.[167] Solche Spannungen und deren Auswirkungen können durch die Beheizung der Substratplatte, Haftmittel auf der Substratplatte, unterschiedliche Substratplattenmaterialien, Umhausung und Beheizung des Bauraumes reduziert oder komplett vermieden werden.[168]

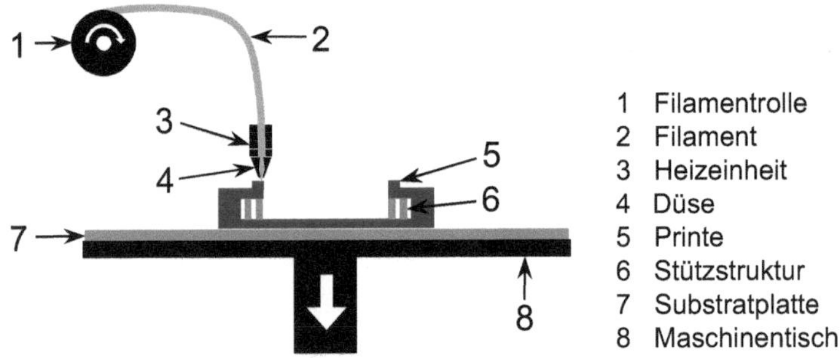

Abbildung 2.12: Prozessschema für die Materialextrusion[169]

Wie bei allen additiven Verfahren mit einem ausgeprägten Schichtbild ist die Oberflächenqualität ein wichtiges Ziel für Verbesserungen. Der durch Über- bzw. Unterextrusion, oder Stützstruktur erzeugte Treppenstufeneffekt kann durch verschiedene Maßnahmen korrigiert werden.[170] Unter anderem können neue Methoden der Schichtgenerierung, wie in SCHUH et al.[171] zur Vermeidung von Stützstrukturen genutzt werden. Weiter kann eine variable Austragsrate zur Verbesserung der

166 Vgl. GIBSON et al., *Additive Manufacturing Technologies: Rapid Prototyping to Direct Digital Manufacturing*, S. 144-152.

167 Vgl. Antreas KANTAROS und Dimitris KARALEKAS, „Fiber Bragg grating based investigation of residual strains in ABS parts fabricated by fused deposition modeling process", *Materials & Design* 50 (2013): S. 46-48.

168 Vgl. O. S. CARNEIRO et al., „Fused deposition modeling with polypropylene", *Materials & Design* 83 (2015): S. 772; C. CASAVOLA et al., „The Effect of Chamber Temperature on Residual Stresses of FDM Parts", in *Residual Stress, Thermomechanics & Infrared Imaging, Hybrid Techniques and Inverse Problems, Volume 7*, hrsg. Antonio BALDI et al., Conference Proceedings of the Society for Experimental Mechanics Series (Cham: Springer International Publishing, 2019), S. 90 f.

169 Eigene Darstellung nach CRUMP (Apparatus and method for creating three-dimensional objects: Patentschrift, Bl. 1-3)

170 Vgl. R. VAN WEEREN et al., „Quality of parts processed by fused deposition", in *Proceedings of the Solid Freeform Fabrication Symposium* (1995), S. 316.

171 Vgl. Günther SCHUH et al., „Feature-based Print Method for Multi-Axis Material Extrusion in Additive Manufacturing", *Procedia CIRP* 93 (2020): 85–89.

Oberflächen führen. Dabei stehen die Schichtdicke, die Füllstruktur und die Druckgeschwindigkeit in direktem Zusammenhang zur Oberflächenqualität.[172]

In MEX werden hauptsächlich Thermoplasten eingesetzt. Dies gilt auch für die Varianten zur Herstellung von Keramik- und Metallbauteilen, in denen Kunststoff als Matrixmaterial bzw. Binder dient. Amorphe Thermoplasten eignen sich für MEX besser, als teilkristalline Kunststoffe. Die amorphen Strukturen sorgen für eine Verringerung der Viskosität mit steigender Temperatur und ermöglichen so ein Fließen, auch unter niedrigen Drücken. Kristalline Teilbereiche in Kunststoffe erschweren die Auswahl passender Druckparameter durch die Lücke zwischen der Glasübergangstemperatur und der kristallinen Schmelztemperatur.[173] Neben den klassischen Werkstoffen werden auch hoch-gefüllte Composite-Materialien aus Kunststoff und Metall eingesetzt.[174]

2.2.3.3 Freistahl-Materialauftrag

Das additive Fertigungsverfahren des MJT geht auf die Erfindung des Verfahrens durch das israelischen Unternehmen Objet Geometries Ltd. im Jahr 1999 zurück.[175] Auf dem Markt sind die Systeme dieser Technologie, aufgrund von parallel gesicherten Namensrechten, unter den Begriffe PolyJet der Firma Stratasys und MultiJet der Firma 3DSystems bekannt. Das Gesamtsystem basiert auf dem selektiven Aufbringen des Ausgangsmaterials in Tröpfchen mit anschließender Aushärtung mittels der UV-Licht-induzierten Photopolymerisation.[176]

Der Prozess des Freistrahl-Materialauftrages kann drei Schritte unterteilt, welche, solange wiederholt werden, bis ein Objekt aufgebaut ist. Zunächst wird eine definierte Menge eines flüssigen Polymeres durch die Druckköpfe auf die Bauplattform oder die vorherige Schicht Material aufgetragen. Der Druckkopf ist gekennzeichnet durch aneinander gereite Öffnungen, durch die das Material austritt. Zur Steuerung des Materialflusses dienen Piezoaktoren, die entweder die Öffnung zur Bauplattform freilegen oder diese schließen und ein Zulauf des Materials aus einem Vorratsspeicher ermöglichen. Nach dem Auftrag wird das ausgetragene Material gewalzt, sodass eine gleichmäßige Schichtdicke entsteht. Danach erfolgt die Initiierung der Photopolymerisation mittels einer UV-Lichtquelle. Die UV-Lichtquelle ist neben Druckköpfen auf der Druckeinheit angebracht. In vertikaler Richtung ist die Druckeinheit fixiert, sodass beim Wechsel zur nächsten Schicht die Bauplattform abgesenkt wird. Nachdem ausreichend Iterationen des zuvor beschriebe-

[172] Vgl. H. Radhwan et al., „Optimization parameter effects on the quality surface finish of the three-dimensional printing (3D-printing) fused deposition modeling (FDM) using RSM", in *5th International Conference on Green Design and Manufacture (IConGDM 2019)*, hrsg. Shayfull Zamree Bin Abd Rahim und Mohd Mustafa Al Bakri Abdullah, Conference collection (Melville, New York: AIP Publishing, 2019), S. 7.

[173] Vgl. Gibson et al., *Additive Manufacturing Technologies: Rapid Prototyping to Direct Digital Manufacturing*, S. 160; Kaiser, *Kunststoffchemie für Ingenieure: Von der Synthese bis zur Anwendung*, S. 110 f.

[174] Vgl. S.H Masood und W.Q Song, „Development of new metal/polymer materials for rapid tooling using Fused deposition modelling", *Materials & Design* 25, Nr. 7 (2004): 587–594.

[175] Vgl. Hanan Gothait, Apparatus and method for three dimensional model printing: Patentschrift (Patent US6259962B1, eingereicht 2001).

[176] Vgl. Hanan Gothait, System and method for three dimensional model printing: Patentschrift (Patent US6850334B1, eingereicht 2005).

nen Ablaufs erfolgt sind, kann das Bauteil aus der Maschine entnommen werden.[177] Ein mögliches Prozessschema ist in Abbildung 2.13 abgebildet.

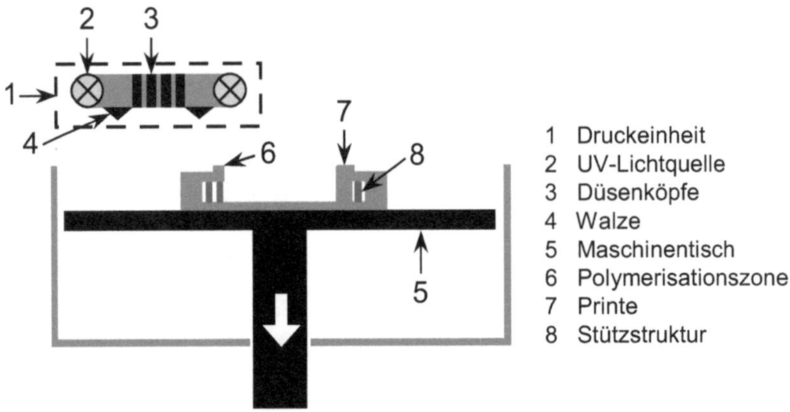

Abbildung 2.13: Prozessschema für dden Freistrahl-Materialauftrag[178]

Die MJT-Technologie bietet zwei wesentliche Vorteile gegenüber den anderen vorgestellten additiven Fertigungsverfahren. Zunächst ist die Technologie auf Skaleneffekte ausgelegt. Das Grundprinzip der additiven Fertigung, der Schichtaufbau, limitiert die meisten Verfahrensarten bei der Umsetzung einer Fixkostendegression. Die Anzahl notwendiger Schichten ist bei gleicher Schichtdicke für alle Verfahren gleich, sodass lediglich durch die Erzeugung einer einzelnen Schicht eine Fixkostendegression erzeugt werden muss. Solange nur ein einzelnes Bauteil hergestellt wird, bestehen keine Unterschiede. Mit steigender Anzahl von herzustellenden Bauteilen im Bauvolumen steigt die Herstelldauer proportional. Im MEX wird das Material einer bauteilabhängigen Linie ausgetragen und im laserbasierten VPP wird das flüssige Material entlang eines Laserstrahls polymerisiert. Weitere Einheiten für den Materialauftrag bzw. Energieeintrag können die Produktivität erhöhen, jedoch keine Fixkostendegression auslösen. Beim MJT gelingt dies durch die Mehrzahl an Düsen und der bauteilunabhängigen Bewegung der Druckeinheit. Für die Industrialisierung additiver Fertigungsverfahren ist dies ein entscheidender Vorteil für die Produktion ähnlicher oder gleicher Teile mit hoher Ausnutzung des Bauvolumens.

Der zweite Vorteil ergibt sich ebenfalls aus dem Aufbau der Druckeinheit. Auf der Druckeinheit wird üblicherweise mehr als ein Druckkopf installiert. Jedem Druckkopf kann ein einzelnes Material zugewiesen werden. Im einfachsten Fall gibt es das Modellmaterial, also dem Material für das Bauteil, und das Supportmaterial, welches hohles Volumen füllt, um das Modellmaterial zu stützen. Eine solche Kombination ist auch in anderen Verfahren möglich. Im MJT können die Ma-

[177] Vgl. GOTHAIT, System and method for three dimensional model printing: Patentschrift, Sec. 2 - Line 13–26.

[178] Eigene Darstellung nach GOTHAIT (Apparatus and method for three dimensional model printing: Patentschrift)

terialien durch die kleinen und eng nebeneinander liegenden Düsen feiner miteinander vermischt werden. Die Materialtröpfchen aus den Düsen kommen der Dimension des Voxel sehr nahe, sodass mittels MJT digitale Materialien hergestellt werden können.[179]

2.2.4 Werkstoffe für die additive Fertigung

In der additiven Fertigung werden nahezu alle Werkstoffklassen verarbeitet BHUVANESH KUMAR und SATHIYA.[180] Im vorherigen Kapitel 2.2.3 werden bereits spezifische Informationen zu den Werkstoffen der einzelnen Verfahren beschrieben. Weiterführend sind allgemeine Hinweise zu den Materialien der additiven Fertigung von Interesse. Für den erfolgreichen Einsatz unterschiedlichster Materialien gibt es mehrere Studien, u. a. von LISKA et al., CRIVELLO und REICHMANIS, LIGON et al., DAS et al., und SLAPNIK und PULKO.[181]

Thermoplasten werden in vielen additiven Verfahren eingesetzt. Hauptsächlich werden die Thermoplasten im PBF oder in der MEX genutzt. In beiden Verfahrenskategorien werden Standard, technische oder Hochleistungsthermoplasten verwendet. Der Einsatz von Thermoplasten als Pulver ähnelt der Anwendung in anderen pulverbasierten Prozessen. Verfahrenstechnisch ist jedoch bei PBF-Verfahren das Auftragen einer neuen Pulverschicht für die Anforderungen an die Rundheit der Pulverpartikel stärker zu berücksichtigen.[182] Zusätzlich erfordert die komplette Verschmelzung der Pulverpartikel ein detailliertes Verständnis über den Einsatz unterschiedlicher Energiequellen. Neben der Hauptquelle können lokale Wärmequellen der Bildung von Eigenspannungen entgegenwirken. Gleiches gilt erweitert auch für die MEX-Verfahren. Bei diesen spielt das Kristallisationsverhalten eine wichtigere Rolle. Für einen brauchbaren MEX-Werkstoff werden den teilkristallinen Thermoplasten Additive zugesetzt, um dem Schwindungsverhalten entgegenzuwirken. Insbesondere bei langen Druckzeiten führt dies zu Problemen, da die Schichtbindung bei teilkristallinen Thermoplasten abnimmt.[183]

In additiven Fertigungsverfahren werden neben Thermoplasten häufig Harze verwendet, die im vernetzten Zustand Duroplaste bilden. Die allermeisten dieser Harze sind fotosensitiv, was bedeutet, dass die Vernetzungsreaktion durch Lichtenergie ausgelöst wird.[184] Die Art der Vernetzungsreakti-

179 Vgl. Nicholas Alexander MEISEL et al., „Impact of material concentration and distribution on composite parts manufactured via multi-material jetting", *Rapid Prototyping Journal* 24, Nr. 5 (2018): S. 873, 878.

180 Vgl. M. BHUVANESH KUMAR und P. SATHIYA, „Methods and materials for additive manufacturing: A critical review on advancements and challenges", *Thin-Walled Structures* 159 (2021): S. 9-30.

181 Vgl. R. LISKA et al., „Photopolymers for rapid prototyping", *Journal of Coatings Technology and Research* 4, Nr. 4 (2007): 505–510; CRIVELLO und REICHMANIS, „Photopolymer Materials and Processes for Advanced Technologies"; LIGON et al., „Polymers for 3D Printing and Customized Additive Manufacturing"; Arit DAS et al., „Current understanding and challenges in high temperature additive manufacturing of engineering thermoplastic polymers", *Additive Manufacturing* 34 (2020): 101218; Janez SLAPNIK und Irena PULKO, „Tailoring properties of photopolymers for additive manufacturing with mixture design", *Progress in Additive Manufacturing* 6, Nr. 1 (2021): 83–91.

182 Vgl. DAS et al., „Current understanding and challenges in high temperature additive manufacturing of engineering thermoplastic polymers", S. 16.

183 Vgl. ebd., S. 6.

184 Vgl. CRIVELLO und REICHMANIS, „Photopolymer Materials and Processes for Advanced Technologies", S. 533.

on bestimmt sich aus den spezifischen Bestandteilen des Photopolymers. Im Allgemeinen bestehen Photopolymere aus einem Photoinitiator, Füllstoffe sowie funktionaler Oligomere und Monomere. Die Oligomere und Monomere werden über die unterschiedlichen Reaktionsmechanismen miteinander vernetzt.[185] Für die additiven Verfahren muss die Mischung der Komponenten so angepasst werden, dass die Prozess- und Materialanforderungen für die Anwendung erfüllt werden. Dazu existieren verschiedene Strategien, zum Beispiel von Slapnik und Pulko. Hier findet das Mixture Design Anwendung zur Optimierung von Acrylharzen für das Stereolithografieverfahren.[186] Das Ziel einer solchen Optimierung ist die Beimischung von funktionalen Partikeln, z. B. aus Keramik, zur Verbesserung verschiedener Eigenschaften. Solche Partikel verringern jedoch die Effektivität der Photoinitiatoren, weswegen die Prozessführung, etwa durch Belichtungszeiten, angepasst werden muss.[187]

[185] Vgl. Crivello und Reichmanis, „Photopolymer Materials and Processes for Advanced Technologies", S. 534.

[186] Vgl. Slapnik und Pulko, „Tailoring properties of photopolymers for additive manufacturing with mixture design", S. 90.

[187] Vgl. Liska et al., „Photopolymers for rapid prototyping", S. 506 f.

2.3 Werkzeugbau

Der Werkzeugbau, im Sinne des Formenbaus, ist bereits seit langer Zeit zentraler Bestandteil der industriellen Wertschöpfung. Die Industrialisierung des Werkzeugbaus, wie er von KLOTZBACH[188] beschrieben wird, stellt heute weitestgehend den leitenden Gestaltungsansatz in der Werkzeugbauindustrie dar.[189] Die Grundlagen des Werkzeugbaus gehören zum Betrachtungsbereich dieser Arbeit. In den folgenden Unterkapiteln wird ein einheitliches Verständnis von Begriffe und Definitionen geschaffen. Weiterhin folgt die Beschreibung der Rolle des Werkzeugbaus in der Produktentwicklung. Daran anschließend wird die Auslegung von Werkzeugen näher erläutert.

2.3.1 Begriffsverständnis und Einordnung

In diesem Abschnitt werden die begrifflichen Grundlagen des Werkzeugbaus vorgenommen. Dies ist unter anderem notwendig, um Unverständlichkeiten aufgrund des weiten Gebrauchs des Begriffes „Werkzeug" im deutschen Sprachraumes entgegenzuwirken. Folgend werden die Begriffe „Werkzeug" und „Werkzeugbau" definiert und abgegrenzt.

2.3.1.1 Werkzeug

Der Begriff „Werkzeug" ist vielfältig besetzt. Nach VDI-GESELLSCHAFT PRODUKTION UND LOGISTIK sind Werkzeuge als Fertigungshilfsmittel zu verstehen, die mit dem Zweck der Form- oder Substanzveränderung auf andere Materialien physikalisch, mechanisch oder chemisch einwirken.[190] Diese Definition umschließt mehrere Gruppen von Werkzeugen, wie in Abbildung 2.14 dargestellt.

Als Werkzeuge werden solche verstanden, die standardisiert sind, wie z. B. Bohrer. Weiterhin gehören zu den Werkzeugen auch Sonderformen von Standardwerkzeuge, wie Räumnadeln. Im Kontext dieser Arbeit wird mit Werkzeuge jedoch das Hohlformwerkzeug umschrieben. Dieser Typ Werkzeug wird für verschiedene Fertigungsverfahren zur Formgebung der Produkte eingesetzt und kennzeichnet sich durch die Darstellung des Produkts in einer Negativform. Nach EVERSHEIM und KLOCKE sind solche Werkzeuge in Presswerkzeuge, Gießwerkzeuge, Massivumformwerkzeuge und Kunststoffwerkzeuge zu unterscheiden.[191]

In der Folge wird der Begriff Prototypenwerkzeug verwendet. Der Wortbestandteil „Prototypen" in Prototypenwerkzeug bezieht sich auf den Status des Werkzeugs, jedoch nicht auf das abzubildende Bauteil. Dieses Bauteil befindet sich nach EVERSHEIM und KLOCKE bereits in der

---

188 Vgl. Christoph KLOTZBACH, „Gestaltungsmodell für den industriellen Werkzeugbau" (Dissertation, Rheinisch-Westfälische Technische Hochschule Aachen, 2006).

189 Vgl. *Operative Exzellenz im Werkzeug- und Formenbau*, 1. Aufl. (Aachen: Apprimus-Verl., 2010), S. 21.

190 Vgl. VDI-GESELLSCHAFT PRODUKTION UND LOGISTIK, *Begriffe für die Produktionsplanung und -steuerung - Einführung, Grundlagen*, 2815, 1978-05-01.

191 Vgl. Walter EVERSHEIM und Fritz KLOCKE, *Werkzeugbau mit Zukunft: Strategie und Technologie*, Springer eBook Collection Computer Science and Engineering (Berlin, Heidelberg und s.l.: Springer Berlin Heidelberg, 1998), S. 24.

Prototypenphase und ist daher ein werkzeugfallendes Teil mit ähnlichen Eigenschaften, wie Bauteile aus dem Serienwerkzeug.[192] Nicht auszuschließen ist die Verwendung solcher Bauteile in Produkten für Aufträge, wenn diese den Anforderungen des finalen Produktes schon entsprechen.

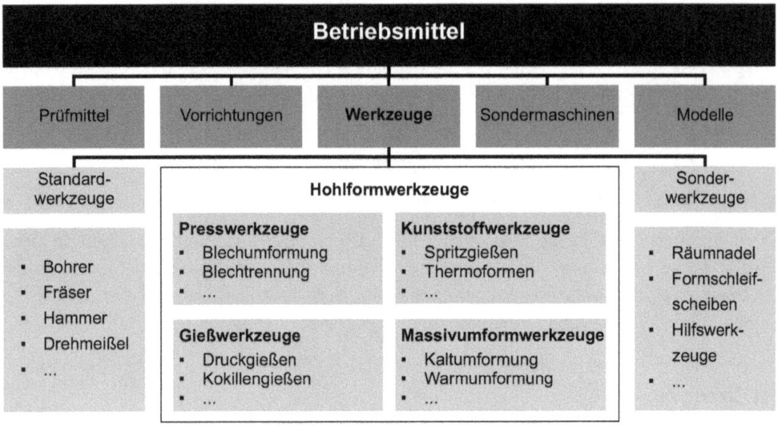

Abbildung 2.14: Leistungsspektrum des Werkzeugbaus[193]

2.3.1.2 Werkzeugbau

Der Werkzeugbau bezeichnet folglich den Bereich der produzierenden Industrie, der die Herstellung von Hohlformwerkzeugen als Zweck hat. In der organisatorischen und funktionalen Gestaltung von Betrieben des Werkzeugbaus können auch andere Betriebsmittel in Werkzeugbaubetrieben gefertigt werden.[194] Dem Verständnis von FRICK folgend ist der Werkzeugbau als Oberbegriff für die Herstellung von Hohlformen, Prüfmittel, Vorrichtungen und Sondermaschinen für Industriebetriebe zu verstehen.[195] Im engeren Sinne dieser Arbeit jedoch nur bezogen auf die Herstellung von Hohlformen.

Werkzeugbaubetriebe werden im Allgemeinen anhand Ihres Marktzugangs und der damit verbundenen Zwecks des Unternehmens unterschiedene.[196] Der Marktzugang eines Werkzeugbaubetriebes kann unmittelbar sein. Das heißt, der Betrieb bietet die Erzeugnisse direkt am Markt an. Solche Betriebe verfolgen die üblichen Ziele selbstständiger und unabhängiger Unternehmen. Charakteristisch für externe Werkzeugbaubetriebe ist die hohe Kompetenz im Vertrieb, um auch

---

192 Vgl. EVERSHEIM und KLOCKE, *Werkzeugbau mit Zukunft: Strategie und Technologie*, S. 145-147.

193 I.A.a EVERSHEIM und KLOCKE (*Werkzeugbau mit Zukunft: Strategie und Technologie*, S. 24)

194 Vgl. Klaus BRANKAMP, Hrsg., *Wettbewerbsfaktor Werkzeug- und Betriebsmittelbau*, Praxisleitfaden für das Management (Zürich und Köln: Verl. Industrielle Organisation / Verl. TÜV Rheinland, 1991), S. 5.

195 Vgl. Lutz FRICK, „Erfolgreiche Geschäftsmodelle im Werkzeugbau" (Dissertation, Rheinisch-Westfälische Technische Hochschule Aachen, 2005), S. 20 f.

196 Vgl. EVERSHEIM und KLOCKE, *Werkzeugbau mit Zukunft: Strategie und Technologie*, S. 3.

bei Auslastungsschwankungen neue Kunden gewinnen zu können, sowie ein breites Wissen über mögliche Anwendungen der Werkzeugbauexpertise.[197]

Dem gegenüberstehen die internen Werkzeugbaubetriebe. Diese sind in größere Unternehmungen als eigenständige Gesellschaft oder Abteilung integriert.[198] Zielsetzung des Unternehmens ist dabei häufig die Nähe des Werkzeugbaus an der eigentlichen Produktion mit daraus resultierenden kürzeren Reaktionszeiten und schnellen Verfügbarkeiten.[199] Je nach Organisationsansatz erfolgt die Integration des Werkzeugbaus aufgabenorientiert als Kompetenz-Center, kostenorientiert als Cost-Center oder leistungsorientiert als Profit-Center.[200] Als Cost- oder Profit-Center ist die Ausgliederung in eine eigene Gesellschaft im Rahmen einer Konzernstruktur möglich. In den deutschsprachigen Ländern existiert eine gleichmäßige Aufteilung zwischen internen und externen Betriebe, wobei die externen Betriebe im Schnitt kleiner sind. Die Daten stellt die Abbildung 2.15 dar.

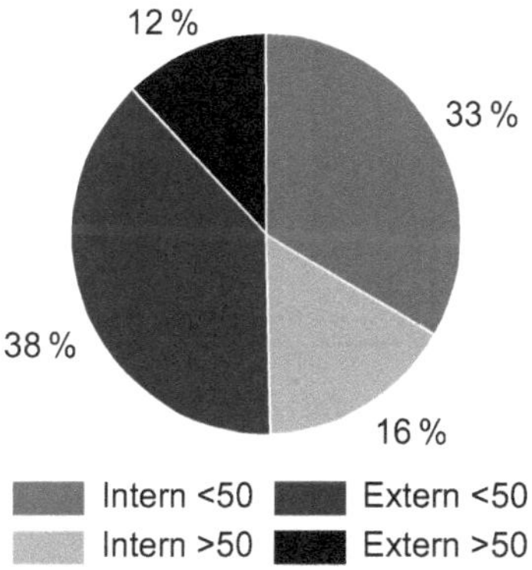

(a) Differenzierung nach Marktzugang

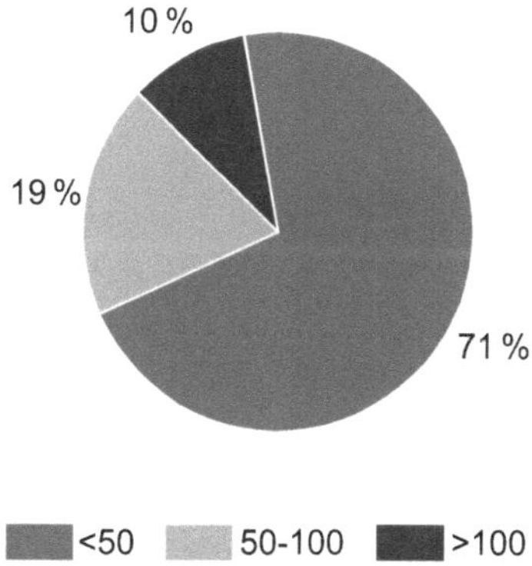

(b) Größe nach Mitarbeitenden

Abbildung 2.15: Marktzugang und Größe von Werkzeugbaubetrieben[201]

---

[197] Vgl. Frank SPENNEMANN, *Gestaltung von Organisationsstrukturen im Werkzeugbau: Zugl.: Aachen, Techn. Hochsch., Diss, 2001*, Bd. 2001,14, Berichte aus der Produktionstechnik (Aachen: Shaker, 2001), S. 12; Carsten SCHLEYER, „Erfolgreiches Kooperationsmanagement im Werkzeugbau" (Dissertation, Rheinisch-Westfälische Technische Hochschule Aachen, 2006), S. 22.

[198] Vgl. EVERSHEIM und KLOCKE, *Werkzeugbau mit Zukunft: Strategie und Technologie*, S. 129.

[199] Vgl. Rudolf ZWICKER, „Der interne Werkzeugbau als Erfolgsfaktor im Wettbewerb: Strategische Positionierung", *Der Stahlformenbauer*, Nr. 6 (2014): S. 101.

[200] Vgl. EVERSHEIM und KLOCKE, *Werkzeugbau mit Zukunft: Strategie und Technologie*, S. 74-80.

[201] Eigene Darstellung nach WERKZEUGMASCHINENLABOR DER RWTH AACHEN UNIVERSITY und FRAUNHOFER-INSTITUT FÜR PRODUKTIONSTECHNOLOGIE (*Benchmarking-Datenbank*, Jahr 2022)

2.3.2 Werkzeugbau in der Produktentwicklung

Besonders die internen Werkzeugbaubetriebe sind in der Wertschöpfungskette eng mit der Produktion und der Produktentwicklung verknüpft, wie Abbildung 2.16 skizziert. Während die Produktentwicklung mit externen Betrieben die üblichen Hindernisse zwischen jeweils frei agierenden Unternehmen überwinden muss, kann die Arbeit mit internen Betrieben stark vereinfacht sein. Der Werkzeugbau bietet hier Potenziale zur Befähigung neuartiger Produkte. Im Fokus steht die Unterstützung der Produktentwicklung bei der Gestaltung produktionsgerechter Produkte. In den meisten Prozessketten spielen werkzeuggebundene Verfahren weiterhin eine zentrale Rolle. Somit bestimmt die Produktentwicklung maßgeblich durch eine werkzeuggerechte Produktion die späteren Stückkosten mit. Dabei ist die Höhe der Stückkosten von einer effizienten Gestaltung des Werkzeugkonzeptes abhängig. Insgesamt kann die Schnittstelle zwischen Produktentwicklung unterschiedlich gestaltet sein.[202]

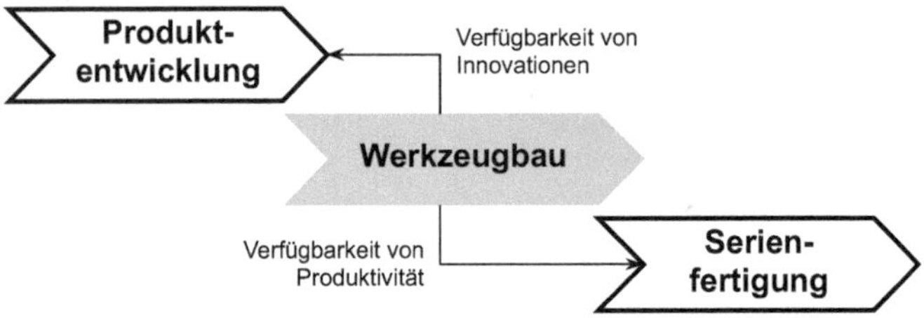

Abbildung 2.16: Einordnung des Werkzeugbaus in die industrielle Wertschöpfungskette[203]

Die klassische Variante ist durch eine klare Arbeitsteilung charakterisiert. Diese definiert, dass der Werkzeugbau erst nach Abschluss der Produktentwicklung mit der Werkzeugerstellung beauftragt wird. Die folgende Werkzeugherstellung findet mit minimalem Kontakt des Auftraggebers mit dem Werkzeugbau statt. Zum Erfolg dieser Vorgehensweise führt eine detaillierte Werkzeugspezifikation. Dieses zentrale Dokument hält alle Anforderungen an das zu erstellende Werkzeug fest. Die Werkzeugspezifikation enthält unter anderem Daten und Informationen über das fertig detaillierte Produkt mit definierten Maßen und Toleranzen. Eine Restriktion ergibt sich aus der gestiegenen Spezialisierung von Produkten, die bedingen, dass die Werkzeugentwicklung komplexer wird. Ein Vorgehen, wie hier dargestellt, birgt dabei Risiken.[204]

Diese Risiken können durch eine parallele Produkt- und Werkzeugentwicklung abgeschwächt werden. Sobald das Produktkonzept so weit entwickelt wurde, dass eine Entscheidung über das Produktionsverfahren getroffen werden kann, kommt der Werkzeugbau ins Spiel.[205] Die Detaillierung des Produktes im Hinblick auf die Eignung für ein werkzeuggebundene Fertigungsverfahren wird gemeinsam durch den Auftraggeber und den Werkzeugbau durchgeführt. Herausforderungen

[202] Vgl. Peter KARLINGER und Felix HINKEN, „Mold Design - Design Process", in *Mold-making handbook*, hrsg. Günter MENNIG und Klaus STOECKHERT (Cincinnati: Hanser Publications, 2013), S. 301, 303-305.

[203] I.A.a. KLOCKE et al. (*Zukunftsstudie Werkzeug- und Formenbau*, S. 15)

[204] Vgl. KARLINGER und HINKEN, „Mold Design - Design Process", S. 306.

[205] Vgl. ebd.

in dieser Zusammenarbeit sind die mitunter gegenläufigen Interessen von Produktfunktionalität und kostengünstigem Werkzeug- bzw. Produktionskonzept.[206]

Nicht alle Werkzeugbaubetrieb bedienen sämtliche Typen von Werkzeugen. Die zeigt das angebotene Leistungs- und Dienstleistungsspektrum der Branche ist in Abbildung 2.17 gezeigt. Hieraus geht hervor, dass die Kunststoffwerkzeuge im deutschsprachigen Raum den größten Stellenwert haben. Ebenso konzentriert sich die Branche auf den Bau von Neuwerkzeugen. Andere Werkzeugklassen entlang der Produktentstehungsprozesse bilden nur einen kleinen Teil des Umsatzes. Dennoch sind die Dienstleistungen der Werkzeugbaubetrieb mit 15 % ein wichtiger Umsatzbringer.[207]

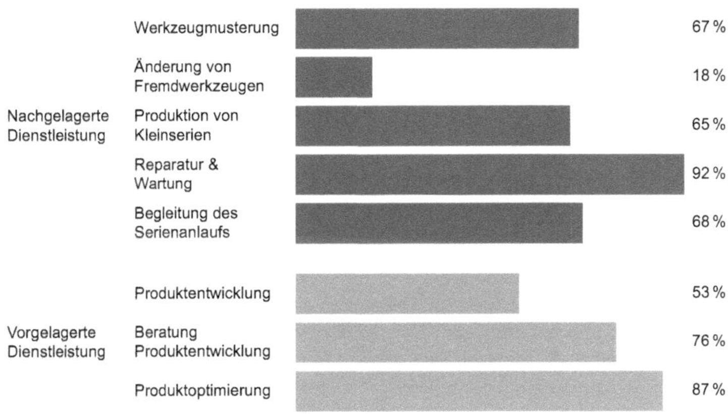

Abbildung 2.17: Dienstleistungen im Werkzeugbau[208]

2.3.3 Auslegung von Werkzeugen

Hopmann et al. veranschaulicht die Komplexität der Werkzeugauslegung anhand eines Ablaufdiagramms. In Anlehnung an Lichius und Schmidt und Hopmann et al. sind drei Phasen wichtig: Definition, Dimensionierung, und Fertigung.[209] Die Definitionsphase umfasst die Erfassung wesentlichen Auftragsdaten. Die Auftragsdaten umfassen allgemeine Informationen, wie die erforderliche Stückzahl fallender Formteile, sowie Anforderungen an das fallende Bauteil direkt. Unter die Anforderungen an das Spritzgießteil fällt der Typ der Formmasse, ebenso wie Qualitäts-

206 Vgl. ebd., S. 307-309.

207 Vgl. Werkzeugmaschinenlabor der RWTH Aachen University und Fraunhofer-Institut für Produktionstechnologie, *Benchmarking-Datenbank*, Jahr 2022.

208 Eigene Darstellung nach Werkzeugmaschinenlabor der RWTH Aachen University und Fraunhofer-Institut für Produktionstechnologie (*Benchmarking-Datenbank*, Jahr 2022)

209 Vgl. Hopmann et al., *Technologie des Spritzgießens: Lern- und Arbeitsbuch*, S. 81.

kriterien, wie Toleranzen und dient der Prinzipfindung.[210] In der Dimensionierungsphase erfolgt die eigentliche Auslegung des Werkzeuges bzw. des Werkzeugeinsatzes. Daran schließt sich die Fertigungsphase an, in der dann die Auskonstruktion, Arbeitsvorbereitung und Erstellung von Fertigungsunterlagen stattfindet[211]

Die quantitative Konstruktion des Werkzeuges bzw. des Werkzeugeinsatzes hängt maßgeblich von den Informationen der Definitionsphase ab. Diese Informationen sind über verschiedene Abhängigkeiten verknüpft. Während der Dimensionierungsphase können die Informationen nach der Struktur von HOPMANN et al. aufeinander abgestimmt in die Konstruktion einfließen. Erster Schritt ist die rheologische Auslegung mit dem Fokus auf die Formfüllung. Ergebnisse sind die Feststellung des Füllverhaltens der Kavität und die Festlegung erster Parameter zur Füllung und zum Nachdruck, sowie die Dimensionierung des Gießsystems. Das Gießsystem umfasst dabei Anschnitte, Verteiler und den Gießkanal nach der Düse.[212] Es folgt die thermische Auslegung mit Fokus auf der Wärmeabfuhr aus dem Formteil, sowie der Einstellung der Eigenschaften der Formmasse. Abschließend wird die mechanische Auslegung durchgeführt, bei der die äußeren Werkzeugbereiche hinsichtlich des Ausformens und Entformens betrachtet werden.[213]

2.3.3.1 Rheologische Auslegung

Unter der rheologischen Auslegung fallen alle Maßnahmen zur Planung der Fließwege und der Art und Weise der Formfüllung. Je nach Form und Urform-Verfahren sind unterschiedliche Kriterien für die Auslegung wichtig. Für das vorliegende Thema sind die Kriterien für die rheologische Auslegung von Spritzgießwerkzeugen entscheidend. Die rheologische Auslegung von Spritzgießwerkzeugen dient dem Ziel einer schnellen Formfüllung ohne Lufteinschlüsse, Kaltläufe oder anderer Fehler, die sich aus dem Strömungsverlauf ergeben.[214] Aus praktischer Sicht ist die zügige Formfüllung, die zu einer angeforderten Zykluszeit passt, essenziell.[215]

In der Ausführung werden viele verschiedene Informationen benötigt. Zunächst müssen zur rheologischen Auslegung Grundlagen der Strömungslehre, sowie zur Viskosität von Kunststoffen und dem Fließverhalten von Kunststoffschmelzen bekannt sein.[216] Auf Basis dieser Kenntnisse wird das Füllbild ermittelt. Das Füllbild enthält Informationen über mögliche Anschnittpositionen, die möglichen Bindenahtstellen und Bereiche mit hoher Wahrscheinlichkeit von Lufteinschlüssen. Diese

---

210 Vgl. Christian HOPMANN et al., *Spritzgießwerkzeuge: Auslegung, Bau, Anwendung*, 7., neu bearbeitete Auflage (München: Hanser, 2018), S. 99; HOPMANN et al., *Technologie des Spritzgießens: Lern- und Arbeitsbuch*, S. 81.

211 Vgl. HOPMANN et al., *Technologie des Spritzgießens: Lern- und Arbeitsbuch*, S. 82.

212 Vgl. ebd., S. 83.

213 Vgl. Otto KRETZSCHMAR, „Rechnerunterstützte Auslegung von Spritzgießwerkzeugen mit segmentbezogenen Berechnungsverfahren" (Dissertation, Rheinisch-Westfälische Technische Hochschule Aachen, 1985), S. 83.

214 Vgl. Ulrich LICHIUS und Leopold SCHMIDT, *Rechnergestütztes Konstruieren von Spritzgießwerkzeugen: Systematisches Entwickeln von Betriebsmitteln, Aufbau und Funktion von Spritzgießwerkzeugen*, 1. Aufl., Vogel-Fachbuch Technik / Kunststoffverarbeitung (Würzburg: Vogel, 1986), S. 60-65; HOPMANN et al., *Technologie des Spritzgießens: Lern- und Arbeitsbuch*, S. 83.

215 Vgl. HOPMANN et al., *Spritzgießwerkzeuge: Auslegung, Bau, Anwendung*, S. 142 f.

216 Vgl. John P. BEAUMONT, Hrsg., *Auslegung von Anguss und Angusskanal: Spritzgießwerkzeuge erfolgreich einsetzen*, 2., aktualisierte und erweiterte Auflage, Hanser eLibrary (München: Hanser, 2020), S. 8.

Informationen werden heute mittels Simulationen generiert,[217] aber auch eine händische Analyse mittels einer Zeichnung ist möglich.[218] In beiden Fällen sind die Fließeigenschaften der Formmasse zu kennen, ebenso wie Prozessparameter. Die Viskosität ist hierbei die wichtigste Kennzahl und ist in Abhängigkeit von Druck, Temperatur und Schergeschwindigkeit zu betrachten.[219] Zur Vereinfachung wird auch der Schmelzflussindex als Indikator verwendet. Bei der Ermittlung der Kennzahl werden die komplexen Zusammenhänge beim Spritzgießen nicht abgebildet, sodass der Schmelzflussindex nur eingeschränkt nutzbar ist.[220] Liegen ausreichende Informationen zur Formmasse vor, können die Anschnitte sowie das Gießsystem iterativ konstruiert werden. Dabei wird immer wieder das Füllbild neu bewertet, um die optimale Konfiguration zu ermitteln.[221]

2.3.3.2 Thermische Auslegung

Das Füllbild gibt in Kombination mit den Prozessparametern der Formmasse Hinweise auf die thermischen Belastungen im Spritzgießwerkzeug. Am Ende eines jeden Zyklus soll ein maßhaltiges Bauteil stehen. Zu diesem Zweck wird im Rahmen der thermischen Auslegung die Abkühlung der Schmelze im Werkzeug betrachtet, bis der Spritzling verzugsarm entformt werden kann. Teilaspekte, wie z. B. die Massentemperatur am Ende der Formfüllung, der thermischen Auslegung werden daher bereits bei der rheologischen Auslegung berücksichtigt. Insofern sind die beiden Auslegungsschritte eng miteinander verbunden. Während bei der rheologischen Auslegung das Ziel eine zügige Formfüllung ist, so liegt die zügige Abkühlung im Fokus der thermischen Auslegung.[222] Hierdurch gliedert sich die thermische Auslegung in die Schritte der Kühlzeitberechnung, der Energiebilanzierung und die Auslegung der Temperierung.[223]

Für die Kühlzeitberechnung sind Kenntnisse zur Wärmeleitung der verwendeten Formmasse und des Werkzeugmaterials notwendig. Zur Vereinfachung wird existieren verschiedene Näherungsgleichungen.[224] Entscheidend ist die passende Beschreibung der Transportphänomene an der Werkzeugwand in den verschiedenen geometrischen Segmenten. Bevor die einzelnen Segmente betrachtet werden, wird nach WÜBKEN eine allgemeine Wärmestrombilanz generiert.[225] Nach der anschließenden Segmentierung ergeben sich drei Bereiche: das Formteil, der Innenbereich und der Außenbereich. Während der Übergang von Formteil zum Innenbereich für die Qualität des Spritzling bestimmend ist, so folgt die Auslegung der Temperierung auf Basis der Zusammen-

[217] Vgl. HOPMANN et al., *Technologie des Spritzgießens: Lern- und Arbeitsbuch*, S. 83-85.
[218] Vgl. LICHIUS und SCHMIDT, *Rechnergestütztes Konstruieren von Spritzgießwerkzeugen: Systematisches Entwickeln von Betriebsmitteln, Aufbau und Funktion von Spritzgießwerkzeugen*, S. 50-53.
[219] Vgl. BEAUMONT, *Auslegung von Anguss und Angusskanal: Spritzgießwerkzeuge erfolgreich einsetzen*, S. 10-18.
[220] Vgl. ebd., S. 19.
[221] Vgl. HOPMANN et al., *Spritzgießwerkzeuge: Auslegung, Bau, Anwendung*, S. 99.
[222] Vgl. ebd., S. 265.
[223] Vgl. HOPMANN et al., *Technologie des Spritzgießens: Lern- und Arbeitsbuch*, S. 86.
[224] Vgl. HOPMANN et al., *Spritzgießwerkzeuge: Auslegung, Bau, Anwendung*, S. 270.
[225] Vgl. Gottfried WÜBKEN, „Thermisches Verhalten und thermische Auslegung von Spritzgießwerkzeugen" (Dissertation, Rheinisch-Westfälische Technische Hochschule Aachen, 1976), S. 5.

hänge von Innen- und Außenbereich des Werkzeugs.[226] In einem iterativen Vorgehen werden auf Basis der Energiebilanz Temperierkonzepte vorgesehen. Die Platzierung hängt von dem konkreten Einfluss von Wärmesenken oder Wärmenestern auf die Erstarrung und Erzeugung von Eigenspannungen im Spritzling ab. Als Standard in der Praxis werden Kanäle eingesetzt, die während des Prozesses definiert, mit einem vortemperierten Fluid beschickt werden. In der Ausführung wird grundsätzlich zwischen flächigen Segmenten und Segmenten, die in die Hohlgeometrie hinein stehen, unterschieden.[227]

2.3.3.3 Mechanische Auslegung

Das Fließen der Schmelze und der Eintrag der Schmelzwärme erzeugen Lasten auf die mechanische Struktur von Spritzgießwerkzeugen. Im Allgemeinen hängt von der Berücksichtigung dieser Lasten und weiterer Belastungen im Prozess die Haltbarkeit von Spritzgießwerkzeugen ab. Hohe Drücke, abrasive Formmassen, häufige Temperaturwechsel und dynamische Bewegungen einzelner Komponenten sind bei der Auslegung zu berücksichtigen. Dies fällt in den Abschnitt der mechanischen Auslegung. Darunter wird nach HOPMANN et al. die kinematische Betrachtung und die Steifigkeitsanalyse gefasst.[228]

Bei der kinematischen Betrachtung werden die Belastungen auf das gesamte Werkzeugsystem, die während des Ausformens und Entformens wirken, untersucht. Damit dauerhaft maßhaltige Teile mit vollständiger Funktionsfähigkeit auf dem Werkzeug produziert werden können, soll das Werkzeug im linear-elastischen Bereich arbeiten.[229] Daher wird das kinematische Verhalten über das Federmodell genähert. Aufgrund des zyklischen Schließens des Werkzeugs werden die Elemente immer wieder zusammengedrückt.[230] Die Konstruktion wird zur mechanischen Auslegung also zunächst in ein passendes Federmodell zerlegt.[231] Es folgt die Steifigkeitsanalyse zur Definition der möglichen Verformung auf Basis von numerischen Struktursimulationen. Der Aufwand solcher Simulationen steigt mit der betrachteten Anzahl von einzelnen Komponenten des Werkzeugs. Wesentlich ist letztlich Festlegung der Dicken der Werkzeugelemente unter Berücksichtigung der Schließ- und Zuhaltekräfte, des Forminnendrucks und der Öffnungs- und Auswurfkräfte.[232]

2.3.4 Werkzeugherstellung

Die Basis einer erfolgreichen Werkzeugauslegung bilden die Anforderungen an das Werkzeug. In BOOS et al. werden die für den Werkzeugbau wichtigsten Herausforderungen für die Arbeitsvorbereitung und die Werkstückfertigung analysiert. Auf der makrogeometrischen Ebene ist die

[226] Vgl. KRETZSCHMAR, „Rechnerunterstützte Auslegung von Spritzgießwerkzeugen mit segmentbezogenen Berechnungsverfahren“, S. 46.
[227] Vgl. HOPMANN et al., *Spritzgießwerkzeuge: Auslegung, Bau, Anwendung*, S. 329-340.
[228] Vgl. HOPMANN et al., *Technologie des Spritzgießens: Lern- und Arbeitsbuch*, S. 82.
[229] Vgl. HOPMANN et al., *Spritzgießwerkzeuge: Auslegung, Bau, Anwendung*, S. 363.
[230] Vgl. HOPMANN et al., *Technologie des Spritzgießens: Lern- und Arbeitsbuch*, S. 87.
[231] Vgl. ebd., S. 88.
[232] Vgl. HOPMANN et al., *Spritzgießwerkzeuge: Auslegung, Bau, Anwendung*, S. 364 f.

Maßtoleranz, laut den befragten Werkzeugbaubetrieben, die größte Schwierigkeit. Weiterhin müssen die Betriebe für herausfordernde Werkstückgrößen Lösungen finden. Minimale Konturradien und große Konturtiefen erzeugen weitere Komplexität bei der Fertigung der Bauteile.[233]

Zur Herstellung der unterschiedlichen Bauteile gibt es fünf etablierte Fertigungstechnologien: Fräsen, Drehen, Senkerodieren, Drahterodieren und Schleifen. Die Intensität der Nutzung sowie die benötigte technische Reife hängt von den herzustellenden Komponenten ab. Anhand der Abbildung 2.18 kann resümiert werden, dass das Fräsen die wichtigste Fertigungstechnologie im Werkzeugbau darstellt.[234] Das Fräsen kommt für die Hart- und Weichbearbeitung in den Varianten drei-achsiges-Fräsen und fünf-achsiges-Fräsen zum Einsatz.[235] Mit wachsendem Verhältnis der Konturtiefe zur Konturbreite steigt der Einsatz des Senkerodierens aufgrund einer besseren Prozessstabilität als beim fünf-achsigen-Fräsen.[236] Für herausfordernde Konturradien und Oberflächengüten liegen die Erodierverfahren vor den Fräsenverfahren.[237] Zukünftig wird der Werkzeugbau auch auf die additive Fertigung als dann sechste Fertigungstechnologie zurückgreifen. Auf diesen Trend verweisen bereits Boos et al.[238] Eine Studie von 2022 liefert ein ähnliches, aber aktualisiertes Bild.[239]

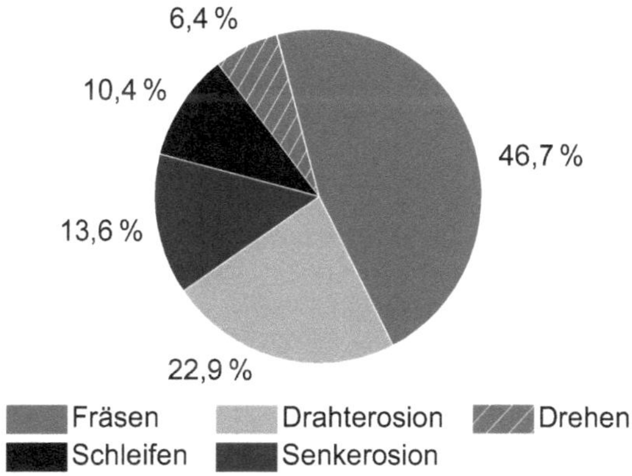

Abbildung 2.18: Verwendung von Fertigungstechnologien im Werkzeugbau[240]

---

[233] Vgl. Wolfgang Boos et al., *Erfolgreich Fertigungstechnologien Einsetzen: Im Werkzeugbau* (Aachen: WBA Aachener Werkzeugbau Akademie GmbH, 2023), S. 14.

[234] Vgl. Werkzeugmaschinenlabor der RWTH Aachen University und Fraunhofer-Institut für Produktionstechnologie, *Benchmarking-Datenbank*, Jahr 2022.

[235] Vgl. Boos et al., *Erfolgreich Fertigungstechnologien Einsetzen: Im Werkzeugbau*, S. 30.

[236] Vgl. ebd., S. 32.

[237] Vgl. ebd., S. 34 f.

[238] Vgl. ebd., S. 42.

[239] Wolfgang Boos, *Erfolgreich Additive Manufacturing nutzen im Werkzeugbau*, hrsg. WBA Aachener Werkzeugbau Akademie GmbH, Aachen, 2021, S. 16.

[240] Eigene Darstellung nach Werkzeugmaschinenlabor der RWTH Aachen University und Fraunhofer-Institut für Produktionstechnologie (*Benchmarking-Datenbank*, Jahr 2022)

2.4 Handlungsbedarf aus der Praxis

Die in den vorherigen Kapitel 2.2 und Kapitel 2.3 zeigen auf Basis der grundlegenden technischen Abläufe die Gemeinsamkeiten und Unterschiede der beiden Prozessketten zur Herstellung von Bauteilen auf. Die additive Fertigung ist gleichzeitig Befähiger für den Werkzeugbau, als auch Konkurrenz um Absatzmöglichkeiten für die Dienstleistung „Bauteilherstellung". THOMAS-SEALE et al. identifizieren achtzehn Hindernisse für eine breite Anwendung der additiven Fertigung. Darunter fallen die anwendungsspezifischen Kostenstrukturen der additiven Fertigung, die eine hohe Unsicherheit für ökonomische Entscheidung mit sich bringt.[241] Hinzu kommt ein Erfahrungs- und Bildungsdefizit. An diesen Stellen hat der Werkzeugbau derzeit Vorteile gegenüber der additiven Fertigung, sodass eine Substitution einer werkzeuggebundene Fertigung durch eine direkte additive Fertigung nur begrenzt vorkommt. Dennoch erzeugt die additive Fertigung einen Wettbewerbsdruck oder verstärkt weitere Herausforderungen des Werkzeugbaus. Im Folgenden werden die Herausforderungen erläutert sowie Chancen für den Werkzeugbau beschrieben, deren Befähiger im Wesentlichen die additive Fertigung ist.

2.4.1 Herausforderungen in der Praxis

Die Produktentwicklung erzeugt immer neue Herausforderungen für die Fertigungstechnik. Zu Beginn des Produktentwicklungsprozesses wird definiert, welche neue Funktionen und Gestalten durch diverse Bauteile abgebildet werden müssen. Die Anforderungen werden auch an den Werkzeugbau als zentralen Bestandteil in Produktentstehungsprozessen weitergegeben. Daher muss der Werkzeugbau für eine nachhaltige Wettbewerbsfähigkeit seiner Leistungen sorgen, die beispielsweise durch eine anwendungsorientierte Gestaltung von Fertigungsressourcen erfolgt. Hier sind, nach HEESCHEN, das fertigungstechnische Anforderungsprofil und das fertigungstechnische Leistungsprofil die Hauptbestandteile einer Analysephase zur Sicherstellung der Abbildung des Individualisierungsgrads im Werkzeugbau.[242] Die Komplexität von Bauteilen und den dazu erforderlichen Werkzeugen stellt eine wesentliche Herausforderung für den Werkzeugbau dar, welche für eine direkte additive Fertigung nicht existiert. Zwar ist die das häufig wiederholte Credo „Complexity for free" nicht für jede additive Technologie oder Prozesskette tatsächlich gültig, unbestritten ist jedoch die Freiheit in der additiven Fertigung, mit der Formen, auch für den Werkzeugbau, abgebildet werden können.[243]

LANGE beschreibt wie die Positionierung des Werkzeugbaus innerhalb eines iterativen Produktentwicklungsprozesses.[244] Eine iterative Produktentwicklung folgt einem empirisch-adaptiven Ab-

[241] Vgl. L.E.J. THOMAS-SEALE et al., „The barriers to the progression of additive manufacture: Perspectives from UK industry", *International Journal of Production Economics* 198 (2018): S. 114.

[242] Vgl. Dominik HEESCHEN, „Kennzahlenbasierte Auswahl der Fertigungstechnologien und -ressourcen im industriellen Werkzeugbau" (Dissertation, Rheinisch-Westfälische Technische Hochschule Aachen, 2015), S. 91,104,198; Karl Kristian KUHLMANN, „Methodik zur Gestaltung von Geschäftsprozessen im industriellen Werkzeugbau" (Dissertation, Rheinisch-Westfälische Technische Hochschule Aachen, 2011-10-01), S. 43.

[243] Vgl. Christian WELLER et al., „Economic implications of 3D printing: Market structure models in light of additive manufacturing revisited", *International Journal of Production Economics* 164 (2015): S. 46; BOOS, *Erfolgreich Additive Manufacturing nutzen im Werkzeugbau*, S.13.

[244] Vgl. LANGE, „Prozessmodell für den Werkzeugbau im iterativen Produktentwicklungsprozess", S. 225.

lauf und zeichnet sich durch eine kontinuierliche Überarbeitung und evolutionäre Verbesserung von Produkten.[245] Der Werkzeugbau hat sich aufgrund der iterativen Produktentwicklung auf durchgehende Veränderungen von geometrischen und anderen Anforderungen einzustellen. Die Produktentwicklung überträgt im Prinzip nur die an sie gestellten Forderungen nach höherer Innovation, kürzerer Time-to-Market, Preissensitivität der Kunden und Flexibilität im Entstehungsprozess an den Werkzeugbau.[246] Die additive Fertigung ermöglicht an dieser Stelle einen direkten Weg zum Bauteil und kombiniert Designfreiheit mit kurzen Prozesszeiten zur Herstellung von Bauteilen. Jedoch erkennt LANGE an dieser Stelle, dass die additive Fertigung nicht einzig in Konkurrenz zum Werkzeugbau steht, sondern insbesondere als Befähiger des Werkzeugbaus für eine iterative Produktentwicklung anerkannt werden muss. In den Phasen von Prototypen und Nicht-Serienwerkzeugen können additive Fertigungstechnologien die Entwicklungsleistung des Werkzeugbaus abbilden.[247]

2.4.2 Chancen durch additive Fertigung

Die additiven Fertigungsverfahren sind Türöffner für einen wettbewerbsfähigen Werkzeugbau der Zukunft. In einer Studie der WBA Aachener Werkzeugbau Akademie GmbH (WBA) wurden unter Werkzeugbaubetrieben je drei Motivatoren für den Einsatz von AM im Allgemeinen und für Werkzeugkomponenten im Spezifischen identifiziert.[248] An erster Stelle steht die Verkürzung der Time-to-Market. Das Ziel als erstes Unternehmen ein Produkt im Markt zu platzieren, begründet sich aus den Analysen von VESEY und TÖPFER. Beide Artikel widmen sich der Frage, warum eine kürzere Time-to-Market sinnvoll ist. Sowohl VESEY als auch TÖPFER resümieren, dass Unternehmen, die als ersten ein Produkt im Markt platzieren, eine deutlich höhere Umsatzerwartung haben. Zudem können die Produkte länger im Markt bestehen.[249] Neben der Time-to-Market versprechen sich die Werkzeugbaubetriebe Synergien der additiven Fertigung mit etablierten Fertigungstechnologien, um die Produktivität zu steigern oder unabhängiger zu werden. Zusätzlich wird erwartet, dass Know-how in AM für die Erschließung neuer Märkte an Bedeutung gewinnt.

In Bezug auf das Werkzeug selbst erwarten die Betriebe eine höhere Leistungsfähigkeit. Als bekanntes Beispiel sind hier konturnahe Kühlkanäle für Spritzgießwerkzeuge zu nennen. Solche Kanäle können kürzere Zykluszeiten zur Herstellung von Bauteilen ermöglichen.[250] Insbesondere mit dieser Art von Optimierung haben sich neben anderen auch WU et al., JAHAN und EL-

[245] Vgl. C. LARMAN und V. R. BASILI, „Iterative and incremental developments. a brief history“, *Computer* 36, Nr. 6 (2003): S. 47.

[246] Vgl. LANGE, „Prozessmodell für den Werkzeugbau im iterativen Produktentwicklungsprozess“, S. 97f, 225.

[247] Vgl. ebd., S. 163 f.

[248] Vgl. BOOS, *Erfolgreich Additive Manufacturing nutzen im Werkzeugbau*, S. 13.

[249] Vgl. Joseph T. VESEY, „Time-to-market: Put speed in product development“, *Industrial Marketing Management* 21, Nr. 2 (1992): S. 153; Armin TÖPFER, „New products—Cutting the time to market“, *Long Range Planning* 28, Nr. 2 (1995): S. 63 f.

[250] Vgl. Vojislav PETROVIC et al., „Additive layered manufacturing: sectors of industrial application shown through case studies“, *International Journal of Production Research* 49, Nr. 4 (2011): S. 1070.

MOUNAYRI, und KUO und YOU.[251] beschäftigt. Als weitere Entwicklung der Optimierung kann der Werkzeug-Leichtbau genannt werden. JAHAN et al. und WU et al. zeigen die Möglichkeiten der additiven Fertigung, Formwerkzeuge thermisch und mechanisch mithilfe von Gitterstrukturen und anderen Leichtbaumaßnahmen zu optimieren.[252] Das Potenzial des Leichtbaus sehen jedoch laut der Studie der WBA nur Werkzeugbaubetriebe mit einem hohen Kenntnisstand in der additiven Fertigung. Häufiger genannt wurde die Gestaltungsfreiheit. Wie bereits zuvor erläutert, ist die Gestaltungsfreiheit ein generalisierter Vorteil der additiven Fertigung. Wie bei anderen Fertigungstechnologien existieren Restriktionen, wie die Zusammenfassung von WIBERG et al.[253] zeigt. Dennoch können Geometrien ohne zusätzliche Hilfsmittel, lediglich mit der AM-Maschine selbst, dargestellt werden. Dies ist auch für den Werkzeugbau von Vorteil. Zuletzt wird im Werkzeugbau auch auf die kürzeren Durchlaufzeiten, insbesondere bei komplexen Werkzeugkomponenten, verwiesen.

Die Nutzung additiver Fertigung im Werkzeugbau hängt vom Werkzeugtyp ab. Der Bereich des Spritzgießformenbaus ist tendenziell stärker in der Verwendung der additiven Fertigung.[254] Die Fertigung von Werkzeugkomponenten für Serienwerkzeuge ist heute schon die Kernanwendung. Weiter werden auch AM-Bauteile angeboten. Ein Zusammenhang mit der Maschinenauslastung ist an dieser Stelle wahrscheinlich. Die Fertigung von Prototypen gehört ebenso zum aktuellen Leistungsspektrum. Weiterhin zu nennen ist die Anwendung für die Herstellung von Prototypenwerkzeugen. Zusammenfassend liefert die Abbildung 2.19 welchen zukünftigen Einsatz die Branche des Spritzgießformenbaus mit der additiven Fertigung plant. Während erwartet wird, dass Prototypenbauteile und Serienbauteile in der Zukunft eher keine Rolle im Angebot der Betriebe spielen, sind es umso mehr additive Serienwerkzeuge. Additive Prototypenwerkzeuge spielen eine dazu untergeordnete Roll, aber in der Zukunft mit gleichbleibender Wichtigkeit.

Zu Beginn dieser Arbeit wird in der Kapitel 1 bereits die Thematik der additiven Prototypenwerkzeugen aus Kunststoff kurz erläutert. Dem Werk von CHUA et al. gingen wenige andere Studien zu diesem Thema voraus. Aus diesen greift die Studie von JANCZYK et al. das Thema der Leistungssteigerung durch Kühlkanäle auf.[255] Zu diesem Zeitpunkt resümieren JANCZYK et al. bereits, dass für die Anwendung eine genaue Kenntnis über Vorteile und Limitation vor-

251 Vgl. Tong WU et al., „A Framework for Optimizing the Design of Injection Molds with Conformal Cooling for Additive Manufacturing", *Procedia Manufacturing* 1 (2015): 404–415; Suchana A. JAHAN und Hazim EL-MOUNAYRI, „Optimal Conformal Cooling Channels in 3D Printed Dies for Plastic Injection Molding", *Procedia Manufacturing* 5 (2016): 888–900; Chil-Chyuan KUO und Zheng-Yan YOU, „Development of injection molding tooling with conformal cooling channels fabricated by optimal process parameters", *The International Journal of Advanced Manufacturing Technology* 96, Nrn. 1-4 (2018): 1003–1013.

252 Vgl. Suchana A. JAHAN et al., „Implementation of Conformal Cooling & Topology Optimization in 3D Printed Stainless Steel Porous Structure Injection Molds", *Procedia Manufacturing* 5 (2016): S. 911 f; Tong WU et al., „Design Optimization of Plastic Injection Tooling for Additive Manufacturing", *Procedia Manufacturing* 10 (2017): S. 933.

253 Vgl. Anton WIBERG et al., „Design for additive manufacturing – a review of available design methods and software", *Rapid Prototyping Journal* 25, Nr. 6 (2019): 1080–1094.

254 Vgl. BOOS, *Erfolgreich Additive Manufacturing nutzen im Werkzeugbau*, S. 16.

255 Vgl. M. JANCZYK et al., „Rapid stereolithography tooling for injection molding: The effect of cooling channel geometry", *Journal of Injection Molding Technology* 1, Nr. 1 (1997): S. 656.

liegen muss.[256] Mithilfe der Vorteile lassen sich Anwendungszeitpunkt und -umfang definieren. Eine kritische Betrachtung der Limitationen kann vor überzogenen Erwartungen schützen. Beidem dient zunächst eine Einordnung der Prototypenwerkzeuge in den Produktentstehungsprozess, die in Anlehnung an GEBHARDT und SCHUH et al. in Abbildung 2.20 dargestellt ist. Für die Prototypenwerkzeuge kommen Anwendungen für Geometrie-, Funktions- oder Technikprototypen infrage. Die Anforderungen an die werkzeugfallenden Teile steigen mit mehr Nähe zur Serie.

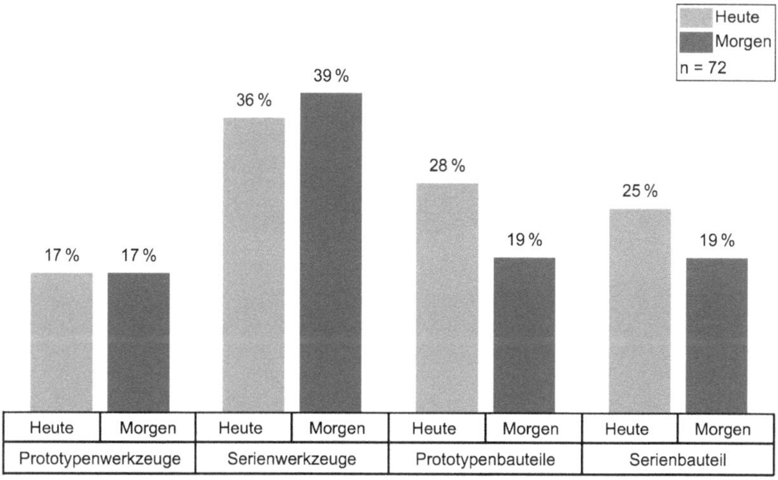

Abbildung 2.19: Heutige und zukünftige Anwendung der additiven Fertigung im Werkzeugbau[257]

Das Anwendungspotenzial in der Praxis wird anhand von semi-strukturierten Interviews und Workshops ermittelt. Diese qualitative Datenerhebung ermöglicht eine empirische Untersuchung des Betrachtungsbereiches. Die, mit diesen Methoden, erreichbare Stichprobe ist zwar geringer als mit vollstrukturierten Umfragen, bietet jedoch den Vorteil durch die erhaltenen Antworten Lücken in eigenen Wahrnehmung des Betrachtungsbereiches zu schließen. Dementsprechend sind die Umgebungsbedingungen und Meta-Informationen zu Interviewpartnern und Workshopteilnehmenden entscheidend für eine objektive Analyse.

Die qualiativen Daten entstammen Interviews und Workshops mit Mitarbeitenden von Unternehmen der Produktentwicklung, der Fertigungsdienstleistung und des Werkzeugbaus. Beide Datenerhebungsmethoden sind in die Abschnitte Status Quo der Anwendung von additiven Prototypenwerkzeugen, Zielsetzung der Anwendung und Handlungsfelder unterteilt. In den semistrukturierten Interviews werden zu jedem Abschnitt zwei bis drei vorbereitete Fragen gestellt. Diese bilden auch die Leitfragen für die Workshops, in denen mehrere Teilnehmende unterschiedlicher Unternehmen beteiligt sind. Zur Detaillierung spezifischer Aussagen ergänzen situationsabhängige

[256] Vgl. ebd., S. 660.

[257] I.A.a. BOOS (*Erfolgreich Additive Manufacturing nutzen im Werkzeugbau*, S. 16)

Fragen den vorbereiteten Fragenkatalog. Insgesamt basieren die Daten auf Einschätzungen von 18 verschiedenen Unternehmen. Bei den Ergebnissen ist kein Branchenfokus festzustellen.

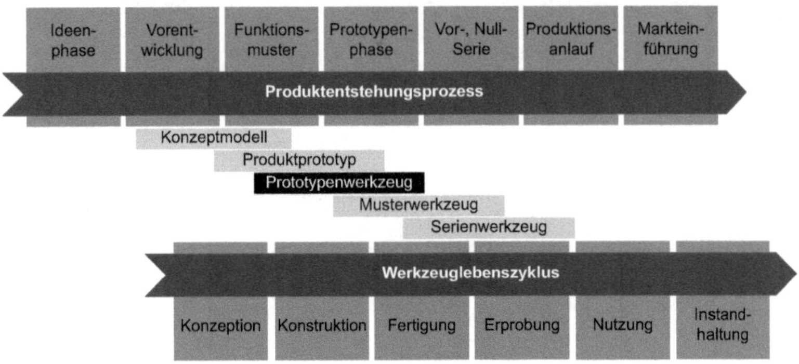

Abbildung 2.20: Einordnung von additiven Prototypenwerkzeugen in den Produktentstehungsprozess[258]

Die Analyse der erhobenen Daten ergibt in den vier genannten Abschnitte jeweils drei unterscheidbare Aussagen. Bezüglich des Status Quo der Anwendung der additiven Prototypenwerkzeuge werden die verkürzte Herstellungszeit von Prototypen, die wirtschaftliche Herstellung eines kleineren Stückzahlspektrums und die freie Abbildung von Hohlraumgeometrien als Vorteile genannt. Der ersten beiden Vorteile deutet auf Schwierigkeiten hin mit konventionellen Methoden oder der direkten additiven Fertigung Anforderungen an Prototypen, insbesondere in den späteren Phasen, zu erfüllen. Additive Prototypenwerkzeuge bilden eine Alternative zu den konventionelle Prototypenwerkzeugen aus Aluminium. Die additive Fertigung ermöglicht aus Sicht der Teilnehmenden nicht nur eine kürzere Dauer bis zu den ersten werkzeugfallenden Bauteilen, sondern gleichzeitig auch wirtschaftliche Vorteile für Stückzahlanforderungen unter 1000 Stück. Außerdem ermöglicht die werkzeuglose Herstellung der Prototypenwerkzeuge die Darstellung komplexerer Geometrien ohne einen Zusammenbau von mehreren Komponenten.

In Bezug auf die Nachteile des Status Quo der Anwendung von additiven Prototypenwerkzeugen beschreiben die meisten Unternehmen ihre Erfahrungen mit deratigen Werkzeugen. Die generelle Funktionalität wird nicht in Frage gestellt, dennoch ergeben sich drei wesentliche Nachteile: fehlende Daten zur funktionsfähigen Paarungen von Formmasse und Werkzeugmaterial, eine experimentelle Prozessführung durch mangelnde Erfahrung und eine unzureichende Fähigkeit zur anwendungsgerechten Auslegung solcher Prototypenwerkzeuge. In der Praxis erfordert die Anwendung von Stahl als Werkzeugmaterial bereits Kenntnis über das Zusammenwirken einer Formmasse mit der Stahllegierung. Bestimmte Kunststoffe zeigen eine abrasivere Wirkung oder benötigen höhere temperaturen zu fließen, worauf die Auswahl einer Stahllegierung abgestimmt wird. Bei

[258] Eigene Darstellung nach Eversheim und Klocke, Gebhardt, und Schuh et al. (*Werkzeugbau mit Zukunft: Strategie und Technologie*, S. 146; *Rapid Prototyping*, S. 17; „Highly Iterative Product Development Within The Tool and Die Making Industry", S. 579)

additiven Prototypenwerkzeugen liegen kaum Erfahrungswerte über solche Kombinationen vor. So berichten die Unternehmen von Verschmelzungen der Formmasse mit dem Werkzeugkunststoff oder anderen Fehlern. Hinzu kommt das die Prozessführung in Bezug auf die Prozesseinstellung, als auch auf die Zyklussteuerung, nicht mit den herkömmlichen Regeln bestmöglich gestaltet werden kann. Zuletzt wenden die Unternehmen Auslegungsprinzipien der Serienwerkzeuge an. Sowohl in der rheologischen und der mechanischen, besonders aber in der thermischen Auslegung sind bereits intern neue Vorgehensweisen entwickelt worden, um die Auslegung zu verbessern.

Mindestens sechs der teilnehmenden Unternehmen können eine Zielvision in Bezug auf die Anwendung von additiven Prototypenwerkzeugen formulieren. Diese ist zumeist Teil von Projekten zur Beschleunigung des Produktentwicklungsprozesses. Ein explizit genanntes Ziel ist die herstellung werkzeugfallender Prototypen innerhalb von 24Stunden nach Erhalt eines fertig konstruierten Bauteils. Die aktuelle Dauer beträgt bei den Unternehmen im Schnitt drei Wochen. Weiterhin sollen die additiven Prototypenwerkzeugen planbar wirtschaftlicher sein als Alternativen, wie direkte additive Fertigung, Herstellung von Prototypen aus dem Reaktions-Injektions-Formen oder Spritzgießprototypenwerkzeuge aus Aluminium. Zusätzlich sollen die additiven Prototypenwerkzeugen reproduzierbar Bauteile in Serienqualität liefern. Die Bauteile sollen auch in der Mikrostruktur möglichst identisch zu Bauteilen aus Serienwerkzeugen sein.

Die Realisierung der Zielvision stellt die Unternehmen vor verschiedene Herausforderungen. Drei priorisierte Handlungsfelder zeigen die ersten Schritte zur Erreichung der Zielvision auf. Dazu gehört die anwendungsgerechte Auswahl von Werkzeugmaterialien. Die Forderung nach passenden und spezialisierten Kunststoffen teilen alle teilnehmenden Unternehmen. Darüber hinaus arbeiten die Unternehmen an einer Beschleunigung der Entwicklungskette durch Automatisierung. Dies betrifft die Vorbereitung von Stammformen zur Standardisierung, die automatisierte Ableitung eines Formeinsatzes in Verbindung mit der Generierung von Prozessdaten für die additive Fertigung und die Reduktion oder Definition von Nacharbeitsschritten. Insbesondere die Ableitung des Formeinsatzes stellt ein großes Handlungsfeld dar. Dort sehen die Unternehmen Aufgaben in der mechanischen Auslegung, z.B. in der Gestaltung der Bauteilentformung oder auch in der Abbildung von Hinterschnitten mittels Losteilen oder geschobenen Kernen. Neben der mechanischen Auslegung betrifft dieses Handlungsfeld auch die thermische Auslegung. Hier sehen die Unternehmen Bedarf in der Beschleunigung der Abkühlung der Formmasse aufgrund der niedrigen Wärmeleitfähigkeit der Werkzeugmaterialien. Zudem verursacht die erhöhte Temperatur für die meisten Kunststoff als Werkzeugmaterial schnellere Versagen. Hier benötigen die Unternehmen eine berechenbare Standzeit auch bei, in Relation zum Gebrauchsbereich, hohen thermischen Belastungen. Zuletzt möchten Unternehmen die Wirkungszusammenhänge bessern verstehen und Prozesswissen, wie beim Spritzgießen mit Serienwerkzeugen aufbauen.

Aus den erhobenen Daten können, trotz der unterschiedlichen Perspektiven aller 18 Unternehmen, zwei Szenarien für die Anwendung additiver Werkzeuge aus Kunststoff unterschieden werden. Die Beschreibungen dieser Szenarien fundieren auf einer Analyse der qualitativen Antworten der teilnehmenden Unternehmen. Die Logik der Szenarien folgt der Unterteilung in interne und externe Werkzeugbaubetriebe. In Ergänzung dazu wird unterschieden, inwiefern die Betriebe in die Produktentwicklung, den Anlauf der Produkte oder in die Serienproduktion eingebunden sind. Die Inahlte sind in Tabelle 2.2 zusammengefasst. Die Wichtigkeit der einzelnen Aussagen je Szenario ist qualitativ als leerer „Harvey-Ball" für „Keine Relevanz" bis zu einem vollen „Harvey-Ball" für „Höchste Relevanz" wiedergegeben. Daraus ergeben sich die Szenarien des externen, entwicklungsbezogenen Werkzeugbaubetrieb mit eigenem Technikum und des internen, anlauffokussierten Werkzeugbaubetriebs. Betriebe in dem ersten Szenario (A) haben eine angegliederte eigene Produktherstellung für geringe Losgrößen. Die Herstellung der Produkte erfolgt jedoch nur im Auftrag eines Dritten. Das zweite Szenarion (B) hingegen bezieht sich auf Unternehmen mit einem internen Werkzeugbau als Dienstleister für die eigene Produktion. Besonders die interne Entwicklung greift auf die Leistungen des Werkzeugbaus für die Herstellung von Proto- und Primotypen in den Phasen der Entwicklung und des Produktionsanlaufs zurück. Beide Szenarien haben gemein, dass der zeitliche Druck auf den Werkzeugbau durch die Zielsetzung interner, wie externer Kunden auf eine Verkürzung der Time-to-Market abzielt. Darüber hinaus existieren Abstufungen und Varianten der beiden Szenarien, die nicht weiter untergliedert werden.

		Szenarien	
		Externe Betriebe (A)	Interne Betriebe (B)
Vorteile	Verkürzte Herstellungszeit von Prototypen	◕	●
	Wirtschaftliche Herstellung eines Stückzahlspektrums	●	◑
	Freie Abbildung der Hohlraumgeometrie	◑	◑
Nachteile	Fehlende Daten zu Paarungen von Werkzeugmaterial und Formmasse	●	●
	Experimentelle Prozessführung	●	◑
	Mangelnde Auslegungskenntnisse	◕	◕
Zielvision	$24\,\mathrm{h}$ zum werkzeugfallenden Prototypen	●	◕
	Höhere Wirtschaftlichkeit als Alternativen	●	◑
	Reproduzierbare Serienqualität	◑	●
Handlungsfelder	Auswahl von anwendungsgerechten Werkzeugmaterialien	◑	◑
	Automatisierung der Entwicklungskette	◕	◔
	Analyse von Wirkzusammenhängen	●	●

Tabelle 2.2: Zusammenfassung der Anwendungsszenarien[259]

[259] Eigene Darstellung

2.4.2.1 Szenario A - Externe Betriebe

In Szenario A sind die externen Werkzeugbaubetriebe oftmals keine reinen Werkzeugbaubetriebe, sondern bieten Dienstleistungen rund um die Produktentstehung an ohne selbst Bauteile mit Funktionen zu entwickeln oder zu vermarkten. Die Leistungen lassen sich im Phasenmodell von LANGE[260] insbesondere in den Phasen 1-3 einordnen, auch wenn Serienwerkzeuge mit zum Leistungsspektrum gehören. Der Einsatz additiver Werkzeuge aus Kunststoff bietet sich für die Herstellung von Nicht-Serienwerkzeugen an, wenn die erforderlichen Stückzahlen eine konventionelle Werkzeugherstellung nicht rechtfertigen. Dies gilt für verschiedene Arten von Hohlformwerkzeugen. Für diese Werkzeuge ergeben sich aus, den vorherigen Kapitel 2.1.2 und Kapitel 2.2.4 beschriebenen Eigenschaften von Kunststoffen, unterschiedliche Grenzen des Einsatzes.

Derartig Betriebe sehen die Vorteile der additiven Prototypenwerkzeugen in der wirtschaftlichen Herstellung kleinerer Stückzahlen und der verkürzten Herstellungszeit. Für diese Probleme bestehen die Herausforderungen größtenteils in der experimentellen Prozessführung und in den fehlenden Grundlagen zur Materialauswahl für das Werkzeug bei einer gegebenen Formmasse. Diese Unternehmen verfolgen vorrangig das Ziel ihren Kunden schneller werkzeugfallende Bauteile anbieten zu können und dabei eine bessere Wirtschaftlichkeit als mit anderen alternativen Herstellungsmethoden zu erzielen. Zentrales Handlungsfeld die Analyse der Wirkzusammenhänge, um eine Automatisierung der Entwicklungskette zu befähigen. Aus Sicht der Produktion ist die Effizienz der Spritzgießzyklen mit additiven Prototypenwerkzeugen zu ergänzen. Aus den Ergebnissen der Interviews zeigen sich Probleme durch die langen Belegungsdauern von Spritzgießmaschinen bei geringer Produktivität. Additiven Prototypenwerkzeuge werden meistens nicht automatisiert und bedürfen eine manuellen Bedienung. So werden sowohl Anlagen als auch Bediener zu lange für einen Auftrag benötigt. Die Verbesserung dieser Situation stellt ein besonderes Handlungsfeld des Szenarios A dar.

2.4.2.2 Szenario B - Interne Betriebe

Das Szenario B betrachtet Werkzeugbaubetriebe, die Teil des Produktionssystems eines Unternehmens sind. Die Variationen der Ausgestaltung dieser Organisation sind vielfältig. Nach dem Phasenmodell von LANGE[261] bieten diese Unternehmen alle Leistungen an. Am häufigsten werden neben dem eigentlichen Werkzeugbau auch andere Dienstleistungen für das beherrschende Unternehmen erbracht. Die Kernaufgabe bleibt zumeist der Serienwerkzeugbau für den internen Werkzeugbaus. Additive Prototypenwerkzeuge sind daher kein Fokus der Wertschöpfung. Neben diesem besteht häufig die Verbindung zur Produktion über den Anlagenbau. Für additive Prototypenwerkzeuge hat diese Variante ebenfalls keine Relevanz. Von Bedeutung ist hierfür die Verknüpfung mit der Produktentwicklung oder dem Anlaufmanagement. Aus dieser Verknüpfung ergeben sich folgende Vor- und Nachteile durch die Verwendung von additiven Prototypenwerkzeugen.

[260] Vgl. LANGE, „Prozessmodell für den Werkzeugbau im iterativen Produktentwicklungsprozess“, S. 147.
[261] Vgl. ebd., S. 147.

Aus den Daten kann für Unternehmen des Szenarios B ein Fokus auf die verkürzte Herstellungszeit von Prototypen festgestellt werden. Als Zielsetzung haben die internen Werkzeugbaubetriebe für die Anwendung additiver Prototypenwerkzeug hauptsächlich die Bedienung interner Aufträge für Prototypen und Primotypen von Produkten in möglichst kurzer Zeit. Die additiven Prototypenwerkzeuge bieten hier den Vorteil der schnellen Herstellbarkeit, sowie den Vorteil der Nutzung des Serienmaterials gegenüber direkter additiver Fertigung oder anderen Prototypenwerkzeugtypen. Die Betriebe bemängeln das fehlende Fachwissen über das Verhalten des neuen Werkzeugmaterials und dem Zusammenspiel von Formmasse und Werkzeugmaterial. Hintergrund ist, dass die Unternehmen in dem Szenario B eher definierte Formmassenfamilien verwenden und nur geringfügige Abweichungen dieser Standards ermöglichen können. Ebenso wie im Szenario A müssen mangelnde Auslegungskenntnisse als Nachteile hingenommen werden. Hinsichtlich der Zielvision ist die Herstellungsdauer ein wichtiger Aspekt, allerdings müssen es nicht 24Stunden sein. Vielmehr ist die reproduzierbare Serienqualtiät von Bedeutung. Hieraus kann für die Unternehmen des Szenario B das Potenzial der Herstellung von Produkten mittels additiven Prototypenwerkzeugen entstehen. Zentrales Handlungsfeld ist, wie bei Szenario A, die Analyse der Wirkzusammenhänge, allerdings mit dem Ziel Entscheidungen über den Einsatz additiver Prototypenwerkzeuge zu treffen.

2.4.3 Fazit zum Handlungsbedarf aus der Praxis

Abschließend kann für den Handlungsbedarf in der Praxis festgehalten werden, dass der Betrachtungsbereich in diversen Aspekten vorliegt. Vor dem Hintergrund der Zielvisionen zeigen sich drei Handlungsfelder. Diese sind wiederum von unterschiedlicher Wichtigkeit für mögliche Szenarien von anwendenden Unternehmen. Zentral bleibt jedoch der Bedarf für ein höheres Verständnis der Wirkzusammenhänge und die damit verbundende Befähigung einer besseren und schnelleren Auslegung für kürzere Herstellungdauern und größerer Reproduzierbarkeit von Qualitäten. Als nächster Schritt müssen die wissenschaftlich verfügbaren Inahlte zur Lösung der Fragestellung in den Handlungsfeldern analysiert werden.

3 Analyse und Bewertung von Ansätzen im Gestaltungsbereich

3.1 Detaillierung des Gestaltungsbereiches

Additive Prototypenwerkzeuge werden in der wissenschaftlichen Literatur unter verschiedenen Oberbegriffen geführt. Wissenschaftliche Beiträge können unter den Stichwörtern „Rapid Tooling", „Soft Tooling" und „Additive Tooling", aber auch unter „Polymer Rapid Tools", „Additive Injection Molds" und „Accurate Clear Epoxy Solid (ACES) Injection Molding" gefunden werden. KAMPKER et al. sind durch einen Vergleich der verschiedenen Definitionen zu einer passenderen Abgrenzung gekommen. Der Begriff „Direct Polymer Additive Tooling (DPAT)" beschreibt konkret die Anwendung additive Fertigungsverfahren unter Verwendung von Kunststoffen mit dem Ziel der Herstellung von Formen und Werkzeugen. Zum Zweck der besseren Übersichtlichkeit wurde die Kategorisierung in eine Würfel-Darstellung überführt, die in Abbildung 3.1 gezeigt ist.[262]

Zur Einordnung wissenschaftlicher Literatur zum DPAT dient ein Ordnungsrahmen, aus einer Kombination des generischen Konstruktionsprozesses nach BOOS und der Leistungsübersicht des Werkzeugbaus nach EVERSHEIM und KLOCKE.[263] Die analysierte wissenschaftliche Literatur wird in die Phasen der Technologieauswahl, der Werkzeugauslegung, der Werkzeugherstellung, der Werkzeuganwendung und der Qualitätskontrolle unterschieden. Im Folgenden werden wichtige wissenschaftliche Veröffentlichungen in diesen Phasen kurz zusammengefasst. Dies verfolgt das Ziel, einen Überblick über den Stand der Wissenschaft auf dem Gebiet des DPAT zu geben.

262 Vgl. KAMPKER et al., „Direct Polymer Additive Tooling – Verwendung von Polymerwerkzeugen für den Einsatz im Kleinserien Spritzguss", S. 47 f.

263 Vgl. EVERSHEIM und KLOCKE, *Werkzeugbau mit Zukunft: Strategie und Technologie*, S. 146; Wolfgang BOOS, „Methodik zur Gestaltung und Bewertung von modularen Werkzeugen" (Dissertation, Rheinisch-Westfälische Technische Hochschule Aachen, 2008), S. 82.

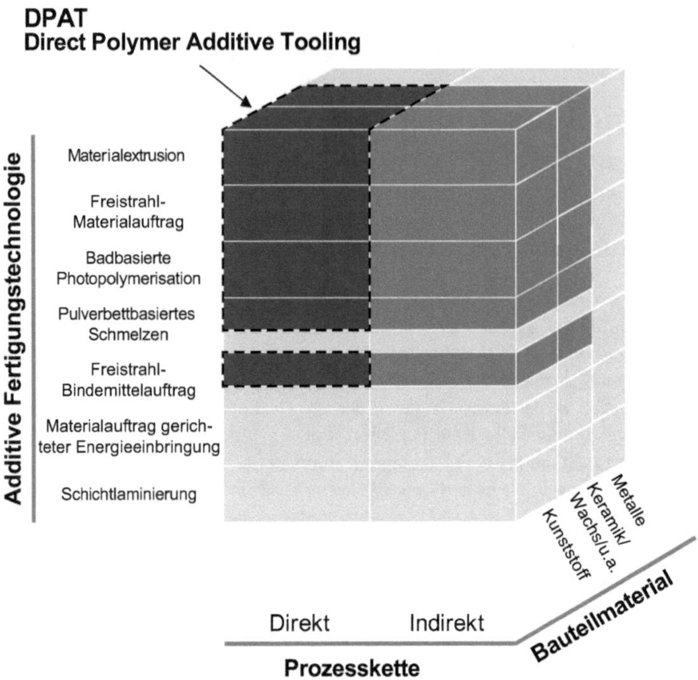

Abbildung 3.1: Grafische Definition des Direct Polymer Additive Tooling[264]

3.1.1 Technologieauswahl

KAMPKER et al. deuten in ihrer Definition bereits an, dass der Einsatz einer Vielzahl verschiedener additive Fertigungsverfahren denkbar ist. Daraus ergibt sich der Bedarf im Werkzeugbau für einen vorliegenden Auftrag die passende Technologie zur Herstellung des Prototypenwerkzeuges auszuwählen.[265] Zunächst ist die Arbeit von KASCHKA und AUERBACH zu nennen. Hier werden bereits additiven Fertigungsverfahren in die Bewertung und Auswahl unterschiedlicher Prozessketten zur Herstellung von Prototypenwerkzeugen integriert. Die Zielgrößen umfassen neben Zeit, Kosten und Qualität auch ökologische Kriterien. Die Methodik umfasst zwei Schritte. Im ersten Schritt werden qualitative Aussagen der Prozessketten-Alternativen generiert. Der zweite Schritt

264 I.A.a. KAMPKER et al. („Direct Polymer Additive Tooling – Verwendung von Polymerwerkzeugen für den Einsatz im Kleinserien Spritzguss“, S. 49)

265 Vgl. ebd., S. 48 f.

detailliert diese Aussage auf Basis weiterführender Informationen.[266] Folgend beschäftigen sich NAGAHANUMAIAH et al. mit der Thematik, in dem sie eine Methodik auf Basis einer Kopplung des Quality Function Deployments und des analytischen Hierarchieprozesses entwickeln. Diese Methodik stellt eine Weiterentwicklung zu dem Ansatz von KASCHKA und AUERBACH dar, weil die angewandten Methoden eine größere Anzahl von Kriterien, sowie Kriterien auf verschiedenen Entscheidungsebenen berücksichtigen können. Die Kostenmodellierung stellt das Kernziel der Methodik dar. In den Zwischenschritten werden jedoch auch quantitative Kennzahlen für Verfahrensalternativen generiert.[267]

Neben den methodischen Ansätzen zur Auswahl des passenden Verfahrens finden sich in der Literatur weitere Arbeiten, die auf Basis von Kriterien, wie Werkzeugmaterial, eine Datenbasis für Auswahlprozesse liefern. Die besonders relevanten Arbeiten von KAMPKER et al., MENDIBLE et al. und die Fallstudien von FERREIRA und MATEUS werden im Folgenden vorgestellt. Alle Arbeiten zeichnen sich durch eine hohe Praxisrelevanz aus, die in den Ausführungen zu den Aufsätzen entsprechend begründet wird.

MENDIBLE et al. vergleichen in einer Studie verschiedene Formeinsätze miteinander. Als Vergleichsobjekte für ein additives Prototypenwerkzeug aus dem POLYJET-Verfahren wird ein gefrästes Stahlwerkzeug und ein Werkzeug aus Bronze, hergestellt im PulverbettschweißVerfahren, verwendet. Ziel ist die Analyse von Werkzeugmaterialeigenschaften auf die Formteildimensionen, das thermische Verhalten des Werkzeugs, sowie die Haltbarkeit des Formeinsatzes über die Spritzgießzyklen.[268] MENDIBLE et al. verwenden eine Testgeometrie mit verschiedenen geometrischen Segmenten. Die Formeinsätze selbst sind in einem Spannrahmen aus Stahl eingefasst.[269]

Die Untersuchung beinhaltet Spritzgießversuche, Simulationen und Materialprüfungen. Letztere dienen der Charakterisierung des verwendeten POLYJET-Materials. MENDIBLE et al. stellen fest, dass das gefräste Stahlwerkzeug die glatteste Oberfläche besitzt. Das POLYJET-Werkzeug weist einen doppelt bis dreifach höheren Rauheitswert auf. Am schlechtesten wird die Oberfläche eines Formeinsatzes aus dem Pulverbettschweißenverfahren bewertet. Während den Spritzgießversuchen wird die Oberflächentemperatur gemessen.[270] Hier fällt auf, dass die Temperaturen vor Werkzeugschließung des Stahl- und des Bronze-Formeinsatzes über den Versuch kleiner sind als beim POLYJET-Einsatz. Die Vermessung der Spritzlinge ergibt eine Bestätigung der Simulation. Für die Stahleinsätze ist der Verzug am geringsten, während die Spritzlinge aus dem POLYJET-Einsatz die größten Schwindungswerte mit steigender Tendenz im Versuchsverlauf aufweisen. In dem Zusammenhang weisen die Teile aus dem POLYJET-Einsatz auch eine höhere Kristallisation auf, während die Wandstärke über den Versuchsverlauf abnimmt.[271]

---

266 Vgl. Uwe KASCHKA und Peter AUERBACH, „Selection and evaluation of rapid tooling process chains with Protool", *Rapid Prototyping Journal* 6, Nr. 1 (2000): S. 61-63.

267 Vgl. NAGAHANUMAIAH et al., „Computer aided rapid tooling process selection and manufacturability evaluation for injection mold development", *Computers in Industry* 59, Nrn. 2-3 (2008): S. 264-274.

268 Vgl. Gabriel Antonio MENDIBLE et al., „Comparative study of rapid and conventional tooling for plastics injection molding", *Rapid Prototyping Journal* 23, Nr. 2 (2017): S. 345.

269 Vgl. ebd., S. 345 f.

270 Vgl. ebd., S. 348.

271 Vgl. ebd., S. 349 f.

Während die Formeinsätze aus Metall in den Versuchen über 500 Bauteile produzieren, erzeugt der POLYJET-Einsatz ab dem 80. Zyklus fehlerhafte Bauteile. Spezifische Punkte für Fehler sind der Anguss und Segmente mit Hinterschnitten in der Hohlgeometrie.[272] Diese Ergebnisse entsprechen den Analysen einer Füll- und Struktursimulation. Als Fazit halten MENDIBLE et al. fest, dass die Standzeit von POLYJET-Einsätzen durch Minimierung der Auswurfkräfte durch Modifikation des Entformungswinkels erhöht werden kann. Außerdem wird die Untersuchung von Kühlkanälen vorgeschlagen, sowie die Berücksichtigung des Wärmeausdehnungskoeffizienten bei der Auslegung der Formen.[273]

KAMPKER et al. führen Untersuchungen zu den technologischen und wirtschaftlichen Potenzialen verschiedener AM-Materialien für den Einsatz von Werkzeugen für das Spritzgießen durch. Es werden Versuche mit drei verschiedenen Formmassen für zehn Werkzeugmaterialien durchgeführt und der resultierende Werkzeugverschleiß bewertet. Ziel der Untersuchung ist jedoch zunächst die grundsätzliche Eignung der Materialpaarung.[274] Für die Experimente wird ein Referenzbauteil genutzt, das die Herstellung von Spritzlingen ohne sofortiges Werkzeugversagen ermöglicht. Die additiven Formeinsätze sind in einer Stammform aus Stahl eingebaut, wodurch das signifikante Druckvolumen reduziert und die mechanische Stabilität gegen die mechanische und thermische Belastung erhöht wird. Die Besonderheit der Versuchsdurchführung ist der Wechsel der Formmasse nach der Herstellung von fünf Spritzlingen mit einer Formmasse. Somit steigt das Alter des Formeinsatzes für jeden einzelnen Formmassenversuch.[275]

In den Ergebnissen sind die erfolgreichen durchgeführten Spritzgießzyklen und der resultierende Zustand des Formeinsatzes festgehalten. Eine Übersicht zeigt die Abbildung 3.2. Die Versuche zeigen die beste Eignung von SOMOS PERFORM und PA3200 GF. Hier überstehen die Formeinsätze die Versuchsreihe ohne vollständiges Versagen. Das ist auch der entscheidende Unterschied zu ACCURA BLUESTONE, welches zum Schluss keine vollständige Spritzlinge mehr zulässt. KAMPKER et al. diskutieren die Zusammenhänge zwischen den Ergebnissen und den vorliegenden Materialdaten. Jedoch kommen die Autoren zu dem Schluss, dass für eine schlüssige Aussage für die Zusammenhänge die Datenbasis auf Versuchsseite und auf Seite der Materialdaten zu gering ist.[276]

Als Fazit ziehen KAMPKER et al., dass die Ergebnisse eine vielversprechende Nutzung einer Glasfaser gefüllten Formmasse mit additiven Prototypenwerkzeugen unterstützen. Die Verwendung der identifizierten Werkzeugmaterialien soll in weiteren Versuchen zu spezifiziert werden. Dafür schlagen KAMPKER et al. die Untersuchung verschiedener Geometrien vor. Dabei soll es vorzugsweise um den Detailgrad der dazustellenden Hohlraumgeometrie gehen. Neben der weiteren

---

272 Vgl. MENDIBLE et al., „Comparative study of rapid and conventional tooling for plastics injection molding", S. 350.

273 Vgl. ebd., S. 351.

274 Vgl. Achim KAMPKER et al., „Potential analysis of additive manufacturing technologies for fabrication of polymer tools for injection moulding – A comparative study", in *2018 IEEE International Conference on Advanced Manufacturing (ICAM)* (IEEE, 11/16/2018 - 11/18/2018), S. 49.

275 Vgl. ebd., S. 50.

276 Vgl. ebd., S. 51.

Analyse der Anwendungsmöglichkeiten steht für KAMPKER et al. der Bedarf an Materialdaten an erster Stelle für zukünftige Forschung.[277]

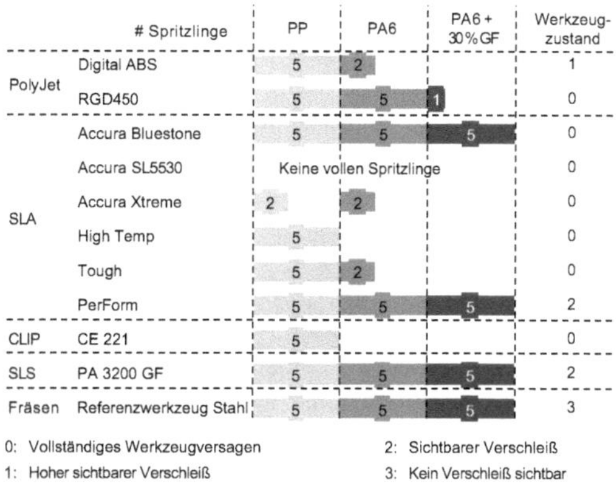

Abbildung 3.2: Übersicht der Ergebnisse aus den Standzeitversuchen[278]

FERREIRA und MATEUS zielen auf die Darstellung neuer Wege zur Herstellung von Spritzgießwerkzeugen auf Basis neuer Fertigungstechnologien ab. Zum Zeitpunkt der Forschung ist die Leistungsfähigkeit der additiven Fertigungsverfahren und der genutzten Materialien weit weniger ausgeprägt als heute. Dennoch erkennen FERREIRA und MATEUS die Potenziale durch die Anwendung. Als größtes Hindernis identifizieren sie die Komplexität der Entscheidung, welche Prozessroute für einen Anwendungsfall gewählt werden sollte. Ebenso fehlt es laut FERREIRA und MATEUS an Spezifikation und Daten, die eine breite Anwendung erlauben.[279]

Ausgangspunkt der Ausführungen von FERREIRA und MATEUS ist die Entscheidungsmatrix, welche auf den Werken von KASCHKA und AUERBACH und WILLIAMS.[280] Zur Entscheidungsfindung ist zunächst eine Spezifikationssammlung aus verschiedenen Informationen zu erstellen. Darunter befinden sich unter anderem Angaben zur Formmasse, Geometrie und geforderter Stückzahl. Dazu kommt der sogenannte Technologievektor, indem die formfüllenden Verfahren und die Restriktionen der Werkzeugherstellung aufgeführt werden. Die Datenbasis, so deutet die Darstellung von FERREIRA und MATEUS an, bilden Experimente zur Material-, Technologie- und Verfahrenscharakterisierung.[281]

[277] Vgl. ebd., S. 52.

[278] I.A.a. ebd., S. 51

[279] Vgl. J. C. FERREIRA und A. MATEUS, „Studies of rapid soft tooling with conformal cooling channels for plastic injection moulding", *Journal of Materials Processing Technology* 142, Nr. 2 (2003): S. 508 f.

[280] KASCHKA und AUERBACH, „Selection and evaluation of rapid tooling process chains with Protool"; J. WILLIAMS, „Rapid tooling for plastic injection moulds: application and decision-maker tools, Rev", *Time-Compression Technol* 8, Nr. 2 (2000): 52–58.

[281] Vgl. FERREIRA und MATEUS, „Studies of rapid soft tooling with conformal cooling channels for plastic injection moulding", S. 509.

Diese Datenbasis füllen FERREIRA und MATEUS durch zwei Fallstudien von Bauteilen aus Herstellung mittels eines Prototypenwerkzeugs. Bei den verwendeten Kunststoffen handelt es sich um Duroplasten, wie sie heute auch in additiven Fertigungsverfahren eingesetzt werden, z. B. VPP. FERREIRA und MATEUS stellen die Formeinsätze jedoch im Gießverfahren her und nutzen keine additive Fertigung.[282] Diese kommt nur zur Fertigung der Modelle zum Einsatz. Die Ergebnisse weisen dennoch Ähnlichkeit zu denen von KAMPKER et al. und MENDIBLE et al. auf. FERREIRA und MATEUS resümieren, dass weitere Forschung an den Materialien, sowie der Prozessführung stattfinden muss.[283]

3.1.2 Werkzeugauslegung

Die Auslegung additiver Prototypenwerkzeuge wird bisher nur begrenzt systematisch behandelt. Häufig finden sich Kombinationen aus Fallstudien, die zunächst eine qualitative Technologieauswahl behandeln, wie z. B. von MENDIBLE et al. Darauffolgend werden verschiedene Versuche durchgeführt, die Möglichkeiten oder Grenzen der additiven Prototypenwerkzeuge aufzeigen. Als Fazit werden dann Auslegungshinweise diskutiert, so auch von KAMPKER et al. So auch von FERREIRA und MATEUS, die Hinweise aus ihren Fallstudien zu sinnvollen Aspektverhältnissen in Formeinsätzen aus Kunststoffen geben. Einige Werke, darunter HARRIS et al., RODET und COLTON und SCHUH et al., fokussieren die Auslegung stärker und werden im Folgenden genauer vorgestellt.

HARRIS et al. fokussieren den Einfluss von Schichtstärken additiver Fertigungsverfahren und die Gestaltung von Entformungsschrägen für additive Prototypenwerkzeuge zur Steuerung der Entformungskräfte. Die Motivation dieser Untersuchung besteht in der Beobachtung des Versagens der Formeinsätze bei der Entformung der erstarrten Formmasse. Insbesondere das Aufschrumpfen von Segmenten auf die Gegenstücke des Formeinsatzes wird als Problem identifiziert.[284]

Für die Versuche wird ein einfaches rotationssymmetrisches Bauteil verwendet.[285] Der Versuchsplan berücksichtigt drei Schichtdicken, die im VPP umgesetzt werden. Zusätzliche sind die Probekörper mit jeweils drei unterschiedlichen Entformungsschrägen versehen. Vor und nach der Herstellung der Spritzlinge ist die Oberflächenrauheit der Formeinsätze zu ermitteln. Für das Spritzgießen selbst werden aus vorherigen Versuchen ermittelte Parameter verwendet. Dabei werden maximal 15 Zyklen gefahren, wobei zum ersten und elften Zyklus ein Trennmittel appliziert wird. Die Zyklen werden erst gestartet, wenn die Auswerferseite eine Temperatur von maximal 55 °C erreicht hat.[286]

Die Ergebnisse aus den Versuchen von HARRIS et al. zeigen keinen Unterschied in Oberflächenrauheiten nach der Durchführung der Spritzgießversuche mit PP oder ABS. Hingegen zeigen

[282] Vgl. FERREIRA und MATEUS, „Studies of rapid soft tooling with conformal cooling channels for plastic injection moulding", S. 511-514.

[283] Vgl. ebd., S. 515.

[284] Vgl. R. HARRIS et al., „Layer thickness and draft angle selection for stereolithography injection mould tooling", *International Journal of Production Research* 40, Nr. 3 (2002): S. 720.

[285] Vgl. ebd., S. 721.

[286] Vgl. ebd., S. 722.

die Formeinsätze mit größeren Schichtdicken höhere Entformungskräfte auf. Dabei verringern die größeren Entformungsschrägen die Entformungskräfte erkennbar.[287] Als Erklärung für die stabilen Oberflächenrauheiten nehmen HARRIS et al. den Übergang von plastischer zu elastischer Verformung der Kunststoffe bei steigenden Temperaturen an. Daraus ergeben sich die Vorschläge für zukünftige Forschungen auf dem Gebiet. Nach HARRIS et al. liegt der Fokus auf der Verbindung zwischen der Abrasivität von Formmassen, sowie der weiteren Betrachtung von Schrumpfung im Spritzgießprozess durch die Temperaturverläufe.[288]

RODET und COLTON erarbeiten verschiedene Gestaltungshinweise für additive Prototypenwerkzeuge für das Spritzgießen auf Basis von experimentell ermittelten Materialparametern. Die Motivation der Autoren ist das Versagen der meisten Werkzeuge beim ersten Zyklus, entweder beim ersten Füllen oder beim ersten Auswurf des Formteils. RODET und COLTON untersuchen die Einflüsse der Druckrichtung, sowie der Alterung der Kunststoffe. Weiterhin wurden Zugproben unter verschiedenen Temperaturen analysiert, sowie Dauerzugversuche und Bruchtests durchgeführt.[289]

Die Versuche basieren auf zwei VPP-Materialien und einem Gießharz mit Aluminiumpartikeln. Für die verschiedenen Versuche wurden eigene Probekörper hergestellt. Der Temperatureinfluss wird mittels standardisierter Zugproben bei sechs Temperaturen von $20\,°C$ bis $90\,°C$ überprüft. Die Analyse der thermischen Alterung erfolgt per dynamisch-mechanischer Analyse bei $60\,°C$ und einer Auslagerung über sechs Stunden bei $80\,°C$. Zusätzlich ist die Analyse Proben aus der thermischen Alterung auf ihre Vernetzung durchzuführen. Zum Abschluss finden Spritzgießversuche statt. Die hergestellten Formeinsätze werden dabei in einem Stahlrahmen befestigt, der die Formeinsätze nicht vollständig umschließt.[290]

Der Einfluss der Ausrichtung kann laut RODET und COLTON vernachlässigt werden. Vielmehr ist der Grad der Vernetzung relevant, wie die durchgeführten Tests zeigen.[291] Die Bauweise durch den möglichen Treppenstufeneffekt ist dennoch für die Gestaltung von Entformungsschrägen zu berücksichtigen. Die entstehende Kerbwirkung sei der Werkzeughaltbarkeit nachträglich.[292] Weiterhin zeigen die Ergebnisse, dass auch die thermische Alterung keinen direkten Einfluss auf die Haltbarkeit der Formeinsätze hat. Die Kopplung von mechanischer und thermischer Belastung sei entscheidender.[293] RODET und COLTON kommen zu dem Schluss, dass in der Auslegung die Schichtdicke des additiven Fertigungsverfahrens berücksichtigt werden muss. Hierüber bestimmt sich die Hauptursache für vorzeitige mechanisches Versagen. Die Entformungsschrägen verhindern dies lediglich bei der eigentlichen Entformung. Während des Abkühlens der Formmasse kommt es durch thermische Expansion bzw. Kontraktion zur Rissbildung zwischen den Schichten.[294]

287 Vgl. ebd., S. 724 f.
288 Vgl. ebd., S. 726-728.
289 Vgl. Vincent RODET und Jonathan S. COLTON, „Properties of rapid prototype injection mold tooling materials", *Polymer Engineering & Science* 43, Nr. 1 (2003): S. 126.
290 Vgl. ebd., S. 126-128.
291 Vgl. ebd., S. 128 f.
292 Vgl. ebd., S. 137.
293 Vgl. ebd., S. 130, 134 f.
294 Vgl. ebd., S. 137 f.

SCHUH et al. untersuchen die Abbildung von Hinterschnitten mit integrierten Kernen in additiven Prototypenwerkzeugen. Der Fokus liegt hierbei auf die generelle Umsetzbarkeit. Aus dem Vorgehen und den Ergebnissen leiten sich dennoch Auslegungshinweise ab. Als Versuchsobjekte dienen zwei Beispielkomponenten, welche zwei Komplexitätsstufen von geschobenen Kernen demonstrieren.[295]

Der Versuchsaufbau zielt auf die Ermittlung der Prozessfähigkeitsindexes ab. An den Versuchsgeometrien werden jeweils vier Segmente festgelegt und diese mit entsprechenden Toleranzen versehen. Anhand der Einhaltung dieser Toleranzen in den gespritzten Bauteilen erfolgt die Bewertung der Prozessfähigkeit von geschobenen Kernen in additiven Fertigungsverfahren.[296] Die Versuche selbst werden mit Formeinsätzen mit einer Schichtstärke von 16 µm aus dem POLYJET-Verfahren durchgeführt. Als Material wird RGD450, ein Photopolymer, eingesetzt.

Die Ergebnisse zeigen eine hohe Fluktuation des Prozessfähigkeitsindexes über den Verlauf des Versuches. Grundsätzlich halten SCHUH et al. fest, dass additiven Prototypenwerkzeuge sich dazu eigenen, geschobene Kerne direkt zu integrieren und auf klassische Herstellverfahren zu verzichten. Die Übertragung der Erkenntnisse aus dem einfacheren Versuchsbauteil ermöglichte bereits die Festlegung von Auslegungshinweisen. Beispielsweise sind filigrane Strukturen weniger geeignet und sollten sowohl im Formeinsatz, als auch im geschobenen Kern vermieden werden.[297]

3.1.3 Werkzeugherstellung

In der Werkzeugherstellung sind die additiven Fertigungsverfahren seit über 20 Jahren bekannt. Nach CHUA et al. folgen weitere systematische Analysen der Verwendung additiver Fertigungsverfahren zur Herstellung von Werkzeugen oder Werkzeugkomponenten aus Kunststoff. Als wichtige Veröffentlichungen sind GRIFFITHS et al., CAZÓN et al., UDROIU und BRAGA und DIZON et al. zu nennen. Diese Studien ebnen den Weg zu einer systematischen Vorgehensweise der Nutzung additiver Fertigung mit dem Zweck der Herstellung von Werkzeugen oder Werkzeugkomponenten.

GRIFFITHS et al. analysieren die mittels Mikro-Stereolithographie (μSL) hergestellten Werkzeuge in der Anwendung für die Kleinserienfertigung von Mikrokomponenten aus Polymeren. Dafür werden zunächst das Verhalten von Rapid-Tooling-Einsätzen unter zyklischen, thermodynamischen Belastungen untersucht. Dazu vergleichen GRIFFITHS et al. die Werkzeugmaterialien Stahl, Aluminium und das Photopolymer R11 miteinander. Letzteres wird für das μSL-Verfahren verwendet. Als vielversprechend für die Verwendung sind die Kombination aus der hohen Auflösung mit einer geringen Schichtdicke. Dies vermuten GRIFFITHS et al. als relevant für die wirkenden Auswurfkräfte und somit für eine längere Lebensdauer und eine höhere Anzahl an Spritzgussteilen. Für die Validierung der Technologie zur Herstellung kleiner Mengen wird die Maßhaltigkeit, die Werkzeugstandzeit und die Reproduzierbarkeit der erzielten Ergebnisse betrachtet.

---

295 Vgl. Günther SCHUH et al., „Feasibility and Process capability of polymer additive injection molds with slide technology", *Procedia CIRP* 93 (2020): S. 103.

296 Vgl. ebd., S. 104.

297 Vgl. ebd., S. 106.

Die thermische bzw. mechanische Eignung des R11 für μSL-Einsätze determinieren GRIFFITHS et al. anhand eines Vergleichs mit den Materialeigenschaften aktuell verwendeter μSL-Einsätze in drei Versuchen. Mittels der dynamischen Differenzkalorimetrie (DSC) wird über die umgekehrte Wärmekapazität c_p das thermische Verhalten des Materials ermittelt. Für das mechanische Verhalten wird mit der dynamisch-mechanischen Analyse (DMA) das Speichermodul E' gemessen. Die Maßhaltigkeit der Materialien wird mithilfe der thermo-mechanischen Analyse über den linearen Ausdehnungskoeffizient α bestimmt.[298] Zur Herstellung und Replikation von Mikromerkmalen der μSL-Einsätze wird ein Mikrolinsendesign mit den Gesamtabmessungen $11{,}8 \times 7 \times 2\,\mathrm{mm}$ als Prüfteil verwendet.[299] Dabei erfolgt die Herstellung mit einer Schichtdicke von $20\,\mu\mathrm{m}$.

GRIFFITHS et al. stellen fest, dass die Baurichtung des Einsatzes keinen Einfluss auf die Maßhaltigkeit hat. Kein Einsatz weicht mehr als $5\,\%$ von den Sollmaßen der Versuchsgeometrie ab. Im Gegensatz dazu wird festgestellt, dass die Baurichtung Auswirkungen auf die Werkzeugstandzeit hat. Nur die Einsätze, bei denen der Werkzeuginnendruck überwiegend parallel zur Baurichtung verläuft, halten dem Spritzgießzyklus stand.[300] Aufgrund dessen können nur mit einem Einsatz die Maßhaltigkeit und Reproduzierbarkeit der im Anschluss produzierten Probeteile geprüft werden. In Abhängigkeit von den Nennmaßen der Prüfteilmerkmale liegen die Maßänderungen der Polystyrol-Formteile gegenüber dem Teiledesign und dem R11-Einsatz im Bereich von $4\,\%$ bis $18\,\%$. Die durchgeführte Dimensionsanalyse zeigt, dass alle Polystyrol-Formteile durchweg größer waren als das Teiledesign und der Einsatz. Außerdem wird festgestellt, dass es nur marginale Unterschiede zwischen dem ersten und dem fünften Polystyrol-Formteil gibt und dass sich die Reproduktionsleistung des R11-Formeinsatzes nicht merklich verschlechtert.[301]

CAZÓN et al. analysieren die Auswirkungen der Druckausrichtung und der Veredelung mit teilweiser Nachbearbeitung auf die mechanischen und oberflächlichen Eigenschaften von gedruckten Probeteilen. Dafür werden bei achtzehn verschiedenen Proben alle sechs möglichen Druckausrichtungen und die vom Hersteller empfohlenen Oberflächenbehandlungen berücksichtigt. Zur Beeinflussung der Oberflächenbeschaffenheit gehört das Herstellen der Teile mit einer der Option, matt oder glänzend sowie das Entfernen des Trägermaterials mit Wasserdruck oder einem Natronlaugebad. Für die gedruckten Proben werden Zugversuche und Messungen der Oberflächenrauheit mithilfe der statistischen Versuchsplanung analysiert, um den Einfluss der Druckausrichtung und der Endbearbeitungseigenschaften auf die Ergebnisse zu ermitteln.[302]

Die Versuche von CAZÓN et al. umfassen jeweils einen Zugversuch und einen Versuch zur Prüfung der Oberflächenrauheit nach einer statistischen Versuchsplanung. Die verwendeten Probekörper werden gemäß der Norm zur Bestimmung der Festigkeitseigenschaften von geformten und extru-

298 Vgl. C. A. GRIFFITHS et al., „Micro-stereolithography tools for small-batch manufacture of polymer microparts", *Proceedings of the Institution of Mechanical Engineers, Part B: Journal of Engineering Manufacture* 226, Nr. 4 (2012): S. 711.

299 Vgl. ebd., S. 712.

300 Vgl. ebd., S. 716, 718.

301 Vgl. ebd., S. 719.

302 Vgl. Aitor CAZÓN et al., „PolyJet technology for product prototyping: Tensile strength and surface roughness properties", *Proceedings of the Institution of Mechanical Engineers, Part B: Journal of Engineering Manufacture* 228, Nr. 12 (2014): S. 1664.

dierten Kunststoffen mit einer Dicke von 4 mm ausgelegt.[303] Die Proben aus FULLCURE 720 sind in sechs verschiedene Richtungen gedruckt und mit pro Richtung jeweils drei verschiedenen Nachbearbeitungsverfahren veredelt. Dabei kann zwischen glänzend gedruckt, matt gedruckt mit Entfernung des Trägermaterials durch Wasserdruck und matt gedruckt mit Entfernung des Trägermaterials durch Wasserdruck und Natronlauge-Bad unterschieden werden.

Nach CAZÓN et al. kann die Teilausrichtung einen signifikanten Einfluss auf das Elastizitätsmodul und die Bruchspannung haben, während es keine statistische Signifikanz für die Zugfestigkeit gibt. Bezogen auf die Steifigkeit sollte demnach die kritische Belastungsrichtung des Bauteils beim Drucken entlang der x-Achse liegen. In Bezug auf die Oberflächenbeschaffenheit gab es bei keinem der Zugversuche signifikante Unterschiede. Dafür erzielt eine glänzende Oberfläche die besten Ergebnisse für die Rauheit. Aufgrund von geometrischen Einschränkungen in Form von dünnen Wänden kann eine glänzende Oberfläche nicht immer verwendet werden. Für diese Fälle sollte eine Entfernung des Trägermaterials mithilfe eines chemischen Bads vorgenommen werden. Was die Druckrichtung betrifft, so müssen die kritischen Oberflächen nahe der XY-Ebene liegen, um die besten Rauheitsergebnisse zu erzielen.[304]

UDROIU und BRAGA stellen eine vergleichende Studie zur Anwendung der POLYJET-Technologie für das Rapid Tooling auf. Die Technologie basiert auf dem schichtweisen Aufbau des Bauteils durch eine Kombination von Tintenstrahltechnologie und Photopolymerisationsverfahren.[305] Für die Studie werden zur Herstellung von Formen die zwei Methoden des indirekten und direkten Rapid Tooling experimentell untersucht. In der ersten Fallstudie wird die Entwicklung einer Silikonform auf Basis einer additiv hergestellten Masterform analysiert. Die Probeteile werden durch verschiedene Gießtechniken und mittels Reaktions-Injektions-Formen aus einem duroplastischen Harz in der Silikonform hergestellt. Die zweite Fallstudie basiert auf der direkten Herstellung eines Urmodells mit anschließendem Füllen der Form mit Reaktions-Injektions-Formen und Spritzgießen.[306]

Die Entwicklung einer Silikonform wird zunächst für den Guss und danach für das Reaktions-Injektions-Formen durchgeführt. Für die Silikonform wurde zunächst ein Urmodell mittels Rapid Tooling hergestellt und für den Gießprozess vorbereitet. Im Anschluss erfolgt der Guss der Silikonform. Zur Erprobung der Anwendung einer Silikonform stellen UDROIU und BRAGA die Probeteile in einem ersten Versuch aus Guss durch Schwerkraft und in einem zweiten durch Injektion mit einer Spritze her. Das Kunstharz wird jeweils so lange in die Form gefüllt, bis es aus den Lüftungsöffnungen austritt. Danach folgt die Erprobung der Silikonform mittels Reaktions-Injektions-Formen. Bei dem direkten Rapid Tooling werden die POLYJET-Werkzeuge erneut im Niederdruck-Reaktions-Injektions-Formen und im Spritzgießen verwendet. Die Kavitäten der Formen sind beim Druck nach oben gerichtet und die POLYJET-Technologie erzeugt glänzende Oberflächen. Dadurch wird eine Rauheit von etwa 3,8 µm erreicht und die Kavitäten müssen

303 Vgl. CAZÓN et al., „PolyJet technology for product prototyping: Tensile strength and surface roughness properties“, S. 1665.
304 Vgl. ebd., S. 1674.
305 Vgl. Razvan UDROIU und Ion Cristian BRAGA, „Polyjet technology applications for rapid tooling“, *MATEC Web of Conferences* 112 (2017): S. 2.
306 Vgl. ebd., S. 1.

nicht nachbearbeitet werden. Vor dem Zusammenbau der Form und dem Spritzgussprozess wird ein Trennmittel auf alle Oberflächen des Formhohlraums aufgetragen.[307] Für die Spritzgießwerkzeuge wird DIGITAL ABS als Material vorgeschlagen, da es aufgrund seiner mechanischen und thermischen Eigenschaften eine längere Lebensdauer der Form und kürzere Zykluszeiten verspricht.[308] Zwischen den Schüssen wird es auf eine Zieltemperatur von $50\,^{\circ}\mathrm{C}$ herunter gekühlt.

UDROIU und BRAGA zeigen, dass direkte Rapid Tooling Formen haltbarer sind als Silikonformen. Mit dem Reaktions-Injektions-Formen können im ersten Fall 50 bis 80 Teile und im zweiten Fall 300 bis 500 Teile hergestellt werden. Die Reaktions-Injektions-Formteile weisen gute mechanische Eigenschaften auf. Weiterhin sind die Werkzeugkosten geringer. Mit den Spritzgießwerkzeugen aus DIGITAL ABS können in Abhängigkeit von Material und Teilekomplexität bis zu 100 Teile hergestellt werden.[309]

DIZON et al. geben zunächst einen Überblick über den Spritzgießprozess, die Bedeutung des Werkzeugdesigns, wichtige Materialanforderungen und thermische Eigenschaften für Formen sowie Anforderungen an Polymermaterialien für das Spritzgießen, die Fließanalyse und die Möglichkeiten des 3D-Drucks für die Herstellung von Formen. In einem zweiten Teil werden Spritgießformen mittels des VPP-Verfahren der Stereolithographie und des MEX-Verfahren des Fused Deposition Modelling hergestellt und auf Maßhaltigkeit geprüft. Im Anschluss werden Probekörper aus Polymilchsäure mit den o.g. Formen hergestellt und ebenfalls hinsichtlich Maßhaltigkeit und Schadensmechanismen während der Herstellung analysiert.

Die im Versuch verwendeten Formen werden aus Harz in einem VPP-Verfahren und aus ABS im MEX-Verfahren hergestellt. Der ursprüngliche Entwurf der Form hat eine Kavitätengröße von $15{,}00 \times 15{,}00 \times 15{,}00\,\mathrm{mm}$.[310] Keine der beiden Formen weist die geplanten Abmessungen auf. Zur erweiterten Kontrolle der gedruckten Formen werden zehn Probekörper aus Polymilchsäure hergestellt und auf Maßhaltigkeit geprüft. Dazu wird die Länge, Breite und Höhe der Probekörper gemessen und mit den Entwurfsmaßen von $15\,\mathrm{mm}$ für alle Seiten, sowie den gemessenen Abmessungen der Kavitäten der Formen verglichen. Zusätzlich werden die Formen auf ihre Lebensdauer geprüft, um zu identifizieren, wie viele Teile die Form produzieren kann, bevor ein vollständiges Versagen auftritt.[311]

Bezogen auf die Maßhaltigkeit weisen beide Formen Abweichungen zu den Maßen der CAD-Datei auf. Die Abmessungen der spritzgegossenen Teile wichen nur geringfügig vom ersten gespritzten Teil sowie von den Abmessungen des Werkzeugs ab, d. h. weniger als $5\,\%$ von den Referenzabmessungen. Dies wird sowohl für die Form aus Harz als auch aus ABS festgestellt.[312] Im Falle der Versagensanalyse der Harzform entstehen nach 30 Schüssen Risse und nach 60 Schüssen Abplatzungen. Die im MEX-Verfahren hergestellte Form zeigt unmittelbar nach dem Druck bereits Schichtablösungen und nach zehn Schüssen eine Vergrößerung des Schichtspalts. Die Delami-

307 Vgl. ebd., S. 5, 6.
308 Vgl. ebd.
309 Vgl. ebd., S. 6.
310 Vgl. John Ryan C. DIZON et al., „Three-dimensional-printed molds and materials for injection molding and rapid tooling applications“, *MRS Communications* 9, Nr. 4 (2019): S. 12.
311 Vgl. ebd., S. 13.
312 Vgl. ebd., S. 12.

nierung von Schichten in MEX-gedruckten Teilen ist auf die schwache Verbindung zwischen den Schichten aufgrund des Treppeneffekts zurückzuführen. Durch eine kleinere Auflösung kann diese Wirkung verringert werden.[313]

3.1.4 Werkzeuganwendung

ALURU et al. entwickeln ein Simulationsmodell zur Vorhersage der Ergebnisse eines Einspritzvorgangs in eine mittels des VPP-Verfahrens der Stereolithographie gefertigte Form aus Kunststoff. Basierend auf der Hauptannahme, dass Temperatur- und Lastrandbedingungen erhebliche Verformungen in der VPP-Form verursachen, werden die Auswirkungen der Änderungen der Wärmeleitfähigkeit auf die Verformungen des Endprodukts getestet. Die Verwendung einer VPP-Form wird durch ein dreistufiges Verfahren simuliert. Zur Bewältigung dieser Aufgabe wurden unterschiedliche Softwarepakete eingesetzt.

In drei Simulationsschritten wird die Verwendung einer VPP-Form im Spritzgießprozess analysiert. Im ersten Schritt wird eine Strömungssimulation der Schmelze in eine VPP-Form, basierend auf den Formgebungsbedingungen der Schmelztemperatur, der Formtemperatur, der Einspritzdauer, des Durchflusses und des Drucks durchgeführt. Weiterhin sind als Materialeigenschaften des Werkzeugmaterials die Wärmeleitfähigkeit, -kapazität und Dichte mit berücksichtigt. Nach Abschluss des Einspritzzyklus werden die Ergebnisse in Form von Temperatur- und Druckverläufen generiert und als Input für die nächsten Schritte verwendet. Im zweiten Schritt wird eine Strukturanalyse durchgeführt. Dabei wird die Verformung des Werkzeugs mittels Finite-Elemente-Methode sowohl bei gleichzeitigem als auch getrenntem Wirken der beiden Randbedingungen ermittelt. Die neuen Dimensionen der Form wurden im anschließenden dritten Schritt verwendet. Das Ergebnis ist die Gesamtmaßabweichung des Spritzgusserzeugnisses.[314] Die Geometrien der in der Simulation analysierten Spritzgusserzeugnisse sind eine massive Platte und eine komplexe dünnwandige Geometrie aus Polypropylen. Die Verifizierung der Strömungssimulation findet anhand einer direkten Simulation eines einfachen Modells unter der Voraussetzung einer konstanten Wandtemperatur der Werkzeugform statt.[315] Zur Validierung erfolgt ein Vergleich mit experimentellen Ergebnissen zum Verzug von Spritzgussteilen und -erzeugnissen bei Verwendung von Aluminium- und VPP-Formen.[316]

ALURU et al. erzielen mit ihrem entwickelten dreistufigen Modell für Spritzgussprozesssimulationen in zwei verschiedenen Teilegeometrien verwendbare Ergebnisse und beweisen somit ihre Hypothese, dass die Auswirkungen von Temperatur und Druck auf die VPP-Form nicht mit Aluminium vergleichbar ist. Insgesamt ist die Wirkung von Temperatur und Druck zusammen größer als die Summe ihrer unabhängigen Wirkungen. Dabei ist bei VPP-Polymeren der Verzug größtenteils von der Temperatur abhängig und beträgt $55\,\%$ bis $70\,\%$ der Gesamtverformung.[317] Die

[313] Vgl. DIZON et al., „Three-dimensional-printed molds and materials for injection molding and rapid tooling applications", S. 15.

[314] Vgl. Rajitha ALURU et al., „Simulation of injection molding into rapid–prototyped molds", *Rapid Prototyping Journal* 7, Nr. 1 (2001): S. 44, 45.

[315] Vgl. ebd., S. 46.

[316] Vgl. ebd., S. 47.

[317] Vgl. ebd., S. 50.

Simulationen ergeben, dass im Temperaturbereich von 200 °C bis 300 °C für das untersuchte Photopolymer ein anfänglicher Rückgang des Teileverzugs mit steigender Schmelztemperatur zu verzeichnen ist, der anschließend wieder abflacht.[318] Insgesamt erzielt das dreistufige Modell Werte, die näher an den experimentellen Werten lagen als die der direkten Simulation. Im Beispiel der massiven Plattengeometrie erzeugt das entworfene Simulationsmodell einen relativen Fehler von 13 % bis 24 % gegenüber 47 % bis 56 % für die direkte Simulation.[319]

COLTON et al. stellen Modelle zur Bestimmung der während des Spritzgießzyklus auftretenden Kräfte auf, um die Eignung von Materialien für mittels Stereolithographie hergestellten Formen zu bewerten. Die Modelle umfassen thermische und mechanische Belastungen während der Einspritz-, der Abkühl- und der Auswurfphase. Die Auswirkungen der Prozessbedingungen auf die Materialeigenschaften werden untersucht und experimentelle Ergebnisse vorgestellt.[320]

Zunächst stellen COLTON et al. eine theoretische Modellierung der Einspritz-, Abkühl- und Auswurfphase auf. Dabei leiten sie eine Formel für die Formabweichung und die Spannungen in der Einspritzphase mittels der Finite-Elemente-Methode und Grundgleichungen für die Biegung eines freitragenden Stabs her.[321] Die in der Auswurfphase wirkende Kraft setzt sich aus den Kräften der thermischen Schrumpfung sowie des inhärenten Treppenstufenprofils zusammen.[322] Mittels einer Finite-Elemente-Modellierung und -analyse werden die Gleichungen der Kräfte validiert, eine Betrachtung von Einspritz- und Auswurfkräften bei unterschiedlichen Formgeometrien berücksichtigt und eine thermische Analyse mit anschließender Strukturanalyse zur Bestimmung der Kontaktspannungen und des Spannungszustands beim Auswerfen durchgeführt.[323] Im Anschluss führen COLTON et al. Versuche durch, um den Einfluss der Prozessbedingungen auf die mechanischen Eigenschaften von zwei Stereolithographie-Materialien zu bestimmen: CIBATOOL 7510 und DSM SOMOS 7110.

Die von den Autoren hergeleiteten Kräfteformeln liefern gute Schätzwerte für die Einspritz- und Auswurfkräfte der Formen. Die Finite-Elemente-Analysen ermöglichen fundierte Vorhersagen von Temperaturprofilen und Kühlzeiten. So hat beispielsweise die Baurichtung keinen Einfluss auf die mechanischen Eigenschaften. Die Temperatur reduziert hingegen die mechanischen Eigenschaften der Form: Während unterhalb von der Glasübergangstemperatur T_g Sprödbruch erfolgt, liegt oberhalb davon Fließverhalten vor. Daraus lassen sich Konstruktionsrichtlinien für VPP-Formen ableiten. Da während des Einspritzvorgangs die Temperatur an der Oberfläche über T_g von etwa 120 °C liegt, können für kleine auf Biegung beanspruchte Teile die Fließspannungswerte als Versagenskriterium verwendet werden. Während des Auswerfens ist die Temperatur aufgrund der Abkühlung niedriger und somit kann ein bruchmechanischer Ansatz verwendet werden.[324]

318 Vgl. ebd., S. 48.
319 Vgl. ebd., S. 50.
320 Vgl. J. S. COLTON et al., „Failure of Rapid Prototype Molds during Injection Molding", *CIRP Annals* 50, Nr. 1 (2001): S. 1.
321 Vgl. ebd., S. 1.
322 Vgl. ebd.
323 Vgl. ebd., S. 2.
324 Vgl. ebd., S. 4.

HARRIS et al. illustrieren die Auswirkungen der Wärmeleitfähigkeit der Werkzeugform auf die unterschiedlichen Bauteileigenschaften im Spritzgießprozess. Dabei werden speziell die Anwendungspotenziale und Vorteile von VPP-Formen für den Spritzguss von kristallinen Polymeren im Rahmen einer Fallstudie aufgezeigt.

Zunächst wurden die unterschiedlichen Wärmeleitfähigkeiten von VPP- und Aluminiumformeinsätzen mittels Probeteilen aus PA 66 nachgewiesen. Dazu wurden anhand von Thermoelementen, platziert in einer einfachen Bauteilgeometrie, mittels einer Echtzeit-Datenerfassung Temperaturprofile über den gesamten Spritzgussverlauf erstellt und verglichen.[325] Im Rahmen einer anschließenden zweistufigen Fallstudie zeigen die Autoren die Vorteile von SL-Einsätzen unter Verwendung des hoch-kristallinen technischen Polymers Polyeder-Ether-Ketone auf. In der ersten Stufe wird eine einfache Formgeometrie verwendet, die aus einem direkten Anguss aus Stahl, der um einen zentralen zylindrischen Kern geformt ist, besteht. Dies ergänzt ein Flansch, auf den die Auswerferstifte aus Stahl wirken. Die zweite Stufe sieht eine Demonstration des Technologietransfers in Form einer realen Teilekonstruktion vor. Die für den Prozess benötigten Parameter Einspritzdruck und –geschwindigkeit basieren auf Erfahrungen aus vorangegangenen VPP-Formen und Versuchen. Zudem werden die ungefähren Anforderungen an eine gleichwertige Stahlform ermittelt.

Als Resultat aus der ersten Stufe der Fallstudie ergeben sich Probeteile mit unterschiedlichem Gefüge. An Kontaktstellen des Probeteils mit Stahl werden amorphe Gefüge gebildet, während sich an den Kontaktstellen des Probekörpers mit der VPP-Form kristalline Gefüge zeigen. In der zweiten Stufe kann diese Beobachtung validiert werden.[326] HARRIS et al. zeigen, dass die thermischen Eigenschaften von VPP-Formen für die Anwendung bei kristallinen Polymeren vorteilhaft sein können. Die geringere Wärmeleitfähigkeit von VPP-Formen ist für eine unbeheizte Form und niedrigere Prozessparameter als bei Stahlformen, u. a. beim Einspritzdruck und der Einspritzgeschwindigkeit, nützlich.[327]

VOLPATO et al. untersuchen die Anwendung von DIGITAL ABS hinsichtlich Dimensions- und Oberflächenstabilität während des Spritzgussverfahrens und den Einfluss des Materials auf die Eigenschaften des fertigen Formteils. Die mechanischen Eigenschaften des Probekörpers werden mittels Zug-, Biege- und Schlagversuchen sowie einer Härtemessung analysiert. Die Kristallinität wird durch eine DSC gemessen.[328]

Anhand von drei im Folgenden beschriebenen unterschiedlichen Formeinsätzen werden Probeteile hergestellt und auf ihre mechanischen Eigenschaften geprüft. Die verwendeten Teilegeometrien basieren auf den Normen für mechanische Prüfungen von Polymerteilen. Das verwendete Formteilmaterial CP 204 PP ist aufgrund seiner Verbreitung in der Industrie geeignet.[329] Als Formeinsatzmaterialien kommen zum einen SAE 1045 und ZAMAK 8 als Metallvariante zum Einsatz. Zum anderen wird DIGITAL ABS verwendet, welches speziell für eine hohe Temperatur- und

325 Vgl. R. A. HARRIS et al., „Thermal conditions in stereolithography injection mould tooling and their use for polyether-ether-ketone moulding“, *International Journal of Production Research* 42, Nr. 1 (2004): S. 121, 122.

326 Vgl. ebd., S. 125, 126.

327 Vgl. ebd., S. 127.

328 Vgl. Neri VOLPATO et al., „An analysis of Digital ABS as a rapid tooling material for polymer injection moulding“, *International Journal of Materials and Product Technology* 52, Nrn. 1/2 (2016): S. 5.

329 Vgl. ebd., S. 5, 6.

hohe Druckbeständigkeit entwickelt ist. Das Design der Form wird mittels numerischer Simulation zur Überprüfung der Füllung und des Angussausgleichs im Einspritzvorgang mit MoldFlow gestaltet.[330] Die Prozessparameter für den Einspritzvorgang sind gemäß den Ergebnissen der Simulation eingestellt und im Versuchsverlauf anzupassen. Nach Herstellung der Probekörper erfolgt die mechanische Analyse.

Volpato et al. stellen fest, dass das Verhalten von Digital ABS in Bezug auf die Abmessungen und die Oberflächenqualität beim Spritzgießen stabil ist. Nach fünfzig Schüssen erleidet die Form eine leichte, dauerhafte Verformung mit lediglich minimalen Auswirkungen auf die Oberflächentextur. Bezogen auf die mechanischen Eigenschaften unterscheiden sich die mit Digital ABS-Einsätzen hergestellten Probekörper nur geringfügig von denen aus den Metalleinsätzen. Die Probekörper aus den Digital ABS Einsätzen haben eine geringfügig höhere Zugfestigkeit und Elastizitätsmodul. Die Schlagzähigkeit wiederum ist um mehr als 30 % höher. Bei der Härte sind keine Unterschiede zwischen den mit den drei verschiedenen Einsätzen hergestellten Formteilen ersichtlich.[331] Auffallend ist die geringere Kristallinität der Formteile aus den Digital ABS-Einsätzen, was aufgrund der niedrigeren Wärmeleitfähigkeit des Digital ABS nicht erwartbar ist.[332]

3.1.5 Qualitätskontrolle

Die Auslegung additiver Prototypenwerkzeuge wird bisher nur begrenzt systematisch behandelt. Häufig finden sich Kombinationen aus Fallstudien, die zunächst eine qualitative Technologieauswahl behandeln, wie z. B. von Mendible et al. Darauffolgend werden verschiedene Versuche durchgeführt, die Möglichkeiten oder Grenzen der additiven Prototypenwerkzeuge aufzeigen. Als Fazit werden dann Auslegungshinweise diskutiert, so auch von Kampker et al. oder Ferreira und Mateus, die Hinweise aus ihren Fallstudien zu sinnvollen Aspektverhältnissen in Formeinsätzen aus Kunststoffen geben. Einige Werke, darunter Harris et al., Rodet und Colton und Schuh et al., fokussieren die Auslegung stärker und werden im Folgenden genauer vorgestellt.

Harris et al. untersuchen die Schwindung von Bauteilen aus additiven Werkzeugen aus einem VPP-Verfahren. In den Versuchen werden Standardgeometrien, die üblicherweise zur Ermittlung von Schwingungswerten von Kunststoffen im Spritzgießen verwendet werden, genutzt. Während der Versuche wurden Temperaturprofile für das Werkzeug und für ein Referenzwerkzeug aus Aluminium aufgezeichnet. Die thermischen Bedingungen während der Formgebung wurden durch FEA-Modellierung und Echtzeit-Datenerfassung simuliert. So zeigen Harris et al., dass die Schwindung in additiven Prototypenwerkzeugen durch Kompensation der thermischen Ausdehnung des Werkzeugs berücksichtigt werden kann. Während teilkristalline Thermoplaste bei der Verwendung von additiven Prototypenwerkzeugen zu einer deutlich höheren Schwindung als in der Literatur angegeben neigen, liegen amorphe Thermoplaste knapp darüber. Harris et al. stellen

[330] Vgl. ebd.
[331] Vgl. ebd., S. 15.
[332] Vgl. ebd., S. 13.

abschließend fest, dass wie im Spritzgießen mit Werkzeugen aus Metall, auch bei Werkzeugen aus Kunststoffen amorphe Thermoplaste maßhaltiger zu verarbeiten sind.[333]

3.1.6 Zusammenfassung des Gestaltungsbereichs

Die Inhalte dieses Kapitels bilden die Grundlagen des Gestaltungsbereichs im Umfeld des Betrachtungsbereiches Werkzeugbau. In den fünf Phasen existieren diverse Erkenntnisse über die Leistungsfähigkeit additiver Prototypenwerkzeuge. Dabei sind sowohl methodische als auch experimentelle Ansätze in Technologieauswahl, der Werkzeugauslegung, der Werkzeugherstellung, der Werkzeuganwendung und der Qualitätskontrolle hervorzuheben. Trotz der umfänglichen Forschung über den gesamten Gestaltungsbereich ist die Schlussfolgerung zulässig, dass insbesondere die Werkzeugauslegung als Themenfeld weniger umfänglich als die anderen Felder erschlossen ist. Dies bedingt die Notwendigkeit einer strukturierten Analyse der wissenschaftlichen Ansätze auf diesem Gebiet.

[333] Vgl. R.A Harris et al., „Part shrinkage anomilies from stereolithography injection mould tooling", *International Journal of Machine Tools and Manufacture* 43, Nr. 9 (2003): S. 886.

3.2 Methode der Analyse bestehender Ansätze

Auf Basis des Handlungsbedarfs aus der Praxis aus Kapitel 2.4 und der Detaillierung des Gestaltungsbereiches aus dem vorherigen Kapitel können spezifische Anforderungen an ein Prozessmodell zur Optimierung der Leistungsfähigkeit von additiven Prototypenwerkzeugen durch verbesserte thermische Auslegung abgeleitet werden. Dem zugrunde liegt eine entsprechende Bewertungslogik sowie ein entsprechendes Anforderungssystem, in dem die Bewertungslogik und die Inhalte der beiden genannten Kapitel zusammengefügt sind.

3.2.1 Bewertungslogik

Zur Bewertung von wissenschaftlichen Ansätzen kann auf unterschiedliche Methoden zurückgegriffen werden. Die Methoden unterscheiden sich in der Bewertungslogik. Im Zentrum der Bewertungslogik steht die Skala, welche für die Methode genutzt wird. Häufig nutzen Methoden zur Bewertung eine diskrete Skala, denn die qualitativen Aspekte eines wissenschaftlichen Ansatzes können nur schwierig quantitativ ausgedrückt werden. Die qualitativen Aspekte sind auf einer diskreten Skala, je nach Skalengröße, unterschiedlich stark differenzierbar.

LIKERT entwickelt basierend auf Analysen bestehenden Skalen eine neue Skala, die heute weitreichende Anwendung findet. Die Likert-Skala beinhaltet insgesamt fünf Stufen, welche üblicherweise von eins mit der negativsten Ausprägung bis fünf mit der positivsten Ausprägung reichen.[334] Bei der Verwendung der Likert-Skala bleiben verschiedene Möglichkeiten der Visualisierung für die Ergebnisdaten. Neben der numerischen Darstellung können auch Histogramme oder Farbbilder, z. B. Heatmaps genutzt werden. SOUTH et al. thematisieren die richtige Darstellungsweise für einen Anwendungsfall der Likert-Skala im Kontext der Verständlichkeit für die lesenden Personen.[335] Bei einer Bewertung verschiedener wissenschaftlicher Ansätze handelt es sich nicht um einen empirischen Anwendungsfall. Vielmehr ergibt sich eine Bewertung eines Ansatzes aus dem objektiven Gutachten zu einem oder mehreren Anforderungen der durchführenden Person. Die Bewertung der Anforderungen findet mittels der Likert-Skala statt und wird qualitativ in Form von Harvey-Balls visualisiert.[336] Für die notwendige Subjektivität der Bewertung sorgt ein entsprechend definiertes Anforderungssystem, welches in Likert-Elemente übersetzt wird.

Ein solches Likert-Element besteht aus der Spannweite der Bewertung, der numerischen Darstellung der Bewertung, den Textankern der Bewertung und der Fragestellung selbst.[337] Die Spannweite orientiert sich am Standard mit fünf Stufen nach LIKERT. Für die numerische Darstellung fällt die Wahl auf klassische arabische Zahlen. Die Textanker sind an bestehenden Arbeiten orientiert, neben anderen sind dafür KELZENBERG und LANGE zu nennen. Die Textanker und

[334] Vgl. R. LIKERT, „A technique for the measurement of attitudes", *Archives of Psychology* 22, Nr. 140 (1932): S. 25-27.

[335] Vgl. Laura SOUTH et al., „Effective Use of Likert Scales in Visualization Evaluations: A Systematic Review", *Computer Graphics Forum* 41, Nr. 3 (2022): S. 45-47.

[336] Vgl. Ingo KETT und Gerhard SCHEWE, „Aussagekräftig präsentieren", in *Management Skills*, hrsg. Ingo KETT und Gerhard SCHEWE (Wiesbaden: Gabler, 2010), S. 129.

[337] Vgl. SOUTH et al., „Effective Use of Likert Scales in Visualization Evaluations: A Systematic Review", S. 45.

die numerische Darstellung definieren sich wie folgt und sind in Abbildung 3.3 als Harvey Balls visualisiert:

- 1 = Nicht vorhanden
- 2 = Sehr gering
- 3 = Gering
- 4 = Hoch
- 5 = Sehr hoch

Die Likert-Skala kommt aus den Sozialwissenschaften, in denen eine indifferente Stufe sinnvoll sein kann. Für eine Bewertung im ingenieurwissenschaftlichen Kontext ist hingegen die eindeutige Bestimmung des „Nicht-Vorhandenseins" eines Aspektes von höherer Bedeutung. Die Unschärfe im mittleren Bewertungsbereich der Skala sollte im Folgenden verkraftbar sein, insbesondere vor dem Hintergrund der Analyse von BLAIKIE. Bei der Likert-Skala handelt es sich um eine Ordinal-Skala, das heißt, die Abstände der Ausprägungen sind nicht quantifizierbar und nicht gleichmäßig.[338] Zuletzt muss noch die Fragestellung selbst definiert sein. Üblicherweise ist diese in den Sozialwissenschaften derart formuliert, dass eine befragte Person mithilfe der Stufen die Aussage ablehnen oder dieser zustimmen kann.[339] Die passende Formulierung dieser Fragestellungen ist Bestandteil des Anforderungssystems.

Abbildung 3.3: Harvey-Balls in Verbindung mit dem Likert-Textanker und der numerischen Darstellung[340]

3.2.2 Anforderungssystem

KUHLMANN prägt einen Ansatz zur Strukturierung eines Anforderungssystems im Forschungsansatz nach ULRICH et al. Nach KUHLMANN sind Anforderungen in die Dimensionen „Relevanz" und „Anwendbarkeit" zu teilen.[341] Die Dimension der Relevanz beinhaltet jene Anforderungen, die einen Ansatz im Kontext des Betrachtungsbereichs oder des Gestaltungsbereiches verorten. Beispielsweise können aus diesen Anforderungen Suchbegriffe für eine strukturierte Literaturrecherche

338 Vgl. Norman W. H. BLAIKIE, *Analyzing quantitative data: From description to explanation* (London und Thousand Oaks, CA: SAGE Publications Ltd, 2003), S. 231.

339 Vgl. SOUTH et al., „Effective Use of Likert Scales in Visualization Evaluations: A Systematic Review", S. 45.

340 Eigene Darstellung

341 Vgl. Thomas KUHLMANN, „Corporate Tooling" (Dissertation, Rheinisch-Westfälische Technische Hochschule Aachen, 2017), S. 92 f.

zu diesem Thema abgeleitet werden. Als Ausgangsbasis zur Formulierung der Anforderungen in der Dimension „Relevanz“ dient die allgemeine Zielsetzung dieser Arbeit, wie in Kapitel 1.2 formuliert. Daraus ergeben sich insgesamt zwei Anforderungen an Ansätze in der Dimension „Relevanz“:

Im Betrachtungsbereich bezieht sich der Ansatz auf den Entstehungsprozess von prototypischen Werkzeugen und Formen mittels additiver Fertigung.

Im Gestaltungsbereich bezieht sich der Ansatz auf die thermische Auslegung von prototypischen Formen für das Spritzgießen.

Die Dimension „Anwendbarkeit“ fokussiert die detaillierten theoretischen Inhalte eines Ansatzes und deren Umsetzbarkeit in der Praxis. Anforderungen in dieser Dimension bilden die spezifischen Bedarfe des Betrachtungs- bzw. des Gestaltungsbereiches hinsichtlich der allgemeinen Zielsetzung dieser Arbeit aus Kapitel 1.2 ab. Im Fokus steht dabei der Inhalt des betrachteten Systems nach ULRICH et al. und deren Ausgestaltung zur Lösung der Problemstellung dieser Arbeit. Diese kann sich jedoch vom zugrundeliegenden Problem eines Ansatzes unterscheiden. Dennoch folgt daraus nicht grundsätzlich, dass ein Ansatz in Gänze nicht anwendbar wäre. Vielmehr zeigt dies eine Lücke des betrachteten Ansatzes auf. Eine Lücke im Stand der Wissenschaft liegt dann vor, wenn relevante Ansätze in der Anwendbarkeit systematische Lücken offenbaren.

Mit dieser Zielstellung lassen sich folglich Anforderungen erarbeiten. Diese Anforderungen müssen in die bereits beschriebene Logik der Likert-Skala übertragen werden, um die Bewertung der Ansätze zu ermöglichen. Es gilt dafür, die Likert-Elemente der Anforderungen zu formulieren und die notwendigen Kriterien zur Einordnung der Ansätze in der Skala zu definieren. Ausgehend von Kapitel 3.1 können drei inhaltliche Bereiche zur Strukturierung der Anforderungen der Dimension „Anwendbarkeit“ verwendet werden: Betrachtung von Einflussgrößen, Betrachtung von Zielgrößen und Betrachtung technischer Lösungen.

3.2.2.1 Anforderungen durch Einflussgrößen

Die Einflussgrößen bei der Verwendung von Hohlformwerkzeugen sind vielfältig. Wie die Einführung zu additiven Prototypenwerkzeugen für das Spritzgießen als Unterart der Hohlformwerkzeuge in Kapitel 3.1 verdeutlicht, besteht in der Literatur keine grundsätzliche Einigkeit über die Wichtigkeit bestimmter Einflussgrößen. Dennoch definieren die Wahl der Prozessparameter des Spritzgießens, die Bauteilgeometrie sowie das verwendete Werkzeugmaterial die drei Hauptgruppen der Einflussgrößen. Der zusammenfassende Charakter dieser drei Gruppen für die darunterliegenden detaillierten und fallspezifischen Einflüsse erschwert die Definition der dazugehörigen Fragestellung und die Charakterisierung der Textanker. Zudem könnten die zu analysierenden Ansätze unterschiedliche Definitionen oder Sichtweisen auf eigentlich gleiche Einflüsse haben.

Prozessparameter
Hinsichtlich der Prozessparameter unterscheiden sich methodische und experimentelle Ansätze in

der empirischen Berücksichtigung des Einflusses von Prozessparametern. Ein Ansatz, in dem keine Berücksichtigung von Prozessparametern stattfindet, identifiziert sich über das Fehlen von spezifischen Stichwörtern oder Angaben bspw. beim Versuchsaufbau und folglich auch im weiteren Kontext des Ansatzes. Eine sehr geringe Berücksichtigung äußert sich in methodischen Ansätzen durch eine Beschreibung des Prozesses ohne Diskussion möglicher Teileinflüsse aus Sub-Systemen des Prozesses. Experimentelle Ansätze nehmen die Prozessparameter in den Versuchsaufbau zwar auf, allerdings nur zur Vervollständigung des Gesamtbildes. Folglich sind bei einer geringen Berücksichtigung in einem experimentellen Ansatz die Versuchsergebnisse relevant, ausgezeichnet durch die Integration von konstanten Prozessparameter als Versuchsgrößen in der Diskussion der Ergebnisse. Die methodischen Ansätze desselben Niveaus diskutieren mögliche Ausprägungen von Teileinflüssen. Diese Diskussionen erweitern sich für das Niveau der hohen Berücksichtigung um eine theoretische Analyse, in der auch Abhängigkeiten von Teileinflüssen Berücksichtigung finden. Für die experimentellen Ansätze bedeutet dies eine Verwendung unterschiedlicher Stufen von Prozessparametern, die in einem Versuchsplan dargelegt werden. Eine sehr hohe Berücksichtigung bei experimentellen Ansätzen ist an der Bildung von Parameterblöcken und eines komplexen Versuchsplans mit Berücksichtigung einer hohen Anzahl von Teilparametern erkennbar. Die methodischen Ansätze prägen sich durch die differenzierte Analyse von Abhängigkeiten von Teileinflüssen in Kombination mit der Verallgemeinerung dieser Analyse zu einer Einflussmatrix. Folgend sind die entsprechende Fragestellung und die Textanker formuliert:

Hinsichtlich der Einflussgrößen berücksichtigt der Ansatz den Einfluss von Prozessparametern aus dem Spritzgießprozess.

- Nicht vorhanden (1):
  Methodisch: Keine Erwähnung von Prozessparametern in der Methodik
  Experimentell: Keine Berücksichtigung von Prozessparametern im Versuchsaufbau
- Sehr gering (2):
  Methodisch: Prozessbeschreibung ohne Detaillierung möglicher Einflüsse
  Experimentell: Aufnahme der Prozessparameter ohne Steuerung oder Stabilisierung
- Gering (3):
  Methodisch: Einführung der Einflüsse und Diskussion der möglichen Teileinflüsse
  Experimentell: Integration konstanter Prozessparameter als Versuchsgrößen in die Ergebnisanalyse
- Hoch (4):
  Methodisch: Analyse von Abhängigkeiten der möglichen Teileinflüsse
  Experimentell: Planung, Durchführung und Analyse anhand eines einfachen Versuchsplans mit unterschiedlichen Stufen der Prozessparameter
- Sehr hoch (5):
  Methodisch: Differenzierung von Teileinflüssen und deren Abhängigkeiten zu einer allgemeinen Einflussmatrix

Experimentell: Planung, Durchführung und Analyse anhand eines komplexen Versuchsplans mittels Blöcken von Stufen von Teilparametern

Bauteilgeometrie

Methodische und experimentelle Ansätze unterscheiden sich ebenso bei der Berücksichtigung der Bauteilgeometrie wie bei der Berücksichtigung der Prozessparameter. Keine Berücksichtigung der Bauteilgeometrie bedeutet, dass ein Ansatz, methodisch oder experimentell, keine Erwähnung des Einflusses der Geometrie auf die zu erwartenden Ergebnisse der Methodik oder erzielten Ergebnisse der Experimente beinhaltet. Dahingegen äußert sich eine sehr geringe Berücksichtigung in methodischen Ansätzen durch eine Beschreibung, wie die Bauteilgeometrie die zu erwartenden Ergebnisse beeinflussen könnte. Eine Charakterisierung der Bauteilgeometrie findet nur grob und nicht strukturiert statt. Dies gilt ebenso für experimentelle Ansätze, in denen dann lediglich demonstrativ Elemente der Bauteilgeometrie in die Einflussanalyse aufgenommen werden. Folglich werden bei einer geringen Berücksichtigung bei einem experimentellen Ansatz demonstrative Geometrieelemente nicht nur berücksichtigt, sondern auch untereinander verglichen. In einem methodischen Ansatz käme dies einer Diskussion der Unterschiede auf eine strukturierte Art gleich. Auf dem Niveau der hohen Berücksichtigung erweitern sich diese Diskussionen, um eine systematische Spezifizierung von Segmenten der Geometrie anhand standardisierter Segmentdefinitionen. Für die experimentellen Ansätze bedeutet dies eine weitere Unterscheidung von Bauteilgeometrien bzw. Bereichen der Bauteilgeometrien bei der Analyse von Versuchsergebnissen. Eine sehr hohe Berücksichtigung erfolgt bei experimentellen Ansätzen dann, wenn zusätzlich neben der Bauteilgeometrie selbst auch die Abbildung dieser im Werkzeug berücksichtigt ist. Im selben Maß sind detaillierte Segmente der Geometrie im Bauteil und im Werkzeug auf deren Einflüsse auf die Versuchsergebnisse zu berücksichtigen. Die methodischen Ansätze präzisieren dies ebenso durch die differenzierte Analyse der Abhängigkeiten zwischen Segmenten im Bauteil und den gespiegelten Segmenten im Werkzeug. Daraus ergeben sich die folgende Fragestellung und Textanker:

Hinsichtlich der Einflussgrößen berücksichtigt der Ansatz den Einfluss der Bauteilgeometrie.

- Nicht vorhanden (1):
  Methodisch: Keine Erwähnung der Bauteilgeometrie in der Methodik
  Experimentell: Keine Erwähnung des Einflusses der Bauteilgeometrie im Versuchsaufbau
- Sehr gering (2):
  Methodisch: Beschreibung der Bauteilgeometrie und möglicher Einflüsse
  Experimentell: Analyse demonstrativer Bereiche der Bauteilgeometrie hinsichtlich des Einflusses
- Gering (3):
  Methodisch: Diskussion unterschiedlicher Bauteilgeometrien und deren Einflüsse
  Experimentell: Strukturierung einer Analyse der gesamten Bauteilgeometrie und Vergleich demonstrativer Bereiche

- Hoch (4):
  Methodisch: Differenzierung von Geometrieelementen in der Bauteilgeometrie zu allgemeinen Segmenten
  Experimentell: Analyse von allgemeinen geometrischen Segmenten in der Bauteilgeometrie
- Sehr hoch (5):
  Methodisch: Differenzierung der Einflüsse durch die Bauteilgeometrie auf die gespiegelten Segmente im Werkzeug
  Experimentell: Analyse von detaillierten Segmenten der Bauteilgeometrie und deren Abbildung im Werkzeug

Werkzeugmaterial

Der Einfluss des Werkzeugmaterials findet in Ansätzen unterschiedliche Berücksichtigung. Dabei unterscheiden sich auch hier methodische und experimentelle Ansätze voneinander. Ansätze, in denen keine Berücksichtigung des Werkzeugmaterials vorhanden ist, zeichnen sich durch das Fehlen von Angaben zum verwendeten Werkzeugmaterial bzw. Erwähnung hinsichtlich der Unterscheidbarkeit von Anwendungsfällen durch das Werkzeugmaterial aus. Eine sehr geringe Berücksichtigung in methodischen Ansätzen zeigt sich durch eine Beschreibung des Werkzeugmaterials ohne einen Diskurs der ausgelösten Einflüsse. Experimentelle Ansätze benennen das Werkzeugmaterial im Versuchsaufbau, beziehen dies jedoch nicht in die Analyse der Ergebnisse ein. Folglich sind bei einer geringen Berücksichtigung experimentelle Ansätze daran zu erkennen, dass anhand allgemeiner Faktoren, z. B. des Herstellers, unterscheidbare Materialien für die Versuche im Aufbau und in der Analyse berücksichtigt werden. Die methodischen Ansätze desselben Niveaus diskutieren die Unterschiede der Einflussstärke anderer Materialien ohne einen Rückschluss auf Materialeigenschaften. Diese Diskussion vergrößert sich für das Niveau der hohen Berücksichtigung um die Integration allgemeiner Materialeigenschaften wie z. B. des E-Moduls. Für die experimentellen Ansätze bedeutet dies eine Verwendung unterschiedlicher Materialien mit entsprechenden Eigenschaften, die in einem Versuchsplan dargelegt werden. Die sehr hohe Berücksichtigung bei experimentellen Ansätzen zeigt sich wiederum an der Erweiterung des Versuchsplans durch die Bildung von Variablenblöcken mittels spezifischer Materialeigenschaften. Die methodischen Ansätze prägen sich durch die differenzierte Analyse der Einflüsse durch Abhängigkeiten von Materialeigenschaften untereinander. Folgend sind die entsprechende Fragestellung und die Textanker formuliert:

Hinsichtlich der Einflussgrößen berücksichtigt der Ansatz den Einfluss des verwendeten Werkzeugmaterials.

- Nicht vorhanden (1):
  Methodisch: Keine Erwähnung des Werkzeugmaterials in der Methodik
  Experimentell: Keine Berücksichtigung des Werkzeugmaterials im Versuchsaufbau
- Sehr gering (2):
  Methodisch: Beschreibung des Werkzeugmaterials ohne Detaillierung möglicher Einflüsse

Experimentell: Aufnahme des Werkzeugmaterials im Versuchsaufbau, jedoch nicht in der Analyse

- Gering (3):
  Methodisch: Diskussion der Einflüsse unterschiedlicher Werkzeugmaterialien ohne Spezifizierung anhand von Materialeigenschaften
  Experimentell: Integration unterscheidbarer Werkzeugmaterialien ohne Detaillierung möglicher Einflüsse auf die Ergebnisse
- Hoch (4):
  Methodisch: Diskussion der Einflüsse unterschiedlicher Werkzeugmaterialien anhand von allgemeinen Materialeigenschaften
  Experimentell: Planung, Durchführung und Analyse anhand eines einfachen Versuchsplans mit unterschiedlichen Werkzeugmaterialien
- Sehr hoch (5):
  Methodisch: Diskussion der Einflüsse und Abhängigkeiten der Werkzeugmaterialeigenschaften anhand von detaillierten Materialeigenschaften
  Experimentell: Planung, Durchführung und Analyse anhand eines komplexen Versuchsplans mit unterschiedlichen Werkzeugmaterialien

3.2.2.2 Anforderungen durch Zielgrößen

Bei der Verwendung von Hohlformwerkzeugen können unterschiedliche Zielgrößen relevant sein. Die Literatur aus Kapitel 3.1 orientiert sich an den betriebswirtschaftlich relevanten Zielgrößen Zeit, Qualität und Kosten. Letztere sind Bestandteil einiger spezifischer Arbeiten, z. B. von TOSELLO et al.[342] und KAMPKER et al.,[343] sind jedoch unvollständig hinsichtlich der technischen Wettbewerbsfähigkeit. Additive Prototypenwerkzeuge sind so lange auf der Kostenseite im Nachteil, wie sie die technischen Mindestanforderungen an Zeit und Qualität nicht erfüllen können. Der Qualitätsaspekt äußert sich direkt immer im produzierten Bauteil auf unterschiedliche Art und Weise, z. B. durch die Oberflächengüte. Allerdings ist der Qualitätsaspekt bezogen auf das Werkzeug ebenfalls durch die Standzeit, also auf die Dauer, in der ein Werkzeug die erforderlichen Bauteilqualitäten liefern kann, beschreibbar. Zuletzt kann der Zielgröße „Zeit" die Zykluszeit pro Bauteil zugeordnet werden. Zusammenfassend bestehen somit drei Zielgrößen, die in Ansätzen zu additiven Prototypenwerkzeugen berücksichtigt sein sollten: Bauteilqualität, Standzeit und Zykluszeit.

Standzeit

Die Standzeit als Zielgröße kann unterschiedliche Berücksichtigung in wissenschaftlichen Ansät-

[342] Guido TOSELLO et al., „Value chain and production cost optimization by integrating additive manufacturing in injection molding process chain", *The International Journal of Advanced Manufacturing Technology* 100, Nrn. 1-4 (2019): 783–795.

[343] KAMPKER et al., „Direct Polymer Additive Tooling - Economic Analysis of Additive Manufacturing Technologies for Fabrication of Polymer Tools for Injection Molding".

zen finden. Keine Berücksichtigung bedeutet, dass die Standzeit keinerlei Erwähnung im Kontext der Ziele einer Anwendung oder eines Vorgehens im Ansatz erfährt. Eine sehr geringe Berücksichtigung zeichnet sich durch die Erwähnung der Standzeit als Untersuchungsmerkmal für die Anwendbarkeit von additiven Prototypenwerkzeugen im Kontext des Ansatzes aus. In experimentellen Ansätzen wird die Standzeit im Sinne eines Werkzeugversagens protokolliert. Folglich wird bei einer geringen Berücksichtigung eine Analyse der Standzeit im Sinne des Werkzeugversagens durchgeführt. Methodische Ansätze verweisen auf die Integration dieser Zielgröße bei der Anwendung eines additiven Prototypenwerkzeugs. Mit einer hohen Berücksichtigung geht die erste Differenzierung der Standzeit in zwei oder drei Ausprägungsstufen einher. Sowohl methodisch als auch experimentell können Vorgehensweisen spezifischer auf die Anforderungen von Anwendungsfällen ausgelegt werden. Die sehr hohe Berücksichtigung äußert sich durch eine Differenzierung der Standzeit in mindestens vier Stufen: In Ordnung; Beschädigungen ohne Qualitätseinbußen; Beschädigungen, die Nacharbeit am Bauteil bedingen; Beschädigungen, die eine weitere Verwendung technisch ausschließen. Eine solche Differenzierung kann noch detaillierter ausfallen, um umfänglich den Anforderungen von Anwendungsfällen gerecht zu werden. Folgend sind die entsprechende Fragestellung und die Textanker formuliert:

Hinsichtlich der Zielgrößen berücksichtigt der Ansatz die Standzeit.

- Nicht vorhanden (1):
  Keine Berücksichtigung der Standzeit bei der Beschreibung der Zielgrößen
- Sehr gering (2):
  Berücksichtigung der Standzeit als Zielgröße und Protokollierung in einer Versuchsdurchführung
- Gering (3):
  Analyse der Standzeit als Ergebnisgröße von Versuchen
- Hoch (4):
  Differenzierung der Standzeit für Anwendungsfälle in zwei oder drei Ausprägungsstufen
- Sehr hoch (5):
  Differenzierung der Standzeit für Anwendungsfälle in mindestens vier Ausprägungsstufen

Zykluszeit

Die Forderung nach der Berücksichtigung der Zykluszeit pro Bauteil spiegelt die Notwendigkeit einer auslastungsorientierten Zielgröße wider. Ansätze, in denen die Zykluszeit keine Berücksichtigung findet, orientieren sich somit nicht an einer wirtschaftlichen Nutzbarkeit, sondern legen den Fokus auf andere zeitliche Merkmale der Anwendung additiver Prototypenwerkzeuge. Entsprechend können Formulierungen, welche die Zykluszeit als Zielgröße ausschließen, in solchen Ansätzen vorliegen. Eine sehr geringe Berücksichtigung der Zykluszeit als Zielgröße wird durch die Beschreibung der Zykluszeit generell gezeigt. Die Beschreibung detailliert nicht die Zusammensetzung, noch wird in experimentellen Ansätzen eine Auswertung durchgeführt. Letztlich beschränkt sich die Berücksichtigung auf die Quantifizierung der Zykluszeit alleine. Folglich ist die geringe Berücksichtigung anhand der Differenzierung der Zykluszeit in unterschiedliche Phasen zu erkennen. Sowohl im methodischen Kontext als auch bei den experimentellen Ansätzen wird der Fokus auf die zeitlichen Verhältnisse der Phasen zueinander gerichtet. In Ansätzen mit einer hohen Berücksichtigung erfolgt die Detaillierung der Phasenunterteilung und die spezifische Analyse der Verhältnisse der Phasen. Im Fokus steht dabei die Bestimmung möglicher Handlungsmöglichkeiten zur Anpassung der Phasenverhältnisse. Letztlich resultiert daraus, dass eine sehr hohe Berücksichtigung mit einer Verbindung von der Zykluszeit pro Bauteil zu etwaigen Einflussgrößen definiert wird. Hintergrund der Ansätze ist es dabei nicht nur, Handlungsmöglichkeiten zu ermitteln, sondern auch deren Einfluss zu prognostizieren. Daraus ergeben sich die folgende Fragestellung und Textanker:

Hinsichtlich der Zielgrößen berücksichtigt der Ansatz die Zykluszeit pro Bauteil.

- Nicht vorhanden (1):
  Keine Erwähnung der Zykluszeit oder Argumentation gegen die Relevanz
- Sehr gering (2):
  Beschreibung der Zykluszeit als Zielgröße ohne weitere Detaillierung oder Berechnung
- Gering (3):
  Differenzierung der Zykluszeit in unterschiedliche Phasen und Auswertung erhobener Werte im Verhältnis zueinander
- Hoch (4):
  Detaillierung der Phasenunterteilung und Ableitung von Handlungsmaßnahmen zur Veränderung der Verhältnisse der Phasen zueinander
- Sehr hoch (5):
  Verknüpfung der Phasen der Zykluszeit mit Einflussfaktoren und Prognose der Wirksamkeit von Handlungsmaßnahmen

Bauteilqualität

Qualität ist für sich abstrakt und kann unterschiedliche Ausprägungen je nach Anwendungsfall haben. Dennoch können Formulierungen auftauchen, die im generellen Verständnis der Qualität zugeordnet werden könnten. Aufbauend darauf sind bei einer sehr geringen Berücksichtigung konkrete Beschreibungen der Bauteilqualität oder Qualitätsaspekte zu finden. Die Ansätze liefern jedoch keine Bewertungssystematik, sondern nutzen Bauteilqualität als dimensionsloses, subjektives Kriterium. Folglich sind bei einer geringen Berücksichtigung konkrete Bewertungsoptionen dargelegt. So entsteht ein objektiver Charakter der Zielgröße, der anhand von Anwendungsbeispielen demonstriert wird. Bei Ansätzen mit einer hohen Berücksichtigung differenziert sich die Bauteilqualität in Teilaspekte. Diese Teilaspekte sind miteinander verknüpft, was ebenfalls berücksichtigt wird. Zuletzt werden daraus auch Handlungsmaßnahmen zur Steuerung der Bauteilqualität geliefert. Abschließend zeigen Ansätze mit sehr hoher Berücksichtigung der Zielgröße „Bauteilqualität nicht nur die Verknüpfung der Teilaspekte der Zielgröße, sondern auch eine Abbildung der Einflussgrößen. Dies wird dazu genutzt, auch eine Prognose der Wirksamkeit von

Maßnahmen zur Steuerung der Bauteilqualität zu ermöglichen. Folgend sind die entsprechende Fragestellung und die Textanker formuliert:

Hinsichtlich der Zielgrößen berücksichtigt der Ansatz die Zielgröße der Bauteilqualität.

- Nicht vorhanden (1):
  Keine Erwähnung der Bauteilqualität als Zielgröße
- Sehr gering (2):
  Beschreibung der Bauteilqualität als dimensionslose Zielgröße ohne Maßnahmen zur Bewertung
- Gering (3):
  Definition von Bewertungsgrößen für die Bauteilqualität und Bewertung in Anwendungsbeispielen
- Hoch (4):
  Differenzierung der Bauteilqualität in Teilaspekte und Identifizierung von Handlungsmaßnahmen zur Steuerung
- Sehr hoch (5):
  Verknüpfung von Einflussgrößen mit der Bauteilqualität und Prognose der Wirksamkeit von Handlungsmaßnahmen

3.2.2.3 Anforderungen durch technische Lösungen

Für die Verwendung additiver Prototypenwerkzeuge sind weiterhin technische Lösungen für die mechanische, rheologische und thermische Auslegung notwendig. Aus Kapitel 3.1 geht hervor, dass grundsätzliche Unterschiede bei der mechanischen Auslegung bereits bedacht werden. Die Unterschiede in den mechanischen Eigenschaften zwischen Kunststoffen zu den gängigen Formmaterialien Stahl und Aluminium sind offensichtlich. So offensichtlich diese Unterschiede sind, so wurden diese gegebenenfalls schon ausreichend adressiert. Die Literaturauswertung lässt diesen Schluss logisch erscheinen. Die rheologische Auslegung hingegen ist kaum thematisiert. Hier scheint jedoch die Übertragbarkeit aus den Erkenntnissen zur konventionellen Werkzeugtechnik der Grund dessen zu sein. Strömungsanalysen und dergleichen basieren auf denselben Prinzipien und die Literatur liefert keine Notwendigkeit zur Adaption. Dahingegen wird die thermische Auslegung, insbesondere im Kontext der mechanischen Auslegung, häufiger thematisiert. Dabei liegt die Feststellung nahe, dass ein Zusammenspiel aus mechanischen Anforderungen und thermischen Eigenschaften zu Konflikten in der Anwendung führt. Eine Lösung konnte bisher nicht gefunden werden. Daher bezieht sich die Formulierung der Anforderungen an einen Ansatz bezüglich der technischen Lösungen ausschließlich auf die thermische Auslegung. Als Ausgangspunkt werden bekannte Lösungen aus der konventionellen Technik genutzt: Oberflächentemperierung, wärmeleitende Einsätze, Materialgradienten und Temperierkanäle.

Oberflächentemperierung
Technische Lösungen wie die Oberflächentemperierung können sowohl in methodischen als auch in experimentellen Ansätze Berücksichtigung finden. Für eine nicht vorhandene Berücksichtigung spricht, wenn ein Ansatz ohne Erwähnung der Oberflächentemperierung in der Beschreibung einer Methodik oder in der Beschreibung eines Versuchsaufbaus, der Durchführung und der Analyse bleibt. Eine sehr geringe Berücksichtigung äußert sich in methodischen Ansätzen durch eine Beschreibung der Oberflächentemperierung ohne Detaillierung der Zusammenhänge oder der Ausführung. Experimentelle Ansätze nutzen die Oberflächentemperierung, ohne diese als Bestandteil für die Analyse zu berücksichtigen. Folglich ist bei einer geringen Berücksichtigung in einem experimentellen Ansatz die Oberflächentemperierung für die Versuchsergebnisse relevant und die Anwendung wird als Steuerungsgröße in der Diskussion der Ergebnisse integriert. Die methodischen Ansätze desselben Niveaus detaillieren den Ablauf der Oberflächentemperierung in die thermische Auslegung. Auf dem Niveau der hohen Berücksichtigung erfolgt zusätzlich die Analyse der Abhängigkeiten zu anderen technischen Lösungen, die für die Oberflächentemperierung relevant sind. Für die experimentellen Ansätze bedeutet dies eine Verwendung eines einfachen Versuchsplans mit unterschiedlichen Stufen der Oberflächentemperierung zur Analyse der Wirksamkeit. Eine sehr hohe Berücksichtigung bei experimentellen Ansätzen zeichnet sich durch die Integration der spezifischen Randbedingungen eines Anwendungsfalls aus. Beispielsweise kann dies durch eine Anpassung der Oberflächentemperierung an die geometrischen Besonderheiten des Bauteils und der resultierenden Hohlform erfolgen. In methodischen Ansätze äußert sich dies durch die Analyse von Kreuzeffekten zu anderen technischen Lösungen der thermischen Auslegung. Folgend sind die entsprechende Fragestellung und die Textanker formuliert:

Hinsichtlich möglicher technischer Lösungen berücksichtigt der Ansatz die Möglichkeit der Oberflächentemperierung eines Werkzeugs.

- Nicht vorhanden (1):
  Methodisch: Keine Erwähnung der Oberflächentemperierung in der Methodik
  Experimentell: Keine Berücksichtigung von Oberflächentemperierung in Versuchsaufbau, Durchführung oder Analyse
- Sehr gering (2):
  Methodisch: Prozessbeschreibung ohne Detaillierung der Oberflächentemperierung
  Experimentell: Anwendung der Oberflächentemperierung ohne Steuerung der zugehörigen Parameter
- Gering (3):
  Methodisch: Detaillierung des Prozessablaufs bei der Oberflächentemperierung
  Experimentell: Integration unterschiedlicher Ausprägungen der Oberflächentemperierung in Versuchsaufbau und Analyse
- Hoch (4):
  Methodisch: Analyse von Abhängigkeiten der Oberflächentemperierung von anderen Lösungen

Experimentell: Planung, Durchführung und Analyse der Wirksamkeit der Oberflächentemperierung anhand eines einfachen Versuchsplans mit variablen Stufen

- Sehr hoch (5):
  Methodisch: Analyse von Kreuzeffekten der Oberflächentemperierung zu anderen Lösungen in einer allgemeinen Einflussmatrix
  Experimentell: Planung, Durchführung und Analyse der Wirksamkeit der Oberflächentemperierung bezogen auf spezifische Randbedingungen des Anwendungsfalls

Wärmeleitende Einsätze

Für die wärmeleitenden Einsätze gilt ebenfalls, dass die Berücksichtigung sich für methodische und experimentelle Ansätze unterscheidet. Eine nicht Berücksichtigung liegt vor, wenn ein Ansatz ohne Erwähnung von wärmeleitenden Einsätzen in der Beschreibung einer Methodik oder in der Beschreibung eines Versuchsaufbaus, der Durchführung und der Analyse bleibt. Methodische Ansätze mit einer sehr geringe Berücksichtigung enthalten eine Beschreibung der Anwendung von wärmeleitenden Einsätzen ohne Detaillierung der Zusammenhänge oder der Ausführung. Experimentelle Ansätze wenden wärmeleitende Einsätze an, ohne diese als Element der Analyse zu spezifizieren. Aufbauend darauf findet sich in experimentellen Ansätzen mit einer geringen Berücksichtigung eine Begründung, weshalb wärmeleitende Einsätze für die Versuchsergebnisse relevant sind und zusätzlich wird die Anwendung als Steuerungsgröße in der Diskussion der Ergebnisse integriert. Die methodischen Ansätze desselben Niveaus detaillieren den Ablauf der Anwendung von wärmeleitenden Ansätzen für die thermische Auslegung. Bei einer hohen Berücksichtigung integrieren methodische Ansätze eine Analyse der Abhängigkeiten zu anderen technischen Lösungen, die für die wärmeleitenden Einsätze relevant sind. In experimentellen Ansätzen wird ein einfacher Versuchsplan mit unterschiedlichen Ausführungen von wärmeleitenden Einsätzen zur Analyse der Wirksamkeit angewendet. Eine sehr hohe Berücksichtigung bei experimentellen Ansätzen bedeutet die Integration der spezifischen Randbedingungen eines Anwendungsfalls von wärmeleitenden Einsätzen. Für methodische Ansätze wird dies mit einer Analyse von Kreuzeffekten zu anderen technischen Lösungen der thermischen Auslegung realisiert. Daraus ergeben sich die folgende Fragestellung und Textanker:

Hinsichtlich möglicher technischer Lösungen berücksichtigt der Ansatz die Anwendung von wärmeleitenden Einsätze in einem Werkzeug.

- Nicht vorhanden (1):
  Methodisch: Keine Erwähnung von wärmeleitenden Einsätzen in der Methodik
  Experimentell: Keine Berücksichtigung von wärmeleitenden Einsätzen im Versuchsaufbau, Durchführung oder Analyse

- Sehr gering (2):
  Methodisch: Prozessbeschreibung ohne Detaillierung der wärmeleitenden Einsätze
  Experimentell: Anwendung von wärmeleitenden Einsätzen ohne Steuerung der zugehörigen Parameter

- Gering (3):
  Methodisch: Detaillierung des Prozessablaufs bei der Anwendung von wärmeleitenden Einsätzen
  Experimentell: Integration unterschiedlicher Ausprägungen von wärmeleitenden Einsätzen in Versuchsaufbau und Analyse
- Hoch (4):
  Methodisch: Analyse von Abhängigkeiten der wärmeleitenden Einsätze von anderen Lösungen
  Experimentell: Planung, Durchführung und Analyse der Wirksamkeit von wärmeleitenden Einsätzen anhand eines einfachen Versuchsplans mit variablen Stufen
- Sehr hoch (5):
  Methodisch: Analyse von Kreuzeffekten der wärmeleitenden Einsätze zu anderen Lösungen in einer allgemeinen Einflussmatrix
  Experimentell: Planung, Durchführung und Analyse der Wirksamkeit von wärmeleitenden Einsätze bezogen auf spezifische Randbedingungen des Anwendungsfalls

Materialgradienten
Auch bei den Materialgradienten unterscheidet sich die Berücksichtigung bei methodischen und experimentellen Ansätzen. Eine Nichtberücksichtigung liegt vor, wenn ein Ansatz ohne Erwähnung in der Beschreibung des Versuchsaufbaus, der Durchführung und der Auswertung oder von Materialgradienten in der Beschreibung der Methodik bleibt. Methodische Ansätze mit sehr geringer Berücksichtigung beinhalten eine Beschreibung der Verwendung von Materialgradienten ohne nähere Angaben zu den Zusammenhängen oder der Durchführung. Experimentelle Ansätze spezifizieren die Verwendung von Materialgradienten in der Analyse nicht. Darauf aufbauende experimentelle Ansätze mit geringer Berücksichtigung begründen, warum Materialgradienten für die experimentellen Ergebnisse relevant sind und beziehen zusätzlich die Anwendung als Kontrollvariable in die Diskussion der Ergebnisse ein. Die methodischen Ansätze der gleichen Ebene beschreiben die Vorgehensweise bei der Anwendung der Materialgradienten für die thermische Auslegung. Bei einer hohen Berücksichtigung integrieren die methodischen Ansätze eine Analyse der Abhängigkeiten zu anderen technischen Lösungen, die für die Materialgradienten von Bedeutung sind. Bei experimentellen Ansätzen wird ein einfacher Versuchsplan mit verschiedenen Ausführungen von Materialgradienten zur Analyse der Wirksamkeit verwendet. Eine sehr hohe Berücksichtigung bei experimentellen Ansätzen bedeutet die Integration der spezifischen Randbedingungen eines Anwendungsfalls von Materialgradienten. Bei methodischen Ansätzen wird dies durch die Analyse von Wechselwirkungen mit anderen technischen Lösungen der thermischen Auslegung erreicht. Dies ist in der folgenden Fragestellungen und den folgenden Textankern zusammengefasst:

Hinsichtlich möglicher technischer Lösungen berücksichtigt der Ansatz die Verwendung von Materialgradienten in einem Werkzeug.

- Nicht vorhanden (1):
  Methodisch: Keine Erwähnung von Materialgradienten in der Methodik

Experimentell: Keine Berücksichtigung von Materialgradienten im Versuchsaufbau, Durchführung oder Analyse

- Sehr gering (2):
  Methodisch: Prozessbeschreibung ohne Detaillierung der Materialgradienten
  Experimentell: Anwendung von Materialgradienten ohne Steuerung der zugehörigen Parameter
- Gering (3):
  Methodisch: Detaillierung des Prozessablaufs bei der Verwendung von Materialgradienten
  Experimentell: Integration unterschiedlicher Ausprägungen von Materialgradienten in Versuchsaufbau und Analyse
- Hoch (4):
  Methodisch: Analyse von Abhängigkeiten der Materialgradienten von anderen Lösungen
  Experimentell: Planung, Durchführung und Analyse der Wirksamkeit von Materialgradienten anhand eines einfachen Versuchsplans mit variablen Stufen
- Sehr hoch (5):
  Methodisch: Analyse von Kreuzeffekten der Materialgradienten zu anderen Lösungen in einer allgemeinen Einflussmatrix
  Experimentell: Planung, Durchführung und Analyse der Wirksamkeit von Materialgradienten bezogen auf spezifische Randbedingungen des Anwendungsfalls

Temperierkanäle

Wie die drei anderen Lösungen können auch Temperierkanäle in methodischen als auch in experimentellen Ansätzen berücksichtigt werden. Eine nicht vorhandene Berücksichtigung liegt vor, wenn ein Ansatz in der Beschreibung der Methodik oder in der Beschreibung des Versuchsaufbaus, der Durchführung und der Auswertung ohne die Erwähnung von Temperierkanälen auskommt. Im Gegensatz dazu äußert sich eine sehr geringe Berücksichtigung bei methodischen Ansätzen durch eine Beschreibung der Temperierkanäle ohne Detaillierung der Zusammenhänge oder der Durchführung. Experimentelle Ansätze nutzen die Temperierkanäle, ohne sie als Bestandteil der Analyse zu berücksichtigen. Folglich ist bei einer geringen Berücksichtigung in einem experimentellen Ansatz die Anwendung der Temperierkanäle in der Analyse der Ergebnisse zu finden. Bei den methodischen Ansätzen der gleichen Ebene wird die Integration der Temperierkanäle in die thermische Auslegung detailliert. Auf der Ebene der hohen Berücksichtigung erfolgt zusätzlich die Analyse der Abhängigkeiten zu anderen technischen Lösungen. Für die experimentellen Ansätze ist die Konsequenz, dass die Verwendung eines einfachen Versuchsaufbaus mit verschiedenen Stufen der Temperierkanäle zur Analyse der Wirksamkeit integriert ist. Eine sehr hohe Berücksichtigung bei experimentellen Ansätzen zeichnet sich durch die Integration der spezifischen Randbedingungen eines Anwendungsfalls aus. Eine Anpassung der Temperierkanäle an die geometrischen Besonderheiten des Bauteils und die resultierende Hohlform ist hier als Beispiel zu nennen. In methodischen Ansätzen findet sich daher eine Analyse von Querwirkungen zu anderen technischen

Lösungen der thermischen Auslegung. Die entsprechenden Fragestellungen und Textanker sind nachfolgend formuliert:

Hinsichtlich möglicher technischer Lösungen berücksichtigt der Ansatz die Integration von Temperierkanälen in ein Werkzeug.

- Nicht vorhanden (1):
  Methodisch: Keine Erwähnung der Temperierkanäle in der Methodik
  Experimentell: Keine Berücksichtigung von Temperierkanäle in Versuchsaufbau, Durchführung oder Analyse
- Sehr gering (2):
  Methodisch: Prozessbeschreibung ohne Detaillierung der Temperierkanäle
  Experimentell: Anwendung der Temperierkanäle ohne Steuerung der zugehörigen Parameter
- Gering (3):
  Methodisch: Detaillierung des Prozessablaufs bei der Verwendung von Temperierkanälen
  Experimentell: Integration unterschiedlicher Ausprägungen von Temperierkanälen in Versuchsaufbau und Analyse
- Hoch (4):
  Methodisch: Analyse von Abhängigkeiten der Temperierkanäle von anderen Lösungen
  Experimentell: Planung, Durchführung und Analyse der Wirksamkeit von Temperierkanälen anhand eines einfachen Versuchsplans mit variablen Stufen
- Sehr hoch (5):
  Methodisch: Analyse von Kreuzeffekten der Temperierkanäle zu anderen Lösungen in einer allgemeinen Einflussmatrix
  Experimentell: Planung, Durchführung und Analyse der Wirksamkeit von Temperierkanälen bezogen auf spezifische Randbedingungen des Anwendungsfalls

3.2.2.4 Zusammenfassung des Anforderungssystems

Die zwei hergeleiteten Anforderungen zur Relevanz bilden die Basis der Bewertung. Dennoch können auch Ansätze ohne eine hohe Relevanz sinnvolle Beiträge zur Lösung von Problemen im Kontext des Betrachtungs- und Gestaltungsbereiches leisten. Daher werden im Folgenden auch solche Ansätze analysiert, die einen Fokus auf die Dimension der Anwendbarkeit haben. Die dort definierten zehn Anforderungen sollten von einer funktionsfähigen Methodik adressiert sein. Das konstituierte Anforderungssystem wird in einer vereinfachten Form in Abbildung 3.4 dargestellt.

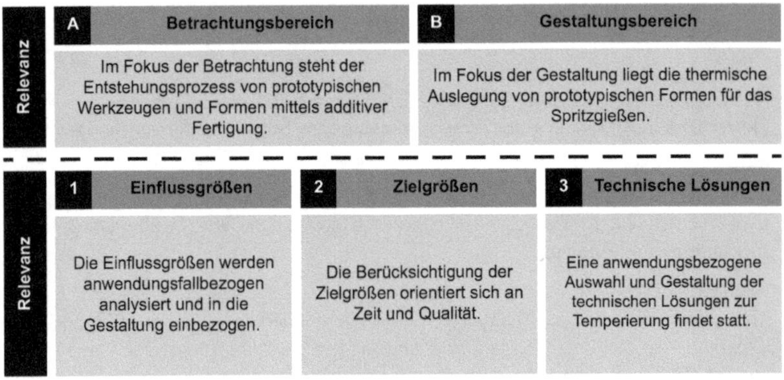

Abbildung 3.4: Anforderungssystem der Bewertung von wissenschaftlichen Ansätzen[344]

[344] Eigene Darstellung

3.3 Vorstellung von Ansätzen zur thermischen Auslegung

Kapitel 3.1 zeigt die Breite der wissenschaftlichen Arbeiten im Bereich der additiven Prototypenwerkzeuge. Ferner existieren in der Theorie weitere Ansätze mit spezifischen Inhalten zur Beschreibung oder Gestaltung der thermischen Auslegung additiver Prototypenwerkzeuge für das Spritzgießen. Nachfolgend werden grundlegende Ansätze vorgestellt und mit Fokus auf deren Zielsetzung, Inhalten und dem Beitrag zur Gestaltung der thermischen Auslegung beschrieben.

3.3.1 Vergleichende Analyse zur Seriennähe von Rapid Tooling-Prozessketten und spritzgegossenen Kunststoffprototypen nach Lindner

LINDNER betrachtet die gesamte Vielfalt von Rapid Tooling-Verfahren. Die Charakterisierung dieser unterschiedlichen Verfahren ist die zentrale Zielsetzung seiner Forschung. Dazu werden verschiedene Probengeometrien genutzt, um die Morphologie, die mechanischen Eigenschaften und das Schwindungsverhalten der hergestellten Bauteile sowie Entformungskräfte und den abrasiven Verschleiß der Werkzeuge zu analysieren. Abschließend werden diese Erkenntnisse in ein Auswahlmodell für das passende Verfahren überführt.[345]

Die Morphologie der Bauteile wird durch die thermischen Prozessbedingungen in den Prototypenwerkzeugen deutlich beeinflusst. Dazu werden die Dichte, die spezifische Wärmekapazität, die Wärmeleitfähigkeit und die Temperaturleitfähigkeit betrachtet. Das verwendete Gießharz dient als unterer Orientierungspunkt für die Wärmeleitfähigkeit und die Temperaturleitfähigkeit.[346] Mittels Simulation wird daraus eine Temperaturverteilung berechnet, die zum Vergleich der Experimente mit Zugprobengeometrien verwendet wird. LINDNER analysiert zunächst die Randschichtdicke, bei der ein Zusammenhang mit der Temperaturleitfähigkeit festgestellt werden kann.[347] Die Wärmeabfuhr bestimmt der Grad der Seriennähe, sodass empfohlen wird, harzbasierte Werkzeuge mit Metalllegierungen zu hinterfüttern oder Temperierkanäle nah an die Oberfläche zu legen.[348]

Auf die mechanischen Eigenschaften bezogen werden Unterschiede zu Bauteilen aus Serienwerkzeugen festgestellt. Am Beispiel von Propylen wird gezeigt, welchen Einfluss die Werkzeugtemperatur auf die Streckspannung hat. Mit steigender Werkzeugtemperatur sind auch bei der Streckspannung Steigerungen zu erwarten. Der Versuchsaufbau lässt den Schluss zu, dass je nach Anforderungen an die Streckspannung in der Serie verschiedene Rapid Tooling-Verfahren genutzt werden können. LINDNER resümiert, dass eine Übertragbarkeit auf andere Geometrien nicht gesichert ist.[349]

Die Untersuchungen zum Schwindungsverhalten und Bauteilverzug basieren auf Experimenten mit metallischen Werkzeugmaterialien. Maßgeblich für das Schwindungsverhalten ist die spezifi-

---

345 Vgl. Falk LINDNER, „Vergleichende Analyse zur Seriennähe von Rapid Tooling-Prozessketten und spritzgegossenen Kunststoffprototypen" (Dissertation, Rheinisch-Westfälische Technische Hochschule Aachen, 2001), S. 6-8.

346 Vgl. ebd., S. 34-36.

347 Vgl. ebd., S. 49 f.

348 Vgl. ebd., S. 55 f.

349 Vgl. ebd., S. 66 f.

sche Wärmekapazität des Materials. Je höher diese ist, desto geringer die Schwindung. Weiterhin beeinflusst die Massetemperatur das Schwindungsverhalten positiv.[350] Das Verzugsverhalten zeigt Reaktion auf asymmetrische Temperierung der Werkzeugseiten. Auch hier kann der Einfluss geringerer Wärmekapazität, Wärme- und Temperaturleitfähigkeiten gezeigt werden.[351]

Für LINDNER ist die Erzielung einer relevanten Stückzahl von Bauteilen aus einem Werkzeug zentral. Dabei ist neben einem abrupten Werkzeugversagen besonders der Verschleiß durch die einzelnen Zyklen zu beachten. So definiert LINDNER die Standzeit als Stückzahl, in der die geometrischen Eigenschaften der Bauteile den Anforderungen entsprechen. Die Zugfestigkeit und die Materialhärte sind als entscheidende Eigenschaften der Werkzeugmaterialien identifiziert, wobei das Gießharz für beide die geringsten Werte aufweist.[352] Zur Untersuchung des Verschleißes wird ein Beispielbauteil mit verschiedenen Formmassen hergestellt. Die verwendeten Werkzeuge werden auf die mittlere Rautiefe untersucht und visuell beurteilt. Das Gießharz zeigt im Beispiel ab 1000 Bauteilen Verschleißerscheinungen. Zusammenfassend ergeben sich laut LINDNER keine signifikanten Unterschiede trotz unterschiedliche mechanischer Eigenschaften der Werkzeugmaterialien.[353]

Die Ergebnisse der Untersuchungen überführt LINDNER in eine computergestützte Verfahrensauswahl. Das Verfahren ist in Abbildung 3.5 gezeigt. Die erste Stufe des Verfahrens ist die Vorauswahl, um einzelne Kriterien auszuschließen. Darauf folgt die Auswahl anhand von Hauptkriterien in den fünf Gruppen Material, Stückzahl, Größe, Geometrie und Seriennähe. Die Hauptkriterien werden auf Basis verknüpfter Unterkriterien weiter detailliert.[354] In der Abbildung 3.5 wird exemplarisch der Verlauf gezeigt, in dem eine allgemeine Auswahl auf Basis des Zielmaterials getroffen werden soll. Die Software gibt nach Abschluss der Informationseingabe ein passendes Verfahren inklusive der relevanten Hintergrundinformationen an. Zudem ist ein Verfahrensvergleich möglich.[355]

LINDNER betrachtet lediglich ein Material auf Kunststoffbasis. Alle weiteren Prototypenwerkzeuge sind metallisch und nur mit Harz in eine Stammform eingepasst. Die Untersuchungen bieten trotzdem für die vorliegenden Forschungsfragen einen richtungsweisenden Charakter. Die Analyse des Einflusses einzelner Materialeigenschaften zeigt deutlich die Notwendigkeit eines systematischen Vorgehens beim Einsatz kunststoffbasierter Prototypenwerkzeuge. Der Fokus auf die Bauteilqualität und die Verbindung mit den Werkzeugmaterialeigenschaften wird in anderen Arbeiten, wie z. B. KAMPKER et al.,[356] fortgeführt. Zur Betrachtung möglicher technischer Lösungen zeigen die Ergebnisse von LINDNER die Rolle von wärmeleitenden Materialien sowie Temperierkanälen. Abschließend bildet die Verfahrensauswahl nach der Struktur in Abbildung 3.5 einen globalen Ansatz zur Auswahl von Herstellprozessen für seriennahe Prototypen.

350 Vgl. LINDNER, „Vergleichende Analyse zur Seriennähe von Rapid Tooling-Prozessketten und spritzgegossenen Kunststoffprototypen", S. 70.
351 Vgl. ebd., S. 74 f.
352 Vgl. ebd., S. 101 f.
353 Vgl. ebd., S. 116.
354 Vgl. ebd., S. 119 f.
355 Vgl. ebd., S. 124 f.
356 Achim KAMPKER et al., „Direct polymer additive tooling – effect of additive manufactured polymer tools on part material properties for injection moulding", *Rapid Prototyping Journal* 25, Nr. 10 (2019): 1575–1584.

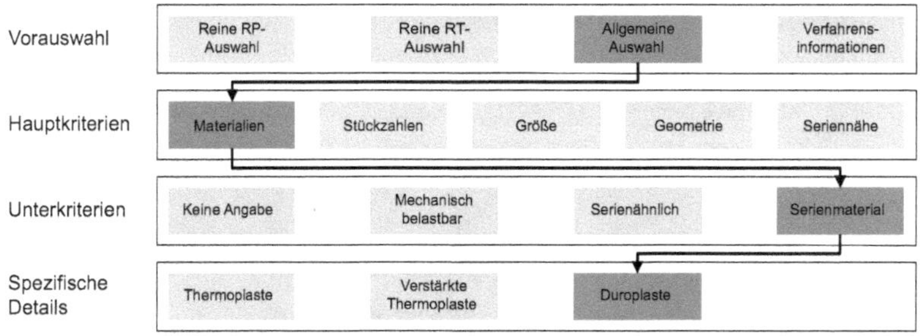

Abbildung 3.5: Struktur der Verfahrensauswahl in Rapid-Tooling-Prozessketten[357]

3.3.2 Ansatz zur Anwendung von Wärmeflusskanälen für additive Prototypenwerkzeuge aus dem Stereolithografieverfahren nach Ahrens et al.

AHRENS et al. untersuchen eine alternative Kühltechnik für den Einsatz von additiven Prototypenwerkzeugen aus dem Stereolithografieverfahren. Die Untersuchung basiert auf einem Vergleich von Simulationsergebnissen. Als Ansatz zur Simulation wird ein Finite-Elemente-Modell genutzt. Dabei wird zwischen Vollmaterialwerkzeugen, hinterfüllten additiven Schalenwerkzeugen und Vollmaterialwerkzeugen mit Temperierkanälen unterschieden. Die Ergebnisse zeigen, dass die durchschnittliche Lebensdauer durch die Temperierkanäle erhöht werden könnte. AHRENS et al. erwähnen den Bedarf an weiterer Forschung zur Spannungs-Dehnungs-Analyse.

Das Vorgehen von AHRENS et al. umfasst transiente thermische Finite-Elemente-Analyseverfahren von additiven Prototypenwerkzeugen für zwei Bauteilgeometrien. Die Konstruktion der Schalenformen folgt der Methode von DECELLES und BARRIT.[358] Auf Grundlage der Konstruktionen und von Strömungsanalysen können die Positionen für die Temperierkanäle bestimmt werden. Eine Prinzipskizze der erstellten Formen enthält Abbildung 3.6. Letztlich werden $25\,^{\circ}\mathrm{C}$ als Ausgangstemperatur für das Werkzeug und $170\,^{\circ}\mathrm{C}$ als Starttemperatur für die Formmasse angenommen. Ebenso wird $25\,^{\circ}\mathrm{C}$ für die Temperatur in den Temperierkanälen festgelegt. AHRENS et al. dokumentieren Temperaturdaten an verschiedenen Knotenpunkten im Werkzeug über einen Zeitraum von $120\,\mathrm{s}$ mit einer Abtastrate von $1\,\mathrm{s}$.[359]

In der Ergebnisanalyse vergleichen AHRENS et al. die Temperatur-Zeit-Kurven für einen Formzyklus und ermitteln die niedrigsten Temperaturen, die in verschiedenen Regionen erreicht werden. Darüber hinaus wird die Zeit, in der das Werkzeugmaterial während des Spritzgießzyklus hohen Temperaturen ausgesetzt ist, bewertet, um den lokalen Effekt eines Wärmeflusskanals in diesem

[357] Vgl. LINDNER („Vergleichende Analyse zur Seriennähe von Rapid Tooling-Prozessketten und spritzgegossenen Kunststoffprototypen", S. 119)

[358] Vgl. P DECELLES und M BARRIT, *Direct AIM Prototype Tooling*, hrsg. 3D SYSTEMS INC., 3D Systems Inc., Valencia, CA, USA, 1997.

[359] Vgl. C. H. AHRENS et al., „Heat flux canals (HFC) technique: an alternative to cool down stereolithography moulds", *Journal of the Brazilian Society of Mechanical Sciences and Engineering* 25, Nr. 3 (2003): S. 256.

Bereich aufzuzeigen.[360] Weiterführend untersuchen AHRENS et al. noch den Einfluss unterschiedlicher metallischer Füllmaterialien.[361]

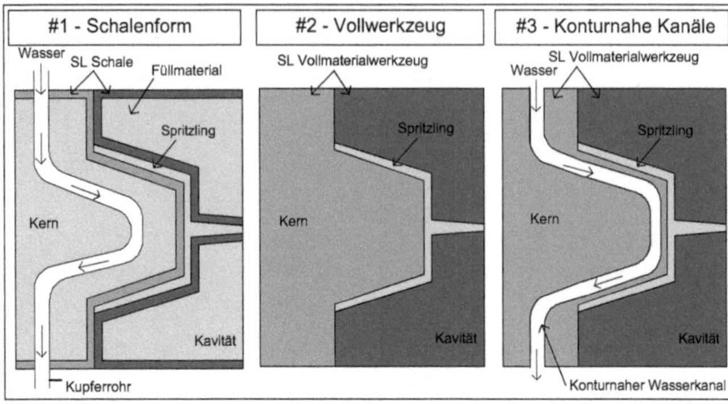

Abbildung 3.6: Varianten von additiven Prototypenwerkzeugen[362]

Zusammengefasst zeigen AHRENS et al. die ersten Ansätze zur aktiven Steuerung der Wärmebilanz in additiven Prototypenwerkzeugen. Die Einordnung in den Betrachtungs- und den Gestaltungsbereich erfolgt nicht vollständig. Hinsichtlich der Einflussgrößen bleiben die Prozessparameter unberücksichtigt, während die Bauteilgeometrie und das Werkzeugmaterial in die Untersuchung in geringem Maße integriert sind. Die einzig betrachtete Zielgröße ist die Standzeit, die jedoch nur gering in die Strukturierung der Untersuchung eingebracht ist. Einen Mehrwert des Artikels bildet die Konzeptionierung und simulative Untersuchung der Temperierkanäle, sowie teilweise auch die der Materialgradienten.

3.3.3 Fortschrittliche Prozessketten für das Prototyping und die Pilotproduktion auf der Basis von additiven Prototypenwerkzeugen nach Mischkot

MISCHKOT fokussiert kritische Parameter bei der Gestaltung von Prozessketten mittels additiver Werkzeuge aus Kunststoff. Die Untersuchungen bauen sich um die Frage nach der Standzeitverlängerung der Werkzeuge. Weiterhin werden Forschungsfragen hinsichtlich der Prognose von Leistungseigenschaften sowie wirtschaftlichen und ökologischen Konsequenzen formuliert. Ein zentraler Punkt ist die geometrische Gestalt und wie diese im Prozess bestmöglich eingehalten werden kann. Abschließend werden Herausforderungen der Praxis bei der Implementierung von additiven Prototypenwerkzeugen diskutiert.[363]

[360] Vgl. AHRENS et al., „Heat flux canals (HFC) technique: an alternative to cool down stereolithography moulds", S. 256.

[361] Vgl. ebd., S. 257 f.

[362] I.A.a. AHRENS et al. („Heat flux canals (HFC) technique: an alternative to cool down stereolithography moulds", S. 255)

[363] Vgl. M. MISCHKOT, „Advanced process chains for prototyping and pilot production based on direct rapid soft tooling" (Dissertation, Technical University of Denmark, 2018), S. 16 f.

Auf Basis existierender wissenschaftlicher Beiträge wählt MISCHKOT zunächst mit SOMOS PERFORM ein Keramik-gefülltes Photopolymer zur Analyse aus. Die Ergebnisse bestätigen die Herstellerangaben für die Glasübergangstemperatur T_g für das Material. Zusätzlich wird bestätigt, dass SOMOS PERFORM durch eine thermisch-induzierte Nachvernetzung höhere T_g erreichen kann.[364] Weiterhin beobachtet MISCHKOT farbliche Veränderungen des Materials bei längeren und wärmeren Wärmebehandlungen. Die Bruchdehnung scheint durch die Nachvernetzung nicht beeinflusst zu werden. Insgesamt wird der positive Effekt der Wärmebehandlung hervorgehoben und theoretisiert, inwiefern dieser Effekt die Leistung additiver Prototypenwerkzeuge aus diesem Material beeinflussen wird.[365]

Diese technische Analyse wird an vier verschiedenen Designs durchgeführt. Dabei werden aktuelle Konstruktionsregeln aus der Literatur sowie Erfahrungen des Autors angewendet. Das Design „S" dient der Analyse von feinen Strukturen im Submillimeter-Bereich. Dabei werden die Einflüsse von Werkzeugtemperatur, Formmassentemperatur und Einspritzgeschwindigkeit auf die Maßgenauigkeit der feinen Strukturen analysiert.[366] MISCHKOT nutzt für die Herstellung des Werkzeugs die DLP-Technologie eines ENVISIONTEC P3 MINI MULTI LENS in Verbindung mit dem Photopolymer HTM140v2. Für die Einflussfaktoren wird jeweils ein tiefer und ein hoher Wert für den Versuchsplan gewählt. Anhand kleiner Säulenstrukturen zeigen die Ergebnisse, dass höhere Werkzeugtemperaturen zu größeren Durchmessern, aber kleineren Höhen führen. Dies wird teilweise ebenso für höhere Formmassentemperaturen beobachtet, jedoch ist der Einfluss auf die Säulenhöhe nicht signifikant. Die Einspritzgeschwindigkeit reduziert beide Kontrollvariablen.[367] Insgesamt bewertet MISCHKOT die Eignung additiver Prototypenwerkzeuge der Größe S für den spezifischen Anwendungsfall als gut.[368]

Für die Bauteilgröße M variiert MISCHKOT mehrere Prozessparameter. So wird das Werkzeugmaterial mit Kohlenstoffaser versetzt. Die Folge dieser Anpassung ist eine erhöhte Standzeit für die verwendete Geometrie von 2500 Stück. In einer weiteren Versuchsreihe kann eine Stückzahl von mehr als 10 000 Stück auf Basis eines Kunststoff-Keramik-Kompositmaterials erzielt werden. An den verwendeten Einsätzen können nur geringfügige Beschädigungen festgestellt werden.[369] Für die letzte Bauteilgröße L können nur maximal 116 Zyklen erreicht werden. Der Einsatz weist bereits nach 25 Zyklen geometrische Veränderungen auf.[370]

---

364 Vgl. M. MISCHKOT et al., „Influence of thermal ageing on the mechanical properties of an additively manufactured photopolymer used in soft tooling applications", in *Proceedings of the 18th International Conference of the European Society for Precision Engineering and Nanotechnology*, hrsg. D. BILLINGTON (Bedford, UK: euspen, 2018), S. 1; MISCHKOT, „Advanced process chains for prototyping and pilot production based on direct rapid soft tooling", S. 61-63.

365 Vgl. MISCHKOT et al., „Influence of thermal ageing on the mechanical properties of an additively manufactured photopolymer used in soft tooling applications", S. 2; MISCHKOT, „Advanced process chains for prototyping and pilot production based on direct rapid soft tooling", S. 66 f.

366 Vgl. MISCHKOT, „Advanced process chains for prototyping and pilot production based on direct rapid soft tooling", S. 103.

367 Vgl. ebd., S. 112.

368 Vgl. ebd., S. 114.

369 Vgl. ebd., S. 144.

370 Vgl. ebd., S. 150-152.

Zusätzlich zur technischen Analyse wird von MISCHKOT ein Kostenmodell erstellt. Dabei berücksichtigt dieses Modell die Datenaufbereitung, die Herstellung und die Nacharbeit eines in der DLP-Variante der VPP-Verfahren hergestellten additiven Prototypenwerkzeugs. Dazu kommen Kosten für das Material und der Deckungsbeitrag für indirekte Kosten. Dieses werkzeugbezogene Kostenmodell wird in ein prozessbezogenes Kostenmodell integriert. Zu den Kosten des Werkzeuges kommen Kosten für die Formmasse und die Herstellung der Formteile.[371] Die Kostenanalyse der Beispielbauteile aus der technischen Analyse zeigt die Vorteile der additiven Fertigung des Werkzeugs. Allerdings wird die Standzeit des Werkzeugs abgeschätzt, sodass hier eine Unsicherheit in den Ergebnissen besteht. Der Zusammenhang zwischen Herstellungsart und den Prozesskosten im Spritzgießen veranschaulicht die Problematik der Leistungsfähigkeit additiver Prototypenwerkzeuge.[372]

MISCHKOT analysiert umfänglich die Leistungsfähigkeit additiver Prototypenwerkzeuge. Der Ansatz erfüllt die Anforderungen des Betrachtungsbereiches vollständig. Hinsichtlich der thermischen Auslegung erfolgen keine methodischen Schlussfolgerungen oder inhaltliche Diskussion. Der Ausblick beinhaltet jedoch Aspekte, welche die thermische Auslegung betreffen. In Bezug auf die Einflussgrößen sind die Prozessparameter nur in geringem Maße berücksichtigt, während die Bauteilgeometrie in einem sehr hohen und das Werkzeugmaterial in hohem Maße in die Untersuchung integriert sind. Die hauptsächlich betrachtete Zielgröße ist die Standzeit, die durch verschiedene Kriterien eine hohe Berücksichtigung aufweist. Die Zykluszeit und die Bauteilqualität werden erwähnt und teilweise bei der Analyse referenziert. Der Fokus in Bezug auf die Bauteilqualität liegt in der Abbildung mikroskopischer Strukturen. Technische Lösungen zur Temperierung kommen bei MISCHKOT nicht vor. Die Verwendung von Kohlefasern zur Verbesserung der Standzeit wird hinsichtlich der thermischen Veränderung nicht diskutiert. Dennoch bietet der Ansatz von MISCHKOT weiterführende Erkenntnisse zur Weiterentwicklung der thermischen Auslegung additiver Prototypenwerkzeuge.

3.3.4 Thermische Simulationen und Messungen nach Kovács et al.

KOVÁCS et al. untersuchen den thermischen Übergangswiderstand und die damit verbundene numerische Simulationslösung zur Vereinfachung der thermischen Auslegung additiver Prototypenwerkzeuge. Auf Basis eines V-förmigen Versuchskörpers wird exemplarisch gezeigt, wie der Wärmeübergangskoeffizient, der Wärmeleitkoeffizient sowie die spezifische Wärmekapazität ermittelt werden können.[373]

Der Versuchskörper von KOVÁCS et al., in Abbildung 3.7 gezeigt, entspricht einer V-Form und das dazugehörige Spannrahmensystem ist flexibel einsetzbar. Es können zwei Formeinsätze genutzt und mit Anschnitten und Gießsystemen unterschiedlich konfiguriert werden. Im Fokus stehen insbesondere die Eckbereiche des Versuchskörpers. KOVÁCS et al. identifizieren diese Segmente

[371] Vgl. MISCHKOT, „Advanced process chains for prototyping and pilot production based on direct rapid soft tooling", S. 86-89.

[372] Vgl. ebd., S. 92 f.

[373] Vgl. József Gábor KOVÁCS et al., „Thermal simulations and measurements for rapid tool inserts in injection molding applications", *Applied Thermal Engineering* 85 (2015): S. 45.

als anfällig für Hotspots und damit Verzug im Bauteil. Zur Aufnahme von Daten werden auf Düsen- und Auswerferseite Temperatursensoren platziert.[374]

In den Experimenten untersuchen KOVÁCS et al. zwei AM-Technologien. Die Formeinsätze sind aus ABS im MEX-F gefertigt bzw. im MJT-Verfahren aus FULLCURE720 hergestellt. Als Formmasse wird ebenfalls ein ABS verwendet, weswegen eine Schmelztemperatur von $200\,°\mathrm{C}$ festgelegt ist. Vor den Gießversuchen wurden weitere Materialparameter der Werkzeugmaterialien bestimmt. Die Wärmeleitfähigkeit des FULLCURE720 wird im Heißplattenverfahren bestimmt und beträgt im Durchschnitt $0{,}22\,\mathrm{W\,m^{-1}\,K^{-1}}$. Die spezifische Wärmekapazität wird durch dynamische Differenzkalorimetrie ermittelt und beträgt zwischen $1100\,\mathrm{J\,kg^{-1}\,K^{-1}}$ und $1950\,\mathrm{J\,kg^{-1}\,K^{-1}}$.

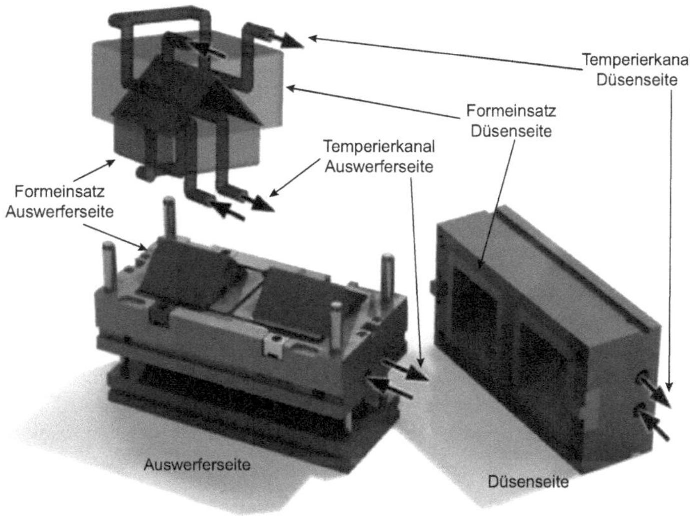

Abbildung 3.7: Versuchskörper und Werkzeugkonfiguration für thermische Messungen[375]

Die Ergebnisse der Experimente zeigen den Unterschied zwischen den Einsätzen der beiden Materialien deutlich. Die Temperatur der MEX-F-Einsätze aus ABS homogenisierte sich langsamer als in den FULLCURE720-Einsätzen. Die Temperaturverläufe sind um bis zu $15\,°\mathrm{C}$ geringer. Daraus schließen KOVÁCS et al. auf bessere Eigenschaften in der Wärmeabfuhr. Weiter zeigen die Ergebnisse eine deutliche Reaktion auf Kühlung mittels Kanälen sowie mit Oberflächenkühlung mittels Druckluft.[376] Die gemessenen Werte werden mit simulativ erhobenen Daten verglichen und ergaben, dass der Wärmeleitkoeffizient in der Simulation durch die Nicht-Berücksichtigung

374 Vgl. ebd., S. 45.
375 I.A.a. KOVÁCS et al. („Thermal simulations and measurements for rapid tool inserts in injection molding applications“, S. 46)
376 Vgl. ebd., S. 47 f.

von Temperatureffekten höher ausfiel. Die Daten für den Wärmeübergangskoeffizienten sind nur bedingt anwendbar, da die simulationsgestützten Berechnungen die Druckabhängigkeit nicht berücksichtigen. Bei konventionellen Werkzeugen aus Metall ist dies vernachlässigbar, führt jedoch bei Kunststoffen zu, so vermuten die Autoren, entschiedenen Ungenauigkeiten. Insgesamt können auf Basis der Daten jedoch Simulationen von additiven Prototypenwerkzeugen verbessert und so die thermische Auslegung optimiert werden.[377]

Insgesamt ist die Arbeit von KOVÁCS et al. für die thermische Auslegung additiver Prototypenwerkzeuge relevant. Die Untersuchungen unterstreichen die Wichtigkeit des additiven Herstellungsverfahrens, die Eigenschaften der verwendeten Kunststoffe und zeigen erste Ergebnisse zu verschiedenen Temperierlösungen. Allerdings werden keine konkreten Zielkriterien wie Standzeit oder Zykluszeit in die Gestaltung der Experimente oder Analyse der Ergebnisse aufgenommen. Lediglich die Bauteilqualität wird unter dem Kriterium Verzug berücksichtigt. Hinsichtlich der Eingangsgrößen findet nur das Werkzeugmaterial Beachtung. Dies ist aufgrund der Komplexität des Themenbereiches jedoch nachvollziehbar.

3.3.5 Methode zur Bestimmung von Prozessparametern für das Spritzgießen mit additiven Prototypenwerkzeugen nach Bagalkot et al.

BAGALKOT et al. stellen eine Methode zum Festlegen von Spritzgussprozessparametern für additive Prototypenwerkzeuge vor. Ziel ist es, mit dem Vorgehen Ausfälle vor der Nutzung zu vermeiden und damit die Lebensdauer der Werkzeuge zu verlängern. Der Artikel bietet einen Literaturüberblick über das Spritzgießen und die Anwendung von PRT beim Spritzgießen. Den Kern der Arbeit bilden zwei Fallstudien zu Methoden zur Prozesseinstellung des Spritzgießens. Dabei bildet die erste Fallstudie einen explorativen Ansatz zur Ermittlung von Fehlerbildern. Darauf folgt die Herleitung der Methode zur Einstellung der Prozessparameter. In der zweiten Fallstudie wird dieses Vorgehen erprobt. BAGALKOT et al. schließen mit einer Diskussion über die Bedeutung der vorgeschlagenen Methodik, ihre Grenzen und den Spielraum für weitere Forschung.

Zunächst stellen BAGALKOT et al. den Stand der Forschung auf dem Gebiet der additiven Prototypenwerkzeuge dar. Sie kommen zu dem Schluss, dass ein bedeutender Teil der Wissenschaft und der Praxis sich mit der Eignung von Duroplasten beschäftigt. Insbesondere haben Einsätze aus dem MJT jedoch Probleme, eine ausreichende Lebensdauer zu erreichen. Daher formulieren BAGALKOT et al. die Problemstellung, die ihr Ansatz lösen soll, als Werkzeugverschleiß durch thermische Einflüsse, und plastische Verformung durch Einspritzdruck, Auswurf- und Schließkräfte.[378] Als Lösung wählen BAGALKOT et al. einen explorativen Ansatz, der eine Fallstudie zur Beobachtung der in der Literatur beschriebenen Probleme liefert. Daraus leiten BAGALKOT et al. eine Methode ab, mit deren Hilfe die Einstellungen der Prozessparameter verbessert werden kön-

377 Vgl. KOVÁCS et al., „Thermal simulations and measurements for rapid tool inserts in injection molding applications", S. 49 f.

378 Vgl. Anurag BAGALKOT et al., „A methodology for setting the injection moulding process parameters for polymer rapid tooling inserts", *Rapid Prototyping Journal*, 2019, S. 1497.

nen. Abschließend wird dieses Vorgehen in einer erneuten Durchführung der Fallstudie validiert. Dabei werden die nicht prozessbezogenen Größen aus der ersten Fallstudie beibehalten.[379]

Der Versuchsaufbau der ersten Fallstudie umfasst eine flache, rechteckige Platte als Versuchsgeometrie. Als Versuchsformmasse wählen BAGALKOT et al. mit LEXAN 943-A einen Hochleistungsthermoplast mit einer Schmelztemperatur von 285 °C. Die Herstellung des additiven Prototypenwerkzeugs aus DIGITAL ABS erfolgt mit dem MJT-Verfahren POLYJET. Für die Versuche wird das Prototypenwerkzeug in einen Spannrahmen aus Stahl eingespannt. Die initialen Prozessparameter werden nach einem klassischen Trial-and-Error-Ansatz eingestellt. BAGALKOT et al. stellen keine Ergebnisse für alle Zyklen vor, sondern nur einzelne Beobachtungen. Die Analyse der Ergebnisse zeigt, dass das Werkzeug dem Hochtemperaturmaterial standhalten kann. Nach dem fünften Zyklus tritt zunächst ein Ausbruch im Angusssystem auf, danach ein weiterer Ausbruch an der Angussöffnung.[380]

Mit den Ergebnissen der ersten Fallstudie erstellen BAGALKOT et al. die Grundannahmen der Methode. Die Steuergrößen, die mittels der Methode standzeitgerecht eingestellt werden sollen, sind: Werkzeugtemperatur, Einspritzdruck und Einspritzgeschwindigkeit. Daher zielt der erste Prozessschritt auf die Ermittlung der zu erwartenden Werkzeugtemperatur ab. Als Lösungsansatz hierfür wird die Nutzung von Füllsimulationen mit entsprechenden Datensätzen zur Formmasse, Werkzeugmaterial und Prozess gewählt.[381] Mit den erzielten Ergebnissen des iterativen Vorgehens zur Werkzeugtemperatur wird der Einspritzdruck ermittelt. So gibt die Simulation einen Anhaltspunkt zu einem möglichen Parameterwert. Jedoch folgern BAGALKOT et al., dass dies zu nah an dem konventionellen Vorgehen ist, das sich in der Fallstudie 1 nicht bewährt hat. Entsprechend wird der Wert der Füllsimulationen um 50 % verringert und dann stufenweise im praktischen Versuch erhöht. Folgend wird auch mit der Ermittlung der passenden Höhe der Einspritzgeschwindigkeit verfahren.[382]

Zur Validierung des Vorgehens führen BAGALKOT et al. den Versuch zur ersten Fallstudie, abgesehen von einer Änderung der Versuchsgeometrie, mit der neuen Methode erneut durch. Unzureichende Materialdaten führen dazu, dass eine Werkzeugtemperatur von 50 °C eingestellt wird, was 30 °C weniger als in der ersten Fallstudie ist. Im Ergebnis wird sichtbar, dass die Lebensdauer des Werkzeugs erhöht werden kann. Allerdings stellen auch hier BAGALKOT et al. nicht alle Zyklen dar. Dennoch folgern BAGALKOT et al. weitere Verbesserung an ihrer Methode zur Einstellung für Prozessparameter. Sie ergänzen die Festlegung des Haltedrucks und der Kühlzeit.[383] Die abschließende Methode ist in Abbildung 1 im Anhang abgebildet.

Die Arbeit von BAGALKOT et al. bezieht sich eindeutig auf den Betrachtungsbereich. Die Ausarbeitung bietet ebenfalls Anknüpfungspunkte zum Gestaltungsbereich. Insgesamt wird das grundlegende Ziel der Lebenszeitverlängerung von additiven Prototypenwerkzeugen erfüllt. Allerdings wird die Zykluszeit nur sehr gering in die Überlegungen eingebunden. Die Bauteilqualität findet

379 Vgl. ebd., S. 1497.
380 Vgl. ebd., S. 1498.
381 Vgl. ebd., S. 1499.
382 Vgl. ebd., S. 1500.
383 Vgl. ebd., S. 1501.

Erwähnung, fließt jedoch auch nicht in die Methode ein. BAGALKOT et al. legen den Fokus auf die Prozessparameter, zeigen jedoch Limitation bei der strukturierten und weitreichenden Umsetzung in einem Versuchsplan oder Einflussmatrix. Eine Integration von technischen Lösungen zur Umsetzung einer thermischen Auslegung findet nicht statt.

3.3.6 Methode zur thermischen Analyse von additiven Prototypenwerkzeugen nach Zink et al.

ZINK et al. untersuchen das Abkühlverhalten von additiven Prototypenwerkzeugen in einer experimentellen Studie und extrahieren daraus Ansätze für eine bessere thermische Auslegung. Die Zielsetzung liegt auf der Anwendung von Temperierung zur Erhöhung der Standzeit und der Verkürzung von Zykluszeiten bei der Anwendung im Spritzgießen. Als Lösungsansatz untersuchen ZINK et al. die Verwendung von Temperierkanälen. Eine Nutzung von Temperierkanälen erzeugt nachweislich eine Reduktion der Belastungsdauer mit Temperaturen über dem Glasübergang von 70 %.[384]

Der Versuchsaufbau beinhaltet vier Werkzeugvarianten, drei mit Temperierkanälen und eine ohne. Bei den Temperierkanälen kommt ein konventioneller Ansatz mit einer Nachbildung von gebohrten Kanälen zum Einsatz. Die beiden weiteren Varianten sind konturnahe Ausführungen mit jeweils einer senkrechten bzw. waagerechten Lage zur Oberfläche der Versuchsgeometrie. Als Werkzeugmaterial kommen FULLCURE 720 und DIGITAL ABS PLUS der Firma STRATASYS zum Einsatz. Für die Formmassen nutzen ZINK et al. TIPPLEN H 145F, ein Polypropylen von MOL NYRT., und INGEO 3100HP, ein Polyactid von NATURE WORKS LLC.[385]

Die Versuchsergebnisse basieren auf Spritzgießzyklen mit 180 s Kühlzeit und einer Wartezeit bei offenem Werkzeug von 260 s. ZINK et al. betrachten die Parametereinstellungen als notwendige Maßnahme für brauchbare Ergebnisse zum thermischen Verhalten.[386] Nach ZINK et al. schwingen sich die additiven Prototypenwerkzeuge nach 10 Zyklen auf einem Temperaturniveau ein. Die weitere Analyse beginnt, nachdem der Gleichgewichtszustand erreicht wird. Hieraus geht hervor, dass die oberflächennahe Temperatur des ungekühlten Werkzeugs auf ein deutlich höheres Niveau ansteigt als bei dem Werkzeug mit waagerechten Temperierkanälen. Bei diesem Werkzeug bleibt die Temperatur in den tieferen Bereichen des Werkzeugs sogar nahezu konstant auf Umgebungstemperatur.[387]

In der weiteren Analyse zeigen die Ergebnisse von ZINK et al. die Wirksamkeit der konturnahen Kühlung gegenüber der konventionellen Methode bzw. der Variante ohne Kühlung.[388] ZINK et al. modellieren das Kurvenverhalten mittels Kurvenintegration. Daraus ergibt sich, dass die waagerechte Temperierkanalvariante am besten der vier Versuchsobjekte abschneidet. Im Vergleich liefert die senkrechte Temperierkanalvariante 82,5 % der Kühleffizienz. Abschließend stellen ZINK

384 Vgl. Béla ZINK et al., „Thermal analysis based method development for novel rapid tooling applications", *International Communications in Heat and Mass Transfer* 108 (2019): S. 8.

385 Vgl. ebd., S. 2.

386 Vgl. ebd., S. 2.

387 Vgl. ebd., S. 4.

388 Vgl. ebd., S. 5-7.

et al. fest, dass die konventionelle Variante mit 53,9 % der Leistung der waagerechten Variante nur geringfügig besser abschneidet als das Werkzeug ohne Kühlung mit 52,7 %.[389] Die Art der Kurvenmodellierung und die Verfahrensweise zur Steuerung der Wärmebilanz bildet den Mehrwert der Arbeit.

Zusammenfassend zielt der experimentelle Ansatz von ZINK et al. genau auf den Betrachtungs- und den Gestaltungsbereich ab. Hinsichtlich der Einflussfaktoren ist jedoch festzustellen, dass diese nur im geringen Maße adressiert werden, im Falle der Bauteilgeometrie sogar im sehr geringen Maße. Bei den Zielgrößen ist die Motivation für die Standzeit und die Zykluszeit erkennbar. Eine Auswertung erfolgt jedoch nicht. Die Bauteilqualität wird nicht thematisiert. Hinsichtlich der technischen Lösungen liegt der Fokus auf Temperierkanälen. Die Oberflächenkühlung wird auf passive Weise mitbetrachtet, während alle anderen Möglichkeiten nicht diskutiert werden. Insgesamt bietet der Ansatz jedoch ausreichend Erkenntnisse für weitere Forschung im Betrachtungs- und Gestaltungsbereich.

3.3.7 Lebensdaueranalyse additiver Prototypenwerkzeuge für das Spritzgießen auf Basis thermo-mechanischer Modellierung nach Davoudinejad et al.

DAVOUDINEJAD et al. untersuchen die Lebensdauer additiver Prototypenwerkzeuge mittels einer experimentellen Studie und einer Modellierung des thermo-mechanischen Verhaltens. Im Fokus stehen Prototypenwerkzeuge aus dem DLP-Verfahren. DAVOUDINEJAD et al. bestimmen den Einfluss verschiedener Prozesseinstellungen auf die Leistung der Werkzeuge. Volumen gemittelte Beziehungen werden verwendet, um die thermischen Eigenschaften der Werkzeuge und der Formmasse zu berechnen. Die Ergebnisse bestätigen die bekannte Erkenntnis, dass additive Prototypenwerkzeuge aus Kunststoff im Vergleich zu konventionellen Einsätzen eine kürzere Lebensdauer aufweisen.

Das experimentelle Verfahren in dieser Studie umfasst die Herstellung von Spritzgusseinsätzen mit Hilfe des DLP-Verfahren. Die Einsätze sind aus einem nicht definierten Material hergestellt.[390] Für die Studie verwenden DAVOUDINEJAD et al. verschiedene Kombinationen von Prozesseinstellungen im Spritzgießen mit den Stufen niedrig und hoch. Folgende Parameter werden eingestellt: Schmelzetemperatur, Einspritzgeschwindigkeit, Werkzeugtemperatur und Kühlzeit.[391] Als Zielgrößen betrachten DAVOUDINEJAD et al. die Lebensdauer, Rissausbreitung je Zyklus und Konsistenz der Formoberflächenmerkmale im Spritzling. Die Werkzeuge werden mittels dreidimensionaler optischer Messtechnik analysiert. Abschließend erstellen DAVOUDINEJAD et al. ein dreidimensionales thermomechanisches Phasenwechselmodell, um die Auswirkungen des Spritzgießens auf die Werkzeuge in der FE-Software COMSOL Multiphysics zu analysieren.[392]

---

389 Vgl. ebd., S. 8.

390 Vgl. Ali DAVOUDINEJAD et al., „Experimental investigation and thermo-mechanical modelling for tool life evaluation of photopolymer additively manufactured mould inserts in different injection moulding conditions", *The International Journal of Advanced Manufacturing Technology* 102, Nrn. 1-4 (2019): S. 404 f.

391 Vgl. ebd., S. 405, 407.

392 Vgl. ebd., S. 407.

Der Ansatz von DAVOUDINEJAD et al. bezieht sich sowohl eindeutig auf den Betrachtungs- als auch auf den Gestaltungsbereich. Insgesamt wird das grundlegende Ziel der Lebenszeitverlängerung von additiven Prototypenwerkzeugen sehr hoch. Allerdings wird die Zykluszeit nur in geringem Maße in die Überlegungen eingebunden. Die Bauteilqualität findet mehrfach Einzug in den Ansatz, fokussiert jedoch das Gebiete der Mikrostrukturen sehr stark. DAVOUDINEJAD et al. berücksichtigt in hohem Maße die Prozessparameter und die Bauteilgeometrie. Hingegen ist das Werkzeugmaterial nur eine Randnotiz im Versuchsplan. Eine Integration von technischen Lösungen zur Umsetzung einer thermischen Auslegung findet nicht statt, jedoch sind unterschiedliche Kühlzeiten unter den Prozessparametern berücksichtigt.

3.3.8 Auslegung und Charakterisierung additiv gefertigter Formeinsätze für Spritzgießwerkzeuge nach Mitterlehner

MITTERLEHNER untersucht umfangreich die Anwendung additiver Fertigungstechnologien im Kontext des Spritzgießwerkzeugbaus. Die Ausführungen beziehen sich auf drei Kernaspekte: Anwendbarkeit von Abschätzgleichungen, Unterschiede in der Auslegung, Produktion und Bauteileigenschaften sowie Auslegungsweisen für Formeinsätze aus Kunststoff. Im Betrachtungsbereich liegen metall-, wie kunststoffbasierte Verfahren, deren Funktionsweise in Bezug auf den Werkzeugbau dargestellt wird. Ebenso wird die derzeitige Auslegungssystematik von Spritzgießwerkzeugen diskutiert. Darauf aufbauend beschreibt MITTERLEHNER die Versuchsreihen und erzielten Ergebnisse.

In der Literatur werden unterschiedliche Versuchsgeometrien verwendet. Bei der Untersuchung von Formwerkzeugen ist die Wahl der richtigen Testgeometrie komplex. MITTERLEHNER nutzt eine funktionale Geometrie mit verschiedenen idealisierten Elementen. Zu diesen Elementen zählt ein Prüfkörper nach DIN EN ISO 527. Dieser eignet sich für die Untersuchung der mechanischen Eigenschaften der Spritzlinge unter Einfluss des Werkzeugmaterials. Fließmäander helfen bei der Untersuchung rheologischer Phänomene und sind in der Geometrie in eckiger und runder Ausführung vorgesehen. Zusätzlich findet sich noch eine Schwindungsplatte und eine Stufenplatte mit vier Stufen an der Versuchsgeometrie. Die Kavität wird mit Entformungsschrägen von 5° versehen. Weiterhin werden Auswerferbohrungen vorgesehen, diese aber konventionell nachbearbeitet. Die Dicke der Düsenseite beträgt $25\,\mathrm{mm}$ und ist damit $5\,\mathrm{mm}$ dicker als die Auswerferseite. Beide Seiten werden im Spannrahmen über seitliche Schrauben fixiert. Für eine Versuchsreihe werden Temperierkanäle auf Düsen- und Auswerferseite mit $15\,\mathrm{mm}$ Abstand zur Oberfläche eingebracht. Eine mechanische Simulation dient zur ersten Orientierung hinsichtlich der Lastfälle.

MITTERLEHNER führt für seine Versuche zur Standzeituntersuchung fünf Versagenskategorien ein. Die Versagenskategorien sind in ein Prüfschema eingebettet, um das Versagen der Formeinsätze zu charakterisieren. Das Ziel ist die Qualifizierung neuer Materialien anhand des standardisierten Vorgehens. Während ein Versagen beim ersten Rüsten und Schließen des Werkzeugs nicht explizit kategorisiert wird, ist dies der erste Versagensfall.[393] Die fünf Kategorien beziehen sich folglich auf Verwendung des Formeinsatzes im Spritzgießprozess, welche MITTERLEHNER

[393] Vgl. T. MITTERLEHNER, „Auslegung und Charakterisierung additiv gefertigter Formeinsätze für Spritzgießwerkzeuge" (Dissertation, Johannes Kepler Universität Linz, 2020), S. 67 f.

aus den praktischen Versuchen seiner Forschung ableitet. Die 1. Kategorie beschreibt feine Risse unter der Oberfläche des Einsatzes. Qualitativ haben diese keinen Einfluss auf die Spritzlinge. Ein Auftreten ist hauptsächlich bei beschichteten Einsätzen zu beobachten. In der 2. Kategorie treten Risse auch an der Oberfläche auf. Weiterhin verformt sich das Gießsystem an Biegungen und Anschnitten. Die thermische Belastung ist hier am höchsten und wirkt zusammen mit der höchsten Druckbelastung destruktiv. Der Spritzling wird davon nicht in der Qualität beeinflusst. Diese wird ab Fehlern der 3. Kategorie beeinträchtigt. Nach MITTERLEHNER treten hier zunächst Verformungen an den Kavitätenkonturen auf und sind auf mangelnde Entlüftung zurückzuführen. Darauf folgen Ausbrüche in der Kavität, die in der 4. Kategorie verortet werden. Die Spritzlinge entsprechen hier zumeist nicht mehr der gewünschten Geometrie und einzelne Elemente sind fehlend oder fehlerhaft. Zuletzt kommt es zum Ausbrechen oder Reißen einzelner Werkzeugbereiche. Bei Fehlern der 5. Kategorie wäre keine weitere Produktion möglich, da Kunststoffschmelze in das Werkzeugsystem oder die Spritzgießmaschine gelangen kann.[394]

Die Analyse additiver Prototypenwerkzeuge von MITTERLEHNER enthält einen Abschnitt zu erreichten Temperaturen in den Spritzgießzyklen. Hier erfolgt eine Unterscheidung zwischen Start- und Betriebszyklen sowie eine Unterscheidung zwischen verschiedenen Werkzeugmaterialien. Stahl und Aluminium bilden die Referenzpunkte zum konventionellen Werkzeugbau. Für die verschiedenen Materialien wird ein eingeschwungener Zustand beschrieben, in dem die maximale Temperatur an der Oberfläche von Zyklus zu Zyklus keine statistisch signifikante Änderung mehr aufweist. Eine homogenisierende Reduzierung durch Temperierkanäle wird durch einen Versuch nachgewiesen. Auf Basis dieser Ergebnisse berechnet MITTERLEHNER eine effektive Temperaturleitfähigkeit für verschiedene Werkzeugmaterialien in Unterscheidung nach Start- und Betriebszyklen. Die effektive Temperaturleitfähigkeit sinkt mit steigenden Temperaturen und fortschreitenden Zyklen, wie in Abbildung 3.8 gezeigt.[395]

In einem weiteren Abschnitt erläutert MITTERLEHNER die Bauteilqualität der hergestellten Bauteile aus Polypropylen. Die Analysekriterien sind die Sphärolithgröße, die mechanischen Eigenschaften und die Maßabweichungen. Diese werden auch für die Formeinsätze analysiert. Hier zeigen die additiven Prototypenwerkzeuge eine größere Abweichung, besonders bei Strukturen $<1\,\mathrm{mm}$.[396] Zuletzt erfolgt die Versagensanalyse anhand der zuvor beschriebenen fünf Kategorien. Die Formeinsätze aus einem MEX-Verfahren überstehen keine 5 Zyklen. Mit einem pulverbettbasierten Verfahren können Formeinsätze hergestellt werden, die im Versuchsaufbau 10 Zyklen ohne Qualitätseinbußen Bauteile herstellen können. Danach folgen 16 Zyklen, aus denen Bauteile mit erkennbaren Qualitätseinbußen fallen. Mehr als 28 Zyklen übersteht dieser Formeinsatz nicht. Die Formeinsätze des VPP-Verfahren schneiden besser ab, erreichen aber alle nicht mehr als 14 Zyklen mit qualitativ fehlerfreien Bauteilen. Zwei Einsätze zeigen kein vollständiges Versagen über die Versuchsdauer von 50 Zyklen.[397]

Der Ansatz von MITTERLEHNER fokussiert die generelle additive Fertigung von Werkzeugen. Dabei werden additive Prototypenwerkzeuge aus Kunststoffen ebenso analysiert wie additive

394 Vgl. ebd., S. 69.
395 Vgl. ebd., S. 73-75.
396 Vgl. ebd., S. 79, 82, 84-87.
397 Vgl. ebd., S. 88.

Formeinsätze aus Metall. Aufgrund der zwei Betrachtungsbereiche kann der Ansatz den Betrachtungsbereich der additiven Prototypenwerkzeuge nicht vollständig erfüllen. Ebenso ist die thermische Auslegung nur ein Teil des Ansatzes und nicht umfänglich Gegenstand der Arbeit. Die Bauteilgeometrie als Einflussfaktor ist nur sehr gering berücksichtigt, da die Versuche nur an einem exemplarischen Analysebauteil durchgeführt werden. Prozessparameter werden auch nur sehr gering berücksichtigt. Eine Variation der Parameter findet nicht statt. Die Werkzeugmaterialien hingegen sind umfänglich diskutiert und analysiert. Im Bereich der Zielgrößen fokussiert MITTERLEHNER die Standzeit sehr umfänglich mit den Versagenskategorien. Auch die Bauteilqualität berücksichtigt MITTERLEHNER, hier fehlt jedoch eine Analyse von Handlungsmaßnahmen. Die Zykluszeit wird nicht berücksichtigt. Eine Betrachtung von Lösungen zur Temperierung ist nur im Kontext von Temperierkanälen für Formeinsätze aus Metall zu finden. Andere Lösungen werden im Ansatz nicht betrachtet.

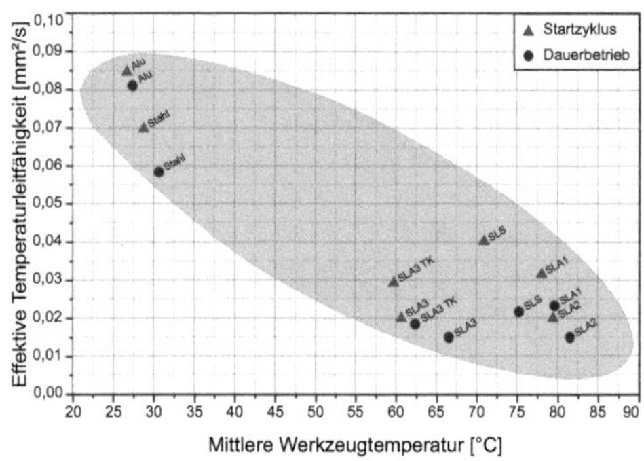

Abbildung 3.8: Bestimmung der effektiven Temperaturleitfähigkeit für Polypropylen bei Verwendung verschiedener Formeinsatzmaterialien[398]

3.3.9 Methode zur merkmalbasierten Gesamtkostenermittlung für polymer-additiv gefertigte Spritzgießwerkzeuge nach Ayvaz

AYVAZ adressiert das Informationsdefizit im Werkzeugbau zum Einsatz alternativer Werkzeugherstellungsmethoden wie der additiven Fertigung. Im Fokus steht die Quantifizierbarkeit der Standzeit von additiv hergestellten Werkzeugeinsätzen aus Kunststoff. Die zielt auf die verbesserte Entscheidungsfindung zum Zeitpunkt einer Kundenanfrage zur Herstellung von Bauteilen bzw. eines Werkzeugs ab. Der Weg zu einer verbesserten Entscheidungsfindung führt über die Detaillierung der Bauteilanfrageanalyse, einer regelbasierten Werkzeugauslegung und Prozesseinstellung zu einem datenbasierten Ansatz der Standzeitvorhersage. Abschließend ergänzt AYVAZ ein Vorgehen zur Kostenbestimmung für die betriebswirtschaftliche Entscheidungsfindung.

[398] I.A.a. MITTERLEHNER („Auslegung und Charakterisierung additiv gefertigter Formeinsätze für Spritzgießwerkzeuge", S. 75)

Die Bauteilanfrageanalyse ist der notwendige Schritt zur Identifikation standzeit- und kostenrelevanter Merkmale. Die Gliederung dieser Merkmale erfolgt in die geometrische Beschaffenheit des Bauteils, sowie des Werkzeugeinsatzes, die Funktionsmerkmale und die Relationsmerkmale. Die Inhalte dieser Merkmalklassen ergeben sich aus den Auftragsdaten, Materialinformationen, Qualitätsanforderungen und den Geometriedaten.[399] Die extrahierten Informationen werden nach Verwendung im Prognosemodell oder der Machbarkeitsprüfung unterschieden. Die Machbarkeitsprüfung stellt den ersten Filter bei der Bearbeitung von Anfragen dar.[400] Insgesamt erfolgt die Machbarkeitsprüfung nach AYVAZ anhand von 16 Beschaffenheitsmerkmalen des Bauteils und drei des Werkzeugs. Dazu sind weitere sieben Funktionsmerkmale und vier Relationsmerkmale definiert.[401]

Nach einer erfolgreichen Machbarkeitsprüfung erfolgt die regelbasierte Werkzeugherstellung. AYVAZ spezifiziert einzelne Stellen des Vorgehens nach HOPMANN et al. mit konkreten Zahlenwerten für additive Prototypenwerkzeuge aus Kunststoff, beispielsweise zur Auslegung von passgenauen Bohrungen für Auswerferstifte. Sogenannte Prallplatten werden als Hilfsmittel zur Steigerung der Standzeit des Gießsystems vorgeschlagen. Ebenso werden Richtlinien zur Verschraubung der Formeinsätze auf den Formplatten erläutert.[402]

Für die Prozessführung schlägt AYVAZ ebenfalls Anpassungen an die bekannten Vorgehen vor. Als Kernproblem wird das Einfahren des Werkzeugs identifiziert, welches bei den geringeren Standzeiten der additiven Prototypenwerkzeuge bereits zum Versagen führen würde. Daraus ergeben sich drei Einflussgrößen, die bei der Prozessauslegung berücksichtigt werden müssen: Temperatur, Zeit und Geschwindigkeit.[403] Zunächst sollte die niedrigste Verarbeitungstemperatur einer Formmasse gewählt und die Einspritzgeschwindigkeit minimiert werden. Zentral ist jedoch die Korrektur der Kühlzeitberechnung um einen Korrekturfaktor, der nach AYVAZ zwischen eins und vier oder vier und acht liegt.[404]

AYVAZ fasst diese Schritte in einem Gesamtmodell zusammen, welches in Abbildung 3.9 gezeigt ist. Neben den zuvor zusammengefassten Bestandteilen gehören die Werkzeugstandzeitberechnung und die analytische Gesamtkostenermittlung zum System. Bei Elemente spielen für die thermische Auslegung und den Mehrwert des Werkes von AYVAZ keine Rolle. Die Ergebnisse zeigen jedoch, dass ein Expertensystem eine Möglichkeit bietet, die Anwendbarkeit von additiven Prototypenwerkzeugen detailliert zu analysieren.

Das Modell von AYVAZ zielt nur auf die Prüfung ab und beinhaltet keine Methoden der Optimierung. Wichtige Anforderungen an ein Modell zur thermischen Auslegung sind trotzdem berücksichtigt. Die Beschaffenheits-, Funktions- und Relationsmerkmale des Bauteils und des Werkzeugs umfassen die wesentlichen Kriterien in der Betrachtung möglicher Einflussfaktoren. Die Fokussierung auf die Standzeit entspricht dem eigentlichen Ziel von AYVAZ, unterschlägt dennoch die

[399] Vgl. Peter AYVAZ, „Methode zur merkmalbasierten Gesamtkostenermittlung für polymer-additiv gefertigte Spritzgießwerkzeug“ (Dissertation, Rheinisch-Westfälische Technische Hochschule Aachen, 2021), S. 63.
[400] Vgl. ebd., S. 65.
[401] Vgl. ebd., S. 73, 76, 80, 82.
[402] Vgl. ebd., S. 87 f.
[403] Vgl. ebd., S. 90 f.
[404] Vgl. ebd., S. 91 f.

Differenzierung in andere Zielgrößen. Hinsichtlich der technischen Lösung bei einer Temperierung finden sich lediglich Hinweise auf die Oberflächenkühlung. Insgesamt bietet der Ansatz von AYVAZ die Möglichkeit, die thermische Auslegung hinsichtlich der Standzeit zu tätigen, jedoch keine Option zur Leistungssteigerung oder Berücksichtigung anderer Zielgrößen.

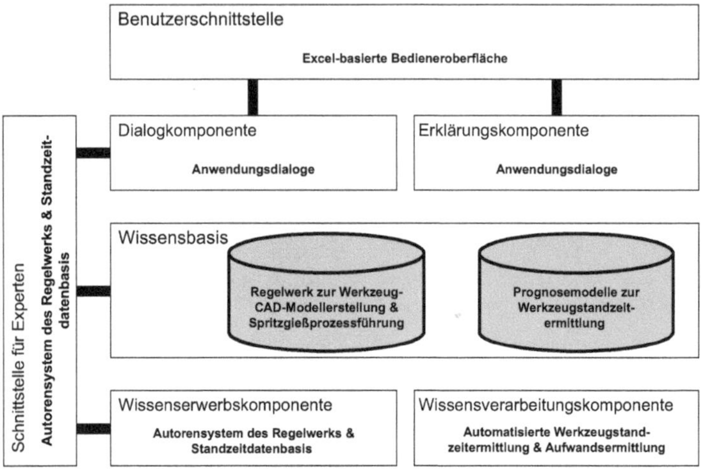

Abbildung 3.9: Ablaufdiagramm zum Expertensystem der Gesamtkostenermittlung[405]

405 Vgl. AYVAZ („Methode zur merkmalbasierten Gesamtkostenermittlung für polymer-additiv gefertigte Spritzgießwerkzeug", S. 114)

3.4 Aggregierte Bewertung der Ansätze

Nach der Detaillierung von Ansätzen aus dem Betrachtungsbereich der additiven Prototypenwerkzeuge mit dem Fokus auf den Gestaltungsbereich folgt eine aggregierte Bewertung. Diese Bewertung untersucht die Erfüllung der Anforderungen aus Kapitel 3.2 an die Gestaltung der Steigerung der Leistungsfähigkeit von additiven Prototypenwerkzeugen durch verbesserte thermische Auslegung. Abbildung 3.10 zeigt das zusammenfassende Ergebnis dieser Bewertung.

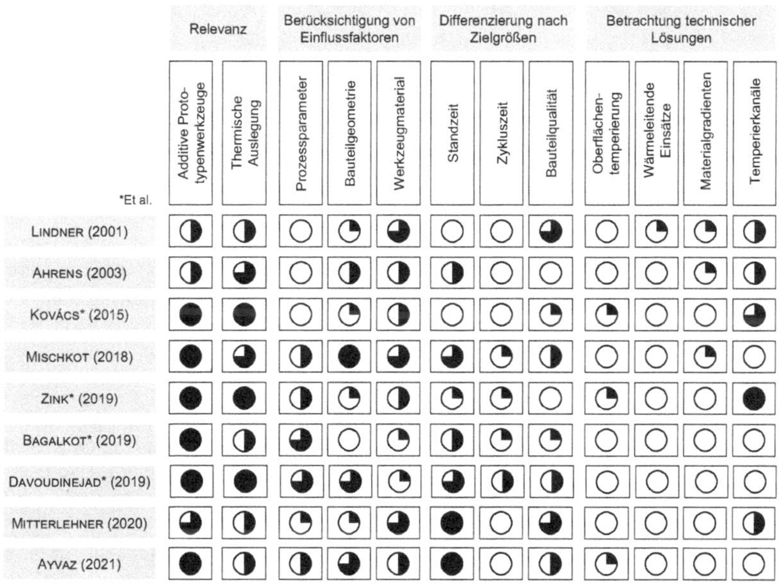

Abbildung 3.10: Bewertungsübersicht der analysierten Ansätze[406]

Die untersuchten Ansätze bieten mindestens eine geringe Berücksichtigung des Betrachtungsbereiches. Aufgrund der zeitlichen Entwicklung der Erkenntnisse im Betrachtungsbereich ist die Fokussierung einzelner Ansätze, wie LINDNER,[407] auf additive Prototypenwerkzeuge nicht gegeben. Diese Ansätze zeigen sich, trotz mangelndem Fokus auf die additiven Fertigungstechnologien und die damit verbundenen Materialien und Eigenschaften von Bauteilen, relevant, denn die Zielsetzungen für die Herstellung von anwendbaren Prototypenwerkzeugen ist ähnlich. Neuere Ansätze bieten folgend den Vorteil, auf den Stand der Technik einzugehen und können so insgesamt mit einer höheren Relevanz im Betrachtungsbereich bewertet werden.

[406] Eigene Darstellung

[407] LINDNER, „Vergleichende Analyse zur Seriennähe von Rapid Tooling-Prozessketten und spritzgegossenen Kunststoffprototypen".

Hinsichtlich des Gestaltungsbereiches der thermischen Auslegung zeigt sich ein gemischtes Bild. Während die älteren Ansätze, wie z. B. AHRENS et al.[408] für den heutigen Stand der Technik den Betrachtungsbereich zu wenig berücksichtigen, ist zu dem Zeitpunkt der Stand der Technik in der thermischen Auslegung bereits deutlich berücksichtigt. Die Erstellungszeitpunkte der Ansätze zeigt, dass sich die Wissenschaft spezialisiert, was für die vielfältigen Problemstellungen bei der Anwendung additiver Prototypenwerkzeuge spricht. So bieten KOVÁCS et al., ZINK et al., und DAVOUDINEJAD et al.[409] eine hohe Berücksichtigung der thermischen Auslegung.

Die Bewertung der Anwendbarkeit der Ansätze hängt zunächst von der Berücksichtigung der Einflussgrößen ab. Hier zeigen viele Ansätze einen explorativen Charakter. Das heißt, es werden die Einflussgrößen grundsätzlich berücksichtigt, allerdings erfolgt dies nicht systematisch und häufig begrenzt auf einzelne Faktoren. Das führt zu einer eingeschränkten Anwendbarkeit, da die Komplexität der Untersuchung vor die praktische Erkenntnis gestellt wird. Ausnahmen bilden hierbei LINDNER, BAGALKOT et al., DAVOUDINEJAD et al., und AYVAZ,[410] die einzelne Einflussgrößen umfänglich berücksichtigen.

In Bezug auf die Integration der Zielgrößen Standzeit, Zykluszeit und Bauteilqualität zeigt sich eine deutliche Lücke in den detaillierten Ansätzen. Fast keiner der Ansätze berücksichtigt die Zielgrößen systematisch. Dabei werden die Zielgrößen grundsätzlich in die Überlegung aufgenommen. Außer bei AYVAZ[411] liegt der Fokus jedoch auf der Erklärung und weniger auf der Analyse und eine mögliche Steuerung auf einen Zielwert einer der drei Größen. Dies führt in Kombination mit den Erkenntnissen zum Stand der Wissenschaft bezüglich der Einflussgrößen zu einer unzureichenden Anwendbarkeit der Ansätze.

Abschließend zählt zur Anwendbarkeit auch die Berücksichtigung der technischen Lösungen. Auch hier zeigt der Stand der Wissenschaft eine Schwäche. Diese bezieht sich auf die Fokussierung der Temperierkanäle. KOVÁCS et al. und ZINK et al.[412] sind zwei Ansätze, die hier sowohl systematisch als auch differenziert die Lösungen analysieren und anwendbar aufbereiten. Weiterhin bietet die Literatur weitere Ansätze, wie in Kapitel 2.4.2 beschrieben. Die weiteren Lösungskonzepte sind nur im geringen Maße adressiert. Solche Ansätze, die diese berücksichtigen, zeigen dennoch vielversprechende Ergebnisse, womit auf die Notwendigkeit systematischer Analyse und methodische Vorgehensweise zur Sicherstellung der Anwendbarkeit geschlossen werden kann.

408 AHRENS et al., „Heat flux canals (HFC) technique: an alternative to cool down stereolithography moulds".

409 KOVÁCS et al., „Thermal simulations and measurements for rapid tool inserts in injection molding applications"; ZINK et al., „Thermal analysis based method development for novel rapid tooling applications"; DAVOUDINEJAD et al., „Experimental investigation and thermo-mechanical modelling for tool life evaluation of photopolymer additively manufactured mould inserts in different injection moulding conditions".

410 LINDNER, „Vergleichende Analyse zur Seriennähe von Rapid Tooling-Prozessketten und spritzgegossenen Kunststoffprototypen"; BAGALKOT et al., „A methodology for setting the injection moulding process parameters for polymer rapid tooling inserts"; DAVOUDINEJAD et al., „Experimental investigation and thermo-mechanical modelling for tool life evaluation of photopolymer additively manufactured mould inserts in different injection moulding conditions"; AYVAZ, „Methode zur merkmalbasierten Gesamtkostenermittlung für polymer-additiv gefertigte Spritzgießwerkzeug".

411 AYVAZ, „Methode zur merkmalbasierten Gesamtkostenermittlung für polymer-additiv gefertigte Spritzgießwerkzeug".

412 KOVÁCS et al., „Thermal simulations and measurements for rapid tool inserts in injection molding applications"; ZINK et al., „Thermal analysis based method development for novel rapid tooling applications".

3.5 Handlungsbedarf in der Theorie und Herleitung der Forschungsfragen

Kapitel 2.4 zeigt den benötigten Handlungsbedarf in der Praxis auf. Aufbauend darauf zeigt der Stand der Technik zu additiven Prototypenwerkzeugen, auf welchem Gebiet die Wissenschaft bereits Antworten auf die praktischen Probleme bieten kann. Das Anwendungspotential additiver Prototypenwerkzeuge wird auf methodische Art durch die Anpassung von Vorgehen zur Technologieauswahl adressiert. Hinsichtlich der Werkzeugauslegung, der Werkzeugherstellung und der Anwendung im Spritzgießen finden sich weniger methodische Ansätze. Der Fokus liegt auf der experimentellen Sammlung empirischer Daten. Diese Sammlung empirischer Daten verdeutlicht die Notwendigkeit methodischer Vorgehensweisen für eine gezielte Steigerung des Anwendungspotentials additiver Prototypenwerkzeuge. Die dafür notwendigen Anforderungen sind in Kapitel 3.2 beschrieben und in Kapitel 3.3 auf relevante Ansätze angewendet.

Die wissenschaftliche Literatur weist Lücken bei der systematischen Vorgehensweise der thermischen Auslegung additiver Prototypenwerkzeuge auf. Ohne dieses Vorgehen sind solche Werkzeuge in der Praxis für das Spritzgießen nicht prozesssicher einsetzbar. Die Ursache für das Fehlen eines solchen Vorgehens ist der besondere Fokus der Ingenieurwissenschaften auf den Spritzgießwerkzeugbau mit Metallen. Vor diesem Hintergrund bieten sich Temperierkanäle als zentrale Lösung zur Steuerung der Wärmebilanz des Werkzeuges an. Diese werden als technische Lösung auch für den additiven Prototypenwerkzeugbau fokussiert. Weiterhin steht die Qualität des Spritzlings im Zentrum der Bemühungen, weil das Werkzeugmaterial Stahl keine allgemeinen Anforderungen an eine thermische Belastung stellt. Mit den geänderten Rahmenbedingungen, in denen das Werkzeugmaterial deutlich stärker durch die thermische Belastung beeinflusst wird, muss die thermische Auslegung neu systematisiert werden. Daraus abgeleitet ergibt sich die leitende Forschungsfrage dieser Arbeit:

> Wie kann die thermische Auslegung von Prototypenwerkzeugen aus Kunststoff für das Spritzgießen gestaltet sein?

Aus dieser Frage leiten sich weitere Teilfragen ab, deren Antwort eine Antwort auf die Hauptfrage ergeben. Zunächst müssen die Einflussgrößen des Spritzgießverfahrens auf die Wärmebilanz der additiven Prototypenwerkzeuge untersucht werden. Die vorgestellten Ansätze zeigen, dass zwar eine Untersuchung der Faktoren erfolgt, jedoch besteht eine Lücke in der Untersuchung von Kreuzeffekten, sowie der Analyse von Teileffekten. Folgend stellt sich die Fragen nach dem neuen Vorgehen, welches die gewonnenen Erkenntnisse zu den Einflussgrößen berücksichtigt. Die bisherigen Ansätze aus dem klassischen Spritzgießwerkzeugbau fokussieren den Spritzling und nicht das Werkzeug als solches. Dies führt zum Bedarf einer Anpassung des Vorgehens, um den geänderten Voraussetzungen die nötige Priorität beizumessen. Daraus entsteht wiederum der Bedarf zur konkreten Ausgestaltung von Lösungen. Die Fokussierung auf Temperierkanäle kann in diesem Sinne nicht die einzige Variante bleiben, denn diese ist aufgrund der materialtechnischen Voraussetzungen limitiert.

Die Einflussgrößen beim Spritzgießen sind in der Literatur bekannt.[413] Das neue Werkzeugmaterial verändert jedoch die Zusammenhänge der Einflussgrößen und erfordert deswegen neue Beschreibungen. In den vorgestellten Ansätzen von LINDNER, AHRENS et al., ZINK et al. und BAGALKOT et al. zeigen, wie die Einflussgrößen nach heutigem Stand der Wissenschaft adressiert werden. Nach den Anforderungen an einen Ansatz zur thermischen Auslegung additiver Prototypenwerkzeuge fehlt allen Ansätzen die Strukturierung von Abhängigkeiten möglicher Teileinflüsse. Solche Abhängigkeiten müssten in einem Versuchsplan systematisch untersucht und anschließend in einer Einflussmatrix modelliert werden. Darauf sollte eine Überführung in eine methodische Vorgehensweise erfolgen. Daher bedarf es der Beantwortung der 1. Teilforschungsfrage:

> Wie können Abhängigkeiten zwischen Faktoren, welche die Wärmebilanz additiver Prototypenwerkzeuge bestimmen, abgebildet werden?

Die Erklärung der zugrundeliegenden Phänomene genügt den anwendungswissenschaftlichen Anforderungen weiterhin nicht. Diese Anforderungen zielen auf die Lösung von realen Problemen ab. Eine grundlegende Beschreibung der Einflussgrößen und deren Stärken reicht nur für ein empirisches Problemverständnis. AHRENS et al., BAGALKOT et al. und AYVAZ adressieren zwar die Entwicklung methodischer Vorgehensweisen zur Auslegung additiver Prototypenwerkzeuge, berücksichtigen jedoch nur begrenzt die Perspektive der thermischen Auslegung. Daher ist von einer Lücke in Bezug auf die Fokussierung der Zielgrößen hinsichtlich einer thermischen Auslegung auszugehen. Das ist gleichbedeutend mit einer offenen Antwort auf die 2. Teilforschungsfrage:

> Wie können die Zielgrößen bei der Anwendung additiver Prototypenwerkzeuge für das Spritzgießen bei der Gestaltung der thermischen Auslegung berücksichtigt werden?

Zuletzt fehlt den Ansätzen der Wissenschaft die Perspektive der praktischen Lösung. Während ein Teil das methodische Vorgehen darstellt, braucht es praktische Hilfsmittel zur Umsetzung. Im Falle der additiven Prototypenwerkzeuge zeigen AHRENS et al., KOVÁCS et al. und ZINK et al., welche Möglichkeiten Temperierkanäle bieten. Somit könnte konkludiert sein, dass andere Lösungen keine Option darstellen, weil die Temperierkanäle eine universelle Lösung darstellen. Im Sinne des Falsifikationsprinzips wäre die Lücke des aktuellen Stands der Wissenschaft die Feststellung der Nichteignung anderer Lösungskonzepte. Dies führt zur letzten und 3. Teilforschungsfrage:

> Welche technischen Lösungen können neben Temperierkanälen zur Steuerung der Wärmebilanz additiver Prototypenwerkzeuge für das Spritzgießen in der Gestaltung berücksichtigt sein?

413 Vgl. B.H MIN, „A study on quality monitoring of injection-molded parts", *Journal of Materials Processing Technology* 136, Nrn. 1-3 (2003): S. 3-5; Zhongbao CHEN und Lih-Sheng TURNG, „A review of current developments in process and quality control for injection molding", *Advances in Polymer Technology* 24, Nr. 3 (2005): S. 167; M. Joseph GORDON, *Total quality process control for injection molding*, 2nd ed., Wiley series in plastics engineering and technology (Hoboken, N.J: Wiley, 2010), S. 18, 89.

Im Rahmen der Entwicklung eines Lösungsansatzes zur Gestaltung der thermischen Auslegung von additiven Prototypenwerkzeugen für das Spritzgießen sind sowohl die leitende Forschungsfrage als auch die Teilforschungsfragen zu beantworten. Die Antworten auf die vorgestellten Teilfragen stellen gleichzeitig den wesentlichen Teil der Antwort zur leitenden Forschungsfrage dieser Arbeit dar. Diese Antwort erhält Vollständigkeit durch die Berücksichtigung der Abhängigkeiten zwischen den Antworten zu den Teilforschungsfragen. Ein Lösungsansatz zur Gestaltung der thermischen Auslegung von additiven Prototypenwerkzeugen für das Spritzgießen hat neben der reinen Beantwortung der Fragen auch die Schließung von Lücken bzw. die Klärung von Überschneidungen zwischen den Fragen zur Aufgabe.

4 Konzeptionierung des Gestaltungsmodells

4.1 Systemorientierte Managementlehre

Zu Beginn der Konzeptionierung eines Gestaltungsmodells steht die Einarbeitung in die systemorientierte Managementlehre, der das Konzept des Gestaltungsmodells zu Grund liegt. In der systemorientierten Managementlehre nach ULRICH et al. stehen konzeptionelle Aufgaben im Fokus des Handelns, die eigentliche Ausführung wird lediglich den operativen Elementen einer Organisation zugeschrieben.[414] Die Ausführungen von ULRICH et al. beziehen sich auf „zweckorientierte soziale Systeme“. Solche Systeme sind wie technische Systeme von Menschen geschaffen, umfassen jedoch ebenso den Menschen als Systemelement. Die Zweckorientierung bezieht sich auf Erfüllung der Bedürfnisse der Umwelt des Systems und schließt einen Selbstzweck.[415] Das Management solcher Systeme umfasst das Gestalten, das Lenken und das Entwickeln. Die Systemgestaltung nach ULRICH et al. ist die Auswahl von Elementen und das Zusammenfügen dieser als Komponenten eines lebensfähigen Systems.[416] Das Gestalten des Systems zielt unter anderem auf die Herstellung einer Lenkfähigkeit ab. Als Lenkung ist die Definition, das Aktivieren und das Überprüfen von zielorientierten Aktivitäten eines Systems oder deren Komponenten zu verstehen.[417] Daran schließt sich die Entwicklung an. Diese hat die Aufgabe, auf den gestalteten Ziel-Zustand des sozialen Systems hinzuarbeiten und zu erreichen.[418]

4.1.1 Systemtheoretische Grundlagen

Der Begriff „System“ kann je nach Fachrichtung unterschiedlich definiert sein. Zu der Ausführung von ULRICH et al. passend ist die Definition von PATZAK. PATZAK definiert ein System als eine, mit Eigenschaften belegten, Menge von Elementen, die durch Beziehungen miteinander zur Verfolgung bestimmter Ziele verknüpft sind,.[419] Dazu definiert er die Unterbegriffe Elemente, Eigenschaften, Beziehungen und Menge, welche als Grundlage seiner Systemdefinition dienen. Dabei steht ein System in der Praxis immer in Relation zu einer Umwelt. Insbesondere in hierarchischer Sicht, stehen ein offenes und ein geschlossenes System ordnungsmäßig bezüglich Zeit, Ort und Rang und ein offenes System darüber hinaus in Form des Austausches von Materie, Energie und/oder Informationen in Verbindung.[420] Nach PATZAK werden bei Systemen zwischen

[414] Vgl. ULRICH et al., *Management: Hrsg. von Thomas Dyllick u. Gilbert J. B. Probst*, S. 11.
[415] Vgl. ebd., S. 98.
[416] Vgl. ebd., S. 114.
[417] Vgl. ebd., S. 115.
[418] Vgl. ebd., S. 120 f.
[419] Vgl. Gerold PATZAK, *Systemtechnik - Planung komplexer innovativer Systeme: Grundlagen, Methoden, Techniken* (Berlin, Heidelberg: Springer Berlin Heidelberg, 1982), S. 19.
[420] Vgl. ebd., S. 26.

vier unterschiedliche Typen unterschieden: Zielsysteme, Programmsysteme, Wirksysteme und Objektsysteme.[421]

Im Kontext dieser Arbeit sind die Programmsysteme von höherer Relevanz. Programmsysteme sind zur Verknüpfung von Aktivitäten zur Zielerreichung gedacht. Prozessbeschreibungen sind solche Verknüpfungen von Aktivitäten. Sie dienen dem Zweck der Zielerreichung, mit einem Schwerpunkt auf den Ablauf selbst, welches sie als Programmsysteme klassifiziert.[422] Zu Beschreibung von Programmsystem gehören, ebenso wie zu den anderen Systemtypen, Merkmale, die in Zustandseigenschaften (Wie ist das System?), Wirkeigenschaften (Welche Wirkung hat das System?) und Verhaltenseigenschaften (Wie verhält sich das System?) unterteilt sind. Dazu werden Systeme auch über ihre raum-, zeit- und inhaltsbezogene Eigenschaften beschrieben.[423] In der Gesamtbetrachtung eines Systems werden alle Eigenschaften als funktionsbedingt oder funktionsbedingend kategorisiert. Für eine möglichst vollständige Erfassung und Definition der Eigenschaften eines Systems schlägt PATZAK je eine Merkmalsystematik für die Systemkomponente „Mensch“ und die Systemkomponente „Sachmittel“ vor.[424]

Der Begriff „System“ steht weiterhin in einem engen Zusammenhang mit dem Begriff „Modell“. Modelle bilden Sachverhalten von realen Systemen vereinfacht und abstrahiert ab. Modelle dienen dem Zweck, Systemtechnikern die Möglichkeit zu bieten, das Modell anstelle des Systems zu manipulieren.[425] Modelle stellen nach HELFRICH „vereinfachte Abbildungen eines Gegenstandsbereiches“ dar. STACHOWIAK definiert dazu drei Merkmale von Modellen: Abbildungsmerkmal, Verkürzungsmerkmal, pragmatisches Merkmal. Das Abbildungsmerkmal basiert auf der Beschreibung von Modellen als Repräsentation von anderen Modellen oder künstlicher wie natürlicher Originale.[426] Die Modelle sind dabei nicht vollständig, sondern erfassen nur solche, die dem Modellschaffenden als relevant erscheinen, weisen also eine Verkürzung auf.[427] Zuletzt weisen Modelle das pragmatische Merkmal auf. Modelle sind demnach dem Original nicht eindeutig zugeordnet. Vielmehr ist es für ein Modell nicht nur wichtig, was modelliert wird, sondern auch für wen, wann und wozu.[428]

4.1.2 Modelltheorie und Modellbildung

Eine Unterscheidung von Modellen kann nach PATZAK in objektorientiert mit Bezug auf das Objekt des Modells, objektorientiert mit Bezug auf die Beziehungen des Modells im System, oder verrichtungsorientiert vorgenommen werden. Der Gliederungsrahmen ist in Abbildung 4.1 dargestellt. Jene Modelle, die sich auf das Objekt des Modells beziehen, werden auch als technologisch bezeichnet und gliedern sich in inhaltliche, formale, verbale und mathematische Modelle.

---

421 Vgl. PATZAK, *Systemtechnik - Planung komplexer innovativer Systeme: Grundlagen, Methoden, Techniken*, S. 30.

422 Vgl. ebd., S. 31.

423 Vgl. ebd., S. 33.

424 Vgl. ebd., S. 35 f.

425 Vgl. ebd., S. 307 f.

426 Vgl. Herbert STACHOWIAK, *Allgemeine Modelltheorie* (Wien: Springer, 1973), S. 131.

427 Vgl. ebd., S. 132.

428 Vgl. ebd., S. 132 f.

Inhaltliche Modelle beziehen sich auf einen bestimmten Gegenstandsbereich, während formale Modelle auch für andere Bereiche Gültigkeit besitzen. Die Zielsetzung von inhaltlichen Modellen kann sowohl die Beschreibung, Erklärung, Vorhersage oder Gestaltung des Gegenstandbereiches beinhalten.[429] Inhaltliche Modelle mit technologischer Zielsetzung zielen nach HELFRICH auf Handlungsmaßnahmen im spezifischen Gestaltungsbereich ab.[430] Transformationslogische Modelle beschreiben die Beziehung zwischen Original und Modell.[431]

Hinsichtlich der verrichtungsbezogenen Gliederung von Modellen hat der Prozess der Modellbildung Relevanz. Die Modellbildung kann induktiv, deduktiv oder normativ erfolgen. Während die induktive Modellbildung eine Erweiterung zum Ziel hat, dient ein deduktives Vorgehen der Prüfung bzw. Spezialisieren eines Modells. Das normative Vorgehen hingegen enthält Elemente beider Vorgehen und hat einen Idealzustand des Modells als Ziel.[432] Vielmehr ergibt sich aus dieser Beschreibung eine weitere Unterscheidung von Modelltypen. PATZAK erkennt die Beschreibungsmodelle als Vehikel zur detaillierten Darstellung eines Systems, ohne darüber hinaus Zusammenhänge für auftretende Phänomene oder Ursachen für Zustände zu liefern.[433] Erklärungsmodelle dienen der Erklärung der Bildung bestimmter Zustände. Das Ziel solcher Modelle ist es, das Realsystem transparent untersuchen zu können und Verständnis über die Bildungsmechanismen der Zustände zu erlangen. Die Modelle basieren auf Hypothesenkonstrukten.[434] Vorhersagemodelle sind bezogen auf die zeitliche Dimension eine Entwicklungsstufe von Erklärungsmodellen. Ein Vorhersagemodell bezieht sich auf, die im Erklärungsmodell aufgezeigten Strukturen und dient der Ableitung möglicher zukünftiger Zustände des modellierten Systems bzw. des Verhaltens hin zu diesen Zuständen.[435] Weiterhin gibt es Entscheidungsmodelle, mit deren Hilfe Handlungsvorgaben für eine optimierte Zielerreichung bestimmt werden. PATZAK weist diesem Typ Modell einen Vorschreibungscharakter zu, weswegen sie auch als Beschreibungsmodelle eines anzustrebenden Zustands definiert sein können.[436]

In der Wissenschaft finden sich unterschiedliche Vorgehensweise zur Modellbildung. Im systemtheoretischen Kontext kann das Vorgehen nach WOLF genannt werden. Die Konstruktion eines systemorientierten Modells erfolgt in fünf Teilschritten: Perspektivistische Systemdefinition, perspektivistische Aussagenformulierung, Formalisierung von Aussagen, Modellsimulation und Modelltest. Die Teilschritte sind exemplarisch in Abbildung 2 gezeigt. Unter der perspektivistische Systemdefinition ist das Erschaffen eines Systems aus der Realität auf Grundlage von festgelegten, konstituierenden Kriterien. Dies schafft für die Modellbildung entsprechende Freiräume, ist zugleich jedoch Kernproblem der Aufgabe. Der Modellschaffende kann irrelevante Elemente unberücksichtigt lassen, was wiederum eine im Sinne der Realität richtigen Abgrenzung des

[429] Vgl. Hede HELFRICH, *Wissenschaftstheorie für Betriebswirtschaftler*, 1. Auflage (Wiesbaden: Springer Gabler, 2016), S. 68.
[430] Vgl. ebd., S. 69.
[431] Vgl. PATZAK, *Systemtechnik - Planung komplexer innovativer Systeme: Grundlagen, Methoden, Techniken*, S. 312.
[432] Vgl. ebd., S. 312 f.
[433] Vgl. ebd., S. 313.
[434] Vgl. ebd., S. 313 f.
[435] Vgl. ebd., S. 314.
[436] Vgl. ebd., S. 314 f.

Systems erschwert.[437] Die perspektivistischen Aussagenformulierung dient der Beschreibung des Untersuchungsobjektes. Auch hier hat der systemorientierte Ansatz, dass die Aussagen sich lediglich auf einen Teil der Realität beziehen und anderen Begebenheiten nicht betrachtet werden.[438] Die Formalisierung dient anschließend dazu, die Aussagen anwendbar zu machen. Perspektivistische Aussagen liegen vor der Formalisierung in einer Beobachtungssprache vor und werden durch dir Formalisierung in die theoretische Sprache des Modells überführt.[439] Liegen Aussagen in der theoretischen Sprache vor, kann die Modellsimulation durchgeführt werden, deren Ergebnisse den Modelltest zu lassen.[440]

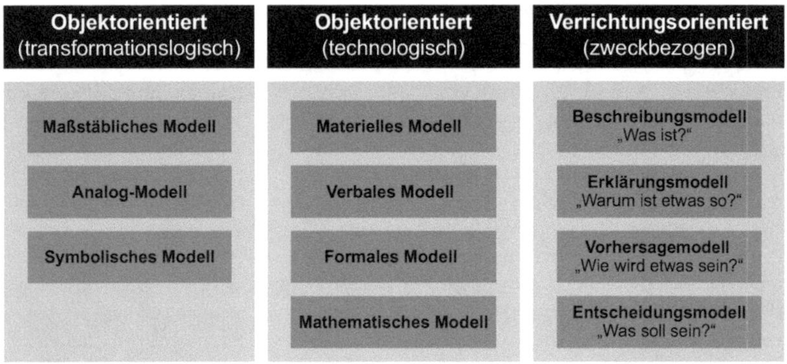

Abbildung 4.1: Gliederung verschiedener Modellarten in Anlehnung an PATZAK[441]

Ein weiteres Vorgehen zur Modellbildung, insbesondere für Entscheidungsmodelle in sozialen Systemen, bietet MILLING. Dazu stellt MILLING drei Schritte vor, die iterativ erfolgen sollen: Systemidentifikation, Modellstrukturierung, Modellkalibrierung.[442] Die Systemidentifikation beginnt zunächst mit der Konkretisierung des Untersuchungsobjektes. Es folgen Überlegungen zu den Merkmalen Modells in drei Dimensionen. Die erste Dimension ist die vom Modell adressierte organisatorische Ebene. Es folgt eine Klärung der Komplexität und Vorstrukturierung. Zuletzt ist der Aggregationsgrad, also in welchem zeitlichen Zusammenhang stehen Prozesse des Modells und in welche Frequenz treten diese auf.[443] Wesentlicher Bestandteil des Vorgehens nach MILLING ist die Erkenntnis, dass Realsysteme nur durch Familien von Modellen abbildbar sind. Daraus ergeben sich unterschiedliche Modellebenen, die ein tieferes Verständnis von Modellkom-

[437] Vgl. Michael WOLF, „Die Leistungsfähigkeit des systemtheoretischen Ansatzes", in *Systemmodelle*, hrsg. Franz Xaver BEA (München und Wien: Oldenbourg, 1979), S. 20-22.
[438] Vgl. ebd., S. 22 f.
[439] Vgl. ebd., S. 24-27.
[440] Vgl. ebd., S. 27 f.
[441] Vgl. PATZAK (*Systemtechnik - Planung komplexer innovativer Systeme: Grundlagen, Methoden, Techniken*, S. 312-314)
[442] Vgl. Peter MILLING, „Die Konzipierung von Entscheidungsmodellen sozialer Systeme", in *Systemmodelle*, hrsg. Franz Xaver BEA (München und Wien: Oldenbourg, 1979), S. 65.
[443] Vgl. ebd., S. 66 f.

ponenten bzw. Modellzusammenhängen darstellen.[444] Die folgende Modellstrukturierung basiert auf dem System-Dynamics-Ansatz. Aus diesem Ansatz ergeben sich die Aufgaben des Modellschaffenden. Zunächst ist die geschlossene Systemgrenzen festzulegen. Darauf folgt die Erfassung von Regelkreisstrukturen einschließlich der Zusammensetzung aus Zustands- und Vorgangsvariablen. Als letzter Schritt erfolgt der Aufbau der Substruktur, die den funktionalen Zusammenhang der jeweiligen Variablen definiert.[445] Nach der Strukturierung des Modells ist dieses zu kalibrieren. Dies geschieht durch die numerische Spezifizierung der Variablen des Modells. In den ersten Iterationen kann dies über Schätzungen erfolgen, wobei mit mehreren Iterationsschleifen der Informationsgehalt und die Schätzgenauigkeit steigt.[446] MILLING beschreibt seine Vorgehensweise als Möglichkeit Modell zu erstellen, welche durch die heuristisch-kreative Fähigkeit des Menschen, Trennung von Relevanz und Redundanz und der Rechenfähigkeit von Computern charakterisiert werden.[447]

4.2 Strukturierung des Gestaltungsmodells

Auf Basis der voranstehenden theoretischen Grundlagen der Systemtechnik und Modelltheorie zielen die folgenden Ausführungen auf die Einordnung der thermischen Auslegung als Entscheidungsmodell in das System „Werkzeugbaubetrieb“. Werkzeugbaubetriebe können als zweckorientierte soziale Systeme verstanden werden.[448] Die in Kapitel 2.4 beschriebenen Unternehmungen, bei denen der Einsatz von additiven Prototypenwerkzeugen bietet, stellen Beispiele für das reale System „Werkzeugbaubetrieb“ dar. Diese Einordnung ist auch dann sinnvoll, wenn berücksichtigt wird, dass einige Unternehmen selbst keinen konventionellen Werkzeugbau betrieben. So werden diese durch die Tatsache der Herstellung von additiven Prototypenwerkzeugen zu ebensolchen zweckorientierten, sozialen Systemen, deren Ziel die Herstellung von Werkzeugen und Formen ist.

Nach MILLING folgt auf die Systemidentifikation die Modellstrukturierung. Die beschreibende, hierarchische Einordnung der thermischen Auslegung in das System „Werkzeugbaubetrieb“ wurde um eine zweckorientierte Einordnung ergänzt. Weiterhin sind die vorgehenslogischen Zusammenhänge auf den höheren Ebenen mit der thermischen Auslegung bereits in Zusammenhang gebracht worden. An dieser Stelle wird die dynamische Ablauforganisation mit einer Beschreibung von Informations-Rückkopplungs-Beziehungen ergänzt. Dazu werden zunächst die Anforderungen an das Modell definiert, weiterhin vorhandene Ordnungsrahmen für das reale System zergliedert und dann in einem neuen Entscheidungsmodell zusammengeführt.

444 Vgl. ebd., S. 70.
445 Vgl. ebd., S. 72-74.
446 Vgl. ebd., S. 75.
447 Vgl. ebd., S. 78.
448 Vgl. KELZENBERG, „Datenstrukturmodell für den digitalen Schatten der Auftragsabwicklung von Werkzeugbaubetrieben“, S. 128.

4.2.1 Identifikation und Definition des Realsystems

Im Sinne der Systemidentifikation nach MILLING dient der Werkzeugbaubetrieb als die oberste organisatorische Entscheidungsebene. Die Subsysteme eines Werkzeugbaubetriebs können auf Basis der Ausführungen von KLOTZBACH, BOOS, KUHLMANN, und KELZENBERG[449] anhand der Schritte in der Auftragsabwicklung identifiziert werden. Hierarchisch sind sie dem Ziel des Werkzeugbaubetriebs untergeordnet, in der Gesamtheit jedoch gleichgestellt und verknüpft. Die thermische Auslegung soll im Kontext dieser Arbeit als Teil des Gesamtsystems Werkzeugbaubetrieb verstanden werden. Dabei wird auf der Ebene der Auftragsabwicklung deutlich, dass die thermische Auslegung für verschiedene Subsysteme, wie in Abbildung 4.2 dargestellt, relevant ist. In der Betrachtung sind keineswegs sämtliche Aspekte der Auftragsabwicklung aus Sicht der thermischen Auslegung wichtig. Beispielsweise wird in der Fertigung unter anderem die Prüfung von Werkzeugkomponenten als relevante Tätigkeit erachtet. Die thermische Auslegung betrifft jedoch nicht alle Werkzeugkomponenten. Somit handelt es sich bei der thermischen Auslegung lediglich um ein Aspekt-Teilsystem[450] im Werkzeugbaubetrieb.

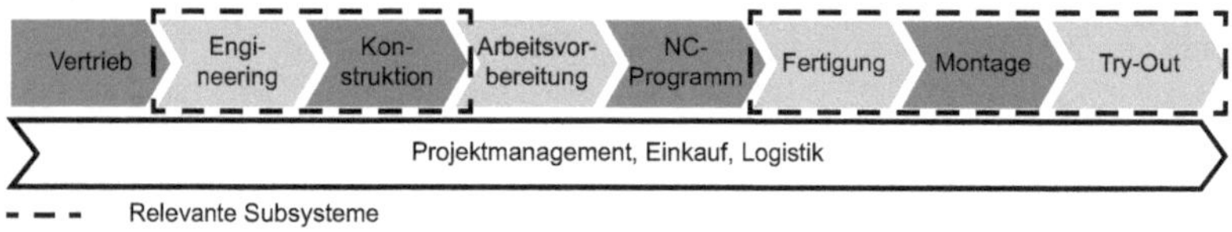

Abbildung 4.2: Subsysteme eines Werkzeugbaubetriebs anhand der Auftragsabwicklung[451]

Die ablauforganisatorische Betrachtung der Auftragsabwicklung lässt noch die zweckorientierte Betrachtung unberücksichtigt. Innerhalb dieses sozio-technischen Gesamtsystems „Werkzeugbaubetrieb" befinden sich das Zielsystem in Form von Anforderungsbeschreibungen an ein Prototypenwerkzeug und das Programmsystem im Sinne eines Vorhabenplans zur Umsetzung von Aktivitäten zur Zielerreichung. Weiterhin das Wirksystem des Werkzeugbaus selbst als soziotechnisches System mit den Handlungsträgern und der Struktur zur Ausführung von Aktivitäten. Zuletzt ist das Objektsystem „Prototypenwerkzeug" als Arbeitsgegenstand Teil des Gesamtsystems. Die thermische Auslegung ist in diesem Zusammenhang als Aktivität zur Erstellung des Arbeitsgegenstand „Prototypenwerkzeug" zu sehen und ist somit Teil des Programmsystems des Werkzeugbaus.

Die Darstellung in Abbildung 4.3 unterstreicht grafisch den zweckorientierten Gestaltungsbereich dieser Arbeit. Der Fokus liegt auf den Teilsystemen Programm und Objekt der zweckorientierten Betrachtung des Werkzeugbaus. Das Objektsystem umfasst die Prototypenwerkzeuge als Werkzeugtyp. Im Sinne des klassischen Verständnisses von Werkzeugen, wie in Kapitel 2.3.1.1

[449] KLOTZBACH, „Gestaltungsmodell für den industriellen Werkzeugbau"; BOOS, „Methodik zur Gestaltung und Bewertung von modularen Werkzeugen"; KUHLMANN, „Corporate Tooling"; KELZENBERG, „Datenstrukturmodell für den digitalen Schatten der Auftragsabwicklung von Werkzeugbaubetrieben".

[450] Vgl. PATZAK, *Systemtechnik - Planung komplexer innovativer Systeme: Grundlagen, Methoden, Techniken*, S. 42-44.

[451] I.A.a. KELZENBERG („Datenstrukturmodell für den digitalen Schatten der Auftragsabwicklung von Werkzeugbaubetrieben", S. 58)

erläutert, handelt es sich jedoch nur um Formeinsätze. Weiterhin umfasst das Programmsystem die Aktivitäten zur Erzeugung eines solchen Prototypenwerkzeugs. Dabei sind die direkt relevanten Aktivitäten im Engineering, in der Konstruktion und der Fertigung verortet. Indirekt relevant sind außerdem die Montage und das Qualitätsmanagement.

Der Ablauf der Auftragsabwicklung und der zweckorientierten Darstellung wird nun mit der hierarchischen Darstellung des Realsystems verknüpft, siehe Abbildung 4.4. Auf der 1. Ebene steht der Werkzeugbaubetrieb an sich, mit dem Zweck der Herstellung und Verkauf von Werkzeugen und Formen aus Rohstoffen unter Einsatz von Arbeitskraft. Den Kernprozess bilden Abteilungen entlang der Auftragsabwicklung ab. Ohne Berücksichtigung sind an dieser Stelle die drei indirekten Bereiche Projektmanagement, Einkauf und Logistik. Auf der 3. Ebene finden sich die handelnden Einheiten zur Durchführung der Aktivitäten entlang der Auftragsabwicklung. Wie zuvor erläutert, sind nicht alle Aktivitäten gleichermaßen für die thermische Auslegung relevant. Als Aspekt-Teilsystem liegt die thermische Auslegung auf der 3. Ebene. Konkret kann auf Basis der Definition aus Kapitel 2.3.3 festgelegt werden, dass die thermische Auslegung als Programmsystem der 3. Ebene im Sinne von MILLING operative Handlungsanweisungen aus den Wirksystemen Engineering, Konstruktion, Fertigung, Montage und Qualitätsmanagement erhält. Der zeitliche Bezug liegt auf der Abwicklung eines Auftrags bzw. auf der Abwicklung einer Werkzeuginstanz.

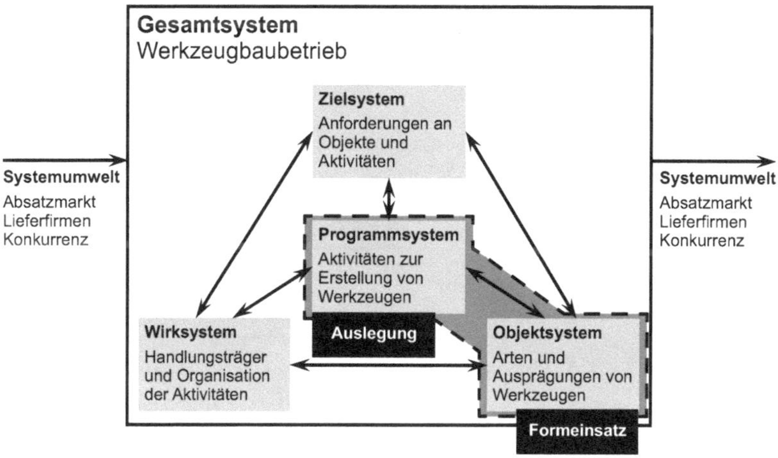

Abbildung 4.3: Darstellung des Gesamtsystems Werkzeugbau und Definition des Gestaltungsbereiches[452]

Im Folgenden werden die Aktivitäten innerhalb der Schritte der Auftragsabwicklung mit Bezug auf die thermische Auslegung beschrieben. Für die Modellstrukturierung werden der Vertrieb

[452] Eigene Darstellung nach NEGELE et al. (Vgl. „ZOPH - A Systemic Approach to the Modeling of Product Development Systems", S. 268)

und die Arbeitsvorbereitung nicht weiter betrachtet. Diese weisen Schnittstellen zu additiven Prototypenwerkzeugen auf, nicht jedoch für die thermische Auslegung. Die Beschreibung der weiteren Schritte stellt die erste Maßnahme zur Strukturierung des Modells in Verbindung mit dem systematischen Vorgehen zur thermischen Auslegung bei konventionelle Werkzeugen dar, dient jedoch noch der Detaillierung der Systembetrachtung.

Das Engineering umfasst die technische Planung der Werkzeugbauprojekte. Die Umsetzung von Kundeninformationen in passenden Werkzeugkonzepte ist die Kernaktivität. Daneben werden Prozesssimulationen durchgeführt, um die Werkzeugkonzepte zu überprüfen und die Machbarkeit sicherzustellen. Der Fokus liegt an dieser Stelle besonders auf der Geometrie des herzustellenden Produktes. Für die thermische Auslegung sind an dieser Stelle die Auswahl des Produktmaterials, die Stückzahlforderung und die Toleranzanforderungen wichtig. Die angesprochenen Prozesssimulationen benötigen an dieser Stelle bereits eine Vielzahl verschiedener Informationen, die iterativ noch in der Konstruktion detailliert werden.

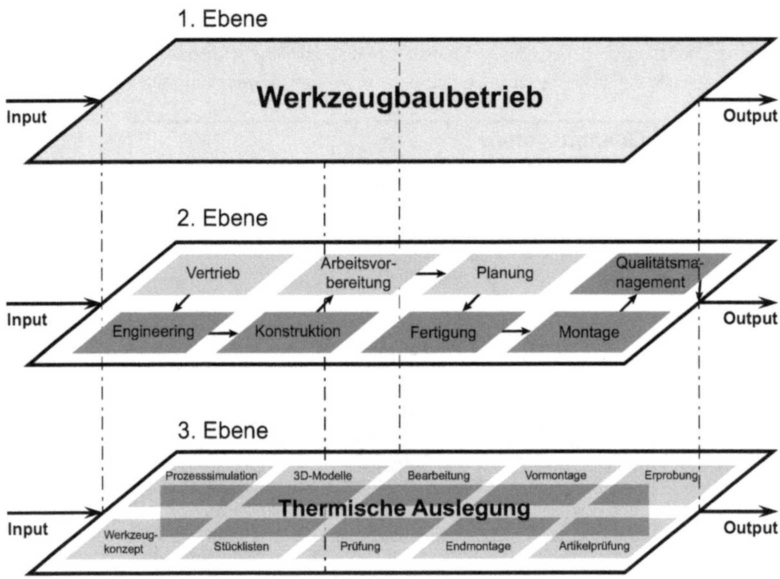

Abbildung 4.4: Hierarchische Einordnung der thermischen Auslegung[453]

Die Konstruktion setzt die Konzepte in Konstruktionsdaten um und erstellt die Konstruktionsstückliste für die weitere Bearbeitung in der Arbeitsvorbereitung. Die Werkzeugkonzepte werden in CAD-Modellen dargestellt. Diese Konstruktionsdaten bilden aus Komponenten die Baugruppen und schließlich das Werkzeug, wie in Kapitel 2.3.1.1 beschrieben, ab. Für die thermische Ausle-

[453] Eigene Darstellung

gung ist hier die Festlegung auf ein Werkzeugkonzept und die damit verbundenen Komponenten zur Steuerung der Wärmebilanz von besonderer Bedeutung.

Im Prozessschritt der Fertigung erfolgt die Herstellung der Werkzeugkomponenten nach den vorgegebenen Parametern. Dem geht die Erstellung der Maschinendaten für die Fertigung voran. Während im klassischen Werkzeugbau ein Mix verschiedener Fertigungsverfahren angewendet wird, liegt für diese Arbeit der Fokus auf den additiven Verfahren und damit auf der Erzeugung der Aufbauinformationen. Weiterhin erfolgt eine Qualitätsprüfung der hergestellten Bauteile. Insbesondere dieser Schritt steht im Kontext der thermischen Auslegung zur Sicherstellung der geforderten Eigenschaften.

In der Montage erfolgt die Vormontage einzelner Baugruppen des Werkzeugs und der Zusammenbau des Gesamtwerkzeugs. Außerdem werden Vorbereitungen für den Try-Out durchgeführt und die einzelnen Werkzeugfunktionen getestet. Sofern hierbei Fehler oder Abweichungen auffallen, erfolgt die Demontage und die Nacharbeit von Komponenten. Die thermische Auslegung beeinflusst hier maßgeblich die zu überprüfenden Funktionen des Temperiersystems und der Entlüftung.

Zuletzt erfolgt der Try-Out, auch Qualifizierung genannt, mit dem Ziel, die Funktionen des Werkzeugs für den Einsatz zu optimieren. Hierbei werden keine Veredlungsschritte an Komponenten durchgeführt, sondern die Einstellungen für den Qualifizierungszyklus. Die thermische Auslegung von Prototypenwerkzeuge hat diesen, im konventionellen Serienwerkzeugbau üblichen, Zyklus ebenso zu berücksichtigen, wie die Überprüfung der Artikelspezifikationen.

4.2.2 Zielsetzung, Nutzende und Nutzungszeitraum des Modells

Ziel des Gestaltungsmodells ist die Steigerung des Anwendungspotentials von additiven Prototypenwerkzeugen aus Kunststoff unter Berücksichtigung der Anforderungen an Bauteilqualität, Lebensdauer und Prozesszeiten im Spritzgießen. Dabei sollen die in Kapitel 2.4 beschriebenen Chancen der additiven Fertigung zur Lösung der aktuellen Herausforderungen bei der Anwendung in intern, wie externen Werkzeugbaubetrieben dienen. Das Gestaltungsmodell soll Nutzenden eine Orientierung für die Gestaltung der thermischen Auslegung bieten. Dabei gemäß der inhaltlichen und formalen Anforderungen praktische wie theoretische Herausforderungen adressiert. Das Gestaltungsmodell soll relevante Einflussgrößen definieren, die Zusammenhänge zwischen Einflussgrößen und Zielgrößen erläutern sowie eine Ablaufstruktur bieten, die zur leistungssteigernden Anwendung technischer Lösung zur Steuerung der Wärmebilanz in additiven Prototypenwerkzeugen führt.

Als Nutzende des Gestaltungsmodells identifizieren diejenigen, welche die thermische Auslegung additive Prototypenwerkzeugen als relevant erachten. Die Nutzende können das Gestaltungsmodell entweder anwenden oder verwenden. Aus Perspektive des Gestaltungsmodells verfolgen diese Aktivitäten, nicht die gleichen Ziele und sind daher nicht synonym zu sehen. In der Anwendung wird das Gestaltungsmodell durch die nutzende Personen aktiv zur Gestaltung der thermischen Auslegung eingesetzt. Es handelt sich somit um Personen innerhalb des realen Systems „Werkzeugbaubetrieb". Die Nutzenden gehören zu einem Wirksystem nach NEGELE et al. und die Anwendung des Gestaltungsmodells ist Teil des Programmsystems. Die Anwendung ist dabei nicht auf einzelne Schritte beschränkt und bedingt ebenso nicht die Berücksichtigung des vollständigen Modells.

In der Verwendung des Gestaltungsmodells geht es um die Weiterentwicklung der thermischen Auslegung für sich ohne Bezug zu einer Instanz eines realen Systems „Werkzeugbau“. Somit sind nutzende Personen im Rahmen einer Verwendung nicht Teil dieses Systems, sondern außerhalb, beispielsweise in der Wissenschaft. Während die Anwendenden, entsprechend der Bezeichnung, für das Gestaltungsmodell einen konkreten Anwendungsfall, z.B. ein Werkzeugprojekt, anführen können, steht den Verwendenden lediglich das übergreifende Ziel der Optimierung der Leistungsfähigkeit additiver Prototypenwerkzeuge als Zweck zu. Verwendende sind somit passive Nutzende des Gestaltungsmodells und an dessen weiteren Entwicklung interessiert, ohne aktuellen Nutzen daraus zu generieren.

Die Anwendung des Gestaltungsmodells ist zeitlich nicht begrenzt. Der Lösungsansatz dient dem Zweck, den aktuellen Handlungsbedarf aus Praxis und Theorie zur Gestaltung der thermischen Auslegung für additive Prototypenwerkzeuge zu adressieren. Potenziellen Nutzenden steht es frei, das Gestaltungsmodell sofort zu verwenden. Dabei muss jedoch berücksichtigt werden, dass sowohl der Handlungsbedarf aus der Praxis, als auch aus der Theorie einem Wandel durch neue Erkenntnissen unterliegen. Der Nutzungszeitraum endet, wenn zukünftige Entwicklungen im Werkzeugbau, der additiven Fertigung, oder der thermischen Auslegung für Spritzgießwerkzeuge eine weitere Verwendung des Gestaltungsmodells nicht mehr zulassen. Wann dieser Zeitpunkt eintritt, ist derzeit nicht abzusehen. Diese Unsicherheit sollte jedoch eine regelmäßige Überprüfung der Prämissen und Schlüsse des Gestaltungsmodells fordern.

4.2.3 Herleitung der Modellanforderungen

Anforderungen an Modelle können in inhaltlich und formale Anforderungen untergliedert werden. Während die inhaltlichen Anforderungen aus den Defiziten praktischer und wissenschaftlicher Ansätze zur thermischen Auslegung additiver Prototypenwerkzeuge ergeben, sind formale Anforderungen durch Grundsätze aus der Wissenschaft, wie von BECKER et al. definiert. Weiterhin sind die Merkmale nach STACHOWIAK zur Gruppe der formalen Anforderungen hinzuzuzählen.

4.2.3.1 Formale Anforderungen

BECKER et al. definieren die allgemeinen Grundsätze ordnungsmäßiger Modellierung, die in sechs Teile gegliedert sind. Die drei Grundsätze Richtigkeit, Relevanz und Wirtschaftlichkeit sind notwendige Voraussetzungen für die Erstellung und Nutzung des Modells. Dazu kommen, mit den Grundsätzen zur Klarheit, zur Vergleichbarkeit und zum systematischen Aufbau, drei weitere mit ergänzendem Charakter.[454]

[454] Vgl. Jörg BECKER et al., „Grundsätze ordnungsmäßiger Modellierung“, *Wirtschaftsinformatik* 37, Nr. 5 (1995): S. 437.

- **Grundsatz der Richtigkeit**
  Das Modell ist nicht widersprüchlich, dafür aber konsistent zur abgebildeten Realität. Als Beispiel ist die Verwendung einheitlicher Begrifflichkeiten zu nennen.[455]

- **Grundsatz der Relevanz**
  Das Modell enthält nur für die Modellverwendung relevante Sachverhalte. Die Nicht-Abbildung relevanter Sachverhalte reduziert den Nutzwert des Modells.[456]

- **Grundsatz der Wirtschaftlichkeit**
  Das Modell erzeugt durch die Anwendung mehr Nutzen, als Aufwand durch die Erstellung.[457]

- **Grundsatz der Klarheit**
  Das Modell stellt Sachverhalte strukturiert, übersichtlich und lesbar so dar, dass die Anwendung verständlich ist.[458]

- **Grundsatz der Vergleichbarkeit**
  Das Modell und die erzeugbaren Ergebnisse können mit Modellen und deren Ergebnissen aus anderen Ansätzen verglichen werden.[459]

- **Grundsatz des systematischen Aufbaus**
  Das Modell definiert Schnittstellen zu angrenzenden Modellen im betrachteten Ausschnitt der Realität.[460]

STACHOWIAK beschreibt zudem drei Hauptmerkmale für Modelle. Das Abbildungsmerkmal erfüllt dabei den Grundsatz der Richtigkeit und den der Relevanz. Der Grundsatz der Relevanz und der Klarheit wird durch das Verkürzungsmerkmal einhalten. Das pragmatische Merkmal unterstreicht die Grundsätze der Wirtschaftlichkeit und der Klarheit.

- **Abbildung**
  Ein Modell stellt eine Abbildung eines Originals aus natürlichen oder künstlichen Ursprung dar. Die Attribute des Modells entsprechen den Attributen des abgebildeten Originals.[461]

- **Verkürzung**
  Ein Modell enthält nicht alle Attribute des Originals. Modellschaffende wählen die abzubildenden Attribute auf Basis der erwarteten Relevanz für die Erstellung und Anwendung aus.[462]

455 Vgl. ebd., S. 438.
456 Vgl. ebd.
457 Vgl. ebd., S. 438.
458 Vgl. ebd.
459 Vgl. ebd., S. 439.
460 Vgl. ebd.
461 Vgl. STACHOWIAK, *Allgemeine Modelltheorie*, S. 131.
462 Vgl. ebd., S. 132.

- **Pragmatisch**
  Ein Modell dient einem bestimmten Zweck, der durch die anwendenden Personen definiert ist und für einen festgelegten Zeitraum gilt.[463]

Diese Merkmale und die sechs Grundsätze stehen mitunter in Widerspruch zueinander. Daher gilt für die Modellstrukturierung das Prinzip der Balancierung, sodass alle formalen Anforderungen (FA) berücksichtigt sind und keine zugunsten einer anderen gänzlich nicht erfüllt wird. Für das Ziel der Modellierung der thermischen Auslegung von additiven Prototypenwerkzeugen werden, in Anlehnung an die Empfehlung von ROSEMANN et al., die Grundsätze auf den Modellgegenstand konkretisiert. Als Ausgangspunkt dient das Anforderungssystem aus Kapitel 3.2.2.

Für das Entscheidungsmodell der thermischen Auslegung von additiven Prototypenwerkzeugen ist die erste FA aus dem Grundsatz der Richtigkeit herzuleiten. Es besteht ein Zusammenhang mit der Erfüllung des Abbildungsmerkmals.

> FA1: Das Modell gibt die Zusammenhänge der Vorgehensweisen in der thermischen Auslegung von additiven Prototypenwerkzeugen für das Spritzgießen korrekt wieder, indem die hierarchische Struktur des Originals eingehalten wird und Begriffe verwendet werden, die in der Praxis üblich sind.

Die zweite FA leitet sich aus dem Grundsatz der Relevanz ab. Bei Erfüllung dieser Anforderung und FA1 erhält das Modell das Abbildungsmerkmal.

> FA2: Das Modell dokumentiert ausschließlich solche Sachverhalte, die für die thermische Auslegung von additiven Prototypenwerkzeugen relevant sind.

Aus dem Grundsatz der Wirtschaft wird die dritte FA abgeleitet. Das Verkürzungsmerkmal des Modells ergibt sich aus dieser FA im Zusammenspiel mit FA2.

> FA3: Die Aufwände zur Erstellung des Modells sind geringer als der Nutzen, der durch die Anwendung des Modells bei der thermischen Auslegung von additiven Prototypenwerkzeugen erzeugt wird.

Die Herleitung der FA4 erfolgt auf Basis des Grundsatzes der Klarheit. Die Erfüllung der Anforderung steht im Kontext des pragmatischen Merkmales des Modells.

> FA4: Das Modell adressiert die Anwendenden in Werkzeugbaubetrieben und berücksichtigt die methodischen Kenntnisse der Anwendenden bei der Formulierung der Modellelemente und Modelloperationen.

Die nächste FA wird aus dem Grundsatz der Vergleichbarkeit hergeleitet. Diese Anforderungen steht im Konflikt mit dem Verkürzungsmerkmal des Modells. Die Verkürzung aus dem Grundsatz der Relevanz könnten die Vergleichbarkeit beeinträchtigen.

463 Vgl. STACHOWIAK, *Allgemeine Modelltheorie*, S. 133.

FA5: Das Modell folgt bestehenden Regeln existierender Modelle auf dem Gebiet der thermischen Auslegung von additiven Prototypenwerkzeugen oder angrenzenden Disziplinen.

Aus dem Grundsatz des systematischen Aufbaus ist die FA6 abzuleiten. Diese Anforderungen steht ebenfalls im Zielkonflikt mit dem Verkürzungsmerkmal, verstärkt jedoch das pragmatische Merkmal des Modells.

FA6: Das Modell definiert klare Schnittstellen zu angrenzenden Vorgängen im System des Werkzeugbaubetriebes, insbesondere zu den Prozessmodellen der rheologischen und mechanischen Auslegung von additiven Prototypenwerkzeugen.

4.2.3.2 Inhaltliche Anforderungen

Die inhaltlichen Anforderungen (IA) wurden in Kapitel 3.2 hergeleitet. Diese Herleitung entspricht dem wissenschaftlichen Standpunkt zur thermischen Auslegung von additiven Prototypenwerkzeugen. Zur Konkretisierung werden nun die drei Anforderungscluster mit den darunter befindlichen inhaltlichen Anforderungen im systemtheoretischen Kontext wiedergegeben.

Das erste Anforderungscluster umfasst das Gebiet der relevanten Einflussfaktoren. Dazu zählt zum einen, der, für das Prototypenwerkzeug, verwendete Kunststoff. Zum Zweiten wird der Einfluss der Bauteilgeometrie in Form der Abbildung in der Hohlgeometrie berücksichtigt. Als dritten Teil des Clusters werden auch die Prozessparameter des Spritzgießprozesses integriert. Dies umfasst auch die Eigenschaften der Formmasse in Verbindung mit den maschinenseitigen Parametern.

IA1: Das Modell integriert die Einflussgruppen des Werkzeugmaterials, der Bauteilgeometrie und der Prozessparameter im Zielkontext der thermischen Auslegung additiver Prototypenwerkzeugen.

Im zweiten Anforderungscluster befinden sich die relevanten Zielgrößen bei der thermischen Auslegung. Im Sinne der Anwendbarkeit werden alle Zielkriterien, die sich aus den Szenarien in Kapitel 2.4 wiederfinden, integriert. Als Erstes ist die Standzeit als wichtigstes Kriterium zu nennen. Weiterhin findet hier die Bauteilqualität berücksichtigt. Vervollständigt wird dieses Cluster durch die Zielgröße „Zykluszeit".

IA2: Das Modell berücksichtigt die Zielgrößen Standzeit, Bauteilqualität und Zykluszeit, mit Bezug auf die Relevanz in der praktischen Anwendung additiver Prototypenwerkzeuge.

Das dritte und letzte Anforderungscluster beinhaltet die Betrachtung technischer Lösungsansätze. In der Praxis der Serienwerkzeuge liegt der Fokus besonders auf Temperierkanälen. Eine Lösungsbreite ist jedoch nicht erkennbar. Aufgrund der Erfahrungen auf dem Gebiet der additiven Prototypenwerkzeuge sind auch andere Möglichkeiten der Wärmesteuerung zu betrachten.

IA3: Das Modell zeigt mit der Oberflächenkühlen, Materialgradienten, wärmeleitenden Einsätze und Temperierkanälen verschiedene Ansätze der Regulierung des thermischen Haushalts additiven Prototypenwerkzeuge auf.

4.3 Konzeption des Gestaltungsmodells

Für die thermische Auslegung existieren verschiedene Vorgehensweisen, die bereits in Kapitel 2.3.3 und Kapitel 3.3 erläutert wurden. Zur Auflösung der Problematik der Systematisierung der thermischen Auslegung bei additiven Prototypenwerkzeugen wird zunächst das grundlegende Vorgehen der Konstruktion von Spritzgießwerkzeugen nach HOPMANN et al.[464] zergliedert. Aus dieser Organisation wird das neue Gestaltungsmodell der thermischen Auslegung additiver Prototypenwerkzeuge gebildet.

In Abbildung Abbildung 4.5 werden bestehende Abhängigkeiten und Randbedingungen im Auslegungsprozess von Spritzgießwerkzeugen dargestellt. Dieser prinzipielle Konstruktionsalgorithmus nach JONAS et al. veranschaulicht die Komplexität des Vorgehens. Die Konstruktion berücksichtigt dabei Abhängigkeiten, die sich rekursiv auf vergangene Arbeitsschritte auswirken. Solche Abhängigkeiten bestehen zwischen der thermischen Auslegung und der Formnestanordnung, dem Anguss, der Anschnitte, der mechanischen Auslegung, sowie dem Entformungssystem. Hierdurch wird deutlich, dass der prinzipielle Konstruktionsalgorithmus den Annahmen des Serienwerkzeugbaus folgt: Der Wärmeeintrag durch die Formmasse beeinflusst nicht die Standzeit des Formeinsatzes, sondern lediglich die Zykluszeit im Sinne der Abkühlzeit im Formeinsatz.

Als methodischer Ordnungsrahmen dient das Konzept des integrierten Managements nach BLEICHER, wie beschrieben in BLEICHER und ABEGGLEN.[465] Die Idee der „drei Treppen“ bildet die Grundlage für die Aufteilung des Gestaltungsmodells in die Elemente der Struktur, des Verhaltens und der Aktivität. Strukturelemente bilden gemeinsam den Rahmen des Gestaltungsmodells. Der Nutzen des Gestaltungsmodells wird durch die Aktivitätselemente erzeugt und durch die Verhaltenselemente gesteuert.[466] Die Strukturelemente sind somit Abbild eines Ergebnisses der Aktivitätselemente auf Basis von Normen und Verfahrensweisen der Verhaltenselemente. Der Zusammenhang der drei Elementtypen ist in Abbildung 4.6 auf qualitative Weise gezeigt.

In Aggregation der Eigenschaften des Betrachtungsbereiches der Herstellung von Prototypenwerkzeugen mittels additiver Fertigung und des Gestaltungsbereiches zur thermischen Auslegung solcher additiven Prototypenwerkzeuge vereinfacht die Gruppierung von Modellelementen in spezifische Modellbereiche die Erfüllung der formalen Anforderungen. Ausgehend vom inhaltlichen Ordnungsrahmens nach JONAS et al. bildet das herzustellende Produkt und das dazugehörige Werkzeug einen solchen Bereich, folgende benannt als Produktbereich. Neben dem Produkt bzw.

[464] Vgl. HOPMANN et al., *Spritzgießwerkzeuge: Auslegung, Bau, Anwendung*, S. 99.

[465] Knut BLEICHER und Christian ABEGGLEN, *Das Konzept integriertes Management: Visionen - Missionen - Programme*, 9., aktualisierte und erweiterte Auflage des Standardwerks (Frankfurt und New York: Campus Verlag GmbH, 2017).

[466] Vgl. ebd., S. 157 f.

dem Werkzeug ist das Spritzgießen als Herstellungsprozess des Produktes und Verwendungszweck des Werkzeugs eine sinnvolle Wahl für einen zweiten Bereich, dem Prozessbereich. Produkt- und Prozess unterliegen einer Abhängigkeit und können nicht unabhängig voneinander betrachtet werden, sofern nicht die eigene Funktionalität im Kern des Gedankens steht. Das Kernziel dieses Gestaltungsmodell berücksichtigt jedoch nicht nur die internen Funktionalitäten des Spritzgießens oder des Produktes bzw. des Werkzeugs, sondern auch dessen Interdependenzen. Folglich ist ein dritter Bereich der Interdependenzbereich. Zuletzt dient das Gestaltungsmodell dem Zweck der thermischen Auslegung, zu dessen zentralem Ergebnis ein Temperiersystem gehört.[467] Somit lässt sich das Gestaltungsmodell zur thermischen Auslegung neben den drei genannten Bereichen mit dem Bereich des Temperiersystems abschließen. Das Grobkonzept des Gestaltungsmodells auf Basis des inhaltlichen und des methodischen Ordnungsrahmens ist in Abbildung 4.7 dargestellt.

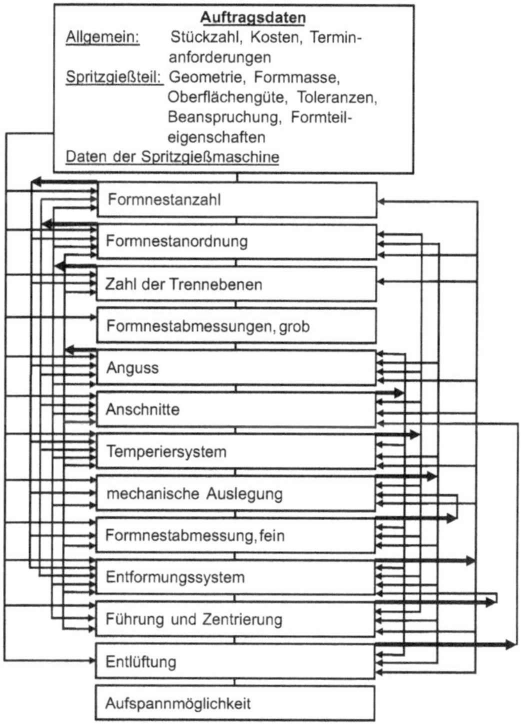

Abbildung 4.5: Prinzipieller Konstruktionsalgorithmus für Spritzgießwerkzeuge[468]

[467] R. JONAS et al., *Spritzgerechtes Formteil und optimales Werkzeug*, Aachen, 8-10. März 1978.

[468] Eigene Darstellung nach JONAS et al. (*Spritzgerechtes Formteil und optimales Werkzeug*)

Der Produktbereich leitet sich aus dem herzustellenden Produkt ab. In dieser Form bildet der Produktbereich den inhaltlichen Ordnungsrahmen nach JONAS et al. ab. Hierbei fehlt jedoch die Betrachtung des Werkzeugs als eigenes Objektsystem. In der Logik von JONAS et al. ist ein Werkzeug aus Metall keineswegs Zielobjekt einer thermischen Auslegung, sondern Gestaltungsobjekt. Mit dem Wechsel zu Kunststoffen als Werkzeugmaterial verändern sich die Voraussetzungen zu dieser Annahme. Die Diskrepanz zwischen den notwendigen Eigenschaften und den realisierten Eigenschaften des Werkzeugs durch das Werkzeugmaterial ist nicht mehr vernachlässigbar groß. Daher wird im Produktbereich das Werkzeug, neben dem Produkt, Gegenstand der Modellelemente. Das Strukturelement bildet die Hohlraumgeometrie. Als Aktivitätselement findet sich die Segmentierung des Formeinsatzes in dieser Elementgruppe.

Der Modellbereich des Prozesses dient der Berücksichtigung des Spritzgießprozesses als Herstellungsprozess der Produkte. Unabhängig vom Produkt oder vom Werkzeug können Vorgaben für den Prozess gemacht und Verfahrensweisen festgelegt werden. Dabei spielen die Prozessbedingungen eine ordnende Rolle und bilden folglich ein Strukturelement. Während die Prozessparameter als Steuerungsgröße keinen direkten Ergebnisbezug besitzen, muss dieser hergestellt werden. Die Ableitung der entstehenden Belastungen aus dem Prozess führt als Aktivitätselement dient der Verbindung des Strukturelementes mit den Verhaltenselementen des Interdependenzbereiches.

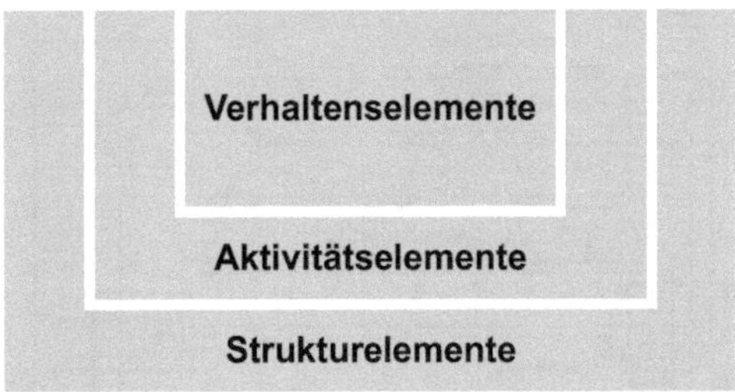

Abbildung 4.6: Kernelemente des Gestaltungsmodells[469]

Der Interdependenzbereich umfasst Elemente des Verhaltens zwischen Produkt- und Prozessbereich i.w.S der Logik nach BLEICHER. Verhaltenselemente dienen, für BLEICHER und ABEGGLEN, letztlich der Beeinflussung des Handelns im Management. Im Kontext dieses Gestaltungsmodells bedeutet dies, das Handeln der thermischen Auslegung zu begründen, zu leiten und zu realisieren. Die Wechselwirkungen zwischen Systemen des Produkt- und Prozessbereiches sind Anwendungsfall spezifisch. Nach Möglichkeit sollten diese spezifischen Zusammenhänge nicht für jeden Anwendungsfall erneut vollständig hergeleitet werden müssen, sondern lediglich aus einer Anpassung eines Erklärungsmodells abgeleitet werden. Die Abhängigkeiten in einem solchen Erklärungsmodell bedingen eine Unterteilung in mehrere Verhaltenselemente: Werkzeugmaterialeigenschaften, Prozesssteuerung und Werkzeuggestaltung. Ein strukturgebendes Element bzw. eine steuernde Aktivität sind im Interdependenzbereich nicht notwendig.

469 Eigene Darstellung

Zuletzt ergibt sich der Zielbereich des Temperiersystems aus der Notwendigkeit der Steuerung der thermischen Bilanz des Prototypenwerkzeugs. Dies sagt zunächst nichts über die Natur des Temperiersystems als solches aus, denn ein Temperiersystem kann passiv, wie aktiv wirken. Das Temperiersystem verbindet jedoch den Produkt- mit dem Prozessbereich, denn es wird aus beiden Bereichen bestimmt. Dies ist in einem Aktivitätselement für die Konkretisierung der Temperieranforderungen umgesetzt. Das Temperiersystem selbst ist das Strukturelement und gibt die normativen Rahmenbedingungen vor.

4.3.1 Herleitung der Strukturelemente

Neben der strukturellen Herleitung ergeben sich inhaltlich die Strukturelemente der thermischen Auslegung von additiven Prototypenwerkzeugen aus den relevanten Eingangs- und Ausgangsgrößen. Diese Eingans- bzw. Ausgangsgrößen bestimmen die normativen Rahmenbedingungen, die Knotenpunkte der Ablauforganisation des Gestaltungsmodells. In Anlehnung an LICHIUS folgt die Konstruktion den Schritten der Wärmebilanzierung des Gesamtwerkzeugs, Temperierungsgrobauslegung, segmentweise Temperierauslegung und Homgenitätskontrolle.[470] Aus dem Schritt der Wärmebilanzierung und der Segmentierung leitet sich die Betrachtung der Hohlgeometrie ab. Die Temperierungsgrobauslegung sowie die segmentweise Temperierauslegung erzeugen das Strukturelement der Temperiersystem. Die Homogenitätskontrolle zur Sicherstellung der Qualitätsanforderungen wird im Element der Prozessparameter abgebildet. Unberücksichtigt bleiben Prozesslasten, die für den Anwendungsfall der additiven Formeinsätze aus Kunststoff, mit betrachtet werden müssen und daher ebenfalls im Strukturelement des Prozessbereiches integriert werden.

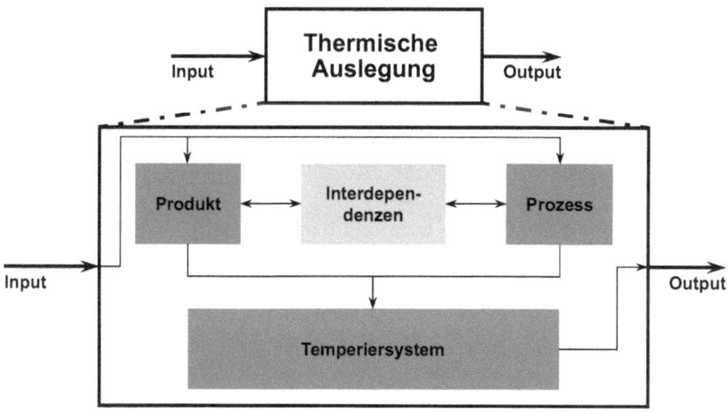

Abbildung 4.7: Grobkonzept des Gestaltungsmodells[471]

[470] Vgl. Ulrich LICHIUS, „Rechnerunterstützte Konstruktion von Werkzeugen zum Spritzgiessen von thermoplastischen Kunststoffen" (Dissertation, Rheinisch-Westfälische Technische Hochschule Aachen, 1983), S. 14 f.

[471] Eigene Darstellung

Die folgenden Beschreibungen der Strukturelemente dienen der Herleitung und Begründung. Darin werden die möglichen Gestaltungsaspekte thematisiert. Diese Gestaltungsaspekte bilden die Grundlage der Ausgestaltung der jeweiligen Strukturelemente. Strukturelemente sind über Aktivitätselemente mit den Verhaltenselementen verknüpft. Die Herleitung der Strukturelemente erfolgt zunächst im Produktbereich, danach folgt der Prozessbereich und zuletzt die Herleitung des Strukturelements des Temperiersystems. Abbildung 4.8 zeigt die entsprechenden Strukturelemente im Kontext der Gruppen der Verhaltens- und Aktivitätselementen.

4.3.1.1 Hohlraumgeometrie

Die thermische Auslegung von Werkzeugen generell bezieht sich direkt auf die abzubildende Bauteilgeometrie. Abbild dessen ist die Hohlraumgeometrie als Negativmodell des herzustellenden Bauteils. Die Hohlraumgeometrie kann als Platzhalter für die formgebende Funktion eines Werkzeugs angesehen werden. Somit wird das Bauteil als Positivmodell und das Werkzeug als Negativmodell miteinander verbunden. Die Ausgestaltung des Bauteils berücksichtigt zunächst einmal die zu erzielenden Funktionen und nicht das Herstellungsverfahren. Erst mit der Konzeption des Werkzeugs beginnt die Anpassung der Bauteilgeometrie z.B. an das Spritzgießen. Jedoch sind insbesondere für additive Prototypenwerkzeuge, wie in den Szenarien aus Kapitel 2.4 beschrieben, Anpassungen der Bauteilgeometrie unwahrscheinlich. Dies gilt in unterschiedlichem Maße für alle drei Auslegungsdisziplinen. Vor dem Hintergrund, dass die Prototypenwerkzeuge nur ein Zwischenschritt zur Serie sind, kommt es in Einzelfällen zu einer Anpassung der Hohlraumgeometrie. Unabhängig von der konstruktiven Ausführung, sind jedoch wesentliche Informationen zur späteren Konkretisierung der Temperiersysteme aus dieser Konstruktion abzuleiten.

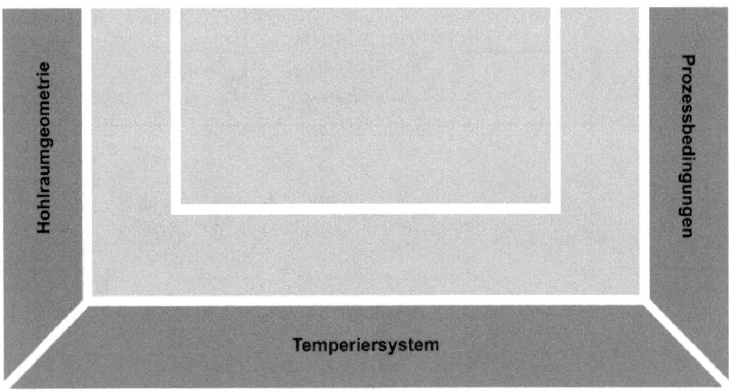

Abbildung 4.8: Einordnung der Strukturelemente[472]

Das Strukturelement umfasst zwei Gestaltungsaspekte, die aus zwei Bedingungen abzuleiten sind. Einerseits muss die Sammlung der relevanten Informationen für die spätere Konkretisierung des

[472] Eigene Darstellung

Temperiersystems erfolgen. Andererseits sollte eine generell produktorientierte Ausgestaltung des Werkzeugs bzw. Formeinsatzes vorliegen. Erstes orientiert sich im Detail an den Hohlraumgeometriesegmenten. Allerdings ist die Gesamtgeometrie für die Platzierung im verfügbaren Formeinsatzvolumen bestimmend. Das Formeinsatzvolumen beschreibt das, für die Konstruktion des Formeinsatzes, zur Verfügung stehende Volumen. Aufgrund der Funktion des Wärmetauschens und des neuen Werkzeugmaterials ist von einem Einfluss des Volumens des Formeinsatzes auf das thermische Verhalten auszugehen. Hieraus kann der Bedarf für eine Strukturierung der Produktrandbedingungen abgeleitet werden. Dies stellt den ersten Gestaltungsaspekt dar. Der zweite Gestaltungsaspekt ist die Segmentcharakterisierung. Diese bildet eine Struktur zur Unterteilung der Hohlraumgeometrie. Die Detaillierung ist letztlich für die geometrische passende Ausführung der Temperiersysteme notwendig.

4.3.1.2 Prozessbedingungen

Auf der Prozessseite bilden die Prozessbedingungen das Strukturelement. Das Strukturelement bildet mit der Hohlgeometrie die Basis zur thermischen Auslegung, an deren Ende das Strukturelement des Temperiersystems steht. Die Prozessbedingungen lassen sich in die Inputfaktoren der Prozessparameter und die Outputfaktoren, der auf den Formeinsatz wirkenden Prozesslasten, unterteilen. Die Prozessparameter des Spritzgießprozesses werden durch die Anforderungen an das Bauteil bestimmt. Diese Anforderungen entstammen den Auftragsdaten u.a. hinsichtlich Zyklusdauer, Oberflächengüte, mechanischer Eigenschaften des Formteils oder abzubildender Toleranzen. Ebenso berücksichtigen die Prozessparameter die Rahmenbedingungen einer Spritzgießmaschine. Diese Informationen stehen bereits vor der thermischen Auslegung fest, somit sind diese als Inputfaktoren definiert. Einige Prozessbedingungen stehen erst später im Prozess der thermischen Auslegung oder erst zu Bauteilherstellung fest. Diese werden durch die Gruppe der Prozesslasten beschrieben. Aufgrund der Nähe des Nutzungsbereiches von Kunststoffen als Werkzeugmaterial zu den Prozessparametern, sollten Nutzende jedoch vor dem Erhalt praktischer Werte Prozessfenster zur Anwendung additiver Prototypenwerkzeuge definieren.

Ähnlich wie bei der Hohlgeometrie sind die Variablen des Elementes durch die Verwendung eines Prototypenwerkzeugs fixiert. Dies betrifft hauptsächlich die Anforderungen an das finale Formteil. Die verwendeten Prozessparameter können frei bestimmt sein, solange die Anforderungen an das Formteil erfüllt werden. In Ausnahmen können festgelegte Proportionalitäten zwischen Prozessparametern für die Prototypenwerkzeuge und denen der Serienwerkzeuge vorgegeben sein. Hierzu sind jedoch wenige empirische Studien bekannt, sodass für dieses Gestaltungsmodell definiert wird, dass dieser Übertrag für die thermische Auslegung zunächst nicht relevant ist. Zur Gestaltung der thermischen Auslegung leiten sich so zwei Gestaltungsaspekte ab. Die meisten Prozessparameter sind nicht als unabhängig, sondern vielmehr als abhängige Variablen zu verstehen. Es bestehen Zirkelbezüge, die bei der Auslegung berücksichtigt werden müssen. Ein Beispiel für einen solchen Zirkelbezug ist die Mikrostruktur des hergestellten Bauteils. Mehrere Parameter beeinflussen diese Zielgröße in unterschiedliche Richtungen. Hierzu gilt es, die allgemeinen Prozesseinflüsse zu strukturieren. Die Berücksichtigung ist der erste Schritt, der durch die Strukturierung spezifischer Prozesseinstellungen ergänzt wird. Eine solche Spezifizierung bietet sich an, um für verschiedene Gestaltungsfälle ein Rahmen vorzugeben, der eine schnelle Auswahl passender Prozesseinstellungen ermöglicht. Die Einteilung der Prozesseinstellungen erfolgt in formeinsatzbezogene Einstellungen und zyklusbezogene Einstellungen.

4.3.1.3 Temperiersystem

In der thermischen Auslegung von Serienwerkzeugen aus Metall ist die Temperierung mittels Kanälen der Standard. Der Wechsel zu einem anderen Werkzeugmaterial macht die Regel nicht überflüssig, jedoch können auch andere Lösungen für die praktische Anwendung relevant sein. In der Praxis kommt nur in Ausnahmen ein systematisches Vorgehen zur Betrachtung des Werkzeugmaterials zum Einsatz, um die Anwendung eines Temperiersystems zu bestimmen. Dies stellt einen Nachteil für die Nutzung additiven Prototypenwerkzeugen dar. Bei additiven Prototypenwerkzeugen ist die Kompetenz zur Berücksichtigung von Materialeigenschaften bei der Auslegung von Formeinsätzen, aufgrund der geringen Abständen zwischen nutzbaren Parametergrenzen des Spritzgießprozesses und absoluten Nutzungsgrenzen der verwendbaren Materialien, umso wichtiger. Mitunter können kleinere Änderungen das Objektsystem in der Anwendung aus dem Gleichgewicht bringen.

Die Temperiersysteme sind daher auf verschiedenen Ebenen des Werkzeugsystems zu suchen und zu definieren. Die Gestaltung kann sich auf die Systeme beziehen, die im Formeinsatz selbst zu finden sind, beispielsweise in Form der beschriebenen Eigenschaftsgradienten im Material. Weiterhin sind Systeme des Formeinsatzes in Bezug zum Gesamtwerkzeug zu betrachten, wie beispielsweise die traditionellen Kühlkanäle. Weiterhin müssen in der Gestaltung auch Systeme berücksichtigt sein, die sich unabhängig vom Formeinsatz oder Werkzeug nur aus dem Spritzgießprozess ergeben, unter anderem die Manipulation von Zykluszeiten. Hier können außerdem weitere Systeme ergänzend, teilweise auch unabhängig wirken. Der zentrale Gestaltungsaspekt des Strukturelements ist daher eine Morphologie von Temperiersystemen für additive Prototypenwerkzeuge. Ferner sind auch Ausführungshinweise solcher Temperiersysteme zu strukturieren.

4.3.2 Herleitung der Verhaltenselemente

Verhaltenselemente haben eine begründende, leitende und realisierende Wirkung.[473] Die Verhaltenselemente sind auch ohne die fortwährende Anwendung des Gestaltungsmodells nach außen hin sichtbar. Die Verhaltenselemente beschreiben sowohl Zusammenhänge innerhalb des Gestaltungsmodells als auch mit der Umwelt. Die Literatur aus Kapitel 3 zeigt, welche technischen Möglichkeiten additive Prototypenwerkzeuge im Spritzgießen bieten. In einigen werden explizit die Störfaktoren und Fehler benannt, die einer breiten Anwendung entgegenstehen. Laut BAGALKOT et al. ist etwa die Werkzeugtemperatur der kritische Parameter bei der Analyse des Versagens der Werkzeuge.[474] Aus den weiteren Ausführungen der Analyse wird deutlich, dass

[473] Vgl. Knut BLEICHER, *Das Konzept Integriertes Management: Visionen - Missionen - Programme*, 8., aktualis. u. erw. Aufl., Bd. 1, St. Galler Management-Konzept (Frankfurt am Main: Campus-Verl., 2011), S.

[474] Vgl. Anurag BAGALKOT et al., „Categorization of Failures in Polymer Rapid Tools Used for Injection Molding", *Processes* 7, Nr. 1 (2019): S. 17.

die Ursachen für das Werkzeugversagen eine Kombination der Werkzeugtemperatur mit den Eigenschaften des Werkzeugmaterials, der verwendetet Prozessparameter sowie der vorliegenden Geometrie verantwortlich ist.[475] Die Konzeptionierung eines Gestaltungsmodell erfordert es das Verhalten des Systems zu modellieren und daher sind, die zuvor genannten Faktoren daher isoliert zu betrachten.

Die Analyse der Wirkzusammenhänge in der Anwendung von additiven Prototypenwerkzeugen basiert auf der Anwendung der Methode der Sensitivitätsanalyse auf den Sachverhalt. Im Rahmen der Sensitivitätsanalyse wird die Intensität der Reaktion von relevanten Kennzahlen durch Änderung verschiedener Eingangsparameter untersucht.[476] Für den Einsatz additiver Prototypenwerkzeuge ist das Einstellen der passenden Eingangsparameter entscheidend, sodass auf eine erste statistische Modellbildung die Sensitivitätsanalyse folgen kann. Im Ergebnis können die Wirkzusammenhänge in den Verhaltenselementen des Gestaltungsmodells erfasst werden. Die Verhaltenselemente bilden einerseits das Werkzeugmaterial, dessen Eigenschaften unabhängig der Verwendung im gegebenen Kontext ist. Die Prozesssteuerung definiert das zweite Verhaltenselement. Ohne die Konkretisierung des Prozesses auf einen Anwendungsfall sind auch hier die Verhaltensmuster unabhängig analysierbar. Zuletzt ist das dritte Verhaltenselement, das der Werkzeuggestaltung, zu nennen. Grundlegende Aspekte der geometrischen Gestalt folgen produkt-unabhängiger Regeln für die Leistungssteigerung in der Anwendung. Abbildung 4.9 zeigt die Verortung der Verhaltenselemente im Konzept des Gestaltungsmodells.

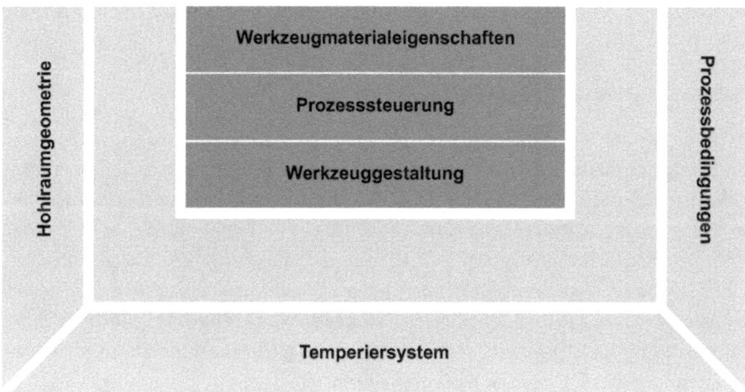

Abbildung 4.9: Einordnung der Verhaltenselemente[477]

[475] Vgl. ebd., S.14.

[476] Vgl. D. A. TORTORELLI und P. MICHALERIS, „Design sensitivity analysis: Overview and review", *Inverse Problems in Engineering* 1, Nr. 1 (1994): S. 71.

[477] Eigene Darstellung

4.3.2.1 Werkzeugmaterialeigenschaften

Die Werkzeugmaterialeigenschaften bestimmen das Verhalten des Werkzeugs im Hinblick auf mechanische und thermische Belastungen. Während die mechanischen und thermischen Belastungen anwendungsfallspezifisch auftreten, ist das Verhalten des Materials an unabhängige, vorbestimmte Materialmodelle gebunden. Solche Materialmodelle sind Teil der Grundlagenwissenschaften und in Kapitel 2.1.2 für Kunststoffe vorgestellt. Dabei handelt es sich nicht um physikalische Gesetzte, denn Materialmodelle können sich hinsichtlich betrachteter Abhängigkeiten, der Genauigkeit oder des Gültigkeitsbereiches unterschieden. Die Feststoffmodelle aus Kapitel 2.1.2 bieten für den Gestaltungsbereich eine hilfreiche Grundlage, erfüllen aber nicht das Kriterium der Anwendbarkeit. Die Anwendbarkeit ergibt sich aus der Berücksichtigung spezifischer, der additiven Prototypenwerkzeuge im Spritzgießen, zuzuschreibenden Rahmenbedingungen. Daher verfolgt das Verhaltenselement das Ziel der Übersetzung thermo-mechanischer Belastungen in Anforderungen an ein Werkzeugmaterial anhand eines spezifizierten Materialmodells.

Ein solches spezifiziertes Materialmodell kann nicht vollständig definiert sein. Im Anwendungszusammenhang des Gestaltungsmodells werden sich Randbedingungen der Nutzenden ergeben, die eine allgemeine Modellierung ausschließt. Vielmehr dient das Verhaltenselement dazu, die grundsätzlichen Zusammenhänge zu vertiefen und eine modellbasierte Bereitstellung der Einflussstärke unterschiedlicher Materialeigenschaften zu ermöglichen. Mit der Erkenntnis über diese Einflüsse sind Nutzende in der Folge in der Lage, auf die anwendungsbezogene Materialauswahl in der thermischen Auslegung zu reagieren oder die Materialauswahl aktiv zu beeinflussen.

4.3.2.2 Prozesssteuerung

Die Prozesssteuerung als die Regelung des Betriebs einer Maschine hat für die thermische Auslegung eine zentrale Bedeutung. Während die Prozessparameter selbst die Belastungen auf das Objekt des Werkzeugs definieren, ist die Prozesssteuerung zur Begründung, Anleitung und Realisierung des Prozesses in allgemeiner Form notwendig. Zur Erfüllung dieser Aufgaben kann analog zu dem Materialmodell aus Kapitel 4.3.2.1 eine Modellierung der Prozesssteuerung hilfreich sein. Mit einem solchen Prozessmodell können unterschiedliche Ausprägung von Einstellungen des Prozesses auf die Leistungsfähigkeit additiver Prototypenwerkzeuge projiziert werden. Somit lässt sich das Ziel des Verhaltenselements mit der Steuerung thermo-mechanischer Belastungen aus Prozesssicht anhand eines Prozessmodells definieren.

Das Prozessmodell unterliegt den gleichen Restriktionen hinsichtlich der Vollständigkeit in Bezug auf einen Anwendungsfall, wie auch das Materialmodell. Eine Vereinfachung der Komplexität der realen Welt muss durch die Gestaltungsaspekte des Verhaltenselements sichergestellt sein. Dazu gehört zunächst die standzeitbezogene Modellierung der Einflussstärke von Zyklusparametern oder Maschinenparametern. Die Unterscheidung ist an dieser Stelle sinnvoll, um die beiden Einflussrichtungen in diesem Verhaltenselement zu berücksichtigen. Einerseits kann die Maschine gesteuert werden, andererseits auch der Zyklus als eigenes System. Das Ergebnis einer standzeitbezogenen Modellierung muss nicht zwangsläufig ein eindeutiges Ergebnis liefern. Vielmehr ist davon auszugehen, dass eine Variation dynamischer Einstellmöglichkeiten zur Verfügung steht.

Daher ist die zyklusorientierte Festlegung von Prozesseinstellungen als zweiter Gestaltungsaspekt zu verstehen.

4.3.2.3 Werkzeuggestaltung

Die konstruktive Gestaltung des Werkzeugs wird intuitiv in Abhängigkeit von der Geometrie des Bauteils gesehen. Diese Abhängigkeit beschränkt sich auf die Abbildung des Negativmodells in den Formteilen. Überdies kann das Werkzeug frei gestaltet sein. Diese Freiheit kann im Sinne der thermischen Auslegung genutzt werden. Die Eigenschaften des Werkzeugmaterials sind dabei Leitfaktor für das Verhalten der Werkzeuggestalt im Kontext der thermischen Auslegung. Im konventionelle oder additiven Werkzeugbau mit metallischen Werkstoffen kann das Werkzeug als mehr oder weniger effizienter Wärmetauscher beschrieben sein. Die Wärme wird vom Formteil in das Temperiersystem oder die Umwelt des Werkzeugs transportiert. Bei der Verwendung von Kunststoffen ist die Funktion des Wärmetauschens eingeschränkt. Die grundsätzliche Funktionsweise des Wärmetauschens ist jedoch volumenabhängig, woraus sich die Zielsetzung dieses Verhaltenselement als Abbildung gestalterischer Möglichkeiten im Zusammenhang mit der Funktion des Wärmetauschens.

Die Gestaltungsaspekte bei dieser Zielsetzung sind einerseits die Entscheidungsunterstützung zur Festlegung des Verhältnisses von Werkzeugvolumen zu Hohlraumgeometrievolumen. Das Verhältnis zwischen diesen beiden Größen bildet die Grundlage zur Abschätzung des Wirkungsgrads als Wärmetauscher. Andererseits kann das Verhaltenselement durch eine Verknüpfung mit den Materialeigenschaften die Leistungsfähigkeit weiter detaillieren. Folglich ist der zweite Gestaltungsaspekt die segmentbezogene Bewertung der Leistungsfähigkeit zur Wärmeverteilung im additiven Prototypenwerkzeug.

4.3.3 Herleitung der Aktivitätselemente

Die einzelnen Strukturelemente sind durch Aktivitätselemente verbunden. Die Aktivitätselemente gestalten die thermische Auslegung additiver Prototypenwerkzeuge. Dabei sind die Gestaltungsaspekte der Strukturelemente als Auslöser oder Reaktion auf den formenden Charakter der Aktivitätselemente bezogen. Die Abbildung 4.10 zeigt die drei Aktivitätselemente. Die Verbindung zwischen dem Strukturelemente der Hohlraumgeometrie und den Verhaltenselementen bildet das Aktivitätselement der Segmentierung des Formeinsatzes. Die Beziehung zwischen Prozessparametern und Prozesslasten zu den Verhaltenselementen wird durch die Identifizierung der Prozesslasten gestaltet. Aus den beiden Bereiche Produkt und Prozesse werden durch das Aktivitätselement der Konkretisierung der Temperieranforderungen nutzbare Temperiersysteme abgeleitet. Das Temperiersystem stellt im Sinne des Vorgehens von HOPMANN et al.[478] das zu erzielende Ergebnis des Gestaltungsmodells dar und infolgedessen das Zielbild der Aktivitätselemente.

[478] Vgl. HOPMANN et al., *Spritzgießwerkzeuge: Auslegung, Bau, Anwendung*, S. 99.

4.3.3.1 Segmentierung des Formeinsatzes

Die Basis für die Segmentierung des Formeinsatzes bildet die Bauteilgeometrie selbst. Aus dieser wird, über die Hohlraumgeometrie, die Formeinsatzgeometrie und das restliche Werkzeugsystem abgeleitet. Der Zielzustand basiert auf den Erläuterungen von KRETZSCHMAR. Das Ziel ist die Definition einzelner geometrischer Segmente und eine Beschreibung deren Verhalten unter thermischer Last. Während KRETZSCHMAR die Rechenzeit als Hauptargument im Sinne hat, geht es hier um die individuelle Anforderung eines einzelnen Segmentes hinsichtlich thermo-mechanischer Belastungsgrenzen.[479] Für die alleinige analytische Berechnung der Wärmebilanz wäre nach heutigem Stand der Technik eine Segmentierung nicht zwingend notwendig. Im Fokus der thermischen Auslegung steht nun jedoch nicht mehr das Bauteil alleine, sondern auch der Formeinsatz. Für das Verständnis der Abläufe im Formeinsatz ist daher die Kenntnis einer theoretischen Grundlage eine notwendige Bedingung. Die Segmentierung ermöglicht eine zielgerichtetere Auslegung einzelner Bereiche des Formeinsatzes durch die Vereinfachung der Wärmebilanzierung.

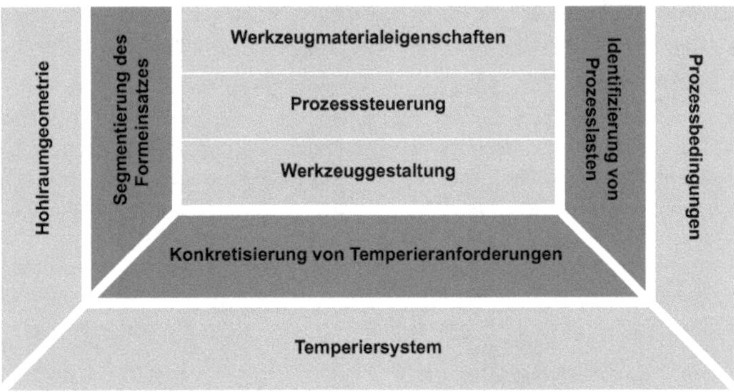

Abbildung 4.10: Einordnung der Aktivitätselemente[480]

Hinsichtlich der konkreten Gestaltungsaspekete sind zwei Punkte zu definieren. KRETZSCHMAR definiert explizit für die thermische Auslegung sieben Geometriesegmente: die Platte, den Zylinder, den Würfel, die Kugel, den Hohlzylinder, sowie jeweils eine Variante des Hohl- und des normalen Zylinders.[481] Folglich ist bei der Segmentierung des Formeinsatzes die Berücksichtigung definierter geometrischer Figuren ein notwendiger Gestaltungsaspekt. Als weiterer Gestaltungsaspekt kommt der anwendungsbezogene Ablauf der Segmentierung hinzu. Dieser bezieht sich auf den Grundsatz der Wirtschaftlichkeit des Gestaltungsmodells. Eine Segmentierung des Formeinsatzes in definierte geometrische Formen führt zu einem nutzbaren Ergebnis, lässt jedoch die Unterschiede in der

[479] Vgl. KRETZSCHMAR, „Rechnerunterstützte Auslegung von Spritzgießwerkzeugen mit segmentbezogenen Berechnungsverfahren", S. 3.

[480] Eigene Darstellung

[481] Vgl. KRETZSCHMAR, „Rechnerunterstützte Auslegung von Spritzgießwerkzeugen mit segmentbezogenen Berechnungsverfahren", S. 3.

Relevanz einzelner Bereiche der Geometrie außen vor. Demzufolge ist der anwendungsbezogene Ablauf so zu gestalten, dass Bereiche zunächst hinsichtlich der Notwendigkeit einer Segmentierung bewertet und dann in der Reihenfolge von wichtig nach unwichtig genau dieser Segmentierung unterzogen werden.

4.3.3.2 Identifizierung der Prozesslasten

Die Produktseite wird durch ein Aktivitätselement auf der Prozessseite ergänzt. Zur Formung der thermischen Auslegung wird Transparenz über die Zielparameter benötigt. Diese Transparenz generiert sich aus Informationen über die Prozessbedingungen, die in konkrete Belastungen im Prozess überführt werden. Die Gestaltung des Aktivitätselements thematisiert diese Übertragung von allgemeinen Informationen aus Prozessbedingungen in anwendungsspezifische Informationen. Die Segmente des Formeinsatzes erzeugen den möglichen Lösungsraum für die geometrische Gestaltung der Temperiersysteme, zeigen jedoch für keinen Bedarf für eine Temperierung an. Dazu müssen aus Prozesseinstellungen die aktiven und passiven Lasten ermittelt werden. Diese Lasten bilden die Grundlage der funktionalen Gestaltung der Temperiersysteme. Zur Identifizierung solcher Prozesslasten sind die Prozessparameter in lastfallbezogene Kennzahlen zu überführen. Beispielsweise ist die Einspritztemperatur in einen Wärmestrom umzurechnen. Dieser Wärmestrom stellt dann statisch und dynamisch eine aktive Belastung des Formeinsatzes dar.

Eine Identifizierung der Prozesslasten sollte in der Art erfolgen, dass diese später einzelnen Segmentes des Formeinsatzes zuzuordnen sind. Eine solche Zuordnung erfordert die separate Segmentierung des Formeinsatzes, die zuvor betrachtet ist. Eine unspezifische Sammlung an Prozesslasten ohne Möglichkeit der Zuordnung führt zu einer, lediglich global-orientierten, Lösung für den gesamten Formeinsatz. Dabei würden mögliche bessere Lösungen, die auf Anforderungen einzelner Segmente basieren, nicht berücksichtigt. Das Aktivitätselement enthält somit zwei Gestaltungsaspekte: die Identifizierung mechanischer Belastungen und die Identifizierung thermischer Belastungen. Die Verortung dieser Prozesslasten ist nicht Teil der Gestaltungsdimensionen des Aktivitätselementes, sondern in einem weiteren Element integriert.

4.3.3.3 Konkretisierung der Temperieranforderungen

Die Konkretisierung der Anforderung an Temperiersysteme stellt das abschließende Gestaltungselement dar. Es handelt sich um ein Aktivitätselement, denn es formt, wie in der thermischen Auslegung, Anforderungen an Temperiersysteme zu formulieren und zu beschreiben sind. Anforderungsmanagement stellt in jeder Produktentwicklung eine zentrales Instrument zur Vereinheitlichung des Verständnisses über technische Systeme dar. Ziel ist die Erarbeitung, Analyse und Dokumentation von Anforderungen verschiedene Interessengruppen bei der Entwicklung von Produkten.[482] Ein Prototypenwerkzeug stellt in diesem Sinne auch ein Produkt dar und das Temperiersystem eine Komponente dieses Produktes. Im Fokus steht nicht die technische Ausgestaltung

[482] Vgl. Mario Kossmann, *Requirements Management: How to Ensure You Achieve What You Need from Your Projects*, 1st ed. (London: Taylor and Francis, 2016), S. 14 f.

der Temperiersysteme, vielmehr müssen Nutzende befähigt sein, die notwendigen Eigenschaften von Temperiersystemen zu formulieren, zu dokumentieren und nachzuhalten.

Das Aktivitätselement enthält zwei Gestaltungsaspekte, um die Ziele des Elementes zu erfüllen. Zunächst benötigt das Gestaltungsmodell ein Konzept für eine anwendungsspezifische Anforderungsentwicklung. Hierbei bilden allgemeine Vorgehensweise der Anforderungsentwicklung die Grundlage für ein, auf additive Prototypenwerkzeuge abgestimmtes, Vorgehen. Dies inkludiert die Integration der Produkt- und Prozesssicht auf die thermische Auslegung. Daraus ergibt sich die Notwendigkeit, aufbauend auf der Anforderungsentwicklung, ein interdisziplinäres Anforderungsmanagement zu gestalten. Vor dem Hintergrund der systemtheoretischen Verortung der thermischen Auslegung sind mehrere betriebsinterne Interessengruppen an der Anforderungskonkretisierung beteiligt. Die Integration dieser Interessengruppen und Abstimmung von gegenteiligen Anforderungen ist Teil des zweiten Gestaltungsaspektes.

4.4 Synthese des Modellkonzeptes

Das Gestaltungsmodell für die thermische Auslegung additiver Prototypenwerkzeuge für das Spritzgießen thematisiert die drei Dimensionen Struktur, Aktivitäten und Verhalten durch die Strukturierung in insgesamt acht Gestaltungselemente. Diese acht Gestaltungselemente sind in der aggregierten Darstellung des Gestaltungsmodells in Abbildung 4.11 im Zusammenhang gezeigt. Im Kern des Gestaltungsmodells finden sich die drei Verhaltenselemente. Diese werden von den Aktivitätselementen umschlossen. Den Rahmen des Gestaltungsmodells bilden die fünf Strukturelemente.

Das Gestaltungsmodell bildet die vier Teilbereiche des Produktes, des Prozesses, der Interdependenzen und des Temperiersystembereich. Der Teilbereich des Produktes wird durch die Strukturelemente der Hohlraumgeometrie und der Hohlraumgeometriesegmente in Verbindung mit dem Aktivitätselement der Segmentierung der Hohlraumgeometrie definiert. Im Prozessbereich bilden die Prozessparameter und die Prozesslasten die strukturgebenden Elemente. Diese ergänzen das Aktivitätselement der Identifizierung der Prozesslasten. Im Interdependenzbereich finden sich die drei Verhaltenselemente des Gestaltungsmodells: Werkzeugmaterialeigenschaften, Prozesssteuerung und Werkzeuggestaltung.

Der strukturelle Rahmen des Gestaltungsmodells verkörpert das Objektsystem „Formeinsatz“. Dieses besteht aus produktbezogenen Elementen, nämlich der Hohlraumgeometrie als Ganzes. Diese bildet die Grundgestalt des Werkzeugs ab. Die Segmentierung des Formeinsatzes stellt in diesem Sinne eine tiefere Ebene des Systems dar. Dies ist jedoch zur Erfüllung der thermischen Auslegung notwendig. Die Hohlraumgeometrie gibt den konstruktiven Rahmen vor, während die darin definierten Segmente eine Verortung des Temperiersystems ermöglichen. Neben den produktbezogenen Elementen gehören die prozessbezogenen Elemente der Prozessbedingungen mit Prozessparametern und Prozesslasten zum strukturellen Rahmen. Komplettiert wird der strukturelle Rahmen durch das Temperiersystems. Letzteres verknüpft die Produktseite mit der Prozessseite, beeinflusst allerdings weder die eine noch die andere Seite.

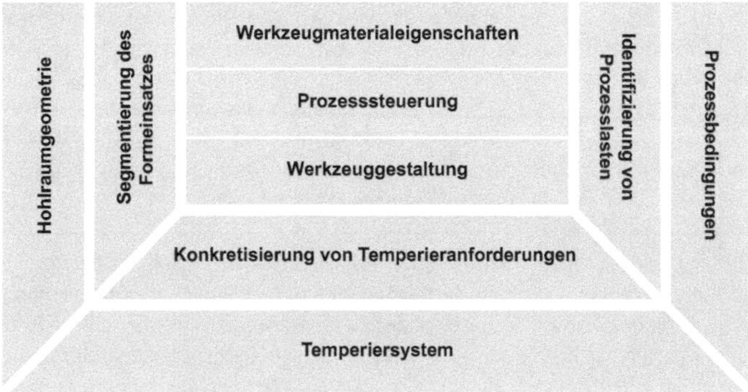

Abbildung 4.11: Feinkonzept des Gestaltungsmodells zur thermischen Auslegung additiver Prototypenwerkzeuge für das Spritzgießen[483]

Die Aktivitätselemente basieren auf den Strukturelementen und haben einen verbindenden Charakter. Damit sind die Aktivitätselemente die Abbildung des Programmsystems „Auslegung". Zunächst wird produktseitig die Hohlraumgeometrie segmentiert, gleichzeitig erfolgt die Identifizierung der Prozesslasten. Mit den strukturellen Ergebnissen kann wiederum das Anforderungsportfolio an das Temperiersystem konkretisiert werden. In Analogie zu den Strukturelementen verknüpft das letzte Aktivitätselement die Produktseite mit der Prozessseite.

Abschließend benötigen Struktur- und Aktivitätselement noch Anforderungen an die eigene Ausprägung. Dazu dienen die Verhaltenselemente, die ebenso mit dem „Zielsystem" nach NEGELE et al.[484] gleichgesetzt werden können. Der begründende und leitende Charakter der Werkzeugeigenschaften, der Prozesssteuerung und der Werkzeuggestaltung für die thermische Auslegung ermöglichen erst die Aktivitäten und stützen die Struktur. Daher ist die Anordnung im Modell zentral. Gleichzeitig sind die Verhaltenselemente nicht hierarchisch strukturiert. Die Beeinflussung der Aktivitäts- und Strukturelemente folgt keinem definierten Ablauf. Vielmehr ist der Einfluss analog zu einer Kultur in einem Unternehmen zu verstehen. Diese ist dynamisch auf jeder Ebene wirksam, während die dahinterliegende Struktur nach außen hin undefiniert ist. Daher sind die Verhaltenselemente im Zentrum des Gestaltungsmodelles für die thermische Auslegung additiver Prototypenwerkzeuge.

4.5 Zwischenfazit zum Konzept des Gestaltungsmodells

Das vorgestellte Konzept zur thermischen Auslegung von Prototypenwerkzeugen für das Spritzgießen soll die in Kapitel 3 hergeleitete Forschungsfrage beantworten. Diese fundiert auf Lücken

483 Eigene Darstellung

484 Vgl. NEGELE et al., „ZOPH - A Systemic Approach to the Modeling of Product Development Systems", S. 268.

in der wissenschaftlichen Literatur bei der systematischen Vorgehensweise der thermischen Auslegung additiver Prototypenwerkzeuge auf. Ohne dieses Vorgehen sind solche Prototypenwerkzeuge in der Praxis für das Spritzgießen nicht prozesssicher einsetzbar. Daher soll folgende leitende Forschungsfrage durch das Konzept des Gestaltungsmodells beantwortet werden:

> Wie kann die thermische Auslegung von Prototypenwerkzeugen aus Kunststoff für das Spritzgießen gestaltet sein?

Die Beantwortung der leitenden Forschungsfrage basiert auf der Erfüllung der, in Kapitel 4.2.3, hergeleiteten Anforderungen, auf den Antworten auf die Teilforschungsfragen aus Kapitel 3.5 und die Verknüpfung der Antworten miteinander zu einem Gestaltungsmodell. Im Folgenden wird zunächst auf die Erfüllung der formalen Anforderungen eingegangen. Es folgt die Analyse der Erfüllung der inhaltlichen Anforderungen. Abschließend werden die Antworten zu den Teilforschungsfragen diskutiert.

Hinsichtlich der formalen Anforderungen sind im Gestaltungsmodell der Grundsatz der Richtigkeit eingehalten. Es sind in der Praxis übliche Begriffe verwendet. Dies stellen unter anderem die Erläuterung in Kapitel 2 und Kapitel 3 sicher. Weiterhin ordnet sich das Gestaltungsmodell in die hierarchische Struktur ein, wie die Herleitung des realen Systems in Kapitel 4.2.1 beschreibt. Der Grundsatz der Relevanz wird ebenso erfüllt, denn die beiden weiteren Disziplinen der Auslegung von Spritzgießwerkzeugen werden explizit nicht betrachtet. Ebenso wird auf die Detaillierung der additiven Herstellung der Prototypenwerkzeuge verzichtet. Dem Grundsatz der Klarheit folgend, basieren die Benennungen der Modellelemente und Modelloperationen auf dem Kenntnisstand der Nutzenden. Zur Sicherstellung der Vergleichbarkeit verwendet das Gestaltungsmodell existierende Ansätze für einzelne Teilbereiche, so z.B. das Vorgehen nach KRETZSCHMAR für die Segmentierung. Zuletzt hat das Gestaltungsmodell einen systematischen Aufbau, der es zulässt zu anderen Programmsystemen, wie der mechanischen Auslegung, eine Schnittstelle zu erstellen und zu nutzen.

Bei der Reflexion der inhaltlichen Anforderungen zeigt das Gestaltungsmodell die Integration von Einflussfaktoren, Zielgrößen und Lösungsaspekte. Die Verhaltenselemente sorgen für die Berücksichtigung der Einflussfaktoren und ordnen diese gleichzeitig den Zielgrößenaspekten der Strukturelemente im Produkt- und Prozessbereich zu. Die Lösungsaspekte sind separat im Temperiersystembereich integriert. Somit bietet das Gestaltungsmodell inhaltlich alle Voraussetzung zur Beantwortung der notwendigen Teilforschungsfragen.

> Wie können Abhängigkeiten zwischen Faktoren, welche die Wärmebilanz additiver Prototypenwerkzeugen bestimmen, abgebildet werden?

Die Abhängigkeiten bei der Wärmebilanz additiver Prototypenwerkzeugen wird durch eine Vielzahl von Faktoren bestimmt. Im Gestaltungsmodell sind die drei wichtigsten Bereiche für diese Faktoren durch den Produktbereich, den Prozessbereich und den Bereich des Temperiersystems berücksichtigt. Der Interdependenzbereich stellt zudem sicher, dass die Verknüpfungen unter den Bereichen berücksichtigt sind. Die Vorgehensweise der einzelnen Elemente des Interdependenzbereiches zeigt die systematische Antwort der 1. Teilforschungsfrage. Eine Detaillierung des Interdependenzbereiches führt folglich zu einer methodischen Art und Weise zur Beantwortung dieser Teilforschungsfrage.

> Wie können die Zielgrößen bei der Anwendung additiver Prototypenwerkzeuge für das Spritzgießen bei der Gestaltung der thermischen Auslegung berücksichtigt werden?

Der Zielgrößenbezug ist im Gestaltungsmodell einerseits durch die Verhaltenselemente sichergestellt. Zusätzlich ist der Aufbau der Strukturelemente im Produkt- und Prozessbereich durch die Kriterien Standzeit des Werkzeugs, Zykluszeit des Spritzgießens und der Bauteilqualität bestimmt. Die konstruktive Ausführung der Hohlraumgeometrie, die Analyse der Prozesslasten und die Konkretisierung der Temperieranforderungen ergeben zusammen eine systematische Antwort auf die 2. Teilforschungsfrage. In einer Detaillierung sollte die Integration der Verhaltenselemente zu einer vollständigen methodischen Antwort führen.

> Welche technischen Lösungen können neben Temperierkanälen zur Steuerung der Wärmebilanz additiver Prototypenwerkzeuge für das Spritzgießen in der Gestaltung berücksichtigt sein?

Die Eignung weiterer Temperierlösungen wird im Konzept des Gestaltungsmodells durch den Bereich des Temperiersystems adressiert. Einerseits beinhaltet das Aktivitätselement „Konkretisierung von Temperieranforderungen" die Vorgehensweise zur strukturierten Anforderungsaufnahme an ein Temperiersystem für additive Prototypenwerkzeuge. Andererseits beinhaltet das Strukturelement „Temperiersystem" mögliche Ausprägungen für solche Systeme. Die 3. Teilforschungsfrage ist somit systematisch durch das Gestaltungsmodell beantwortet. Eine methodisch, experimentelle Antwort benötigt eine konkrete Ausgestaltung der beiden Modellelemente.

Der Entwurf des Gestaltungsmodells ist einer Strukturierung und Konzeptionierung zunächst auf makroskopischer Ebene vollzogen. Dieser Entwurf besteht eine detaillierte Prüfung der Anforderungen vollständig, bietet dennoch Möglichkeiten der Konkretisierung. Die ermittelten Lücken bzw. Überschneidungen hinsichtlich der Beantwortung der Forschungsfragen sind in einer anschließende Detaillierung zu schließen und entsprechende Lösungen dem Konzept des Gestaltungsmodells zuzuführen. Diese Entscheidung berücksichtigt auch die angestrebte Plausibilität, die erwartet, dass Lesende einen Bezug zum Thema herzustellen, und der Text das Verständnis fördert. WEIZÄCKER fasst dies in der Anforderung, dass der geschriebene Text immer einen „pragmatischen Neuigkeitswert" besitzen muss, zusammen.[485] Nachfolgend erfolgt die Detaillierung des Gestaltungsmodells und der Elemente des Modells.

[485] Vgl. Ernst von WEIZÄCKER, „Erstmaligkeit und Bestätigung als Komponenten der pragmatischen Information", in *Beiträge zur Zeitstruktur von Information, Entropie und Evolution*, hrsg. Ernst von WEIZÄCKER, Offene Systeme (1974), S. 93 f.

5 Detaillierung des Gestaltungsmodells

5.1 Strukturelemente

Die Strukturelemente bilden den ordnenden Rahmen des Gestaltungsmodells zur thermischen Auslegung additiver Prototypenwerkzeuge für das Spritzgießen. Der Rahmen wird dabei aus den verknüpften Elementen des Produktbereiches Hohlraumgeometrie und Hohlraumgeometriesegmente, den verknüpften Elementen des Prozessbereiches Prozesseinflüsse und Prozesslasten sowie dem Temperiersystem gebildet. Die Strukturelemente sind im Folgenden detailliert.

5.1.1 Hohlraumgeometrie

Die thermische Auslegung im klassischen Sinne hat die Wärmeabfuhr aus dem gespritzten Bauteil zum Ziel. Dieses Ziel besteht grundsätzlich auch für additive Prototypenwerkzeuge. Bei der Anwendung dieser ergibt sich als Nebenziel der Erhalt der Stabilität des Prototypenwerkzeugs aus Kunststoff. Dementsprechend ist die Hohlraumgeometrie als Abbild des herzustellenden Bauteils eines der strukturbildenden Elemente des Gestaltungsmodells zur thermischen Auslegung additiver Prototypenwerkzeuge aus Kunststoff. Es bildet die Grundlage, aus der Produktsicht verschiedene Anwendungsfälle systematisch aufzubereiten, dass im speziellen Fall eine passendes Temperiersystem gewählt und ausgelegt werden kann. Dazu existieren die zwei Gestaltungsaspekte, die in Abbildung 5.1 in das Gestaltungsmodell eingeordnet sind: Produktrandbedingungen und die Segmentcharakterisierung.

Der erste Gestaltungsaspekt sind die Produktrandbedingungen in Form von Anforderungen aus Produktsicht an das Werkzeug einerseits und andere Kontextfaktoren, die nicht direkt das Werkzeug, jedoch aber die Produktsicht auf die thermische Auslegung fokussieren. Beispielsweise trifft dies auf Qualitätsanforderungen an die Spritzlinge zu. Für die thermische Auslegung ist es notwendig, sowohl Anforderungen als auch weitere Kontextfaktoren zu strukturieren und zu priorisieren. Für diese Tätigkeiten stehen verschiedene Klassifizierungs- und Priorisierungsmethoden zur Verfügung. Die Vorgabe einer Methode im Rahmen des Gestaltungsmodells ist der nutzenden Person überlassen. Im Folgenden wird für beide Tätigkeiten ein strukturierendes Beispiel vorgestellt, um den Gestaltungsrahmen zu detaillieren.

Nach der Detaillierung der Strukturierung von Produktrandbedingungen erfolgt die Charakterisierung von Segmenten. Solche Richtlinien für die Unterteilung des Formteils sind notwendig, um kritische Bereiche für die Bauteilqualität zu erkennen. Diese Erkenntnis hilft der konstruktiven Gestaltung der Prototypenwerkzeuge und dem Verständnis für die notwendige thermische Auslegung. Dabei sollten nicht die Richtlinien für eine rheologische oder mechanische Auslegung im Fokus liegen, sondern Regeln für die thermischen Zustände. Als einfaches Beispiel kann an dieser Stelle auf die Regelung von Wanddickensprüngen verwiesen werden. Solche Sprünge mit mehr Formmasse sind bei geringerer Wärmeleitfähigkeit anders zu behandeln als in vergleichbaren Werkzeugen aus Metall.

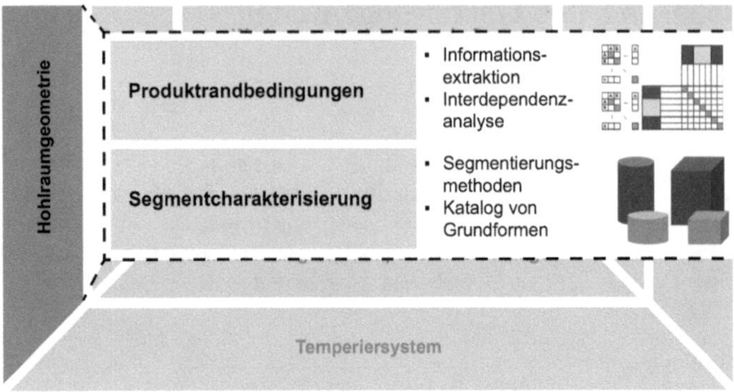

Abbildung 5.1: Gestaltungsaspekte der Hohlgeometrie[486]

5.1.1.1 Produktrandbedingungen

Die Detaillierung des Gestaltungsaspektes Produktrandbedingungen beginnt mit der Gestaltung der Extraktion von Informationen über die Produktrandbedingungen. Die Randbedingungen aus Produktsicht sind üblicherweise als textliche Beschreibung festgehalten. Die Struktur ähnelt einem Lastenheft und ist in der Praxis bereits Teil einer konkreten Anfrage, mindestens jedoch Teil des Auftrags. Die dort befindlichen Informationen sind zu extrahieren und mithilfe der Klassifikations- und Priorisierungsmethode für die Verwendung in der thermischen Auslegung aufzubereiten. In Tabelle 5.1 sind exemplarisch vier Beispiele solcher Textbausteine aus einem Lastenheft aufgeführt.

Zur Gliederung der Textbausteine bietet sich der Einfachheit halber die Fortführung der Gliederung nach JONAS et al. an. Dort wird in allgemeine und formteilbezogene Informationen unterschieden. Als Beispiel für die allgemeinen Spezifikationen ist in der Tabelle 5.1 die Stückzahl aufgeführt. Unabhängig vom spezifischen Einsatzzweck wird von den Formeinsätzen oder kompletten Werkzeugen eine Stückzahl an Spritzlingen gefordert, die weiteren Anforderungen entsprechen müssen. Aus dieser Anzahl resultiert die notwendige Standzeit des Formeinsatzes oder des Werkzeugs. Im Detail leitet sich die erforderliche Standzeit aus der gewünschten Stückzahl und einem Multiplikator ab. Der Multiplikator berücksichtigt die Prozessstabilität, die Werkzeug- bzw. Formeinsatzstabilität und die mögliche Ausschussrate. Daher liegt der Wert des Multiplikators üblicherweise über 1, um das Stückzahlerfordernis auf jeden Fall zu erreichen. Neben der Stückzahl sind Angaben zum Kostenrahmen und Fertigstellungstermin als Randbedingungen als hilfreich angesehen.

486 Eigene Darstellung

Bezeichnung	Einheit	Definition	Beispiel
Stückzahl	[1]	Geforderte Menge an Spritzlinge im Anforderungsbereich	100 Stück
Formmasse	-	Für die Spritzlinge zu nutzendes Material	Polypropylen (PP)
Oberflächenqualität	[Ra μm]	Bestimmung der Oberflächengüte anhand der gängigen Rauheitsmaße ggf. angelehnt an Industriestandards	0,8 μm
Toleranzgruppe	[-]	Nach *Kunststoff-Formteile – Toleranzen und Abnahmebedingungen* ermittelte Toleranzgruppe	TG8

Tabelle 5.1: Ausgewählte Beispiele relevanter Auftragsinformationen

Die formteilbezogenen Informationen sind vielfältiger und gleichzeitig detaillierter. In Tabelle 5.1 sind drei Beispiele aufgeführt. Zunächst ist die Formmasse spezifiziert. Die Spezifizierung der Formmasse ist in der Praxis eine Standardangabe bei der Vergabe von Aufträgen für Spritzgießwerkzeuge. Aus dieser Angabe können weitere Anforderungen extrahiert werden, welche für die Auslegung und Konstruktion des Werkzeugs relevant sind. Neben den Informationen zur Einstellung des Spritzgießprozesses ist die Verarbeitungsschwindung der Formmasse eine wichtige Angabe. Die Verarbeitungsschwindung ist die Differenz zwischen der Werkzeugkontur und der Formteilkontur.[487] Diese Schwindung ist in der Kunststoffchemie begründet und für jede Formmasse unterschiedlich. Die Bestimmung erfolgt durch eine eigene Norm. Bereits die Verarbeitungsschwindung hat Konsequenzen für die dimensionale Gestaltung der Hohlraumgeometrie.

Weiterhin müssen auch Angaben zur Oberflächenqualität berücksichtigt sein. Zwar wird die Oberflächenqualität nicht ausschließlich im Werkzeug erzeugt, sondern auch mit Nacharbeitsverfahren, dennoch finden die Industriestandards des Vereines Deutscher Ingenieure oder der Society of Plastics Industry häufig Anwendung. In diesen Standards sind Rauheitsmaße mit Qualitätsgruppen verknüpft, um die Festlegung von Oberflächengüten zu vereinfachen. Neben den Oberflächengüten ist die Toleranzgruppe ein weiteres Beispiel für formteilbezogene Informationen. Die Bestimmung der Toleranzgruppe eines Bauteils erfolgt durch das Vorgehen aus *Kunststoff-Formteile – Toleranzen und Abnahmebedingungen*. Dafür werden fünf Einzeleinflüsse auf die dimensionale Tolerierung bewertet und anhand eines Punktesystems eine Gesamtpunktzahl errechnet. Diese Gesamtpunktzahl definiert mittels einer Tabelle die Toleranzgruppe.[488]

Zur Gestaltung der thermischen Auslegung findet mit diesen Informationen eine Klassifizierung statt. Hierzu bietet sich eine Interaktionsmatrix an. Die Interaktionsmatrix basiert auf dem Kon-

[487] DIN Deutsches Institut für Normung e. V., *Kunststoff-Formteile – Toleranzen und Abnahmebedingungen*, 20457:2018, Berlin, 2021-06-01, S. 17.
[488] Ebd., S. 23-26.

zept der sogenannten „Cross-Impact-Matrix" nach GORDON und HAYWARD. Darin wird eine Wenn-Dann-Beziehung zweier Faktoren beschrieben. In ihrer Beschreibung fokussieren GORDON und HAYWARD die Beziehungen zukünftiger Entwicklungen. Wenn eine bestimmte Entwicklung eintritt, dann folgt mit einer bestimmten Wahrscheinlichkeit ein weiterer Effekt. KOTONYA und SOMMERVILLE hingegen beziehen sich auf die grundlegende Wahrscheinlichkeit eines Einflusses durch einen anderen Faktor. Dieser Idee folgend können mittels der Interaktionsmatrix Konflikte zwischen Anforderungen identifiziert und bewertet werden.[489] Im Detail erfolgt das Vorgehen in zwei Schritten, die von DREWS unter der Methode der Interdependenzanalyse als zweistufiger paarweiser Vergleich beschrieben ist. Zunächst werden Ziele identifiziert und Abhängigkeiten zu anderen Zielen festgestellt. Der gegenseitige Einfluss wird hierbei in konform, konträr oder nicht vorhanden unterschieden. Dies wird in einer entsprechenden Matrix aufgetragen, in der Titelspalte und Titelzeile definitionsgemäß die gleichen Faktoren als Ziele enthalten müssen. Konform wird mit einer 1 gekennzeichnet, konträre Ziele mit einer -1 und unabhängige Ziele mit einer 0.

In der Folge sollten neben der grundsätzlichen Aufdeckung von Konflikten unter den Zielen auch die Stärke des Konfliktes detailliert werden. Hierzu werden verschiedene Skalen auf die binäre Matrix des ersten paarweisen Vergleichs angewendet. Die Bildung der Skala kann unterschiedlichen Logiken folgen. Die Likert-Skala aus Kapitel 3 ist eine Möglichkeit. In der Praxis wird unter anderem die 1-3-9-Skala angewendet. Diese basiert auf einer logarithmischen anstelle einer linearen Skalierung. Dies ermöglicht es, insbesondere Unterschiede in den Einflussstärken deutlicher zu kennzeichnen. Als Beispiel ist in Abbildung 5.2 zunächst die erste Interaktionsmatrix mit den grundsätzlichen Konflikten in Abbildung 5.2a aufgetragen. In Abbildung 5.2b ist die Logik der Bewertung mittels der 1-3-9-Skala veranschaulicht.

Zur Durchführung einer thermischen Auslegung ist die Transparenz über Anforderungen und deren Einflüsse untereinander notwendig, um ein passendes Aufwand-Nutzen-Verhältnis in der Gestaltung des Werkzeuges zu erzielen. Dafür sind insbesondere die konträren Anforderungen zu identifizieren. Die Konflikte zwischen den Anforderungen können einerseits auf logischen Zusammenhängen basieren, die natürlich zwischen den technischen Komplexen des Werkzeugs, des Spritzgießens und des Bauteils auftreten. Andererseits ergeben sich Konflikte aus der Zielsetzung der Anwendung additiver Prototypenwerkzeuge. In beiden Bereichen können die Anforderungen divers sein, sodass in Abbildung 5.2c nur beispielhaft mögliche Anforderungen aufzeigt werden. Diese Aufführung zeigt jedoch die Notwendigkeit, auf Basis der Interaktionsmatrix eine zusätzliche Priorisierung durchzuführen. Denn die additiven Prototypenwerkzeuge weisen, im Gegensatz zu Werkzeugen aus Metall, mehrere Dilemmata auf.

Während die bisher genannten Randbedingungen auf Serienwerkzeuge gleichermaßen wie auf Prototypenwerkzeuge zutreffen können, existieren spezielle Randbedingungen zum Einsatz von additiven Prototypenwerkzeugen. Kapitel 2.4 beschreibt zwei Szenarien der Nutzung additiver Prototypenwerkzeuge. Aus diesen Szenarien sind die Randbedingungen für die Auslegung abzuleiten und in den Auslegungsprozess zu integrieren. Das Szenario des Fertigungsdienstleisters bzw. des externen Werkzeugbaubetriebs fokussiert die Betriebskosten eines additiven Prototypenwerk-

489 Vgl. Gerald KOTONYA und Ian SOMMERVILLE, *Requirements engineering: Processes and techniques*, reprint, Worldwide series in computer science (Chichester und Weinheim: Wiley, 1998), S. 78-80.

zeugs. Ein interner Werkzeugbau als Dienstleister in einer iterativen Produktentwicklung hingegen fordert ein breites Spektrum an Einsatzmöglichkeiten. Die Einordnung in eines dieser beiden Szenarien oder in eine Mischform manifestiert sich durch die Priorisierung der Anforderungen.

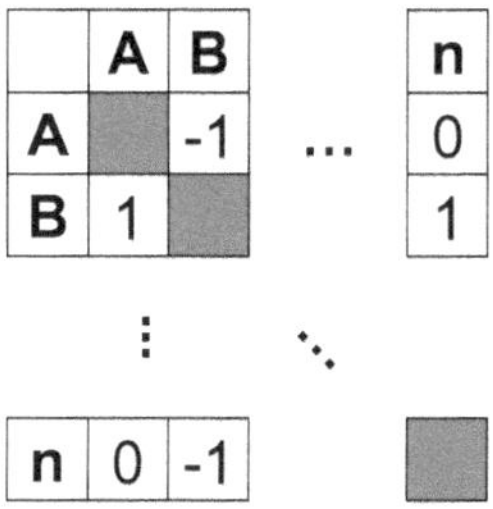

(a) Identifikation

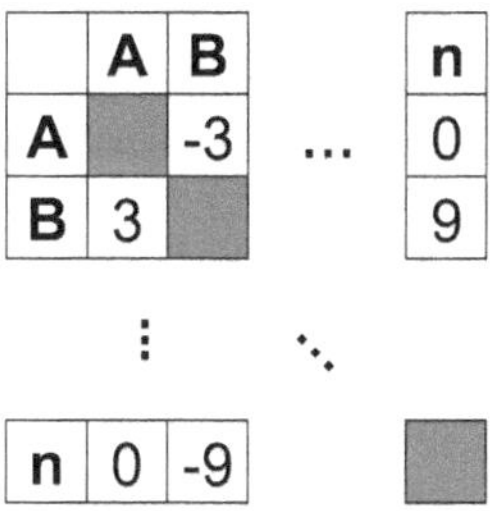

(b) Bewertung

		Formmasse		Bauteil			Werkzeug	
		Schwindung	Düsen-Temp.	Stückzahl	Anschnittposition	Min. Wandstärke	Nestanzahl	Auswerfergröße
Formmasse	Schwindung		0	0	-1	0	0	0
	Düsen-Temp.	0		-3	0	-3	0	0
Bauteil	Stückzahl	0	3		0	0	9	0
	Anschnittposition	1	0	0		3	9	0
	Min. Wandstärke	0	3	0	3		0	1
Werkzeug	Nestanzahl	0	0	9	9	0		0
	Auswerfergröße	0	0	0	0	1	0	

(c) Beispielmatrix

Abbildung 5.2: Ablauf der Anforderungsklassifizierung[490]

Im Szenario des Fertigungsdienstleisters werden Produkte in Serien- oder Prototypenqualität benötigt. Für die großen Produktionsmengen werden klassische Serienwerkzeuge aus Stahl verwendet, entsprechend hoch sind die damit verbundenen Kosten. Als Alternative für die kleineren Produktionsmengen wären auch subtraktiv hergestellte Werkzeuge bzw. Formeinsätze aus Aluminium oder anderen weicheren Metallen denkbar. TOSELLO et al. und KAMPKER et al. zeigen, dass additive Prototypenwerkzeuge aus Kunststoffen kostenseitig mindestens für die geringen Mengen konkurrenzfähig sind.[491] Die genauen Stückzahlen, bei denen eine Anpassung des Materials, aus dem das Werkzeug oder der Formeinsatz hergestellt werden, oder ein Wechsel der Herstellungsverfahren durchgeführt wird, sind abhängig vom Bauteil. Steigende Bauteilvolumen erzeugen ein höheres Schussgewicht. In Kombination mit einer steigenden räumlichen Ausdehnung

---

[490] Eigene Darstellungen

[491] Vgl. TOSELLO et al., „Value chain and production cost optimization by integrating additive manufacturing in injection molding process chain", S. 792; KAMPKER et al., „Direct Polymer Additive Tooling - Economic Analysis of Additive Manufacturing Technologies for Fabrication of Polymer Tools for Injection Molding", S. 14 f.

der Bauteilgeometrie und dünnen Wänden verlängern sich die Fließwege der Schmelze. Dies führt insgesamt zu einem höheren benötigten Druck beim Einspritzen und auch beim Nachdruck. Die auftretenden Kräfte können weniger lang von einem Formeinsatz aus Aluminium oder Kunststoff aufgenommen werden. Die erzielbare Stückzahl sinkt.

Nachdem ein Fertigungsdienstleister die Entscheidung für ein additives Prototypenwerkzeug getroffen hat, werden die Zielkriterien für die Auslegung definiert. Diese Kriterien bilden sich aus den grundsätzlichen betriebswirtschaftlichen Zielen des Unternehmens. Kundenspezifische Zielsetzungen können ebenso berücksichtigt werden. Während der Kunde die zuvor genannten bauteilseitigen Randbedingungen in Form eines Lastenheftes festlegt, so kann der Fertigungsdienstleister selbst das genaue Konzept des Werkzeugs auswählen. Sofern mehrere Konzepte für die Bearbeitung des Kundenauftrags möglich sind, können die Alternativen mittels eines morphologischen Kastens dargestellt und mit einer Nutzwertanalyse bewertet werden.

Unter den Alternativen des morphologischen Kastens findet sich unter anderem die Kategorie „Werkzeugbezeichnung“. An dieser Stelle wird die grundsätzliche Bauart des kompletten Werkzeugs definiert. In HOPMANN et al. sind insgesamt elf verschiedene Bezeichnungen beschrieben.[492] Während an dieser Stelle keine Bewertung der Machbarkeit dieser Werkzeuge als additive Prototypenwerkzeuge aus Kunststoff durchgeführt wird, ergeben sich dennoch Konsequenzen für die weitere Auslegung. Eine weitere Kategorie, die insbesondere für Fertigungsdienstleister wichtig ist, ist eine Werkzeugstandardisierung. Ein komplettes Werkzeug kann vollständig individuell für einen Auftrag konstruiert und aufgebaut werden. Am anderen Ende der Möglichkeiten steht die Standardisierung aller nicht formteilspezifischen Elemente für alle Werkzeug des Werkzeugbaubetriebs. Dazwischen dienen Normalien und Stammformkonzepte für bestimmte Kunden für eine erhöhte Standardisierung.

Bei der Nutzwertanalyse werden die betriebswirtschaftlichen Ziele in Unterziele zerlegt. Die zu bewertenden Alternativen müssen für die Unterziele einen quantifizierbaren Wert aufweisen. Ein Beispiel für ein betriebswirtschaftliches Unterziel wäre der prozentuale Betreuungsbedarf bei der Teilefertigung. Bei der Auswahl des Werkzeugkonzeptes kann eine manuelle, eine teilautomatisiert oder automatisierte Bauteilentnahme gewählt werden. Dies hat zu Folge, dass dieser Produktionsschritt während der ganzen Produktionszeit oder nur stichprobenartig betreut werden muss. Hieraus ergibt sich für einen Fertigungsdienstleister ein wichtiges Optimierungspotential.

Für einen internen Werkzeugbau als Dienstleister einer agilen Entwicklung sind die Zielkriterien anders gelagert. Auch hier müssen Qualitäten wie in der Serien geliefert werden können. Jedoch gestaltet sich das Qualitätsfenster deutlich breiter, denn die Anwendungsfälle für die werkzeugfallenden Spritzlinge sind vielfältiger, wie bereits in Abbildung 2.20 gezeigt. In erster Linie ist Zeit der wichtigste Faktor. TOSELLO et al. und KAMPKER et al. zeigen hier die Vorteile additiver Prototypenwerkzeuge auf der Herstellungsseite. Dabei wird eine entsprechende Stammform bzw. Spannkonzept vorausgesetzt. Hinsichtlich der Fertigung der Bauteile bestehen Defizite zu den

[492] Vgl. HOPMANN et al., *Spritzgießwerkzeuge: Auslegung, Bau, Anwendung*, S. 96-98.

klassischen Materialien.[493] Unter Berücksichtigung der geforderten Mengen fällt der letztgenannte Nachteil für Dienstleister der agilen Entwicklung nicht stark ins Gewicht. Eine Entscheidung für ein additives Prototypenwerkzeug hängt somit lediglich von der grundsätzlichen Umsetzbarkeit des Auftrags ab.

Analog zum vorherigen Szenario des Fertigungsdienstleisters bietet sich der morphologische Kasten zur Veranschaulichung verschiedener Optionen zur Umsetzung der additiven Prototypenwerkzeuge an. Hierbei unterscheiden sich die Szenarien nicht. Der Unterschied besteht bei der Gewichtung der Faktoren in der Nutzwertanalyse. Im anderen Szenario war der prozentuale Betreuungsbedarf ein hoch gewichteter Faktor in der Nutzwertanalyse. Für die agile Produktentwicklung sind jedoch die Betriebskosten der Bauteilherstellung weniger entscheidend. An diese Stelle tritt etwa die Dauer bis zum ersten fallenden Bauteil. So werden Werkzeugkonzepte bevorzugt, deren Komplexität eine schnelle Umsetzung erlaubt, gleichzeitig für verschiedene Veränderung flexibel bleibt.

Als Beispiel dient die Werkzeugstandardisierung. Diese spielt auch für den internen Dienstleister einer agilen Produktentwicklung eine wichtige Rolle. Im Spannungsfeld zwischen geringer Komplexität zur schnellen Umsetzung und gleichzeitiger Flexibilität für unterschiedliche Hohlraumgeometrien entstehen Randbedingungen, die den Auslegungsprozess der additiven Prototypenwerkzeuge richtungsweisend beeinflussen. Der Einsatz von Stammformen setzt zugleich geometrische Randbedingungen, als auch Bedingungen für Temperierung, Entformung und mechanische Stabilität. Dennoch ist auch eine einfache Aufspannung des additiven Prototypenwerkzeugs denkbar, wodurch Freiheitsgerade in der Ausführung genutzt werden können. Der individuelle Anwendungsfall bzw. die Strategie hinter den Werkzeugkonzepten bestimmt letztlich die Ausführung.

5.1.1.2 Segmentcharakterisierung

Ziel des Gestaltungsaspektes Segmentcharakterisierung ist es, eine Unterteilung der Hohlraumgeometrie zu ermöglichen. Grundlage dafür bildet ein Katalog mit parametrisch beschriebenen Geometrieformen. Eine Möglichkeit besteht darin, diesen Katalog auf den sieben Geometrien nach KRETZSCHMAR aufzubauen.[494] Die Basisdefinitionen der sieben Grundgeometrien können durch Nutzende des Gestaltungsmodells erweitert oder spezifiziert werden. Je nach Anwendungskontext können die Grundgeometrien durch häufig vorkommende vor-parametrisierte Geometrien ersetzt werden. Neben dem Katalog der Grundgeometrien sind Definitionen für mögliche Segmentgruppen festzuhalten.

Die Charakterisierung von Formen kann auf diversen Ansätze basieren. Neben Draht- oder Flächenmodellen, können Körpermodelle genutzt werden. Ein verbreiteter Ansatz für Körpermodelle

[493] Vgl. TOSELLO et al., „Value chain and production cost optimization by integrating additive manufacturing in injection molding process chain“, S. 793; KAMPKER et al., „Direct Polymer Additive Tooling - Economic Analysis of Additive Manufacturing Technologies for Fabrication of Polymer Tools for Injection Molding“, S. 15.

[494] Vgl. KRETZSCHMAR, „Rechnerunterstützte Auslegung von Spritzgießwerkzeugen mit segmentbezogenen Berechnungsverfahren“, S. 49.

sind die Begrenzungsflächenmodelle wie z.B. in MÄNTYLÄ[495] beschrieben. Der Zweck solcher Modelle führt für dieses Gestaltungsmodell zu weit, denn der Anwendungsbereich des Modells geht über die einfache Repräsentation des eingenommenen Raumes hinaus. Die Grundlagen der Körpermodelle, insbesondere der Begrenzungsflächenmodelle, eignen sich jedoch zur systematischen Beschreibung der Grundgeometrien. Körpermodelle ermöglichen die Interpretation und die Manipulation der dargestellten Objekte. Somit geht die Beschreibungen über die von KRETZSCHMAR vermittelten Informationen hinaus.

Die Grundformen von KRETZSCHMAR stellen nach ENCARNAÇÃO et al. Primitiva dar. Im Sinne des Gestaltungsmodelles können aus diesen Primitiva durch das Festlegen von spezifischen Dimensionsparametern neue Körper geschaffen und beschreiben werden.[496] Körpermodelle lassen sich eindeutig durch ihre Oberfläche und deren Orientierung definieren. Letztere ermöglicht die Feststellung, ob ein Punkt auf der inneren Seite oder der äußeren Seite des Objektes liegt. Begrenzungsflächenmodelle, als Körpermodelle, basieren auf Polyedermodellen. Solche werden durch den Eulerschen Polyedersatz[497] beschrieben. Polyeder sind somit besondere geometrische Graphen und werden durch Knoten und Kanten gebildet. ENCARNAÇÃO et al.[498] stellt die dahinter liegende Theorie als Sammlung verschiedener Definition und Eigenschaften dar. Auf eine vertiefende Erklärung wird aufgrund der formellen Anforderungen der Anwendbarkeit des Gestaltungsmodells verzichtet.

Auf Basis der mathematischen Grundlagen beginnt die Segmentcharakterisierung mit der Definition eines Grundkataloges von Grundformen. KRETZSCHMAR trägt dazu sieben Grundformen zusammen und beschreibt zusätzlich Randbedingungen und Kühlzeitgleichungen.[499] Abbildung 5.3 zeigt diese Informationen und ergänzt diese, um die möglichen Parameter zur Generierung spezifischer Körper. Gleichzeitig wird die zweidimensionale Grundfläche der Grundformen angegeben. Alle Segmente liegen mit mindestens einer Fläche in einer Trennebene. Zur Vereinfachung einer Berechnung des spezifischen Wärmestroms können Segmente an diesen Flächen verortet werden. In der Folge ist dann auf Basis der dreidimensionalen Daten die Ausdehnung senkrecht zur Trennebene zu bestimmen.

Die charakterisierten Grundformen bilden Teilkörper für Zellmodelle. Diese Teilkörper können, neben der Form, nach Größe, Lage und Orientierung geometrisch weiter definiert werden. Außerdem können für die Teilkörper auch Funktionen in der Hohlgeometrie festgelegt werden. Für die thermische Gestaltung bilden diese Differenzierungsmöglichkeiten eine Orientierung für die Positionierung und Dimensionierung möglicher Temperiersysteme. Vor diesem Hintergrund definieren

495 Vgl. Martti MÄNTYLÄ, *An introduction to solid modeling*, Bd. 13, Principles of computer science series (Rockville, Maryland: Computer Science Pr, 1988), S. 101-108.

496 Vgl. José ENCARNAÇÃO et al., *Graphische Datenverarbeitung 2: Modellierung komplexer Objekte und photorealistische Bilderzeugung*, 4., aktualisierte und wesentlich erweiterte Auflage. Reprint 2018 (Berlin und Boston: Oldenbourg Wissenschaftsverlag, 2019), S. 20.

497 Vgl. Susanne SCHINDLER-TSCHIRNER und Werner SCHINDLER, *Mathematische Geschichten III – Eulerscher Polyedersatz, Schubfachprinzip und Beweise* (Wiesbaden: Springer Fachmedien Wiesbaden, 2021), S. 21.

498 Vgl. ENCARNAÇÃO et al., *Graphische Datenverarbeitung 2: Modellierung komplexer Objekte und photorealistische Bilderzeugung*, S. 24-28.

499 Vgl. KRETZSCHMAR, „Rechnerunterstützte Auslegung von Spritzgießwerkzeugen mit segmentbezogenen Berechnungsverfahren", S. 49.

sich die vier Gruppen von Hohlgeometriesegmenten: Ebenen, Taschen, Hinterschnitte, Kerne oder Einleger.

Die allermeisten Bauteile sind durch ihre Flächen charakterisiert. Eine solche ist eine nach Länge und Breite ausgedehnte Ebene. Angelehnt an diese Definition können Ebenensektionen beschrieben werden. Zunächst sind diese Bereiche dadurch gekennzeichnet, dass die Orientierung immer senkrecht zur Fließrichtung liegt. Per dieser Definition stellen Ebenensektionen keine Hindernisse in Fließrichtung dar. Vereinfacht können Ebenensektionen als Bereiche der Hohlraumgeometrie verstanden sein, in denen keine anderen Segmente zu finden sind, sondern lediglich die Grundfläche des Formeinsatzes selbst. Die Beschreibung eines Segmentes einer Ebenensektion beinhaltet nur andersartige Nachbarsegmente und auch keine Wiederholung. Dafür sorgt die mathematische Definition einer Ebene.

Zur Darstellung von Funktionen werden ebenfalls Flächen benötigt. Diese sind jedoch nicht nur über die Ausdehnung in Länge und Breite definiert, sondern über die Ausdehnung in einem dreidimensionalen Raum. Die Gesamtheit der Flächen bildet einen Volumenkörper, der außerhalb der Grundfläche des Formeinsatzes oder der Hohlgeometrie liegt. Senkrecht zur Sprengfläche kann sich daher ein anderer Querschnitt ergeben als aus Perspektive der Fließrichtung. Für die Kombination aus mechanischer und thermischer Last ist dies von Wichtigkeit.

Taschensektionen werden eingesetzt, um komplexere Strukturen abzubilden. Die Nachbarsegmente und die Wiederholung eines Segments spielen dabei eine entscheidende Rolle. Das Beispiel der Gitterstrukturen ist bereits beschrieben worden. Ferner existieren weitere mögliche Anordnungen von Taschensektionen, die nur in der Summe eine sinnvolle Funktion bereitstellen, z. B. Oberflächenstrukturen. Solche Strukturen sollen etwa natürliche Oberflächen abbilden. Der Übergang von einer Ebenensektion zur Taschensektion kann dabei fließend sein. Je nach Tiefe der Struktur liegt es näher, diese als eine Taschensektion zu definieren. Meistens sind die Kopien der natürlichen Struktur nur auf eine kleine Fläche beschränkt, sodass das einzelne Segment wiederholt wird, um eine größere Fläche der Struktur darzustellen.

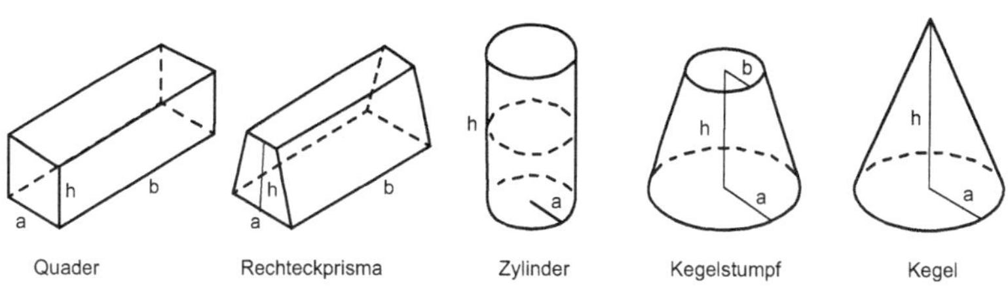

Abbildung 5.3: Grundformen zur Segmentierung mit Dimensionen[500]

Von den Taschensektionen sind Sektionen mit Hinterschnitten zu unterscheiden. Während die Taschensektionen immer Entformungsschrägen erhalten, sind Hinterschnitte entweder durch Einleger

500 Eigene Darstellung nach Kretzschmar (Vgl. „Rechnerunterstützte Auslegung von Spritzgießwerkzeugen mit segmentbezogenen Berechnungsverfahren", S. 49)

oder Kerne abzubilden oder aber durch eine Zwangsentformung gekennzeichnet. Additive Verfahren eignen sich besonders, Formeinsätze herzustellen, die bereits Hinterschnitte beinhalten. Solche Bereiche sind bei der Segmentierung gesondert zu betrachten, da dort die thermo-mechanischen Belastungen bei der Entformung deutlich höher sind.

Zuletzt bilden Kerne und Einleger eine vierte Gruppe. Kerne und Einleger besitzen keinen Stoffschluss mit dem restlichen Formeinsatz, sondern lediglich einen Formschluss. Sowohl Kerne und Einleger können aus mehreren verschiedenen geometrischen Grundformen zusammengesetzt sein. Dabei muss der Formschluss nicht zwangsläufig alle Bereich betreffen. Üblicherweise besteht ein Formschluss nur an den Lagerungen der Kerne oder Einleger. Sofern die Steifigkeit des Materials der Kerne oder Einleger es zulässt, kann auch eine einfache Lagerung vorgesehen sein.

5.1.1.3 Zusammenfassung des Strukturelementes Hohlraumgeometrie

Das Strukturelement der Hohlraumgeometrie befähigt zur thermischen Auslegung durch die Strukturierung der Produktrandbedingungen und Variationsmöglichkeiten der geometrischen Gestaltung von Bauteilen. Die beiden Gestaltungsaspekte adressieren damit die inhaltliche Anforderung Nr. 1 sowie die formale Anforderung Nr. 6. Mittels der Informationsextraktion aus verschiedenen auftragsrelevanten Daten können die Produktrandbedingungen untereinander verglichen werden. Die Interdependenzanalyse dient dazu, Konflikte und Prioritäten zu identifizieren. In Kombination mit der Segmentcharakaterisierung wird eine ausführliche Beschreibung des herzustellenden Bauteils ermöglicht. Das wiederum ist die notwendige Voraussetzung für die zielorientierte thermische Auslegung mit oder ohne Temperiersystem.

5.1.2 Prozessbedingungen

Die Prozessbedingungen stellen für die thermische Auslegung additiver Prototypenwerkzeuge das zweite strukturgebende Gestaltungselement dar. Die Gestaltung und Ausführung der thermischen Auslegung sind nicht einzig an das herzustellende Produkt geknüpft, sondern auch an die Eigenschaften des Spritzgießprozesses. Nutzende müssen befähigt sein, verschiedene Varianten der Prozessführung für das Spritzgießen mit additiven Prototypenwerkzeugen zu erkennen und diese bei der Auslegung im Allgemeinen und im Spezifischen für die thermische Auslegung zu berücksichtigen. Eine tiefere Kenntnis über die Wirkzusammenhänge beim Spritzgießen und Besonderheiten der eigenen Ressourcen ist für Nutzende die normative Basis für Gestaltung der Aktivitätselemente und die Integration der Erkenntnisse der Verhaltenselemente. Die dazu notwendigen Gestaltungsaspekte sind in der Abbildung 5.4 dargestellt.

Im Gestaltungselement der Prozessbedingungen beginnt dies mit der Ordnung der allgemeinen Prozesseinflüsse. Der Spritzgießprozess ist in der Praxis und der Wissenschaft umfangreich untersucht. Bei diesen Untersuchungen liegt jedoch der Fokus immer auf der Verwendung von Werkzeugen aus Metall. Dahingehend können die bekannten Prozesseinflüsse als Grundlage dienen. Nutzende müssen zusätzlich befähigt sein, Veränderungen der bekannten Prozesseinflüsse wahrzunehmen und für die thermische Auslegung nutzbar zu machen. Ein Aspekt des Strukturelements ist daher die Ordnung von Prozesseinflüssen und die damit verbundene systematisierte Ergänzung neuer Erkenntnisse.

Aufbauend auf der ordnenden Struktur braucht es ein normatives Vorgehen zur Spezifikation von Prozesseinstellungen. Entwürfe und Beschreibungen solcher Vorgehensweisen existieren bereits in praktischer und systematischer Form. Für das Gestaltungsmodell sollten die bestehenden Ansätze aggregiert und daraus eine Rahmenstruktur extrahiert werden. Dieses Rahmenwerk können Nutzende des Gestaltungsmodells verwenden, um für ihren eigenen Betrieb ein eigenes Vorgehen zu entwickeln.

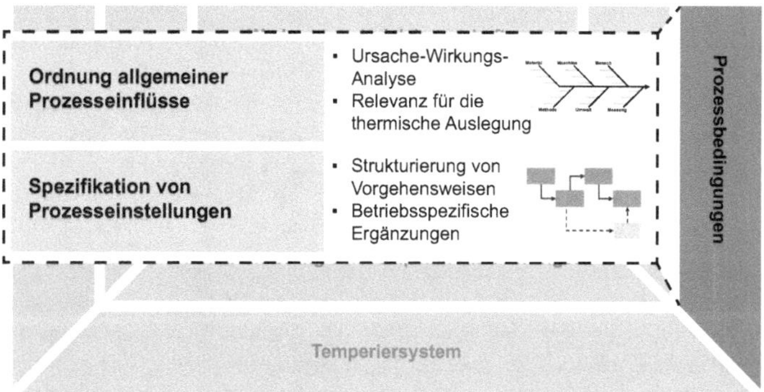

Abbildung 5.4: Gestaltungsaspekte der Prozessbedingungen[501]

5.1.2.1 Ordnung von Prozesseinflüssen

Die Ordnung der Prozesseinflüsse ist eine Strukturierungsaufgabe. Im Allgemeinen benötigen Strukturierungsaufgaben eine passende Methodik, welche die Eigenschaften der zu strukturierenden Objekte berücksichtigt. Prozesseinflüsse im Spritzgießen sind nichts anderes als die Wirkungen von Objekten im oder außerhalb des Systems des Spritzgießens auf den Output des Systems. Daraus folgt ein Ursache-Wirk-Zusammenhang. In der Literatur ist das Ishikawa-Diagramm eine anerkannte Methode, um solche Zusammenhänge darzustellen und eine anschließende Analyse zu ermöglichen. Ein solches Diagramm, basierend auf den Beschreibungen und Vorgehensweisen von ISHIKAWA, ermöglicht die strukturierte Aufnahme der Einflüsse auf das Ergebnis des Spritzgießprozesses.[502] Die Vollständigkeit der Aufnahme ist hierbei nur durch die verfügbaren Informationen der nutzenden Person begrenzt. Neben dem Ishikawa-Diagramm können auch andere Methoden, wie ein Strukturgleichungsmodell, eingesetzt werden. Bei Strukturgleichungsmodellen ist die Möglichkeit der Quantifizierung durch die mathematische Beschreibung der Beziehungen

501 Eigene Darstellung
502 Kaoru ISHIKAWA, *Guide to Quality Control* (Tokyo: Asian Productivity Organization, 1968).

untereinander im Vordergrund.[503] Für das vorliegende Problem der Ordnung von Prozesseinflüssen kann das Prinzip der grafischen Darstellung, bspw. in LITTLE und KLINE,[504] verwendet werden.

Der Nachteil eines Strukturgleichungsmodells ist die Komplexität der Darstellung und Bearbeitung. Bei der Anwendung des Gestaltungsmodells sollte der konkrete Nutzen einer Methode im Vordergrund stehen. Daher empfiehlt es sich, den qualitativen Ansatz eines Ishikawa-Diagramms zu wählen. Der Vorteil ergibt sich insbesondere dann, wenn nur wenige oder keine Informationen für eine Quantifizierung der Einflüsse zur Verfügung stehen. Folgend ist die Verwendung des Ishikawa-Diagramms zur Ordnung der Prozesseinflüsse beispielhaft beschrieben.

Für ein Ishikawa-Diagramm für technische Prozesse bietet sich die Verwendung von fünf Einflussgruppen an: Material, Mensch, Maschine, Methoden, Messung.[505] Weiterhin wird häufig die Gruppe Milieu oder Umwelt zusätzlich betrachtet. Im vorliegenden Fall der thermischen Auslegung von additiven Prototypenwerkzeugen aus Kunststoff bietet die Betrachtung der zusätzlichen Gruppe der Umwelt für weitere Einflüsse zusätzlichen Nutzen. Das Gestaltungsmodell sieht vor, zunächst eine Detaillierung der fünf Einflussgruppen zunächst auf die nächste tieferliegende Ebene zu beschränken. Erst für spezifische Anwendungsfälle können weitere Details durch die Nutzenden erarbeitet werden. Die Grundstruktur ist als Vorschlag nachfolgend detailliert.

Die Belastung eines additiven Prototypenwerkzeugs stellt die Wirkung der Einflussgruppen dar. Somit müssen alle Einflussfaktoren in direkter oder indirekter Weise einen Effekt auf thermische, mechanische oder rheologische Belastungen haben. Der Mensch ist an vielen Schritten des Prozesses beteiligt und beeinflusst insbesondere die Prozessführung, z. B. das adaptive Einstellen von Parametern der Spritzgießmaschine. Eine mögliche direkte Einwirkung ist begrenzt, wodurch im Rahmen des Beispiels auf eine Detaillierung dieser Gruppe verzichtet wird. Nutzende können jedoch den Bedienereinfluss analog zu einer Messsystemanalyse[506] weiter detaillieren. Die Einflussgruppe der Maschine wird durch das additive Prototypenwerkzeug definiert. Diese Gruppe ist ursächlich für die Erzeugung des letztlichen Produktes. Die eigentliche Spritzgießmaschine wird unter Methode eingeordnet, sodass die Art und Weise, ein Produkt herzustellen, als Einflussfaktor ebenso berücksichtigt wird. Im Fokus steht auch das Material, genauer gesagt in diesem Falle die Formmasse. Die Eigenschaften der Formmasse sind bestimmend für verschiedene rheologische, thermische oder mechanische Lasten entlang des ganzen Zyklus. Weiterhin ist die Umwelt des Prozesses zu betrachten. Die Einflussgruppe der Messung spielt an dieser Stelle keine Rolle, denn die Belastung ist unabhängig von der Messung als solcher.

Die Einflussgruppen der Maschine, des Materials und der Methode lassen die größten Einflüsse erwarten. Das Werkzeug selbst bzw. die Einflussgruppe Maschine wird anhand des Strukturelements „Hohlraumgeometrie" hinreichend detailliert. Aufgabe der Nutzenden ist es an dieser Stelle, die

503 Vgl. Judea PEARL, „The causal foundations of structural equation modeling", in *Handbook of structural equation modeling* (New York, NY [u.a.]: Guilford Press, 2012, 2012), S 74-78.

504 Vgl. Todd D. LITTLE und Rex B. KLINE, Hrsg., *Principles and practice of structural equation modeling*, Fourth edition, Methodology in the social sciences (New York und London: The Guilford Press, 2016), S. 134.

505 Ron S. KENETT, „Cause-and-Effect Diagrams", in *Encyclopedia of statistics in quality and reliability*, hrsg. Fabrizio RUGGERI et al. (Chichester: Wiley, 2007), S. 2.

506 Vgl. Michael MARXER et al., „Prüfplanung, beherrschte Prüfprozesse", in *Fertigungsmesstechnik*, hrsg. Michael MARXER et al., Lehrbuch (Wiesbaden und Heidelberg: Springer Vieweg, 2021), S. 290-293.

Informationen in die Logik des Ishikawa-Diagramms zu überführen. Die zwei anderen Gruppen müssen im Sinne des Strukturelements definiert werden. Wie zuvor erläutert übersteigt die erwartete Wirkung dieser Gruppen jene der Gruppen Mensch, Messung und der Umwelt. Die folgende exemplarische Differenzierung der Einflussgruppen gibt Aufschluss über diese Unterscheidung.

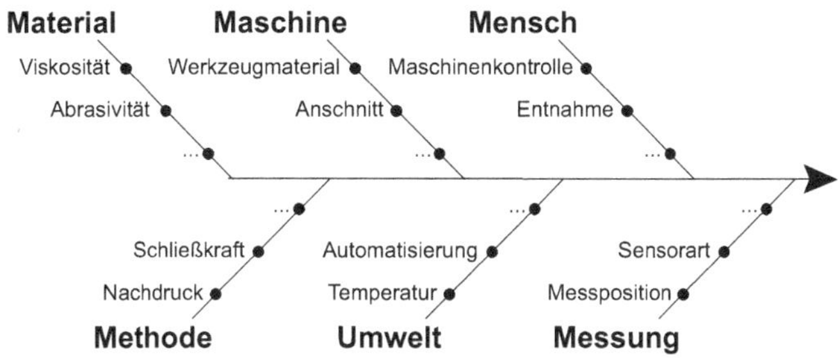

Abbildung 5.5: Ursachen-Wirkungs-Diagramm zur Belastung additiver Prototypenwerkzeuge[507]

Material

Jede Formmasse hat eigene Prozessparameter für den Spritzgießprozess. Dabei müssen die Parameter nicht einem spezifischen Wert entsprechen, sondern können sich vielmehr innerhalb eines Bereiches bewegen. Diese Flexibilität ist notwendig, um auf spezifische Begebenheiten der Hohlgeometrie und des Werkzeugsaufbaus eingehen zu können. Somit können grundsätzlich auch Formmassen an die Anwendung in additiven Prototypenwerkzeugen aus Kunststoff angepasst werden. Im Hinblick auf die beiden Anwendungsszenarien aus Kapitel 2.4 müssen die Eigenschaften der hergestellten Spritzlinge möglichst ähnlich zu Bauteilen aus Serienwerkzeugen sein oder den gewünschten Eigenschaften entsprechen. Somit muss an dieser Stelle bereits ein Kompromiss zwischen Bauteileigenschaften und Prozessanpassungen für additive Prototypenwerkzeuge gefunden werden.

Für diesen Kompromiss sind drei Parameter im Fokus der Einflussgruppe Material: Schmelzetemperatur, Dosiervolumen, Einspritzgeschwindigkeit. Die Schmelzetemperatur bestimmt die Eigenschaften der Formmasse zu Beginn des Spritzgießprozesses. Dazu gehören temperaturabhängige Größen wie die Wärmekapazität, die Wärmeleitfähigkeit und die Dichte. Im Verlauf des Spritzgießzyklus sinkt die Temperatur der Formmasse durch Abgabe der Wärmeenergie an das Werkzeug ab, wodurch die zeitliche Abhängigkeit der genannten Größen in dieser Betrachtung relevant ist. Das Dosiervolumen bestimmt sich hauptsächlich aus der Hohlraumgeometrie des Bauteils. Zusätzlich sind Aspekte der Fließfähigkeit auf Basis der Schmelzetemperatur und der Einspritzgeschwindigkeit, die das Gießsystem bestimmen, zu berücksichtigen. Die Einspritzgeschwindigkeit als dritter Parameter wirkt durch die Formmasse und bestimmt sich gleichermaßen aus der Schmelzetemperatur und der zu füllenden Geometrie.

[507] Eigene Darstellung

In der Einflussgruppe Material ist die Schmelzetemperatur ein wichtiger Hauptfaktor für die Belastung. Die Hersteller von Spritzgießmaterialien machen Vorgaben zur Verarbeitungstemperatur. Diese können sich einerseits in Form von Temperaturvorgaben für die Extruderschnecke auf die Spritzgießmaschine selbst beziehen oder auf die Düsentemperatur am Übergangspunkt zum Werkzeug. Je nach Material kann über die Temperatur das Fließvermögen gesteuert werden. Dazu wird der Schmelzflussindex als Indikator verwendet. Dabei handelt es sich um einen experimentell ermittelten Wert der Viskosität einer Kunststoffschmelze. Formmassen mit Füllstoffen fließen zäher und werden entsprechend für das Spritzgießen höher temperiert.

Die Belastung des Werkzeugs erfolgt durch die Schmelzetemperatur über mehrere Wege. Einerseits geschieht dies über den direkten Wärmeeintrag in das Werkzeug, wobei die Wärme entsprechende Fließvorgänge im Material des Formeinsatzes verursacht. Andererseits beeinflusst die Schmelzetemperatur über die Fließeigenschaften der Schmelze die Belastung des Werkzeugs. Hierbei sind die rheologischen Belastungen durch ein zähes Fließen und die mechanische Belastung durch höhere Einspritzdrücke beim zähen Fließen zu berücksichtigen.

Im Zusammenhang mit der Schmelzetemperatur steht außerdem das Dosiervolumen. Das Dosiervolumen wird anhand der Hohlgeometrie und des Gießsystems bestimmt. Dabei werden auftretende Phänomene wie die Schrumpfung berücksichtigt. Beim Spritzgießen wird häufig nicht direkt das kalkulierte Volumen verspritzt, sondern über Füllstudien sich diesem Wert genähert. Die Inhalte aus Kapitel 5.2 greifen ebenfalls auf dieses Vorgehen zurück und zeigen dies exemplarisch. Für die additiven Formeinsätze aus Kunststoff ist dies bei der Beurteilung der Prozesslasten zu berücksichtigen, denn die Menge an Kunststoffschmelze bestimmt einerseits die Menge der Wärmeenergie, die durch den Einsatz abgeführt werden muss. Weiterhin verändert sich der Werkzeuginnendruck.

Methode

Zuletzt definiert die Einflussgruppe der Prozesseinstellungen weitere Prozessparameter. Die Einordnung erfolgt in die allgemeine Gruppe der Methode, unter der das Prinzip der Bauteilherstellung zu fassen ist. Üblicherweise können viele Einstellungen an den heutigen Spritzgießanlagen und deren Peripherie getätigt werden. Im Kontext additive Prototypenwerkzeuge aus Kunststoff sind insbesondere jene Parameter zu nennen, die mit größerer Sorgfalt als bei Serienwerkzeugen aus Metall eingestellt werden müssen. Es bestehen auch hier Abhängigkeiten zu anderen Parametern, insbesondere zu Einstellungen bezüglich der Formmasse.

Im Allgemeinen ist das Ziel der Prozesseinstellungen beim Spritzgießen die anforderungsgerechte Herstellung der Bauteile, abgestimmt auf Geometrie, Material und Bauteilgewicht. Oftmals spielt die Zeit, bis zu der die Kavität gefüllt wurde, eine entscheidende Rolle. Aus Kostengründen sollte dies schnell erfolgen. Daher sollte die Einspritzgeschwindigkeit auch für additive Prototypenwerkzeuge berücksichtigt werden. Weiterhin ist der Umschaltpunkt von Einspritzdruck zum Nachdruck relevant. Hierüber definiert sich die vollständige und fehlerfreie Formfüllung sowie die Korrektur der Schwindung. Außerdem ist die Länge der Abkühlzeit ein relevanter Parameter für das Belastungskollektiv.

Vorgaben zur Einspritzgeschwindigkeit sind bei Serienwerkzeugen aus wirtschaftlichen Gründen gewählt. Jede Verkürzung der Zykluszeit durch eine schnellere Formfüllung bedeutet geringere Herstellkosten. Für additive Prototypenwerkzeuge kann dieser Zusammenhang nur bedingt gelten. Die Wahl der Einspritzgeschwindigkeit ist an die Formmasse und deren Fließeigenschaften geknüpft. Daher ist davon auszugehen, dass eine höhere Einspritzgeschwindigkeit durch eine höhere Schmelzetemperatur befähigt wird. Außerdem ist die Geschwindigkeit als Ursache für mechanische Belastungen zu beachten, die durch den Aufprall der Schmelze auf das Formeinsatzmaterial erzeugt wird. In der Folge geht die Einspritzgeschwindigkeit in die Fließfrontgeschwindigkeit über.

Die Fließfrontgeschwindigkeit wird neben der Einspritzgeschwindigkeit auch vom Werkzeuginnendruck bestimmt. Der Werkzeuginnendruck verändert die Fließfähigkeit der Kunststoffschmelze, wodurch die Schmelze ihrerseits mit einem höheren Druck in den Hohlraum gedrückt werden muss. Hierdurch steigt wiederum die benötigte Schließkraft. Neben dem maximal tolerierbaren Einspritzdruck ist auch der Umschaltpunkt auf den Nachdruck ein relevanter veränderbarer Parameter. Zusätzlich ist auch der Nachdruck selbst einmal in der Höhe und dann in der Dauer ein wichtiger Parameter.

An die Nachdruckzeit schließt sich die Abkühlzeit an. Zu diesem Zeitpunkt ist die Hohlraumgeometrie vollständig gefüllt und die Schmelze hat bereits Temperatur verloren. Damit das Bauteil entformt werden kann, muss die Temperatur noch weiter sinken. Die Entformungstemperatur ist anhand der Schmelztemperatur und der Glasübergangstemperatur zu bestimmen. Die Bauteile sollen sich durch die Entformung nicht plastisch verformen. Aus der Entformungstemperatur lässt sich durch entsprechende Gleichungen die Abkühlzeit ermitteln. Thermische und mechanische Belastungen werden unterschiedlich durch veränderte Kühlzeiten beeinflusst.

5.1.2.2 Spezifikation von Prozesseinstellungen

Im Kontext der Verwendung eines additiven Prototypenwerkzeugs aus Kunststoff sind die Parameter der Einflussgruppen anders zu bewerten als bei Spritzgießwerkzeugen aus Metall. Der Austausch des Materials ist gleichbedeutend mit einer zweigeteilten Fokussierung der thermischen Auslegung auf die Abkühlung des Bauteils und die Belastungen auf die additiv hergestellten Werkzeugkomponenten aus Kunststoff, insbesondere des Formeinsatzes. Mit dem Ansatz von Bagalkot et al. liegt in der Wissenschaft ein systematisches Vorgehen für die Spezifikation der Prozesseinstellungen additiver Prototypenwerkzeuge vor. Im Rahmen des Strukturelementes sind diese beiden Ansätze zu kombinieren und als normativer Rahmen für die Anwendung des Gestaltungsmodells zu beschreiben.

Erläuterungen zu beiden Ansätzen finden sich in Kapitel 3.3. Daher sind an dieser Stelle die Vorgehensweise zur Herleitung der jeweiligen Ansätze nicht erneut beschrieben. Der Fokus liegt auf der Extraktion der dahinter liegenden Systematik, die von Nutzenden für die eigene Gestaltung der thermischen Auslegung verwendet werden kann. Im Kontext des Gestaltungsaspekts werden den Systematiken zusätzliche Inhalte beigefügt, um für den Sachverhalt eine nutzbare Grundlage zu schaffen.

Der finale Entwurf von BAGALKOT et al.[508] zur Einstellung von Prozessparametern für die Verwendung additiver Prototypenwerkzeuge bedient sich Simulationsmethoden zur Bestimmung von wenigen Ausgangsparametern. Auf Basis dieser Ausgangsparameter wird iterativ die Eignung dieser Parameter für ein spezifisches, additives Prototypenwerkzeug bzw. die Eignung eines spezifischen, additiven Prototypenwerkzeugs für den Parametersatz überprüft. Folgend werden weitere Prozessparameter ermittelt und wieder iterativ erprobt. Insgesamt sehen BAGALKOT et al. vier Stufen zur Ermittlung der Prozesseinstellungen vor. Die Reihenfolge, in welcher die Parameter abgeleitet und festgelegt werden, kann als Vorlage für dieses Gestaltungselement dienen. Der Nachteil des iterativen und experimentellen Vorgehens benötigt eine Alternative.

Die Spritzgießsimulationen generieren Daten für die Einspritzgeschwindigkeit v_i, den Einspritzdruck p_i, dem Schussvolumen V_i, des Auswurfzeitpunktes t_e und der Kühlzeit t_k auf Basis einer angenommenen Werkzeugwandtemperatur T_{ww} und Parametern der Formmasse. Zu Beginn der Simulation wird eine initiale Werkzeugwandemperatur $T_{ww,0}$ benötigt. Diese kann aus der Wärmeformbeständigkeit oder selbst durchgeführten Materialtest ermittelt werden. Eine prozessstabile Werkzeugwandemperatur $T_{ww,m}$ wird anhand, der in der Simulation berechneten Lasten z.B. durch den Werkzeuginnendruck, abgeschätzt. Den Lasten wird eine Wärmeformbeständigkeit aus Materialdaten gegenübergestellt. Nach der Gestaltung der Verhaltenselemente kann auf diesem Wege individuell für jedes Werkzeugmaterial eine initiale $T_{ww,0}$ ermittelt werden. Im Gegensatz zu normierten Materialtests, kann auf anwendungsbezogene Daten zurückgegriffen werden. In der Literatur werden deutlich höherer Gebrauchsbereiche beobachtet, als Materialdaten vermuten lassen.

Auf Basis einer $T_{ww,0}$ können die Ergebnisse für die Einspritzgeschwindigkeit v_i, den Einspritzdruck p_i, dem Schussvolumen V_i, des Auswurfzeitpunktes t_e und der Kühlzeit t_k als Richtgrößen genutzt werden. Die bekannten Zusammenhänge aus der Spritzgießpraxis von Schussvolumen zum Plastifiziervolumen und von dort zum Plastifizierweg, wie z.B. von SCHÖTZ beschrieben, sollten hierbei zur kritischen Analyse der Simulationsergebnisse zusätzlich berücksichtigt werden.[509] Weiterhin muss der Staudruck mit betrachtet werden. Das Risiko, durch zu hohen Staudruck, die Massetemperatur erhöhen sollte minimiert werden. BAGALKOT et al. empfehlen für die Füllstudie mit $75\,\%$ von v_i und $50\,\%$ von p_i zu arbeiten. Die beiden Größen stehen in einem Abhängigkeitsverhältnis zueinander. Heutige Spritzgießmaschinen können p_i automatisch regeln, um v_i konstant zu halten. Zur Vermeidung eines Werkzeugversagens sollte dennoch p_i begrenzt sein. Die Einstellungen für v_i ist fokussiert auf das Bauteil und die Formmasse, sodass die Anforderungen hinsichtlich des Werkzeugsinnendrucks durch das additive Prototypenwerkzeug zur Folge haben, dass andere Parameter, wie die Schmelzetemperatur, umgestellt werden müssen.

In der Literatur werden die Abhängigkeiten von p_i, T_m und gegebenenfalls von T_{ww} in Form eines zweidimensionalen Flächenmodells oder eines dreidimensionalen Volumenmodells für die möglichen Prozesseinstellungen veranschaulicht. Die zuvor beschriebenen Restriktionen hinsichtlich des

[508] BAGALKOT et al., „A methodology for setting the injection moulding process parameters for polymer rapid tooling inserts".

[509] Vgl. Andreas SCHÖTZ, Hrsg., *Abmusterung von Spritzgießwerkzeugen* (München: Carl Hanser Verlag GmbH & Co. KG, 2019), S. 69-72.

Werkzeuginnendrucks führen zu einer Verkleinerung der Fläche oder des Volumens. Dies ist in Abbildung 5.6 in den Teilabbildungen dargestellt.

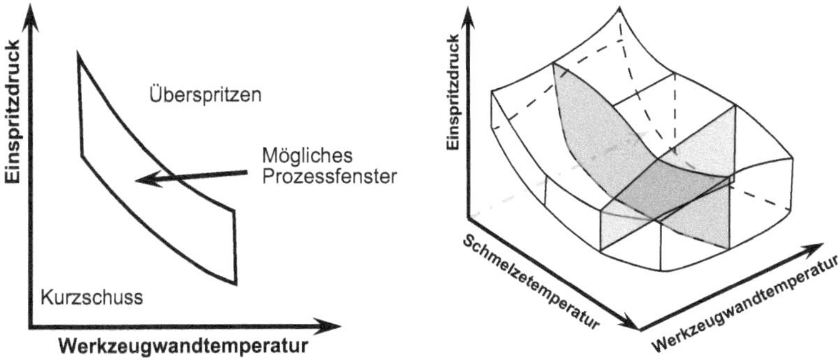

(a) Flächenmodell (b) Volumenmodell

Abbildung 5.6: Modelle für Prozessfenster im Spritzgießen[510]

Außerhalb des Prozessfensters werden die entstehenden Fehler oftmals auf das Bauteil oder die Formmasse bezogen. Bei zu hohen Schmelztemperaturen degradiert die Formmasse, liegt die Schmelzetemperatur hingegen zu niedrig, folgen Kurzschüsse, also unvollständige Bauteile. Ein größerer Einspritzdruck kann die Kurzschüsse eliminieren, führt wiederum bei zu hohen Drücken zu einer Überfüllung des Werkzeugs. Diese Fehler sind in Abbildung 5.6a angedeutet.

Nach den Prozesseinstellungen für die Formfüllung wird der Nachdruck p_h mit $25\,\%$ von p_i spezifiziert und falls notwendig erhöht. Die Nachdruckzeit t_h soll $10\,\%$ der Einspritzzeit t_e betragen. Eine sinnvollere Vorgehensweise ist die Siegelpunktermittlung, wie von SCHÖTZ beschrieben.[511] Die Kühlzeit t_k setzt sich in der Folge aus t_h und einer Restkühlzeit t_r zusammen. t_r wird mittels der Entformungstemperatur der Formmasse per Näherungsformel[512] oder Simulation bestimmt.

5.1.2.3 Zusammenfassung des Strukturelementes Prozessbedingungen

Das Strukturelement der Prozessbedingungen bildet die normative Grundlage der Prozessseite in der Gestaltung der thermischen Auslegung additiver Prototypenwerkzeuge. Die Umsetzung der Gestaltungsaspekte befähigt Nutzende zur Sammlung und Klassifizierung von Informationen rund um den Spritzgießprozess mit Fokus auf den Besonderheiten additiver Prototypenwerkzeuge. Die beiden Gestaltungsaspekte adressieren die inhaltliche Anforderung Nr. 1 sowie die formalen Anforderungen Nr. 5 und Nr. 6. Die Ordnung der Prozesseinflüsse mittels Sammlung und Priorisierung

---

510 Eigene Darstellung nach Dominick V ROSATO et al., *Plastic Product Material and Process Selection Handbook* (Elsevier, 2004), S. 205

511 Vgl. SCHÖTZ, *Abmusterung von Spritzgießwerkzeugen*, S. 116 f.

512 Vgl. HOPMANN et al., *Spritzgießwerkzeuge: Auslegung, Bau, Anwendung*, S. 270-275.

bildet die informative Basis. Die Definition eines Vorgehens zur Spezifikation von Prozesseinstellungen für das Spritzgießen mit additiven Prototypenwerkzeugen ist Voraussetzung für eine zielorientierte thermische Auslegung mit oder ohne Temperiersystem.

5.1.3 Temperiersystem

Das dritte Strukturelement des Gestaltungsmodells der thermischen Auslegung additiver Prototypenwerkzeuge definiert mögliche Temperiersysteme. In der Anwendung wird diese Definition genutzt, um auf Basis der Konkretisierung der Anforderungen an die Temperierung ein Temperiersystem für einen spezifischen Anwendungsfall auszuwählen und auszulegen. Der normative Charakter des Strukturelements ergibt sich aus der Erstellung eines Kataloges von Temperiersystemen. In den dort enthaltenden Beschreibungen müssen auch Parameter erläutert sein, auf denen Nutzende eine Planung der Temperierung entwickeln können. Ausgangspunkt für den Katalog ist eine Morphologie der Temperiersysteme, welche wiederum auf Prozessbedingungen und Hohlraumgeometrien im weiteren Sinne fundiert. Der zweite Teil des Kataloges und damit auch der zweite Gestaltungsaspekt ist die Beschreibung von Ausführungsmöglichkeiten und Freiheitsgraden bei der Umsetzung. Beide Gestaltungsaspekte sind in der Abbildung 5.7 im Kontext des Gestaltungsmodells wiedergegeben.

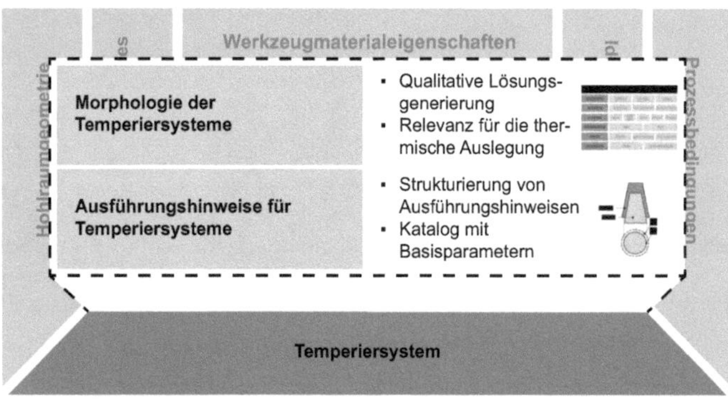

Abbildung 5.7: Gestaltungsaspekte des Temperiersystems[513]

5.1.3.1 Morphologie der Temperiersysteme

Die Morphologie der Temperiersysteme basiert auf dem Morphologieansatz nach ZWICKY.[514] Dieser Ansatz verfolgt die Zielsetzung, Lösungen für Probleme auf der Basis von Beziehungen verschiedener Objekten zueinander zu strukturieren. Das Vorgehen zeichnet sich dabei durch eine

513 Eigene Darstellung

514 Fritz ZWICKY, *Discovery, invention, research through the morphological approach* (Toronto und New York: Macmillan, 1969).

Dimensionslosigkeit und Neutralität gegenüber den aufgeführten Objekten aus. Weiterhin fehlt eine quantifizierte Bewertung, die durch eine qualitative Bewertung und ein Konsistenzkriterium ersetzt ist.[515] ZWICKY verwendet unter anderem die Methode des morphologischen Kastens zur Strukturierung alternativer Lösungen zu einem Problem. Zunächst ist dazu ein definiertes Problem in alle denkbaren Parameter, die das Problem umschreiben, zu zerlegen. Eine Anzahl von n Parametern bildet eine n-dimensionale „Zwicky-Box", in der die unterschiedlichen Ausprägungen der Parameter in Zusammenhang gebracht werden. Eine zweidimensionale Projektion dieser Box erzeugt den bekannten morphologischen Kasten, der insbesondere bei größeren n anschaulicher und handhabbarer ist.[516]

Das Problem, welches der Morphologieansatz lösen soll, ist die fehlende Definition von Temperiersystemen. Nach ZWICKY erfolgt in der morphologischen Analyse eine Zerlegung in mögliche Parameter des Problems. Folgende Parameter können für ein Temperiersystem von Spritzgießwerkzeugen im Allgemeinen abgeleitet werden: das Funktionsprinzip der Wärmeleitung, die Verortung der aktiven Komponenten des Temperiersystems, die zeitliche und die örtliche Steuerung der Wirksamkeit, die Intensität sowie das Einsatzgebiet. Der Parameter des Funktionsprinzips der Temperierung leitet sich aus den Transportphänomenen thermischer Energie ab. Temperiersysteme dienen nach HOPMANN et al. der Umsetzung erforderlicher Kühlraten zur Abkühlung eines Formteils im Werkzeug.[517] Das Temperiersystem kann seine Funktion durch verschiedene Komponenten realisieren. Die Verortung dieser Komponenten im Objektsystem Werkzeug lässt sich variieren und kann abhängig vom Funktionsprinzip unterschiedlich gestaltet sein.[518] Die Intensität der Funktionserfüllung hängt von den Anforderungen ab. Das Temperiersystem muss eine Variation zulassen.[519] Solche Variationsmöglichkeiten sind auch auf die örtliche Wirksamkeit erforderlich.[520] Je nach Formteil können einzelne Bereiche unterschiedliche Temperieranforderungen haben. Das übergreifende Ziel ist eine gleichmäßige Abkühlung zur Vermeidung von Spannungen im Formteil.[521] Ebenso kann im Verlauf eines Zyklus zeitlich eine Variation der Wirksamkeit notwendig werden. Zuletzt kann das Einsatzgebiet bestimmte Temperierkonzepte variieren. HOPMANN et al. unterscheiden beispielsweise in flächige und rotationssymmetrische Bauteile[522]

In der Wärmestrombilanz für Spritzgießwerkzeuge nach KRETZSCHMAR finden sich alle Transportphänomene thermischer Energie. Wärmestrom durch Konvektion erfolgt an den Werkzeugaußenflächen, im offenen Zustand auch an den Formflächen. Strahlung liegt ebenfalls an diesen Flächen vor. Wärmeleitung findet nur an den Aufspannplatten zur Spritzgießmaschine statt.[523] Innerhalb des Werkzeugsystems bildet die Wärmeleitung den Hauptmechanismus, durch den ein

515 Vgl. ebd., S. 30.

516 Vgl. ebd., S. 107 f., 117 f.

517 Vgl. HOPMANN et al., *Spritzgießwerkzeuge: Auslegung, Bau, Anwendung*, S. 329.

518 Vgl. Silke ALLERT, „Untersuchungen zur Temperierung von Spritzgießwerkzeugen mit Impulskühlung" (Dissertation, Rheinisch-Westfälische Technische Hochschule Aachen, 2014), S. 4, 13.

519 Vgl. ebd., S. 7.

520 Vgl. Erich SCHÜRMANN, „Abschätzmethoden für die Auslegung von Spritzgießwerkzeugen" (Dissertation, Rheinisch-Westfälische Technische Hochschule Aachen, 1979), S. 81-84.

521 Vgl. HOPMANN et al., *Spritzgießwerkzeuge: Auslegung, Bau, Anwendung*, S. 278.

522 Vgl. ebd., S. 329, 336.

523 Vgl. KRETZSCHMAR, „Rechnerunterstützte Auslegung von Spritzgießwerkzeugen mit segmentbezogenen Berechnungsverfahren", S. 51.

Wärmestrom zustande kommt. Die Energie wird vom Formteil bis zu den Außenflächen bzw. zu den Aufspannflächen geleitet. Grundsätzlich sind alle drei Transportmechanismen als Ausprägung des Parameters des Funktionsprinzips denkbar. Die Umsetzbarkeit ist abhängig von der Ausprägung der anderen Parameter.

Das System definiert sich über den Bereich eines Werkzeugs, der unmittelbar durch den Temperiermechanismus eine Änderung der Wärmebilanz erfährt. Darunter fallen nicht einzelne geometrische Segmente, die individuell einer bestimmten Hohlraumgeometrie zuzuordnen sind, sondern den üblichen Bestandteilen eines Spritzgießwerkzeugs. Die Funktions- und Produktstruktur, wie in Abbildung 5.35 gezeigt, dient hier als Orientierung für Verortung des Temperiersystems im Objektsystem. Ein mögliche Verortung betrifft den Formeinsatz selbst. Der Wärmestrom wird nur im Formeinsatz durch das Temperiersystem verändert. Als zweite Verortungsmöglichkeit kommt die Stammform bzw. der Formrahmen inklusive der Auswerferplatte und weiterer Anbauelemente infrage. Zuletzt kann das Gesamtwerkzeugsystem samt Grenzbereich zur Spritzgießanlage als eine dritte Verortungsvariante definiert werden.

Hinsichtlich der zeitlichen und örtlichen Wirksamkeit unterscheiden sich die Temperiersysteme wie folgt. In der Dimension zeitlicher Wirksamkeit kann der Wärmestrom dauerhaft oder temporär verändert werden. Die zeitliche Wirksamkeit betrifft entweder den kompletten Zyklus oder einzelne Phasen des Spritzgießzyklus. Hierbei bestehen unterschiedliche Anforderungen an die Temperierung aufgrund der unterschiedlichen Prozesslasten bzw. deren Stärke in den Zyklusphasen. Ein Beispiel für eine Umsetzung einer temporären Temperierung ist die Impulskühlung über Temperierkanäle.[524] Hinsichtlich der örtlichen Wirksamkeit besteht die Möglichkeit, eine lokale Veränderung des Wärmestroms, z. B. durch Kupfereinsätze, wie von SCHÜRMANN[525] beschrieben, zu erzeugen. Weiterhin besteht die Möglichkeit, einen globalen Ansatz zu wählen und das ganze Objektsystem oder ein bestimmtes Objektsubsystem zu temperieren.

Weiterhin werden die Temperiermechanismen über die Skala der Intensität unterschieden. Zunächst ist festzulegen, ob die Intensität konstant oder dynamisch beschrieben wird. Eine konstante Intensität kann durch andere Variablen beeinflusst werden, jedoch ist dieser Einfluss nicht direkt steuerbar. Eine dynamische Intensität kann weiter unterteilt werden. Entweder die Intensität kann diskret festgelegt werden, z. B. Temperierung ein oder Temperierung aus, oder aber in stetigen Stufen, z. B. über die Durchflussrate eines Mediums. Zuletzt kann eine Unterscheidung durch genauen Einsatzbereich des Temperiersystems erfolgen. Diese orientiert sich an üblichen geometrischen Körpern in einer Hohlraumgeometrie, die sich aus einer räumlichen Zerlegung ermitteln lassen. Eine einfache, aber praktische Unterscheidung ist in flächige und rotationssymmetrische Bereiche.[526] Nutzende des Gestaltungsmodells sollten an dieser Stelle in Erwägung ziehen, diese Unterscheidung weiter zu detaillieren, um den Rahmenbedingungen des Produktspektrums des eigenen Betriebs abzubilden.

Abschließend zeigt Abbildung 5.8 einen möglichen morphologischen Kasten zur strukturierten Definition von Temperiersystemen. Mit dieser Morphologie soll das Verständnis über die Tempe-

[524] Vgl. ALLERT, „Untersuchungen zur Temperierung von Spritzgießwerkzeugen mit Impulskühlung“, S. 7.

[525] Vgl. SCHÜRMANN, „Abschätzmethoden für die Auslegung von Spritzgießwerkzeugen“, S. 81 f.

[526] Vgl. HOPMANN et al., *Spritzgießwerkzeuge: Auslegung, Bau, Anwendung*, S. 329, 336.

riermechanismen so strukturiert sein, dass für einen gegebenen Anwendungsfall und definierten Anforderungen die passende Lösung gewählt und ausgelegt werden kann. Im Folgenden werden mögliche Temperiermechanismen anhand des Parameters „Objektsystem" hergeleitet und exemplarisch vorgestellt.

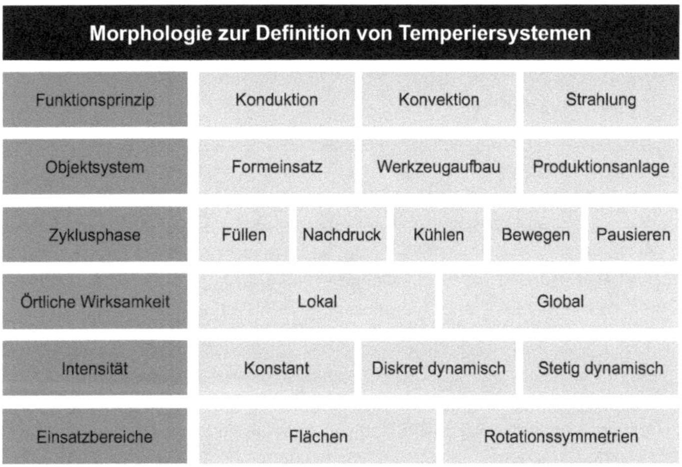

Abbildung 5.8: Morphologischer Kasten zur Definition von Temperiersystemen[527]

Wirkbereich Formeinsatz

Eine Grenze des Objektsystems „Formeinsatz" bildet die Grenzfläche zur Hohlraumgeometrie und somit der direkte Kontakt zur Wärmequelle, der Schmelze. Die zweite Grenze des Objektsystems bilden die Kontaktflächen zum restlichen Werkzeug, bspw. zur Stammform. Als dritte Grenze sind die Flächen zu sehen, die im geschlossenen Zustand alle Teile des Formeinsatzes verbinden. Im offenen Zustand des Werkzeugs besteht die Grenzen zur Umgebungsatomsphäre des Werkzeugs. Daraus definiert sich die maximale geometrische Ausdehnung des Formeinsatzes, wodurch sich das für eine Wärmleitung zur Verfügung stehende Volumen definiert. Thermodynamisch handelt es sich um geschlossenes, arbeitsdichtes System.

Das Material, aus dem der Formeinsatz besteht, konstituiert den ersten Temperiermechanismus. Dieser basiert ausschließlich auf der Wärmeleitung des Materials. Sofern der Formeinsatz aus stofflicher Sicht ein homogenes System ist, so sind die Temperiereigenschaften wie folgt zu definieren: Die Intensität ist konstant, jedoch temperaturabhängig. Die Wirksamkeit ist global im gesamten Objektsystem. Zeitlich gesehen wirkt die Wärmeleitung über alle Phasen. Der Einsatzbereich ist allgemein unabhängig von geometrischen Formen und Strukturen.

[527] Eigene Darstellung

Dies ändert sich mit einer stofflichen Heterogenisierung des Systems. Anstelle eines Materials können Phasen eines oder mehrerer anderer Materialien im Formeinsatz genutzt werden. Füllpartikel können unter anderem in den Materialsystemen der Photopolymer-Verfahren für neue Eigenschaften sorgen. Die Ausprägung ist von der Menge und Verortung abhängig. Ebenso können vollständige Elemente, wie Metalleinsätze, im gleichen Sinne genutzt werden. Aufgrund dessen kann die Wirksamkeit lokalisiert werden, während der Einsatzbereich gegebenenfalls durch die Herstellbarkeit des heterogenen Stoffsystems bestimmt wird.

Wirkbereich Werkzeugaufbau

Für das Objektsystem „Werkzeugaufbau" existieren erweiterte Grenzen, die, je nach konkretem Werkzeugkonzept, unterschiedlich sein können. Grundsätzlich bildet der Übergang von Aufspannplatte zur Spritzgießmaschine eine Systemgrenze, die für alle Werkzeugaufbauten gilt. Die Grenzen der weiteren Werkzeugkomponenten zur Umgebung bilden die restlichen Systemgrenzen. Das Objektsystem „Formeinsatz" ist hier ein Teilsystem, welches nicht mehr geschlossen und arbeitsdicht ist, sondern nun als offen und arbeitsdicht angesehen werden muss. Eine Stoffübertragung kann nun zwischen dem Formeinsatz und z. B. einem Kühlkreislauf stattfinden.

Ein solcher Kühlkreislauf konstituiert ein weiteres Temperiersystem, das nur im Wirkbereich „Werkzeugaufbau" funktionstüchtig ist. Der Mechanismus basiert auf der Übertragung von Wärme auf ein Medium, welches durch ein Kanalsystem durch den Formeinsatz und bzw. oder durch den Werkzeugaufbau geleitet wird. Solche Temperierkanäle sind in erster Linie lokal im Teilsystem „Formeinsatz" wirksam, jedoch kann ein entsprechend großes System auch global im Formeinsatz und direkt angrenzenden Teilsystemen wirksam sein. Die zeitliche Wirksamkeit ist normalerweise nur in der Kühlphase gegeben. Allerdings besteht grundsätzlich die Möglichkeit, über sämtliche Phasen hinweg die Temperierkanäle mit Medium zu beschicken. Die Fließgeschwindigkeit bestimmt letztlich auch die Intensität der Wirksamkeit. Diese ist stetig in technischen Grenzen einstellbar, zusätzlich kann die Intensität der Temperierung ebenfalls steig anhand der initialen Temperatur des Mediums verändert werden.

Wirkbereich Produktionsanlage

Als drittes Objektsystem kann das ohne Einschränkungen offene System der Produktionsanlage angesehen werden. Das System endet an den Grenzen der Spritzgießanlage und des Werkzeugaufbaus zur Umwelt. Hierdurch wird ein weiteres Temperiersystem ermöglicht. Der einfachste Fall des Temperiersystems ist die Nutzung der natürlichen Konvektion durch Bewegungen in der umliegenden Atmosphäre des Werkzeugs. Diese Konvektion ist immer vorhanden und muss aktiv durch Isolierung vermieden werden, sofern nicht gewünscht. Zur Temperierung lässt sich diese Konvektion jedoch auch gezielt verstärken.

Die Einordnung der Konvektion an der Oberfläche oder am Formeinsatz als eigenes Temperiersystem ergibt dann Sinn, wenn gezielte Schritte zur Parametrisierung erfolgen. Grundsätzlich kann der Morphologie aus Abbildung 5.8 folgend die Intensität stetig verändert werden. Ebenso kann die Wirkung lokal gesteuert werden. Zeitlich wird das Temperiersystem nur in Phasen mit einem geöffneten Werkzeug funktionieren. Die anderen Phasen sind unter der Voraussetzung möglich, dass die Oberfläche der Hohlgeometrie im Formeinsatz nicht temperiert werden soll, sondern sonstige außen Flächen des Werkzeugs.

5.1.3.2 Auslegungshinweise Temperiersysteme

Mögliche Temperiersysteme befinden sich auf verschiedenen Systemebenen und lassen sich anhand verschiedener Merkmale einordnen. Diese Einordnung kann unabhängig eines Anwendungsfalls vorbereitet werden. Zur weiteren Gestaltung des Strukturelementes gehört die Katalogisierung von Auslegungshinweisen der Temperiersysteme. Dieser Vorgang erfordert eine ausreichende, betriebsspezifische Informationsgrundlage.

Die Gestaltungshinweise sind den Systemebenen der Temperiersysteme zuzuweisen. Ein entsprechender Katalog sollte daher die Kapitel Formeinsatz, Werkzeugaufbau und Produktionsanlage umfassen. Im Gegensatz zur Morphologie sind in dem Kapitel keine qualitativen Kriterien zu sammeln, sondern quantitative Ausprägungen, die im Sinne der Morphologie ein sinnvolles Temperiersystem ergeben. Hierbei kann es sich um bereits entwickelte und konstruierte Temperiersysteme handeln, deren Anforderungen als quantitativer Parametersatz in den Katalog überführt wird. Es kann sich jedoch auch um theoretische Parametersätze handeln, die lediglich aus Simulationen oder Berechnungen stammen.

Die Temperiersysteme sind daher auf verschiedenen Systemebenen zu suchen und zu definieren. Die Gestaltung kann sich auf die Systeme beziehen, die im Formeinsatz selbst zu finden sind, beispielsweise in Form der beschriebenen Eigenschaftsgradienten im Material. Weiterhin sind Systeme des Formeinsatzes in Bezug zum Gesamtwerkzeug zu betrachten, wie die traditionellen Kühlkanäle. Weiterhin müssen in der Gestaltung auch Systeme berücksichtigt sein, die sich unabhängig vom Formeinsatz oder Werkzeug nur aus dem Spritzgießprozess ergeben, etwa die Manipulation von Zykluszeiten. Hier können außerdem weitere Systeme ergänzend, teilweise auch unabhängig wirken. Dazu zählt unter anderem die Kühlung der Formeinsatzoberfläche mittels gekühlter Druckluft.

5.1.3.3 Zusammenfassung des Strukturelementes Temperiersystem

Das Strukturelement der Temperiersysteme bildet die dritte normative Grundlage in der Gestaltung der thermischen Auslegung additiver Prototypenwerkzeuge. Die Umsetzung der Gestaltungsaspekte befähigt Nutzende zur Auswahl und Ausarbeitung eines auf die Besonderheiten additiver Prototypenwerkzeuge abgestimmtes Temperiersystem. Die Gestaltungsaspekte adressieren die inhaltliche Anforderung Nr. 2 und Nr. 3 sowie die formalen Anforderungen Nr. 5 und Nr. 6. Die Erarbeitung einer spezifizierten Morphologie bildet die informative Basis. Die Beschreibung von Ausführungsmöglichkeiten und Freiheitsgraden bei der Umsetzung von Temperiersystemen für das Spritzgießen mit additiven Prototypenwerkzeugen ist Voraussetzung für eine zielorientierte thermische Auslegung.

5.2 Verhaltenselemente

Eine effiziente Gestaltung der thermischen Auslegung benötigt die Erfassung von Verhaltensweisen zwischen den beiden Elementgruppen des Produktes und des Prozesses mit dem Ziel der Konkretisierung von Temperiersystemen. Die Verhaltenselemente der Werkzeuggestaltung, der Prozesssteuerung und der Werkzeugmaterialauswahl im Rahmen der thermischen Auslegung werden nachfolgend detailliert. Dies umfasst die Spezifizierung der in Kapitel 4.3.2 vorgestellten Vorgehensweise zur Modellierung der Wirkzusammenhänge und die Durchführung anhand einer Versuchsgeometrie zur Definition eines Gestaltungsrahmens für die Anwendung.

5.2.1 Strukturierung der Verhaltenselemente

Die Detaillierung erfordert zunächst die Strukturierung der Verhaltenselemente. Zur systematischen Sortierung der Erkenntnisse aus Kapitel 3.1 wird ein Parameterdiagramm eingesetzt. Die übersichtliche Darstellung der Signal-, Steuerungs-, Stör-, Fehler- und Ergebnisgrößen bezogen auf das System des additiven Prototypenwerkzeugs dient der Herleitung von Annahmen zur Modellierung. Diese Annahmen dienen letztlich auch der Ausgestaltung der Versuchsdurchführung zur empirischen Datengewinnung und der Auswahl entsprechender Analysewerkzeuge. Als Erstes ist die Systemfunktion als Zusammenhang zwischen Input und Output festzuhalten. Die Wandlung von flüssigem Kunststoff in ein festes Kunststoffbauteil kann diesbezüglich als Funktion definiert werden. Als Signalgrößen werden solche Parameter definiert, die zur Realisierung der Systemfunktion notwendig sind. Hierzu zählen etwa die Düsentemperatur und die Vorschubgeschwindigkeit. Sie werden durch das übergeordnete System der Spritzgießanlage bestimmt und durch das vorgelagerte System des Bauteils vorgegeben. Die Störgrößen sind nicht beeinflussbare Parameter, die durch die Funktion des Systems entstehen. Diese müssen vor Nutzung der Systemfunktion berücksichtigt und durch die Steuergrößen minimiert werden. Hierzu zählt die Wärmeausdehnung der Formmasse genauso wie die Wärmeausdehnung des Werkzeugmaterials. Die Steuergrößen bilden die beeinflussbaren Parameter des Systems zur Ergebniserzeugung ab, etwa das Werkzeugmaterial. Die Ergebnisse bestehen aus einem gewünschten Teil, den Ergebnisgrößen und einem ungewünschten Teil, den Fehlergrößen. Als Fehlergröße ist unter anderem die Anzahl von Bruchstellen im Werkzeug zu nennen. Als Ergebnisgrößen ist das Bauteil, sowie die tatsächliche Zykluszeit beispielhaft zu nennen. Die Abbildung 5.9 zeigt das zuvor beschriebene Parameterdiagramm und beinhaltet Beispiele für die Größen.

Das Parameterdiagramm stellt den Denkansatz, der in den Verhaltenselementen aufzubauenden Erklärungsmodelle dar. Die Erklärungsmodelle verfolgen, wie bereits in Kapitel 4.1.2 erläutert, das Ziel, Realsysteme transparent untersuchen zu können.[528] Im Hinblick auf die Gestaltung der thermischen Auslegung von additiven Prototypenwerkzeugen besteht für die Modellierung der Bedarf nach einer Strukturierung der empirischen Datensammlung. Die in Kapitel 3 vorgestellten sowie weitere Ansätze im Betrachtungsbereich und Gestaltungsbereich liefern eine Vielzahl an Datensätzen. Dabei ist die Anzahl der erzeugten Datensätze nur wenig höher als die Anzahl

[528] Vgl. PATZAK, *Systemtechnik - Planung komplexer innovativer Systeme: Grundlagen, Methoden, Techniken*, S. 313 f.

der dahinter stehenden Versuchskonzeptionen. Somit ist ein allgemeiner Gestaltungsaspekt aller Verhaltenselemente, eine einheitliche Vorgehensweise zu definieren. Diese kann bei der Anwendung des Gestaltungsmodells auf die spezifischen Randbedingungen der Nutzenden angepasst werden. Zu dieser Vorgehensweise zählt die Definition einer Versuchsgeometrie, die im Sinne des Strukturelements Hohlraumgeometrie und des Aktivitätselements Segmentierung die üblichen Anforderungen abbildet. Ebenso zählt dazu die Festlegung von Materialien des Prozesses und Werkstoffen für die Prototypenwerkzeuge. Zuletzt besteht Bedarf zu einer Konkretisierung der Versuchsplanung und der statistischen Auswertemethoden.

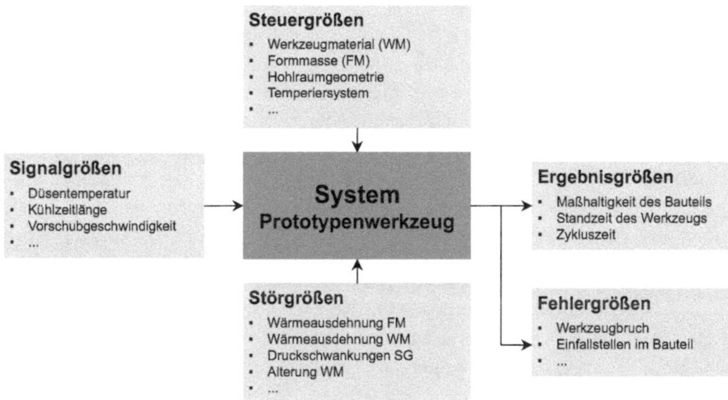

Abbildung 5.9: Parameterdiagramm der Nutzung additiver Prototypenwerkzeuge[529]

5.2.1.1 Versuchsgeometrie

Die Herleitung der Versuchsgeometrie basiert auf dem systematischen Problemlösungszyklus der *VDI 2221 Blatt 2, Entwicklung technischer Produkte und Systeme - Gestaltung individueller Produktentwicklungsprozesse: = Design of technical products and systems - configuration of individual product design processes.*[530] Die dort vorgesehene Problemanalyse und -formulierung kann anhand Kapitel 3 und Kapitel 4 gestaltet werden. Im Ablauf des Problemlösezyklus erfolgt dann eine Systemsynthese und eine Systemanalyse. Diese Begrifflichkeiten sind hier nicht im Sinne des Kapitel 4.1 zu verstehen, sondern bezogen auf das Objektsystem der Versuchsgeometrie. Dem Vorgehen folgend werden im Rahmen der Herleitung der Versuchsgeometrie verschiedene Lösungen erarbeitet, die der Problemformulierung und der Zielsetzung aus Kapitel 4.2.2 entsprechen könnten. Anschließend folgt die Bewertung der Alternativen. Im Hinblick auf die verschiedenen Anforderungen an die Analyse der Ursache-Wirkzusammenhänge wird die Versuchsgeometrie

[529] Eigene Darstellung nach SIEBERTZ et al. (*Statistische Versuchsplanung*, S. 148 f)

[530] *VDI 2221 Blatt 2, Entwicklung technischer Produkte und Systeme - Gestaltung individueller Produktentwicklungsprozesse: = Design of technical products and systems - configuration of individual product design processes*, Ausg. deutsch/englisch, VDI-Richtlinien (Berlin: Beuth Verlag GmbH, November 2019).

zusammen mit dem Versuchsaufbau zu jeder Iteration der Einflussfaktoren überprüft. So kann sichergestellt sein, dass die Auslegung der Versuchsgeometrie zur Untersuchung der Ursache-Wirkzusammenhänge geeignet ist. Etwaige Anpassungen sind in direktem Zusammenhang zur Versuchsreihe zu erläutern. Als Ausführungsbeispiel ist eine Versuchsgeometrie beschrieben und die Iterationsschritte dargestellt.

Die Auslegung der Versuchsgeometrie orientiert sich an üblichen Geometrieelementen von Spritzgussbauteilen. Einige Ausprägungen können bereits im Gestaltungsprozess so festgelegt werden, dass eine für die Werkzeugeinsätze lebensverlängernde Wirkung erzielt wird.[531] Für die iterative und flexible Werkzeugentwicklung ist es jedoch nicht dienlich, wenn der Konstruktionsstil im Laufe der Entwicklung variiert wird. Der Wechsel von Kunststoff auf Stahl oder Aluminium als Werkzeugmaterial bringt neue Fehlerquellen mit sich, zu denen keine qualitative oder quantitative Analyse vorliegt. Ebendarum wird die Versuchsgeometrie für die empirische Datengewinnung zur Modellierung so gestaltet, dass nicht die maximale Stückzahl des additiven Prototypenwerkzeugs, wie es für die Praxis sinnvoll ist, im Fokus steht, sondern das grundsätzlich spritzgießgerechte Auslegen im Sinne von HOPMANN et al. Diese Maßnahme dient der Effektverstärkung für die mechanische und thermische Belastung der Werkzeugeinsätze und steigert den Erkenntnisgewinn bei der Analyse der Wirkzusammenhänge und damit die Genauigkeit des Erklärungsmodells.

Alle konstruktiven Elemente der Versuchsgeometrie müssen für das Spritzgießen geeignet und an gängigen Spritzgussbauteilen zu finden sein. Die Elemente sind so anzulegen, dass qualitative Defizite auf Basis der Konstruktion ausgeschlossen werden. Einfallstellen, Lunker und Verzug können auch durch prozessseitige Einstellungen vermieden werden, ein wesentlicher Einfluss kann dennoch aus konstruktiven Ausführungen hervortreten. Daher ist die Wandstärke der Versuchsgeometrie möglichst im üblichen Bereich der Spritzgussbauteile von $1–4\,\mathrm{mm}$ zu halten.[532] Diese $1–4\,\mathrm{mm}$ sind zudem im Querschnitt gleichmäßig darzustellen, da deutliche Sprünge zum Verzug des Bauteils bei der Erstarrung führen können.[533]

In der Praxis können solche dünnen und gleichmäßigen Geometrien kaum Funktionen erfüllen. Daher werden Rippen und Sicken zur Versteifung verwendet, ohne dass dickere Wände oder ungleiche Querschnitte verwendet werden müssten. Weiterhin sollen scharfe Kanten, Ecken und Einkerbungen vermieden werden, um einer Kerbwirkung vorzubeugen. Dafür können etwa Radien an Kanten vorgesehen werden, die wiederum auch für eine Reduktion der notwendigen Entformungskraft führen.[534] Für die genaue Ausgestaltung finden sich Regeln bei MALLOY und HOPMANN et al. Der angestrebte Versuchsaufbau verlangt ein starkes „Denken in Werkzeughälften“ für die Versuchsgeometrie. Die Umsetzung des Werkzeugeinsatzes aus der Versuchsgeometrie muss an erster Stelle ausreichend Möglichkeiten zur Abnahme von Messdaten bieten und dabei

[531] Vgl. R. A. HARRIS et al., „Selection of mould design variables in direct stereolithography injection mould tooling“, *Proceedings of the Institution of Mechanical Engineers, Part B: Journal of Engineering Manufacture* 216, Nr. 4 (2002): S. 482; AYVAZ, „Methode zur merkmalbasierten Gesamtkostenermittlung für polymer-additiv gefertigte Spritzgießwerkzeug“, S. 86-90.

[532] Vgl. HOPMANN et al., *Spritzgießwerkzeuge: Auslegung, Bau, Anwendung*, S. 19 f.

[533] Vgl. Robert A. MALLOY, *Plastic part design for injection molding: An introduction*, Second edition (Munich: Hanser Publishers, 2011), S. 66.

[534] Vgl. ebd., S. 90 f.

auch für mögliche Temperierkonzepte geeignet bleiben. Das Resultat dieser Überlegungen ist in Abbildung 5.10 als Rendering und in Abbildung 5.11 als technische Zeichnung dargestellt.

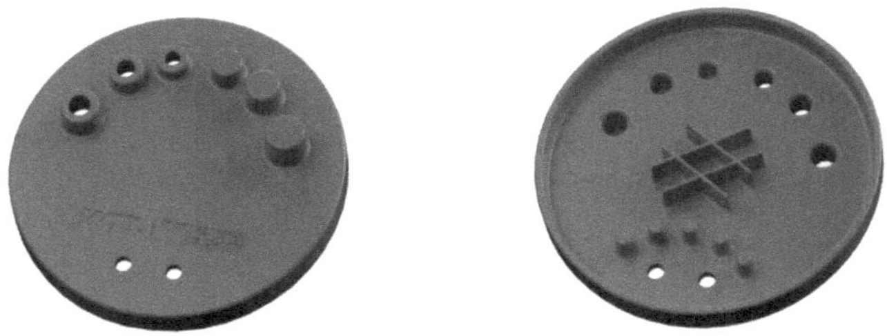

(a) Vorderseite der Versuchsgeometrie (b) Rückseite der Versuchsgeometrie

Abbildung 5.10: Gerenderte Ansichten einer Versuchsgeometrie[535]

Die Grundform der Versuchsgeometrie ist eine kreisrunde Scheibe mit einem Durchmesser d von $80\,\mathrm{mm}$ und einer Dicke s von $2\,\mathrm{mm}$. Die Wandstärke befindet sich damit im üblichen Bereich von Spritzgussbauteilen. Die Außenkante der Scheibe ist gefalzt, die dadurch entstandene Stehfalz ist $5{,}5\,\mathrm{mm}$ hoch und $2\,\mathrm{mm}$ breit. Die Falzung ist typisch für spritzgegossene Kunststoffgehäusebauteile, da so die Gesamtsteifigkeit des Bauteils erhöht wird. Der Übergang der Scheibe zur Stehfalz wird einem Radius r von $1{,}2\,\mathrm{mm}$ verrundet, sodass sich ein Verhältnis von Radius zu Wand von $r/s = 0{,}6\,\mathrm{mm}$ ergibt. Die Falz ist an der von der Scheibe entfernten Kante ebenfalls verrundet, allerdings nur mit $r = 0{,}8\,\mathrm{mm}$ und damit am unteren Rand des empfohlenen Verhältnisbereiches. Im Folgenden wird die Seite, die von der Stehfalz umfasst wird, als Innenseite bezeichnet. Die andere Seite der Scheibe wird als Außenseite beschrieben.

Auf der Innenseite der Versuchsgeometrie befinden sich angeordnete Rippen. Rippen dienen grundsätzlich der Versteifung eines flächigen Bauteils oder eines drei-dimensionalen Geometrieelementes, wie Schraubdome.[536] Den von BEAUMONT bezeichneten Konstruktionsrichtlinien folgend sind die Rippen mit einer Höhe von $s_R = 0{,}6\,\mathrm{mm} * s = 1{,}2\,\mathrm{mm}$ ausgelegt sowie mit einem Radius von $r_R = 0{,}8\,\mathrm{mm}$ versehen. Der Grund für das hohe Durchmesser-Wand-Verhältnis von $r/s = 0{,}96$ ist mit der zu erwartenden Komplikation bei der Entformung in diesem Bereich zu begründen. Weiterhin können Schmelze und Luft den Bereich einfacher passieren. Die innen liegenden, zur Scheibe vertikalen Kanten sind spitz ausgelegt, um eine Querschnittänderung zu vermeiden.

Weiterhin befinden sich auf der Innenseite fünf in einem Kreisausschnitt angeordnete, erhabene, runde Säulen. Zur Beschreibung der Gestalt dieser Säulen wird das Aspektverhältnis genutzt. Dieses beträgt $h_i/d_i = 1{,}35$, wie auch bei allen weiteren erhabenen Elementen der Innen- und

535 Eigene Darstellung

536 Vgl. John BEAUMONT, „Plastic Part Design: To Use Ribs or Not to Use Ribs - That is the Question", *Plastics Engineering* 72, Nr. 9 (2016): S. 36 f.

Außenseite. Die erhabenen Strukturen der Außenseite sind bereits auf der Innenseite durch sogenannte Sicken bzw. Durchbrüche zu erkennen. Die Kanten der drei Sicken sind, ebenso wie die Kanten der drei größeren Durchbrüche, verrundet. Zwei weitere Durchbrüche im Bereich der Säulen bleiben unverrundet. Die Verrundung wird zur Verbesserung des Schmelzflusses eingebracht. Außerdem verbessert sich die Entformung durch eine Verringerung des Reibeffektes zwischen Bauteil und Werkzeug.

Ähnliche Maßnahmen sind auch auf der Außenseite vorhanden. Die erhabenen Strukturen sind auf der Außenseite als Säulen erkennbar. Im Zusammenhang mit den Durchbrüchen sind drei dieser Säulen eher als Rippenstruktur zu charakterisieren. In jedem Falle entsprechen die Strukturen ebenso dem Aspektverhältnis von $1{,}35$. Das Aspektverhältnis wird jedoch nur durch die Anpassung von Höhe und Durchmesser der Strukturen erreicht. Insgesamt wird auf diesem Wege eine höhere Anzahl an Wandstärken und Übergängen erzeugt, die eigentlich für Spritzgussbauteile vermieden werden sollen.

Die Auslegung ist ein konstruktiver Kompromiss zwischen der Wunschgestalt des Bauteils sowie der Umsetzung der gewünschten Funktionen und die Restriktionen des Fertigungsverfahrens. Im Spritzgießen kommen solche Kompromisslösungen häufiger vor, sodass die Bauteile nach der Funktionsdefinition noch deutlich angepasst werden. In dem vorliegenden Fall der Versuchsgeometrie sollen jedoch beabsichtigt mechanisch und thermisch hochbelastete Bereiche am Werkzeug entstehen. Solche lokalen Belastungsspitzen dienen der Analyse möglicher Lösungsansätze wie z. B. unterschiedlicher Temperierungsansätze für additive Prototypenwerkzeuge aus Kunststoff.

Der konstruierte Werkzeugeinsatz bildet das Negativ der Versuchsgeometrie ab. Sämtliche Strukturen wurden bei der Auslegung der Versuchsgeometrie so gewählt, dass ein einfacher zweiteiliger Werkzeugeinsatz mit einer Kern- bzw. Auswerferseite und Kavitäts- bzw. Düsenseite realisiert werden kann. Zu den Details des Versuchskörpers sind im Werkzeugeinsatz weitere Elemente hinzugefügt und detailliert, die für die Umsetzung des Spritzgießens notwendig sind. Dazu gehört die Gestaltung des Angusssystems mit Gießkanal, Verteiler und Anschnitte ebenso wie Entlüftungshilfen, Auswerferbohrungen, Zentrierungen und Vorbereitungen der Messstellen. In Abbildung 5.13 ist exemplarisch die Auswerferseite gezeigt.

Die finale Umsetzung der Werkzeugeinsätze hängt von der notwendigen Platzierung der Messstellen zur Aufnahme von thermischen Belastungen anhand der lokalen Temperatur ab. Diese sind zentral in einem Bereich ohne Geometrieelemente verortet. Eine Messstelle $TE-075$ liegt $0{,}75\,\mathrm{mm}$ unter der Oberfläche der Auswerferseite. Die zweite Messstelle $TE-200$ liegt, entsprechend der Bezeichnung, $2\,\mathrm{mm}$ unter der Oberfläche der Auswerferseite. Beide Positionen sind in Abbildung 5.13 eingezeichnet. Für die Temperaturmessungen kommen Thermoelemente des Typ-K zum Einsatz. Dazu wurde ein eigenes Trägersystem, welches in Abbildung 5.12 zu sehen ist, für die Thermoelemente entwickelt. Dieses dient dazu, die Lötstelle des Thermoelementes genau im Werkzeugeinsatz zu platzieren. Das Trägersystem besteht aus zwei Hälften, die miteinander verklebt werden, sobald das Thermoelement eingelegt wurde. Die Teilung und Positionierhilfen an den Trägern ermöglichen das Einlegen des Temperatursensors ohne, dass der Träger aufwendig von Stützmaterial in dünnen Kanälen befreit werden muss. Die Lötstelle befindet sich an der Spitze des Trägers und liegt frei. Eingeschlossene Luft zwischen Thermoelement, Träger und Formeinsatz kann das Ergebnis an der Messstelle verfälschen, weshalb eine Wärmeleitpaste, MX-2 von ARCTIC, an der Messstelle aufgebracht wird. Die Wärmeleitpaste füllt Unebenheiten und Rauigkeiten der Bohrung im Formeinsatz, sodass eine gleichmäßige Wärmeleitung ermöglicht wird. Die verwendete Wärmeleitpaste besitzt einen Wärmeleitkoeffizienten von $5{,}6\,\frac{\mathrm{W}}{\mathrm{m\,K}}$ und härtet nicht aus.

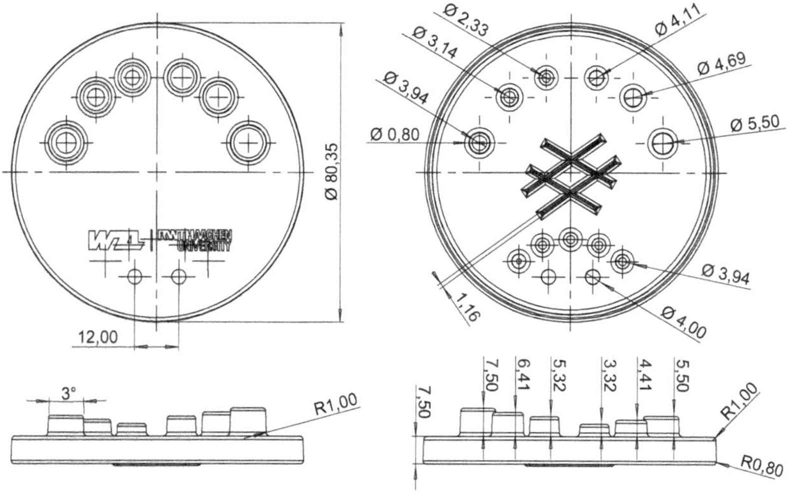

Abbildung 5.11: Technische Zeichnung einer Versuchsgeometrie[537]

Die Formeinsätze werden in der sogenannten Stammform platziert. Die Stammform ist ein häufig verwendetes Standardelement im Werkzeugbau, welches meistens individuell von jedem Werkzeugbaubetrieb konstruiert wird. Im Rahmen der Standardisierung von Werkzeugen werden in der Folge nur noch die Formeinsätze variiert, der Rest des Werkzeugs ist bereits auf die Stammform angepasst. Die Stammform gibt somit einige Grenzen für die Gestaltung von Formeinsätzen vor. Für die Versuche wird eine Stammform der Firma MEUSBURGER verwendet. Diese Wechselform hat einen Querschnitt von $130\,\mathrm{mm} \times 230\,\mathrm{mm}$. Den Argumenten von AYVAZ[538] folgend kann die Verwendung eines zusätzlichen Elementes aus Metall an der für den Anguss vorgesehenen Stelle die Lebensdauer eines additiven Werkzeugeinsatzes aus Kunststoff erhöhen. Im Hinblick auf das Ziel dieser Arbeit ist es nachteilig, ein Versagen im Angussbereich zu riskieren. Daher wird ein zusätzliches Element konstruiert, welches den Angusspunkt enthält. Von dort gelangt die Kunststoffschmelze über ein Gießsystem in den eigentlichen Formeinsatz. Der Formeinsatz bildet noch einen Rest des Gießsystems sowie den eigentlichen Anschnitt an das Bauteil dar.

537 Eigene Darstellung

538 Vgl. AYVAZ, „Methode zur merkmalbasierten Gesamtkostenermittlung für polymer-additiv gefertigte Spritzgießwerkzeug“, S. 75, 78, 158 f.

Damit Auswerfer- und Düsenseite immer korrekt zueinander ausgerichtet sind, werden in diagonaler Anordnung Führungen vorgesehen. Auf der Düsenseite sind diese Führungen als erhabene Säulen abgebildet. Als Gegenstück fungieren entsprechende Sicken auf der Auswerferseite. Gleichzeitig werden die Formeinsätze auf den Hinterlegplatten der Stammform nach Vorgaben von AYVAZ verschraubt.[539] Für das Angusselement befinden sich keine Fixierungsmöglichkeiten auf den Hinterlegplatten, sodass diese zwischen den Formeinsätzen verklemmt werden. Für weitere Flexibilität im Versuchsplan ist die Möglichkeit für ein sogenanntes Doppelnest vorgesehen. So können gleichzeitig unterschiedliche Formeinsätze erprobt werden und stehen in einem direkten Vergleich bei gleichen Parametern und Umweltbedingungen. Alternativ zu einem zweiten Formeinsatz kommt ein Blindstück zum Einsatz. Das Blindstück weist ebenso wie die Formeinsätze eine geschwungene Seite auf. Während das Blindstück die Gestalt der Formeinsätze ohne Funktion imitiert, ist diese Gestalt bei dem Formeinsatz konstruktiv bedingt. Die Kabel der Thermoelemente müssen den vorhandenen Kanälen der Stammform zugeführt werden, um eine komplizierte Führung über die Trennebene zu vermeiden.

(a) Außenseite des Sensorträgers

(b) Innenseite des Sensorträgers

Abbildung 5.12: Gerenderte Ansichten eines Sensorträgers[540]

Die Konstruktion der Formeinsätze wird durch die Platzierung der Auswerfer und Entlüftungen abgeschlossen. Die Auswerfer werden anhand des Lochrasters der Stammform platziert. Im Wesentlichen dient dies nur der besseren Entformung. Gleichzeitig können Auswerfer auch als Entlüftung dienen. Meistens ist die Platzierung dafür jedoch nicht optimal, weshalb zusätzliche Entlüftungen vorgesehen werden. Einerseits können dies einfache versenkte Strukturen auf den Formeinsätzen sein. Üblicherweise reichen Versenkungen von wenigen Zehnteln Millimeter an den Seiten der Formeinsätze ohne direkten Kontakt zur Hohlgeometrie. Für den vorliegenden Formeinsatz ist eine zusätzliche Entlüftung am Ende einer gedachten Linie des Angusssystems vorgesehen. Die Dimensionen sind so gewählt, dass während der Fühlung nur eine geringe Menge Schmelze die Aussparung füllen. Rheologisch wird jedoch ein Großteil der Luft in der Hohlgeometrie dort herausgedrückt, um ein blasenfreies Bauteil zu erhalten.

539 Vgl. AYVAZ, „Methode zur merkmalbasierten Gesamtkostenermittlung für polymer-additiv gefertigte Spritzgießwerkzeug", S. 160.

540 Eigene Darstellung

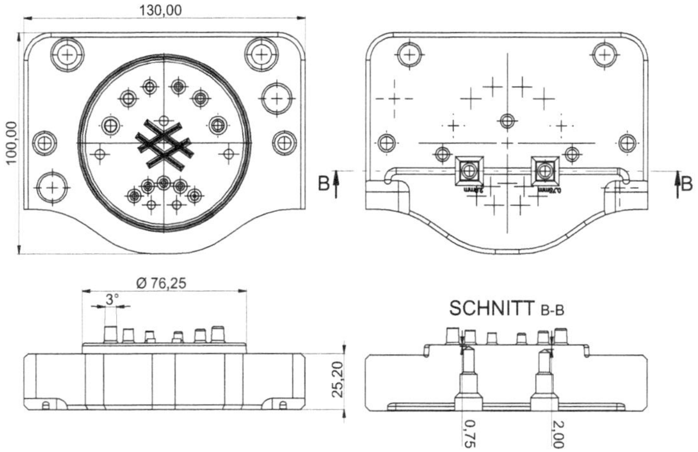

Abbildung 5.13: Technische Zeichnung der Auswerferseite eines Werkzeugeinsatzes[541]

5.2.1.2 Werkstoffe der Werkzeuge

In Kapitel 3.1 wird eine Reihe von Materialien vorgestellt, die in der Vergangenheit für additive Prototypenwerkzeuge genutzt wurden. Für die folgenden Versuche können grundsätzliche alle erhältlichen Materialien für die nutzbaren Maschinen verwendet werden. In dem vorgestellten Versuch wird jedoch das Material RGD450 RIGUR der Firma STRATASYS als Referenzmaterial genutzt. Die grundsätzliche Eignung wurde bereits bewiesen.[542] Der Hersteller beschreibt das Material als ähnlich zu Polypropylen und als geeignet für die Herstellung präziser Prototypen. Weitere Versuche aus KAMPKER et al.[543] zeigten praktische Vorteile des flexibleren Materials durch geringere Neigung zu Sprödbrüchen, insbesondere bei der Entformung. Zur Vermeidung der Überlagerung von Fehlerbildern durch mechanische Mängel ist RGD450 ein geeigneter Werkstoff zur Analyse der thermischen Belastungen und deren Auswirkungen und Konsequenzen für die Auslegung additiver Prototypenwerkzeuge.

Die Modellierung sollte gezielt weitere Materialien untersuchen. Die Vielzahl an verfügbaren Materialien erschwert die Auswahl für eine zielgerichtete Anwendung. Daher werden zusätzlich Materialeigenschaften überprüft und dokumentiert, die nicht standardmäßig zur Verfügung stehen. Beispielsweise wird eine dynamisch-mechanische Analyse durchgeführt, um etwaige Einflüsse des Druckprozesses auf die Materialeigenschaften zu erkennen. Zudem sind wichtige thermische Ei-

541 Eigene Darstellung

542 Vgl. KAMPKER et al., „Potential analysis of additive manufacturing technologies for fabrication of polymer tools for injection moulding – A comparative study".

543 Vgl. KAMPKER et al., „Potential analysis of additive manufacturing technologies for fabrication of polymer tools for injection moulding – A comparative study"; KAMPKER et al., „Direct Polymer Additive Tooling - Economic Analysis of Additive Manufacturing Technologies for Fabrication of Polymer Tools for Injection Molding".

genschaften aus dem Versuch zu entnehmen. Diese werden durch Ergebnisse einer Laser-Flash-Analyse und einer Differentialthermoanalyse ergänzt. Solche Analysen können in der Gestaltung der Verhaltenselemente durch andere Verfahren ergänzt oder ausgetauscht werden. Ebenso ist eine Eliminierung denkbar, falls die Ergebnisse keinen Erkenntnisgewinn erzeugen.

5.2.1.3 Prozessressourcen

Die Modellierung der Wirkzusammenhänge erfordert die Definition von Prozessressourcen, zu denen die Modellierung referenziert werden kann. Ähnlich der Anforderungen an die Versuchsgeometrie ist auch hier die Nähe zur praktischen Anwendung im Wirkbereich der Nutzenden zu achten. Im Anwendungsbeispiel dient eine Spritzgießmaschine der Firma ENGEL zur Durchführung. Das Modell 110 der Baurreihe e-Victory ist eine holmlose Spritzgießmaschine mit einer elektrischen Spritzeinheit und einer hydraulischen Schließeinheit. Für Versuche steht dadurch eine Schließkraft von max. 110 kN. Das maximale Werkzeuggewicht beträgt 800 kg.

Auf der Maschine wird ein Wechselformsystem mit Spannrahmen der Firma MEUSBURGER montiert. Mithilfe des Wechselformsystems können verschiedene Formeinsatzgrößen realisiert werden. Insgesamt stehen vier Projektionsflächen zur Verfügung, die in Tabelle 5.2 zusammengefasst dargestellt sind. Die möglichen Höhen der Formeinsätze werden durch separat hergestellte Hinterlegplatten umgesetzt. Die Höhe des kompletten Wechseleinsatzes bestimmt sich dabei aus der Höhe der gedruckten Form und der Hinterlegplatte. Die Auswerfer werden ebenfalls durch eigene Aufnahme- und Führungsplatten für das Wechselsystem angepasst. Für jede der vier Projektionsflächen existiert ein eigenes Lochmuster für Auswerfer. Für die Versuche werden keine weiteren Elemente aus dem Standardangebot der Firma MEUSBURGER verwendet. Weitere Elemente werden für die Versuche eigens gefertigt und sind für jeden Versuch angegeben.

Wechselformgröße	Länge [mm]	Breite [mm]
S	190	100
M	230	130
L	270	170
XL	260	210

Tabelle 5.2: Wechselformplatten für die Versuchsaufbauten

Zur Herstellung der Formeinsätze stehen ein CONNEX 500 MJT-System der Firma STRATASYS, ein FORM 3 VPP-System der Firma FORMLABS und diverse MEX-Systeme zur Verfügung. Der CONNEX 500 verfügt über einen Bauraum mit einer Grundfläche von $490\,\mathrm{mm} \times 390\,\mathrm{mm}$ bei einer maximalen Bauhöhe von 200 mm. Die kleinste Schichtstärke für den Aufbau der Objekte beträgt 16 mm. Insgesamt werden acht Druckköpfe für den Materialauftrag genutzt. Eine Hälfte wird für Modellmaterial, die andere für Stützmaterial genutzt. Je nach Auslastung des Bauvolumens und Parametereinstellung werden nicht alle Druckköpfe verwendet.

Der FORM 3 ist ein laserbasiertes System. Der Laser deckt eine Projektionsfläche von 145 mm × 145 mm ab. Nach der Bottom-to-Top-Methode kann eine Bauhöhe von 185 mm bei einer minimalen Schichtdicke von 25 mm erzielt werden. Neben den beiden MJT- und VPP-Systeme sind unterschiedliche MEX-Systeme nutzbar. Die verfügbaren thermoplastischen Materialien sind, wie in Kapitel 3.1 beschrieben, nicht per se für additive Prototypenwerkzeuge geeignet.

5.2.1.4 Statistische Auswertungsmethoden

Die Modellierung im Rahmen der Verhaltenselemente erfordert für Klärung der systematischen Zusammenhänge ein definiertes Vorgehen zur statistischen Datenanalyse. Ein solches Vorgehen beinhaltet je nach Zielsetzung der Analyse verschiedene Methoden der Statistik. Zu Beginn dieser Analyse steht die deskriptive Statistik zur grundlegenden Beschreibung der Daten mittels statistischer Kennzahlen. Darauf folgt die induktive Statistik mit dem Ziel, von den Daten auf die Grundgesamtheit zu schließen. Sofern entsprechende Verfahren der induktiven Statistik nicht zum Einsatz kommen, können auch Methoden der explorativen Statistik Anwendung finden. Für die folgende Analyse der Wirkzusammenhänge kommen hauptsächlich Methoden der deskriptiven und explorativen Statistik zum Einsatz.

In den Versuchsreihen zur Analyse der Wirkzusammenhänge werden Spritzgießzyklen durchgeführt. Spritzgießzyklen sind zeitliche aufeinander folgende Ereignisse gleicher Natur. Nach DEISTLER und SCHERRER ist eine Zeitreihe definiert als eine endliche Menge an Messpunkten in zeitlicher Abfolge.[544] Beim Spritzgießen wird eine Sammlung von Daten erfasst, die über mehrere Spritzgießzyklen als Zeitreihen der erhobenen Daten vorliegen. Die Analyse von Zeitreihen fokussiert zum einen den Zeitbereich, in dem die Beziehungen zwischen einzelnen Beobachtungswerten dieser Reihe untersucht werden. Zum Anderen wird der Frequenzbereich untersucht, der die zyklische Bewegung der Daten beschreibt.[545]

Die Ausgleichsrechnung für eine solche Zeitreihe erfolgt üblicherweise global. Jedoch sind auch einzelne Perioden von Interesse. Der Verlauf der Daten innerhalb einer Periode ist ebenso zu modellieren, wie über die gesamte Zeitreihe. Die Güte möglicher Ausgleichsfunktionen können anhand von Informationskriterien bestimmt werden. In diesem Fall sind sowohl das Akaike-Informationskriterium als auch das Bayessches Informationskriterium anwendbar. In beiden Fällen werden Modelle mit kleineren Werten bevorzugt.[546] Nach der Berechnung einer Ausgleichsfunktion für die Perioden einer Zeitreihe werden diese miteinander verglichen. Die Hypothese, dass es für jeden Parametersatz einen Gleichgewichtszustand gibt, kann dann überprüft werden. Hierzu werden die Parameter der Ausgleichsfunktionen der Perioden einer Zeitreihe einer Trendanalyse unterzogen. Die Trendanalyse erfolgt nach dem Vorgehen von Mann-Kendall in KENDALL et

[544] Vgl. Manfred DEISTLER und Wolfgang SCHERRER, *Time Series Models*, Bd. 224 (Cham: Springer International Publishing, 2022), S. 1 f.

[545] Vgl. Andrew C. HARVEY, *Zeitreihenmodelle*, 2. Aufl. Reprint 2018, Lehr- und Handbücher der Statistik (Berlin und Boston: Oldenbourg Wissenschaftsverlag, 1994), S. 1.

[546] Vgl. Leonhard HELD und Daniel SABANÉS BOVÉ, *Applied statistical inference: Likelihood and Bayes* (Berlin und Heidelberg: Springer, 2014), S. 230.

al.[547] und analysiert die Signifikanz eines möglichen aufsteigenden oder absteigenden Trends. In der Statistik ist bekannt, dass solche Zeitreihen das Phänomen der seriellen Korrelation aufweisen können. Eine serielle Korrelation kann bei der Beobachtung einer Variable über mehrere Reihen erkannt werden. Eine Beobachtung einer Variable korreliert dabei mit einer zeitlich versetzten Beobachtung derselben Variablen zum Beispiel zu einem Zeitpunkt T_0 und zu einem anderen Zeitpunkt T_1.[548]

5.2.1.5 Vorgehensweise der Modellbildung

Die Modellierung erfolgt anhand eines standardisierten Versuchsschemas, welches im folgenden exemplarisch detailliert ist. Jeder Versuch beginnt mit einer Füllstudie. Mit fortschreitendem Verlauf der Versuche werden Erfahrungswerte genutzt, um diese Füllstudie zu verkürzen. Eine Füllstudie ist üblicherweise Teil der Abmusterung, also des Vergleichs zwischen dem herzustellenden Produkt und der Vorlage in Form eines Werkzeugs. In mehreren Zyklen wird das Werkzeug immer mehr gefüllt, bis letztlich im letzten Zyklus der Füllstudie das Bauteil komplett abgebildet ist. So zeigt eine Füllstudie den zeitlichen Verlauf der Formfüllung und ermöglicht Rückschlüsse auf Fehlerquellen. Die Füllstudie stellt für die Anwendung additiver Prototypenwerkzeuge ein Dilemma dar, welches im folgenden durch diverse Versuchsergebnisse deutlich werden soll.

Nach der Füllstudie erfolgt der eigentliche Versuch. Im Idealfall erfolgt nach der Durchführung der Füllstudie keine Pause, sondern direkt der erste reguläre Zyklus zur Datengewinnung. Anschließend werden so viele Zyklen mit den anvisierten Parametern gefahren, wie das Werkzeug keine Anzeichen für ein totales Versagen nach Kategorie 5 nach MITTERLEHNER zeigt.[549] Kleinere Fehler bis hin zu Fehlern der Kategorie 4 werden dokumentiert und in der Analyse berücksichtigt. Nach einer ausreichenden Anzahl von Zyklen ohne Veränderungen an der äußerlichen Form des Werkzeugs, der Spritzlinge oder der aufgezeichneten Temperatur wird der Versuch beendet.

In der Tabelle 5.3 sind alle Versuche eines exemplarischen Vorgehens zur Gestaltung der Verhaltenselemente gelistet. Den Beginn macht ein Basisversuch ohne einen spezifischen Einflussfaktor. Als Werkzeugmaterial wird *Rigur RGD450 (RGD)* verwendet. Die Prozessparameter sind aus einem Vorversuch zur Ableitung der Versuchsgeometrie entnommen und bilden später die untere Grenze für die Versuchsreihe 2. Der Zusammenhang von Zeitparametern ist in Gleichung 5.1 festgehalten und kann für die weitere Modellierung verwendet werden. Eine Erweiterung ist bei Bedarf möglich, wie eine Detaillierung zu anderen Prozessparametern.

$$\begin{aligned} t_Z^{ideal} &= t_E + t_N + t_K^G + t_{Weg} + t_K^O \\ \text{mit } t_K^O &= Rd(t_E + t_N + t_K^G + t_{Weg}) \end{aligned} \tag{5.1}$$

[547] Vgl. Maurice G. KENDALL et al., *Rank Correlation Methods*, 5. ed., A Charles Griffin title (London: Arnold, 1990).

[548] Vgl. R. L. ANDERSON, „Distribution of the Serial Correlation Coefficient", *The Annals of Mathematical Statistics* 13, Nr. 1 (1942): S. 1.

[549] Vgl. MITTERLEHNER, „Auslegung und Charakterisierung additiv gefertigter Formeinsätze für Spritzgießwerkzeuge", S. 69.

Die anvisierte Zykluszeit setzt sich aus der Wegzeit zum Verfahren der Werkzeughälften t_{Weg}, der Einspritzzeit t_E, der Nachdruckzeit t_N, der Kühlzeit im geschlossenen Zustand t_K^G und der Kühlzeit im geöffneten Zustand t_K^O zusammen. Im Gegensatz zu Werkzeugen aus Metall kann für Prototypenwerkzeuge keine Eingrenzung von t_K^G anhand von Werkzeugwandtemperaturen getroffen werden. Daher wird an dieser Stelle auf einen Erfahrungswert aus Vorversuchen zurückgegriffen. Dieser liegt bei $120\,\mathrm{s}$, sodass das Werkzeug mit einem verfestigten Bauteil geöffnet werden kann. Zur Verbesserung der Bauteilqualität muss zusätzlich eine Kühlzeit bei geöffnetem Werkzeug t_K^O vorgesehen werden. Die Vorversuche zeigten teilweise Durchbrüche von Auswerfen, wenn diese Kühlzeit nicht erfolgte. Für die Versuche wird eine t_K^O von $140\,\mathrm{s}$ als untere Grenze festgelegt. Dies entspricht auf eine Sekunde genau der aufgerundeten Summe von der Wegzeit, der Einspritzzeit, der Nachdruckzeit und der Kühlzeit im geschlossenen Zustand, notiert als t_Z^G. Insgesamt ergibt sich daraus die ideale Zykluszeit t_Z^{ideal} von $260\,\mathrm{s}$.

Versuchsreihe	Einflussfaktor	Stufen	Nomenklatur
0	Nicht vorhanden	1	-
1	Werkzeugmaterial	2	XXX_MT_X
2	Zyklusparameter	2×3	PRZ_MT_X
3	Werkzeuggestalt	2×3	XXX_MT_G

Tabelle 5.3: Kurzübersicht der Versuchsreihen

5.2.1.6 Beispiel für die Modellbildung

Auf dieser Grundlage ist die Versuchsreihe 0 der Basisversuch. Im weiteren Verlauf ist der Versuch nach der Nomenklatur aus Tabelle 5.3 auch als 140_RGD_L bezeichnet. Im Rahmen des Beispielvorgehens zur Gestaltung der Verhaltenselemente erfolgt der Versuch mit $t_K^O = 140\,\mathrm{s}$ in einem Referenzwerkzeug aus dem Werkstoff RGD und der Werkzeuggröße L. Die erhobenen Daten sind entlang des Vorgehens zur statistischen Auswertung mit abschließender Modellierung beschrieben und grafisch aufbereitet. Zunächst sind die errechneten Prozesszeiten in einem Boxplot dargestellt. Weiterhin sind die beiden Temperaturverläufe an den Messstellen über die Versuchsdauer aufgetragen. Als Drittes wird der Temperaturverlauf eines statistisch repräsentativen Zyklus im Detail abgebildet. Zuletzt erfolgt die Abbildung verschiedener Modellierungsiterationen zur Ermittlung eines passenden Erklärungsmodells. Die folgenden Ausführungen veranschaulichen beispielhaft die genannten Schritte.

Die Dauer der beiden thermischen Zyklusphasen Erwärmung und Abkühlung sind im Boxplot der Abbildung 5.14 dargestellt. Insgesamt wurden auf dem Werkzeugeinsatz 29 Zyklen gefahren. Die ersten fünf Zyklen sind der Füllstudie zuzuordnen, vier dieser Zyklen sind im Boxplot als untere Ausreißer deutlich erkennbar. Jedoch entspricht der 5. Zyklus bereits den anvisierten Zeiten der Standardzyklen. Weiterhin sind die erzielten Prozessparameter bereits im Soll-Bereich. Die statistische Auswertung der Zyklusphasen erfolgt somit anhand von 25 Werten. Wichtig für diese Analyse sind die beiden berechneten Werte der Erwärmungsdauer und der Abkühldauer. Dabei werden die Abstände zwischen einer gegensätzlichen Temperaturveränderung in den Thermoelementen gemessen. Für den Boxplot maßgeblich sind die Werte des Thermoelements T-E075.

Im Mittel beträgt die Zyklusdauer des Versuchs $253{,}8\,\mathrm{s}$ bei einer Abkühldauer von $198{,}9\,\mathrm{s}$. Die Zyklusdauer ist durchschnittlich $6{,}2\,\mathrm{s}$ geringer als der Soll-Wert von $260\,\mathrm{s}$. Daraus ergeben sich zwei charakteristische Zyklen, die sich zur Eignung der thermischen Dynamik im Werkzeugeinsatz nutzen lassen. Der 19. Zyklus entspricht am ehesten den Mittelwerten von Erwärmungs- und Abkühldauer. Andererseits entspricht der 20. Zyklus am ehesten der anvisierten Soll-Dauer, was in diesem Fall auf eine längere Abkühldauer zurückzuführen ist. Eine längere Abkühldauer entsteht durch das verspätete manuelle Aktivieren des nächsten Zyklus. Statistisch ist dieser Bedienereinfluss in der Standardabweichung zu erkennen. Diese liegt für die Erwärmungsdauer bei $3{,}36$, hingegen bei der Abkühldauer bei $5{,}11$. Die Standardabweichung ergibt sich generell aus der Berechnung. Logisch ist jedoch die Annahme, dass die Erwärmungsdauer in der Länge stabiler ist, da diese im Spritzgießzyklus durch das Einspritzen, den Nachdruck und das Abkühlen bei geschlossenem Werkzeug bestimmt wird.

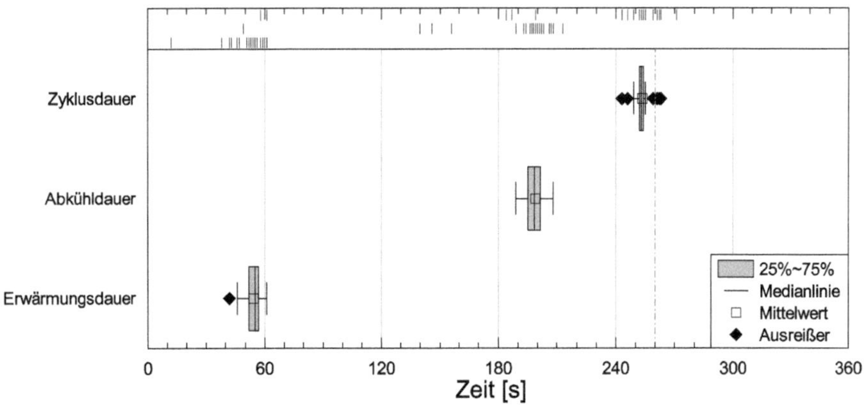

Abbildung 5.14: Boxplot der Zykluszeiten des Versuchs 140_RGD_L[550]

In der Abbildung 5.15 sind die beiden Temperaturkurven der Thermoelemente über die gesamte Dauer des Versuchs aufgetragen. Beide Messstellen weisen vor dem Zyklus einen Wert im Bereich der Raumtemperatur auf. Die Füllstudie ist in beiden Verläufen klar erkennbar. Der Verlauf von $TE - 200$ zeigt hier eine geringere Veränderung der Temperatur durch das Abkühlen. Ebenfalls ist hier bereits zu erkennen, dass die Temperaturen bei $TE - 075$ höher sind als bei $TE - 200$. Nach der Füllstudie nähert sich die maximale Temperatur je Zyklus einem Gleichgewichtswert von $100{,}4\,^\circ\mathrm{C}$ für $TE - 075$ und $93{,}4\,^\circ\mathrm{C}$ für $TE - 200$ an. Für beide Messstellen ist ein Abfall des Maximums mit zunehmender Zyklusanzahl erkennbar. Bei $TE - 075$ verringert sich außerdem die Differenz zwischen Minimum und Maximum. Die minimale Temperatur je Zyklus steigt für

[550] Eigene Darstellung

$TE - 200$ bis zum Ende des Versuches an, wohingegen das Minimum bei $TE - 075$ um $80{,}5\,°C$ schwankt. Als statistisch repräsentativer Zyklus ist der 19. Zyklus in der Abbildung grau hinterlegt.

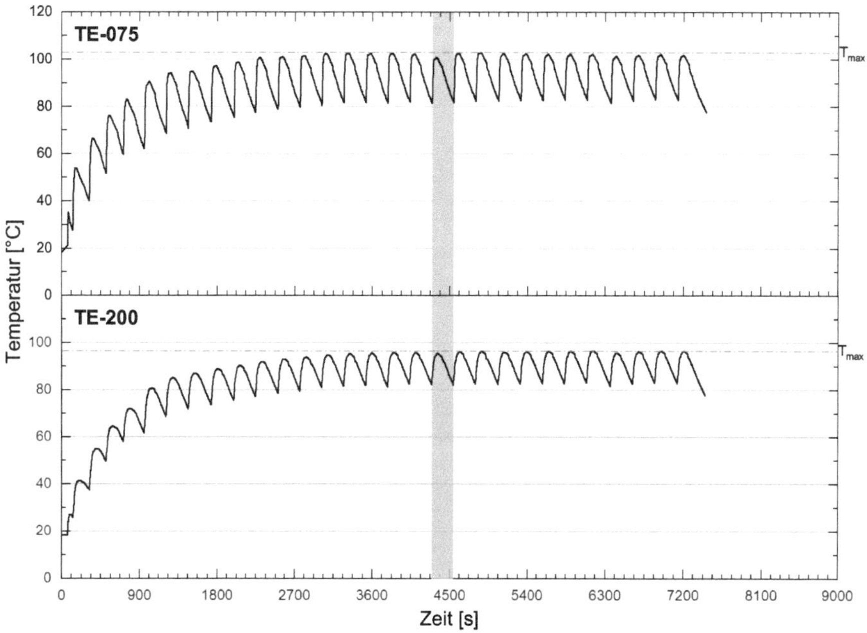

Abbildung 5.15: Temperaturkurve der Thermoelemente des Versuchs 140_RGD_L[551]

Der 19. Zyklus entspricht am ehesten den anvisierten Zykluszeiten und wird daher als Referenz zur Auswertung zyklusspezifischer Daten verwendet. Der Zyklus hat eine Länge von $254\,s$, die sich in $45\,s$ Erwärmungsdauer und $209\,s$ Abkühldauer unterteilen. Die Abweichung von $6\,s$ zur idealen Zykluslänge kann durch die Berechnung auf Basis der Temperaturkurven entstehen oder mit der manuellen Bedienung der Spritzgießanlage begründet werden. Die Abweichung muss in der Modellierung Berücksichtigung finden.

Im Zyklus wird eine maximale Temperatur von $100{,}6\,°C$ für $TE - 075$ und $95{,}3\,°C$ für $TE - 200$ erreicht. Aus den 129 Datenpunkten errechnet sich folgende lineare Regressionsgleichung zur Beschreibung der Heizrate: $h_{19}^{075}(x) = 92,43 + 0,238$. Die Steigung der Geraden entspricht der berechneten Temperaturleitfähigkeit im Temperaturbereich von $84{,}7$ bis $100{,}6\,°C$. Im Vergleich dazu ergibt sich die Gleichung für $TE - 200$ mit $h_{19}^{200}(x) = 85,00 + 0,174$ im Bereich $82{,}3$ bis $95{,}3\,°C$. An den Temperaturverläufen in Abbildung 5.16 lässt sich jedoch ein logarithmischer Verlauf erkennen, welcher aus der Temperaturabhängigkeit der Wärmeleitfähigkeit resultiert. Eine

551 Eigene Darstellung

Modellierung der Heizrate mittels einer logarithmischen Funktion ist an dieser Stelle jedoch nicht zielführend.

Nachdem Erreichen des Maximums fällt die Temperatur weitestgehend linear ab. Die Regression für $TE-075$ ergibt eine negative Steigung von $-0{,}102$ und für den Verlauf von $TE-200$ einen Wert von $-0{,}078$. Somit ist in beiden Fällen die Veränderung für $TE-200$ weniger stark. Dies führt bei der Abkühlung unter anderem dazu, dass die Temperatur von $TE-200$ am berechneten Ende des Zyklus höher liegt als bei $TE-075$. Jedoch fällt die Temperatur im darauffolgenden Zyklus noch etwas ab, obwohl bereits neue Wärme eingetragen wird. Diese Phasenverschiebung ist ein wichtiges Merkmal zur Charakterisierung der Zyklen. Mit der zeitlichen Verschiebung der Temperaturniveaus entstehen im Querschnitt des Werkzeugeinsatzes Isothermen, die je nach verwendetem Kunststoff andere mechanische Eigenschaften aufweisen. Für den 19. Zyklus liegt die Phasenverschiebung $\varphi_{19}^{140-RG-L}$ bei $28\,\mathrm{s}$. Im weiteren Verlauf kann die Phasenverschiebung als eine Verzögerung beschrieben werden. Die Verzögerung tritt durch die Wärmeleitfähigkeit auf. Im Falle eines adiabatischen Systems würde der Temperaturverlauf des Zyklus für $TE-200$ dem Verlauf von $TE-075$ gleichen. Die Wärme müsste jedoch über einen längeren Weg diffundieren und würde so das Signal am Thermoelement später auslösen. In der Realität besteht neben der Verzögerung, auch eine Reduktion der Intensität, denn die Wärme kann in weitere Richtungen diffundieren, sodass weniger Energie am Thermoelement $TE-200$ ankommt. Zusammengefasst besteht die Phasenverschiebung aus zwei Komponenten, der zeitlichen und der thermischen Differenz.

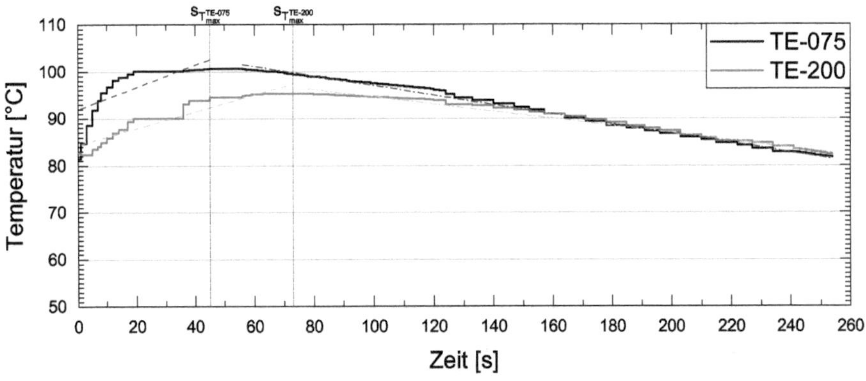

Abbildung 5.16: Beispielzyklus des Versuchs 140_RGD_L[552]

Nach der Füllstudie folgen charakteristische Zykluskurven mit einem Maximum und zwei Minima. Die Minima liegen zu Beginn und am Ende des Zyklus, sind jedoch nicht zwangsläufig auf dem gleichen Temperaturniveau. Zur Modellierung der Kurven ist dies eine entscheidende Information zur Wahl des passenden Modells für die Ausgleichsrechnung. Eine lineare Ausgleichsgerade scheidet aufgrund der Gestalt der Kurven aus. Ferner können auch verschiedene nicht lineare

552 Eigene Darstellung

Funktionen für eine Ausgleichsrechnung infrage kommen. Auf Basis der Kurvengestalt kommen dazu ganzrationale Funktionen und Verteilungsfunktionen infrage. Mithilfe eines Rangmodells und den beiden Informationskriterien AIC und BIC, sowie dem Bestimmtheitsmaß R^2, wird anhand des exemplarischen Zyklus Nr. 19 von 140_RGD_L das passende Modell zur Berechnung der Ausgleichsfunktion ausgewählt.

Die Ergebnisse dieser Analyse sind in Tabelle 5.4 dargestellt. Demnach ist eine Polynomfunktion 9. Grades am besten geeignet, eine Ausgleichsfunktion zu beschreiben. Über alle drei Kriterien hinweg ist die Wertung besser als bei den nächsten Alternativen. Jedoch sind Polynome eines höheren Grades komplexere Terme und entsprechend schwerfällig in der weiteren Verwendung. Der Unterschied zu einer Bi-Gaussian-Verteilung, also der Faltung zweier Gaussverteilungen mit unterschiedlichen Niveaus, ist gering. Der Vorteil einer Bi-Gaussian-Ausgleichsfunktion liegt in der Interpretation der einzelnen Terme.

Funktionen	**AIC**	**BIC**	**R²**
Poly	$-175{,}241$	$-152{,}728$	$0{,}998$
Bigaussian	$-117{,}316$	$-104{,}084$	$0{,}995$
Giddings	$50{,}716$	$61{,}888$	$0{,}956$
Cubic	$68{,}660$	$79{,}832$	$0{,}945$
Lorentz	$83\,746{,}000$	$94{,}918$	$0{,}933$
Gauss	$86{,}347$	$97{,}519$	$0{,}931$
Gaussian	$86{,}347$	$97{,}519$	$0{,}931$
Weibull3	$281{,}858$	$295{,}089$	$0{,}242$
Poisson	$348{,}202$	$354{,}169$	$-0{,}017$

Tabelle 5.4: Rangfolge möglicher Ausgleichsfunktionen

Eine Bi-Gaussian-Verteilung ist eine multimodale Verteilung, die durch eine Faltung zweier Gauss-Verteilungen am Punkt x_c entsteht. Beide Verteilungen haben eine Basis y_0 und die Höhe H. Die erste Verteilung hat bis zu x_c die Breite w_1. Mit wachsenden x folgt die Breite w_2 für die zweite Verteilung. Der Logik entsprechend kann w_1 als die Dauer der Erwärmung des Werkzeugs an der Messstelle interpretiert werden. w_2 entspricht daher der Dauer der Abkühlung des Werkzeugs. Die aufgenommenen Werte der Versuche werden mit der Bi-Gauß-Funktion gefittet. Die berechneten Funktionsparameter sind dann auf Ausreißer zu überprüfen, denn die Kurvenanpassung kann nicht konvergieren. Solche misslungenen Fits sollten nicht in das Modell aufgenommen werden. Zudem ist es sinnvoll, die Fits für Zyklen, deren Zykluszeiten nicht im Toleranzbereich der Dauern liegen, für die weitere Modellierung zu maskieren. Zur Ermittlung einer signifikant besseren modellierten Anpassungsfunktion für alle Zyklen werden die Werte des Fits eines realen Zyklus normalisiert. Die Normalisierung ergibt die sogenannten Parameterkonstanten y_0', H', x_c', w_1' und w_1'. Die normalisierten Werte können zur Vorhersage eines Zyklusverlaufs mit einer ermittelten Starttemperatur T_0 multipliziert werden. Der Zusammenhang ist in Gleichung 5.2 zusammengefasst.

$$y(T_0) = y_0'T_0 + H'T_0e^{-0.5\left(\frac{x-x_c'T_0}{w_1'T_0}\right)^2} \quad (x < x_c)$$
$$y(T_0) = y_0'T_0 + H'T_0e^{-0.5\left(\frac{x-x_c'T_0}{w_2'T_0}\right)^2} \quad (x \geq x_c) \qquad (5.2)$$

Beispielhaft dient die Modellierung des Versuchs 140_RGD_L zur Darstellung der Gestaltungsmöglichkeiten. Auf Basis der Versuchsdaten können für $TE-200$ und für $TE-075$ alle Zyklen mit einem Modell einer Bi-Gauß-Funktion beschrieben werden. Für den exemplarischen Zyklus beschreibt dieses Modell die Erwärmungsphase für beide Thermoelemente ausreichend gut. Bis x_c weicht die abgedeckte Fläche des Modells um $0{,}92\,\%$ von der Fläche unter den gemessenen Werten nach oben ab. Der Unterschied ist für $TE-075$ größer als für $TE-200$. Ab x_c verschlechtert sich die Abbildung des Modells. Dies gilt besonders für das Thermoelement $TE-075$, denn die Fläche unter der modellierten Kurve deckt $8{,}72\,\%$ mehr Fläche ab. Demnach ist die folgende Modellfunktion für den exemplarischen Zyklus zwar eine passende Näherung, insbesondere bei Werten kleiner x_c, könnte diese jedoch noch verbessert werden. Die Modellfunktionen für $TE-075$ bzw. $TE-200$ sehen wie folgt aus:

$$y(T_0) = 0{,}87703T_0 + 0{,}38981T_0e^{-0.5\left(\frac{x-0{,}22979T_0}{0{,}15512T_0}\right)^2} \quad (x < x_c)$$
$$y(T_0) = 0{,}87703T_0 + 0{,}38981T_0e^{-0.5\left(\frac{x-0{,}22979T_0}{1{,}94535T_0}\right)^2} \quad (x \geq x_c) \qquad (5.3)$$

$$y(T_0) = 0{,}79157T_0 + 0{,}3714T_0e^{-0.5\left(\frac{x-0{,}68081T_0}{0{,}6203T_0}\right)^2} \quad (x < x_c)$$
$$y(T_0) = 0{,}79157T_0 + 0{,}3714T_0e^{-0.5\left(\frac{x-0{,}68081T_0}{2{,}20338T_0}\right)^2} \quad (x \geq x_c) \qquad (5.4)$$

Zuletzt erfolgt die Interpretation der analysierten Daten. Im vorliegenden Beispiel des Basisversuchs 140_RGD_L zeigt sich exemplarisch das thermische Verhalten eines additiven Prototypenwerkzeugs aus einem duroplastischen Material. Die charakteristische Sägezahnkurve des Temperaturverlaufs innerhalb des Werkzeugs lässt bereits hier Rückschlüsse auf die Dynamik der mechanischen Eigenschaften während der Nutzung solcher Werkzeuge zu. Die Bildung von Isothermen im Querschnitt des Einsatzes führt zu Schwankungen in der Integrität der Struktur. Dies verursacht mutmaßliche Veränderungen bei der Maßhaltigkeit der Spritzlinge. Weiterhin entstehen durch die dynamischen thermischen Verhältnisse unterschiedliche Spannungen im Spritzling, die sich durch Verzug zeigen. Dieser wird potenziell verstärkt, wenn durch die dynamischen Wärmeverhältnisse Spritzlinge zu früh aus dem Werkzeug ausgeworfen werden. Mit dem Modell kann bereits die maximale Temperatur des Formeinsatzes auf Basis der gleichen Prozesseinstellungen und Randbedingungen genähert werden. Voraussetzung ist die Kenntnis über die Starttemperatur des Formeinsatzes.

Anhand des exemplarischen Vorgehens kann nun die Gestaltung der einzelnen Verhaltenselemente detailliert werden. Die Reihenfolge der Verhaltenselemente ist durch die Nutzenden individuell zu wählen. Dies verursacht Unterschiede in der Versuchsplanung zur Gewinnung der empirischen

Daten. Im Folgenden wird mit dem Verhaltenselement der Werkzeugmaterialeigenschaften begonnen. Darauffolgend wird das Verhaltenselement der Prozesssteuerung erläutert. Zuletzt wird die Werkzeuggestaltung detailliert.

5.2.2 Werkzeugmaterialeigenschaften

Das Verhaltenselement der Werkzeugmaterialeigenschaften bereitet die Grundlage zu der anwendungsbezogenen Materialauswahl auf Basis eines vereinfachten, aber spezifizierten Materialmodells. Die beiden Gestaltungsaspekte sind in Abbildung 5.17 veranschaulicht. Dieses Materialmodell kann durch die Nutzenden erweitert werden oder als struktureller Ausgangspunkt eines eigenen Materialmodells dienen. Zur Gestaltung sollte jedoch berücksichtigt sein, dass es sich um ein vereinfachtes Modell handelt. Der Detaillierungsgrad übersteigt den von physikalischen Modellen hinsichtlich der Praktikabilität, weist jedoch keine Vollständigkeit auf. Dies bedürfte eines komplexen Versuchsplans. Dessen Ergebnis könnte einen hohen Nutzen aufweisen, allerdings auch einen ebenso hohen Aufwand bedeuten. Mit den Anforderungen an das Gestaltungsmodell im Fokus würde dies der dritten formalen Anforderung widersprechen. So muss der Fokus auf einer Vereinfachung liegen, welche mittels eines exemplarischen Vorgehens bis zu Modellierung veranschaulicht wird. Die Modellierung stellt dann die Informationsbasis für die Auswahlentscheidung zur Verfügung.

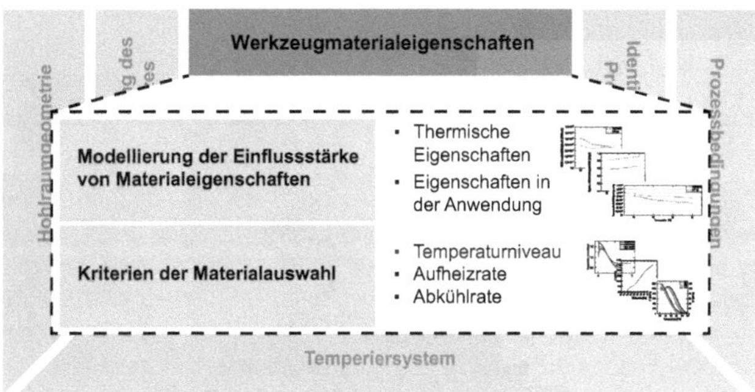

Abbildung 5.17: Gestaltungsaspekte der Werkzeugmaterialauswahl[553]

Ausgehend vom Basisversuch 140_RGD_L kann im Rahmen des Verhaltenselements das Materialmodell mit der Vielzahl am Markt für additive Werkstoffe erhältlichen Alternativen erarbeitet werden. Diese Alternativen sind, wie in Kapitel 3.1 erläutert, teilweise in Studien erprobt. In Bezug auf die thermische Auslegung sind trotz dieser Studien weiterhin offene Fragen vorhanden. Die bisherigen Untersuchungen fokussieren die Standzeit der Werkzeugeinsätze einerseits und die Materialeigenschaften der Spritzlinge andererseits. Eine Betrachtung der Interdependenzen der thermischen Eigenschaften und Verhaltens der Materialien mit den Werkzeugeinsätzen findet

[553] Eigene Darstellung

nicht statt. Der folgende Versuch dient nun der Analyse des Einflusses von unterschiedlichen Materialeigenschaften auf das thermische Verhalten und die Ausprägung der Zielgröße, Standzeit und Bauteilqualität.

5.2.2.1 Versuchsaufbau zur Datenerhebung

Als Materialien für die Werkzeugeinsätze werden das für den Basisversuch verwendete RGD und das Formlabs High Temp v2 (HTP) genutzt. In Tabelle 5.5 sind einige Eigenschaften der Materialien zusammengefasst. Während die Materialeigenschaften sich unterscheiden, bleiben der Werkzeugeinsatz und die Prozessparameter gleich. Daraus ergeben sich die spezifischen Kennungen der Versuche: 140_HTP_L für den Formeinsatz mit dem Material von FORMLABS und 140_RGD_L. Die Daten für 140_RGD_L werden aus dem Basisversuch übernommen. Die Interpretation beider Datensätze der Spritzgießversuche erfordert jedoch ein detaillierteres Bild über die thermischen Eigenschaften der beiden Materialien.

Funktionen	Beschreibung	Bruchdehnung [%]	Wärmeformbeständigkeit 1,8 MPa [°C]
Rigur RGD450	Polypropylen-simulierendes Photopolymer	20–35	45–50
Formlabs High Temp v2	Kunstharz für Temperaturfestigkeit	2,3–3,3	120–238

Tabelle 5.5: Eigenschaften analysierter Werkzeugmaterialien

Als relevante thermische Eigenschaften sind die Temperaturleitfähigkeit α, die spezifische Wärmekapazität c_p und die Wärmleitfähigkeit λ zu betrachten. Die thermischen Eigenschaften der Materialien lassen sich über geeignete Prüfverfahren ermitteln. Die Temperaturleitfähigkeit wird mit einer Laser-Flash-Analyse (LFA) experimentell nach ASTM E-1461[554] ermittelt. Für die Messungen sind entsprechende Proben hergestellt worden und vakuumisoliert an ein Prüflabor versendet worden. Die Analyse erfolgte auf einem LINSEIS *PT1000 LFA* - $1600\,°\mathrm{C}$ Laser Flash System. Im Versuch wurden die Probentemperatur mit einer Toleranz von $\pm 0{,}5\,\mathrm{K}$ bestimmt. Zur Berechnung der Temperaturleitfähigkeit wurde zwischen $20\,°\mathrm{C}$ und $80\,°\mathrm{C}$ in $20\,°\mathrm{C}$-Schritten drei Messwerte aufgenommen und gemittelt. Die Ergebnisse sind in Abbildung 5.18 aufgetragen.

In der Abbildung 5.18a sind auch die Ergebnisse für die spez. Wärmekapazität grafisch dargestellt. Die Temperaturleitfähigkeit ist erwartungsgemäß temperaturabhängig und fällt für beide Materialien mit steigender Temperatur ab. Dabei ist α_{RG} kleiner als α_{HT} und nimmt außerdem schneller ab. Der höchste Wert von $0{,}1138\,\frac{\mathrm{mm}^2}{\mathrm{s}}$ ist im Vergleich zu anderen Kunststoffen etwas niedriger. Für die spez. Wärmekapazität kehrt sich der Vergleich zwischen RGD und HTP um. c_p liegt um

554 Vgl. ASTM AMERICAN SOCIETY FOR TESTING AND MATERIALS, *Verfahren für die Prüfung der Temperaturleitfähigkeit mittels Flash-Verfahren*, 1461:2013.

etwa $0{,}02\,\frac{\mathrm{J}}{\mathrm{g\,K}}$. Die Ermittlung der spez. Wärmekapazität erfolgte, wie bei der Temperaturleitfähigkeit, ebenfalls durch ein externes Prüflabor mittels einer Dynamische Differenzkalorimetrie (DSC) auf einer LINSEIS *Chip-DSC-10*.

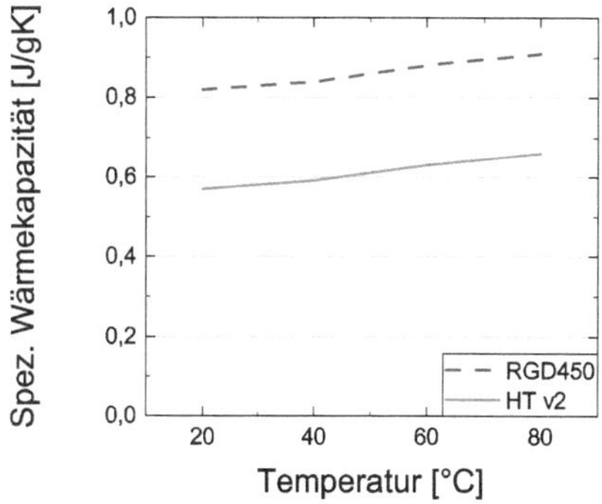

(a) Spez. Wärmekapazität

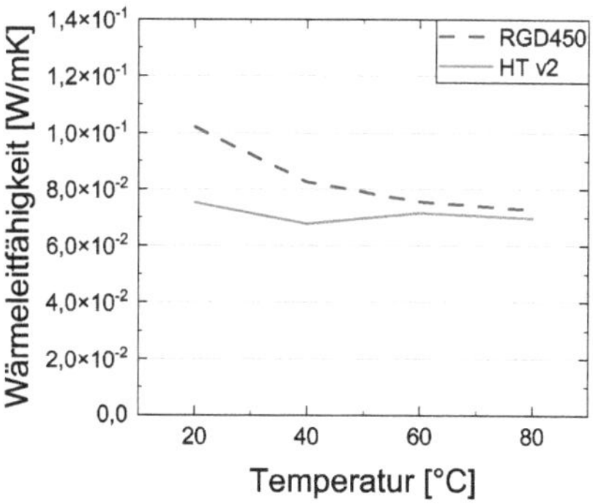

(b) Wärmeleitfähigkeit

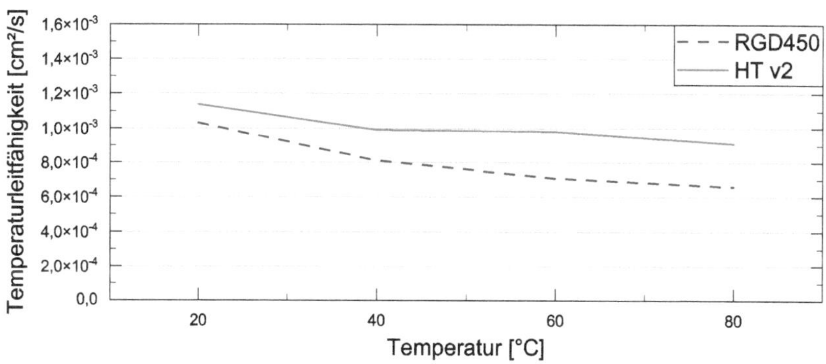

(c) Temperaturleitfähigkeit

Abbildung 5.18: Vergleich der thermischen Eigenschaften[555]

Aus den Werten der spez. Wärmekapazität und der Temperaturleitfähigkeit kann die Wärmleitfähigkeit mit der folgenden Formel berechnet werden:

$$\lambda = \alpha * \varphi * c \tag{5.5}$$

Daraus ergeben sich $\lambda_{HT}^{20\,°\mathrm{C}} = 0{,}075\,\frac{\mathrm{W}}{\mathrm{m\,K}}$ und $\lambda_{RG}^{20\,°\mathrm{C}} = 0{,}102\,\frac{\mathrm{W\,K}}{\mathrm{m}}$. Jedoch sinkt λ_{RG} schneller ab, sodass in dem relevanten Bereich von $> 80\,°\mathrm{C}$ der Unterschied zwischen den beiden Materialien zu

555 Eigene Darstellung

vernachlässigen ist. Generell sind die experimentell ermittelten und berechneten Werte deutlich niedriger als anhand von Literaturquellen zu erwarten wäre. Einerseits ist die Herstellung der genauen Probengeometrie in den additiven Verfahren nicht immer optimal, andererseits sind Materialien nach der Verarbeitung im Verfahren nicht vollständig isotrop und können Fehlstellen aufweisen. Solche Fehlstellen führen in den hochgenauen Analysemethoden der Materialanalytik zu abweichenden Werten.

Neben den thermischen Eigenschaften ist für Kunststoffe das mechanische Verhalten in Abhängigkeit von der Temperatur ein wichtiges Qualitätskriterium. Insbesondere die Werkzeugeinsätze sind auf eine dynamische Art und Weise verschiedenen thermischen und mechanischen Belastungen ausgesetzt. Daher wird für RGD und HTP eine Dynamisch-mechanische Analyse (DMA)[556] durchgeführt. Abbildung 5.19 zeigt die ermittelten Masterkurven für RGD und HTP.

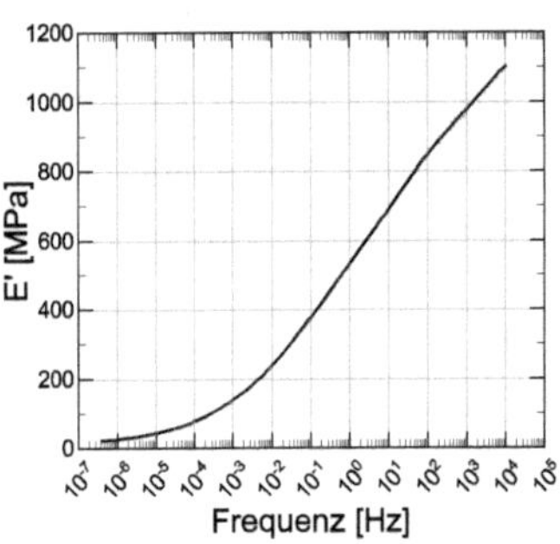

(a) Frequenzabhängige Masterkurve für RGD

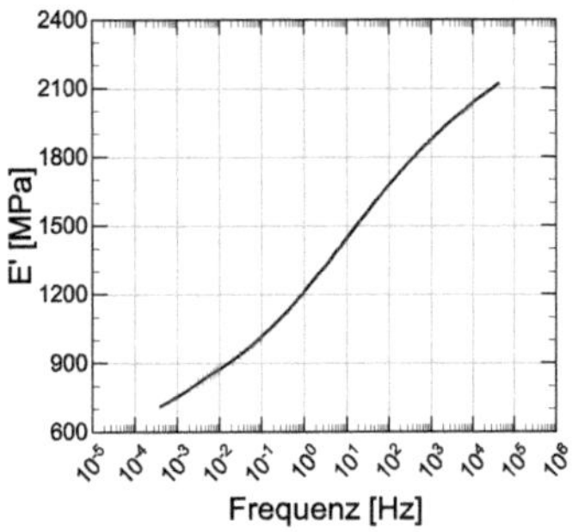

(b) Frequenzabhängige für HTP

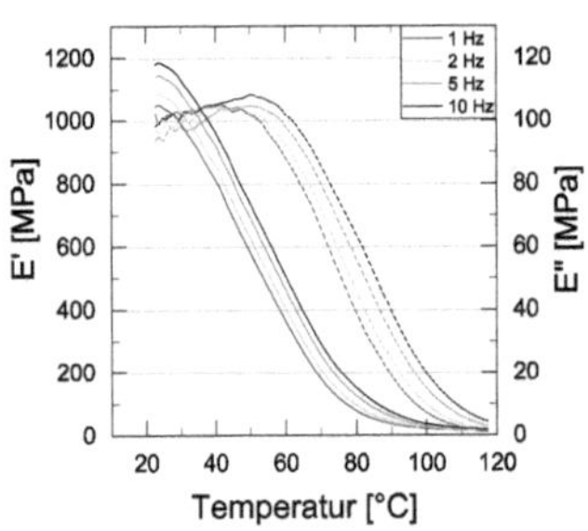

(c) Temperaturabhängige Masterkurven für RGD

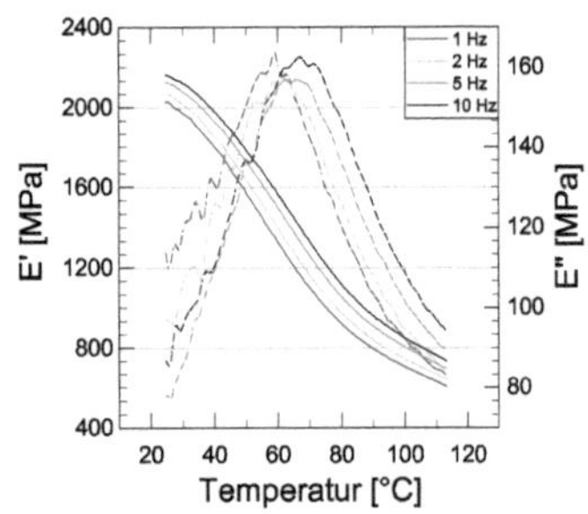

(d) Temperaturabhängige Masterkurven für HTP

Abbildung 5.19: Ergebnisse der dynamisch-mechanischen Analyse[557]

556 Mehr Informationen in DALLNER und EHRENSTEIN („Thermische Einsatzgrenzen von Kunststoffen: Teil II: Dynamisch-Mechanische Analyse unter Last")

557 Eigene Darstellung

5.2.2.2 Analyse des Materialeinflusses

In Abbildung 5.20 sind einmal die bekannten Dauern der beiden thermischen Zyklusphasen Erwärmung und Abkühlung von 140_HTP_L dargestellt. Während für 140_RGD_L insgesamt 29 Zyklen gefahren wurden, kommt der Werkzeugeinsatz von 140_HTP_L auf 23 Zyklen. Die ersten sechs Zyklen von 140_HTP_L sind der Füllstudie zuzuordnen, wobei zu Beginn der Studie bereits bekannte Parameter aus 140_RGD_L verwendet wurden. Der letzte der 2 Zyklen ist nicht vollständig dokumentiert, daher wird die statistische Auswertung der Zyklusphasen bei 140_HTP_L anhand von 13 Werten erfolgen.

Im Mittel beträgt die Zyklusdauer des Versuchs 140_HTP_L $248{,}5\,\mathrm{s}$ bei einer durchschnittlichen Abkühldauer von $178{,}8\,\mathrm{s}$. Die Zyklusdauer ist im Mittel $11{,}5\,\mathrm{s}$ kürzer als der Sollwert von $260\,\mathrm{s}$. Im Vergleich von 140_RGD_L mit 140_HTP_L weichen die Mittelwerte von 140_HTP_L um $-2{,}12\,\%$, $26{,}90\,\%$ und $-10{,}13\,\%$ ab. Für den Versuch 140_HTP_L ist der 16. Zyklus der durchschnittliche Zyklus und der 17. Zyklus mit der kleinsten Abweichung zum Sollwert. Die Standardabweichung liegen bei $5{,}52$ für die Erwärmungsdauer und für die Abkühldauer bei $4{,}36$. Hier ist nun die Abkühldauer in ihrer berechneten Länge stabiler. Dies ist neben der deutlichen Verschiebung von der Abkühldauer zur Erwärmung ein weiteres Indiz für einen Materialeinfluss.

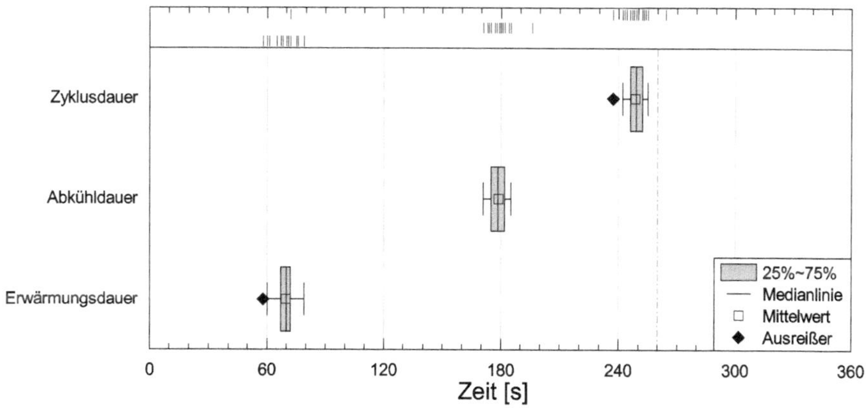

Abbildung 5.20: Boxplot der Zykluszeiten des Versuchs 140_HTP_L[558]

In der Abbildung 5.21 ist als Vergleich zur Abbildung 5.15 die Temperaturkurve von 140_HTP_L für das Thermoelement $TE-075$ über die gesamte Dauer des Versuchs aufgetragen. Trotz der längeren Erwärmungsdauer erreicht der Formeinsatz aus HTP nicht die maximale Temperatur von RGD. Die Differenz beträgt $3\,°\mathrm{C}$ bei einem kleineren Maximum von $99{,}8\,°\mathrm{C}$ für 140_HTP_L. Der Verlauf von 140_HTP_L zeigt neben der niedrigeren Maximaltemperatur auch eine geringere Abnahme der Temperatur während der Abkühlphase. Nach der Füllstudie nähert sich die maximale Temperatur je Zyklus einem Gleichgewichtswert von $99{,}0\,°\mathrm{C}$ für $TE-075$ an. Ab

558 Eigene Darstellung

den Zyklen Nr. 11 für das Maximum und Nr. 12 für das Minimum zeigen die Ergebnisse keinen Trend mehr, sodass das Werkzeug bei $TE - 075$ in einem eingeschwungenen Zustand ist. Die Differenz zwischen Minimum und Maximum beträgt in diesem Zustand durchschnittlich $16{,}5\,°\mathrm{C}$. Der Vergleich mit RGD ist durch den Trend des Minimums bei 140_RGD_L nur eingeschränkt sinnvoll. Dennoch ist der Abstand zu der durchschnittlichen Differenz $20{,}4\,°\mathrm{C}$ deutlich sichtbar.

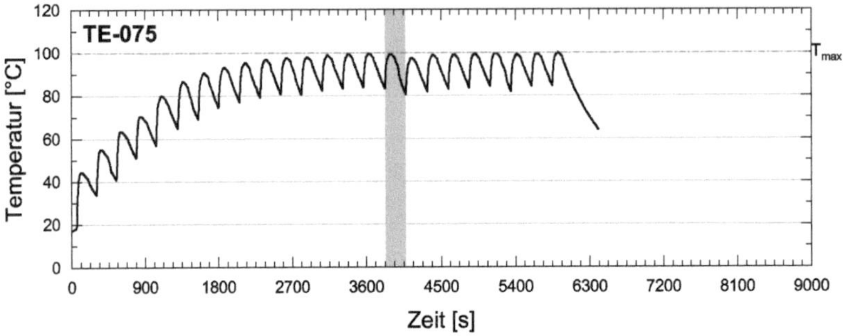

Abbildung 5.21: Temperaturkurve des Thermoelementes $TE - 075$ für den Versuch 140_HTP_L[559]

Die Abbildung 5.22 zeigt die beiden Temperaturkurven von 140_RGD_L und 140_HTP_L für das Thermoelement $TE - 200$ über die gesamte Dauer des Versuchs. Für dieses Thermoelement weisen die beiden Materialien ein fast identisches Maximum über den Versuch auf. Die Differenz beträgt $0{,}4\,°\mathrm{C}$ bei einem kleineren Maximum von $96{,}1\,°\mathrm{C}$ für 140_HTP_L. Das Gleichgewichtsmaximum ab Zyklus Nr. 11 von 140_HTP_L beträgt $94{,}9\,°\mathrm{C}$ und ab Zyklus Nr. 18 von 140_RGD_L $96{,}1\,°\mathrm{C}$. Für beide Versuchsreihen ist die Differenz zwischen gleichgewichtigen Mittelwerten geringer als beim Thermoelement $TE{-}075$. Die Unterschiede zwischen den Materialien, wo 140_RGD_L bei $13{,}7\,°\mathrm{C}$ und 140_HTP_L bei $12{,}7\,°\mathrm{C}$ liegen, sind nicht signifikant.

Die Daten des Versuchs und die Ergebnisse der deskriptiven Analysen zeigen keine eindeutigen Hinweise auf eine Materialabhängigkeit der Temperaturentwicklung im Formeinsatz. Eine geringere Temperatur, sowohl für das Maximum, als auch für das Minimum für das tieferliegende Thermoelement stellt keine Besonderheit da. Die Wärme kann weiter verteilt werden, bevor es die Schicht von $2\,\mathrm{mm}$ erreicht. Entsprechend ist auch die geringere Differenz zu erklären. Hier zeigt sich zumindest ein kleiner Unterschied zwischen den Materialien, denn der Versuch mit RGD zeigt in allen Fällen höhere Temperaturen. Eine detaillierte Analyse eines exemplarischen Zyklus ermöglicht die genaue Einordnung dieser Beobachtungen.

Im Versuch 140_HTP_L entspricht der 16. Zyklus am nächsten den anvisierten Zykluszeiten und liegt gleichzeitig im Gleichgewichtsbereich. Der Zyklus setzt sich aus $70\,\mathrm{s}$ Erwärmungsdauer und $178\,\mathrm{s}$ Abkühldauer zu einer Gesamtlänge von $248\,\mathrm{s}$ zusammen. Wie bereits zu 140_RGD_L angemerkt kann die Abweichung, hier $12\,\mathrm{s}$, zur idealen Zykluslänge durch die Modellierung auf

559 Eigene Darstellung

Basis der Temperaturkurven entstehen oder mit der manuellen Bedienung der Spritzgießanlage begründet werden. Für den Vergleich der beiden Materialien ist die Differenz der Zykluslängen zu berücksichtigen.

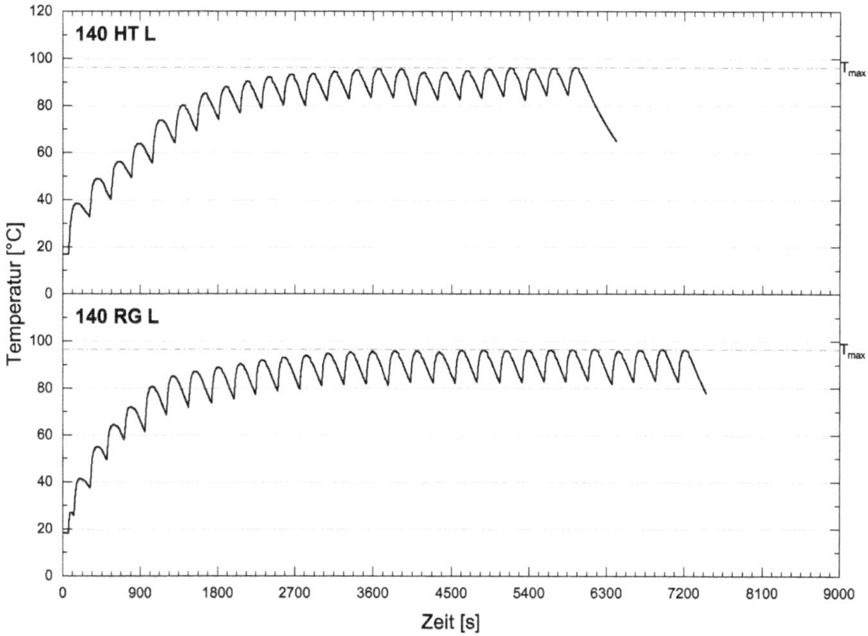

Abbildung 5.22: Temperaturkurve des Thermoelementes $TE - 200$ für die Versuche 140_MAT_L[560]

Im Zyklus wird eine maximale Temperatur von 99,4 °C für $TE - 075$ und 95,5 °C für $TE - 200$ erreicht. Insgesamt stehen 137 Datenpunkte zur Berechnung der linearen Regressionsgleichung zur Verfügung. Die Gleichung der Heizrate ergibt sich zu $h_{16}^{075}(x) = 89,33 + 0,190$,wobei der Startpunkt der Regression eine Temperatur von 85 °C ist. Im Vergleich dazu ergibt sich die Gleichung für $TE - 200$ mit $h_{16}^{200}(x) = 85,00 + 0,156$ im Bereich 83,4 °C bis 95,5 °C. Die Temperaturverläufe in Abbildung 5.23 zeigen ebenfalls einen logarithmischen Verlauf, welcher aus der Temperaturabhängigkeit der Wärmeleitfähigkeit resultiert. Entsprechend hat die lineare Anpassung für die Erwärmungsphase bei 140_HTP_L nur einen R^2-Wert von 0,78 für $TE - 075$ und 0,90 für $TE - 200$. Letzterer unterstreicht das isothermische Profil im Formeinsatz.

Nach dem erreichen des Maximums fällt die Temperatur nahezu linear ab. Der R^2-Wert der linearen Anpassung beträgt hier 0,97 für beide Thermoelemente. Die lineare Regression für $TE -$

560 Eigene Darstellung

075 ergibt eine negative Steigung von $-0,102$ und für den Verlauf von $TE-200$ einen Wert von $-0,078$. Somit ist für beide Materialien die Verringerung für $TE-200$ kleiner. Auch für 140_HTP_L liegt die Temperatur von $TE-200$ am berechneten Ende des Zyklus höher als bei $TE-075$. Ein Vergleich zwischen 140_HTP_L und 140_RGD_L kann auf Basis der vorliegenden linearen Regression nur begrenzt durchgeführt werden.

Die Modellierung wird daher auf der vorgestellten Bi-Gauß-Funktion durchgeführt. Im Versuch 140_HTP_L können für $TE-200$ alle Zyklen und für $TE-075$ alle Zyklen mit einem Modell einer Bi-Gauß-Funktion beschrieben werden. Im exemplarischen Zyklus deckt dieses Modell die Erwärmungsphase gut ab. Die integrierte Fläche des Modells bis x_c ist $1{,}72\,\%$ größer als die Fläche unter den gemessenen Werten. Der Unterschied ist für $TE-075$ größer als für $TE-200$. Mit Werten der Abkühlungsphase verschlechtert sich die Abbildung, insbesondere für $TE-075$. Das Modell deckt $5{,}72\,\%$ mehr Fläche ab. Demnach ist die folgende Modellfunktion für den exemplarischen Zyklus eine passende Näherung insbesondere bei Werten kleiner x_c. Die Modellfunktionen für $TE-075$ bzw. $TE-200$ sehen wie folgt aus:

$$\begin{aligned} y(T_0) &= 0,74998T_0 + 0,45349T_0 e^{-0.5\left(\frac{x-0,48208T_0}{0,46716T_0}\right)^2} \quad (x < x_c) \\ y(T_0) &= 0,74998T_0 + 0,45349T_0 e^{-0.5\left(\frac{x-0,48208T_0}{2,28659T_0}\right)^2} \quad (x \geq x_c) \end{aligned} \tag{5.6}$$

$$\begin{aligned} y(T_0) &= 0,78977T_0 + 0,35928T_0 e^{-0.5\left(\frac{x-0,84354T_0}{0,79255T_0}\right)^2} \quad (x < x_c) \\ y(T_0) &= 0,78977T_0 + 0,35928T_0 e^{-0.5\left(\frac{x-0,84354T_0}{2,08454T_0}\right)^2} \quad (x \geq x_c) \end{aligned} \tag{5.7}$$

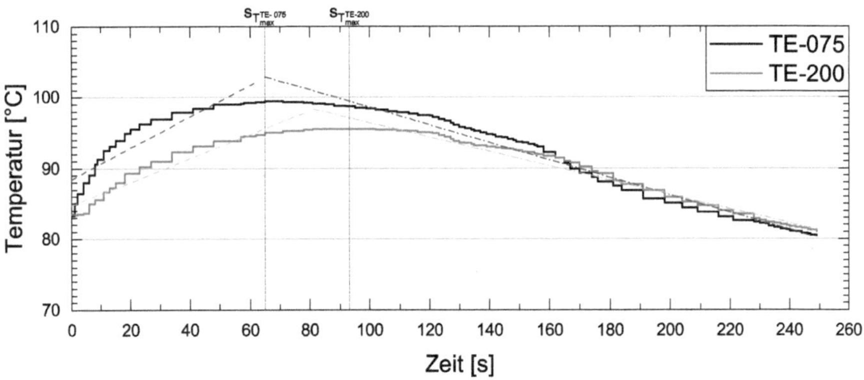

Abbildung 5.23: Beispielzyklus für den Versuch 140_HTP_L[561]

561 Eigene Darstellung

5.2.2.3 Zusammenfassung des Verhaltenselementes Werkzeugmaterialeigenschaften

Ziel dieses Verhaltenselements ist die Schaffung der Grundlagen zur Auswahl eines Werkzeugmaterials, welches passend zu den Anforderungen der thermischen Auslegung von additiven Prototypenwerkzeugen erscheint. Notwendiger Zwischenschritt für Erreichung dieses Ziels ist die Gestaltung eines Materialmodells. Die Ausführung zeigen die Vorgehensweise und die Interpretation einzelner Abschnitte der Erarbeitung des Materialmodells. Im Ergebnis sind die exemplarischen Modelle für das Material RGD und HTP für die Anwendung nutzbar und geben Anhaltspunkte über das Verhalten eines Materials über die dokumentierten Werte von Standardeigenschaften hinaus. Unterschiede zwischen den beiden Materialien sind erkennbar, sowohl in den Standardeigenschaften als auch in der experimentellen Datenerhebung und der Modellierung dieser Daten. Die anwendungsbezogene Auswahl kann nun anhand des Materialmodells spezifiziert werden. Nutzende können anhand einer Darstellung, wie Abbildung 5.24, das erwartbare Temperaturniveau sowie die Aufheizgeschwindigkeit und Abkühlgeschwindigkeit in Abhängigkeit eines Materials bestimmen und so eine erste Auswahl treffen. Die Kriterien können zur besseren Entscheidungsfindung in einer Matrix für einen paarweisen Vergleich aufgetragen werden. Diese Transparenz stellt einen Vorteil dar, sobald das Materialmodell über die hier vorgestellten Einflussfaktoren hinaus detailliert wird.

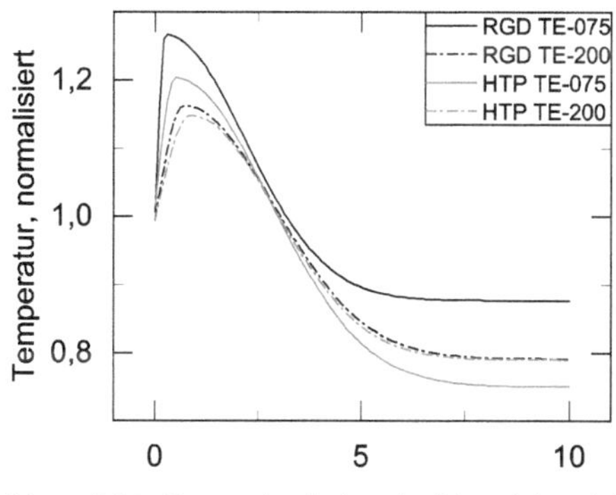

Abbildung 5.24: Kurvensimulation der Materialmodelle[562]

5.2.3 Prozesssteuerung

Im Verhaltenselement wird die Basis für eine zyklusorientierte Parameterauswahl entwickelt. Nach der Betrachtung des Materials als Einflussfaktor erfolgt die Untersuchung hinsichtlich des Einflusses von Prozessparametern. Diese Gestaltungsaspekte fasst Abbildung 5.25 zusammen. Im Fokus steht die Modellierung des Einflusses von Zyklusparametern als Prozessparameter. Die Frage, welcher Prozessparameter sinnvollerweise variiert werden sollte, liegt im Entscheidungsbereich der Nutzenden des Gestaltungsmodells. Das Verhaltenselement soll lediglich das strukturierte

[562] Eigene Darstellung

Vorgehen veranschaulichen. Dabei liegt der Fokus weniger auf der Betrachtung aller möglichen Parameter im Spritzgießen, sondern vielmehr auf einem Parameter, der in der praktischen Anwendung additiver Prototypenwerkzeugen eine Leistungssteigerung ermöglicht und in der Praxis einfach umgesetzt werden kann. Analog zum Verhaltenselement der Werkzeugmaterialeigenschaften ist es für Nutzende notwendig, eine Erweiterung selbstständig durchzuführen. Der Aufwand für eine allgemeine Detaillierung über die vorgestellten Parameter steht in einem ungünstigen Verhältnis zum Nutzen des Gestaltungsmodells.

Das Vorgehen zur Gestaltung des Verhaltenselementes startet mit dem Ergebnis des Basisversuchs 140_RGD_L. Der Fokus liegt damit auf der Modellierung des Einflusses der Prozessparameter für das Material Rigur RGD450. Dies stellt insofern eine Erweiterung des Materialmodells dar, als dass weitere Faktoren in die Modellierung integriert werden. Für die Extraktion der prozessspezifischen Einflussstärke wird eine zweite Versuchsreihe mit einem anderen Material benötigt. Im Vergleich der Materialien kann dann der Einfluss des Prozessparameters bestimmt werden. Als zweites Material kommt wieder HTP zum Einsatz.

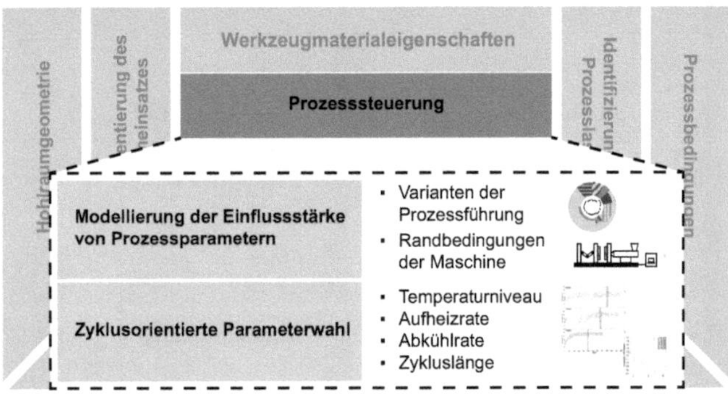

Abbildung 5.25: Gestaltungsaspekte der Prozesssteuerung[563]

5.2.3.1 Versuchsaufbau zur Datenerhebung

Die möglichen Variablen zur Analyse der Parameterabhängigkeit des thermischen Verhaltens sind vielzählig. Diese Vielzahl von möglichen Variablen lassen sich anhand der Einstellparameter einer Spritzgießmaschine einordnen und sortieren. Auf eine detaillierte Aufzählung wird an dieser Stelle verzichtet, stattdessen sollen drei Kategorien von Variablen näher erläutert werden: materialbezogene Parameter, maschinenbezogene Parameter, zyklusbezogene Parameter. Die materialbezogenen Parameter umfassen unter anderem die Temperaturniveaus in der Schnecke, sowie die Düsentemperatur. Für maschinenbezogene Parameter sind die Schneckendrehzahl oder auch die Dosiergeschwindigkeit als Beispiele zu nennen. Zuletzt gibt es noch zyklusbezogene Parameter wie die Nachdruckzeit.

563 Eigene Darstellung

Auf Basis der beschriebenen Szenarien in Kapitel 2.4 sind die zyklusbezogenen Parameter für die Untersuchung besonders relevant. Materialbezogene Parameter können nur in einem engen Rahmen verändert werden und sind üblicherweise durch den spezifischen Anwendungsfall fixiert. Die herzustellenden Bauteile sollen bestimmte Materialeigenschaften aufweisen, sodass die erforderlichen Bedingungen eingehalten werden müssen. Zwar müssen die Wechselwirkungen zwischen den eingestellten Parametern für das Spritzgießmaterial und dem des Werkzeugeinsatzes berücksichtigt werden. Eine solche Frage bezieht sich nicht auf die thermische Auslegung, sondern auf die anvisierten Bauteileigenschaften und ist damit hier nicht von Interesse.

Die maschinenbezogenen Parameter umfassen Einstellmöglichkeiten, die nur indirekt auf die thermische Bilanz des Werkzeugeinsatzes wirken. Die Schneckendrehzahl oder auch die Dosiergeschwindigkeit erzeugen lediglich eine Variation der Menge an geschmolzenem Material in der Hohlgeometrie. Diese sollte jedoch im Sinne der Szenarien in Kapitel 2.4 weitestgehend definiert sein. Für die Herstellung nutzbarer Bauteile sind starke Schwankungen zu vermeiden. Mit Sicherheit ist es auch hier sinnvoll, in einem anderen Kontext eine Analyse durchzuführen, dennoch überwiegen die Gründe für die Verkürzung des Versuchs um maschinenbezogene Parameter.

Als letzte Gruppe bleiben daher die zyklusbezogenen Parameter. Insbesondere die Variation der Kontaktzeit des Formeinsatzes mit der heißen Formmasse bzw. die Variation Nicht-Kontaktzeit lassen auf Einflüsse auf die thermische Bilanz schließen. Wie bereits beschrieben setzt sich die Zykluszeit aus der Wegzeit zum Verfahren der Werkzeughälften t_{Weg}, der Einspritzzeit t_E, der Nachdruckzeit t_N, der Kühlzeit im geschlossenen Zustand t_K^G und der Kühlzeit im geöffneten Zustand t_K^O zusammen. Eine Variation dieser Zeit verspricht für den Versuch neue Erkenntnisse. Während die Wegzeit t_{Weg}, die Einspritzzeit t_E, die Nachdruckzeit t_N keine Variation zulassen, können für die Kühlzeit im geschlossenen Zustand t_K^G und die Kühlzeit im geöffneten Zustand t_K^O Anpassungen vorgenommen werden. Aus den ersten Versuchen ist jedoch ersichtlich, dass die Kühlzeit im geöffneten Zustand t_K^O für die Einhaltung von möglichen Einsatzgrenzen der Formeinsatzmaterialien relevanter ist.

Als erste Stufe für t_K^O wird die bisher verwendete Dauer von $100\,\%$ von t_K^G mit $140\,\mathrm{s}$ genutzt. Im Versuchsplan werden zusätzliche zwei weitere Stufen vorgesehen. Die Struktur ist dabei angelehnt an ein Central-Composite-Design.[564] Zum aktuellen Zeitpunkt ist unklar, ob der Zusammenhang von t_K^O und der Temperatur quadratisch ist. Diese Vermutung liegt jedoch nahe, da die Wärmeleitung im Werkzeugeinsatz orts- und temperaturabhängig ist. Aus empirischen Daten mit kleineren Werten als $140\,\mathrm{s}$ ist bekannt, dass die hergestellten Bauteile für das Entformen nicht ausreichend erstarrt sind, daher wird der Versuchsplan um längere Zeiten erweitert. Als weitere Stufen wurden $210\,\mathrm{s}$ und $280\,\mathrm{s}$ festgelegt. Eine Übersicht ist in Tabelle 5.6 dargestellt. Somit steigt t_K^O zur 2. Stufe um $50\,\%$ und zur 3. Stufe um $100\,\%$. Empirische Daten mit anderen Geometrien legen nahe, dass eine solche Steigerung zu sichtbaren Effekten an den Bauteilen führen kann. Dies lässt eine signifikante Veränderung der Temperatur an den Thermoelementen zu erwarten. Es ergeben sich die spezifischen Kennungen der Versuche: „140_MAT_L“ für die 1. Stufe, sowie für die Stufe 2 „210_MAT_L“ und für die 3. Stufe „280_MAT_L“. Die Daten für 140_RGD_L werden aus dem Basisversuch übernommen. Daten zu 140_HTP_L werden aus dem Verhalteselement

564 Vgl. SIEBERTZ et al., *Statistische Versuchsplanung*, S. 40 f.

Werkzeugmaterialeigenschaften wiederverwendet. Zu 210_RGD_L, 210_HTP_L, 280_RGD_L und 280_HTP_L erfolgt eine eigene Datenerhebung.

Parameterbezeichnung	Formelzeichen	Wert
Kurz	t^O_{Kk}	$140\,\mathrm{s}$
Mittel	t^O_{Km}	$210\,\mathrm{s}$
Lang	t^O_{Kl}	$280\,\mathrm{s}$

Tabelle 5.6: Zusammenfassung der Parametervarianten der offenen Kühlzeit

5.2.3.2 Analyse des Parametereinflusses

Die Abbildung 5.26 zeigt die Übersicht der Zyklusphasen als Boxplot sortiert nach den anvisierten t^O_K. Die Daten beruhen für alle drei Versuche auf einer unterschiedlichen Anzahl von vollständigen Zyklen. Während für 140_RGD_L insgesamt 23 Zyklen in die Statistik eingehen, kommt der Werkzeugeinsatz von 210_RGD_L ebenfalls auf 23 Zyklen und 280_RGD_L auf 21 Zyklen. Hierbei sind die Zyklen der Füllstudien bereits exkludiert. Ebenfalls sind statistisch signifikante Ausreißer nicht in die Auswertung aufgenommen.[565] Die Werte für HTP befinden sich im Anhang in Abbildung 3.

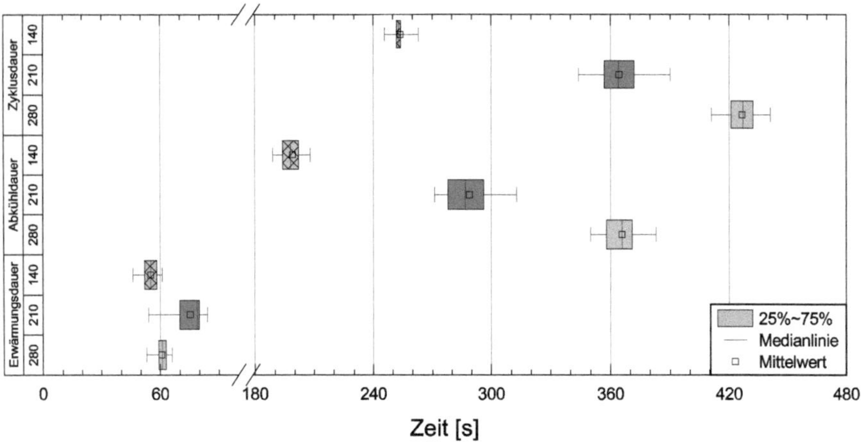

Abbildung 5.26: Boxplot der Zykluszeiten der Versuche PRZ_RGD_L[566]

[565] Grubbs-Ausreißertest mit einem Signifikanzniveau von 0,05

[566] Eigene Darstellung

Im Mittel beträgt die Zyklusdauer des Versuchs 210_RGD_L $364{,}3\,\mathrm{s}$ bei einer durchschnittlichen Abkühldauer von $289{,}0\,\mathrm{s}$. Die Zyklusdauer ist im Mittel $34{,}3\,\mathrm{s}$ kürzer als der Sollwert von $330\,\mathrm{s}$. Im Versuch 280_RGD_L liegt der Mittelwert der Zyklusdauer bei $426{,}43\,\mathrm{s}$ gegenüber einem Sollwert von $400\,\mathrm{s}$. Dabei beträgt die durchschnittliche Abkühldauer $365{,}8\,\mathrm{s}$. Diese Daten deuten auf einen direkten Zusammenhang zwischen t_K^O und der Abkühldauer hin. Diese direkte Proportionalität ist einerseits zu erwarten, allerdings sollte der Proportionalitätsfaktor auf Grund der Platzierung der Thermoelemente von 1 abweichen. Der Anteil der Abkühldauer an der Zyklusdauer steigt von $78{,}7\,\%$ bei 140_RGD_L, auf $79{,}4\,\%$ bei 210_RGD_L und auf $85{,}9\,\%$ bei 280_RGD_L. Der Anstieg der Anteile ist logisch, da die Einstellungen bezüglich Wegzeit, Einspritz-, Nachdruck und Kühlzeit im geschlossenen Zustand nicht verändert sind. Die Daten der Erwärmungsdauer legen nahe, dass der Versuch 210_RGD_L in der Durchführung hinsichtlich t_K^G von den anderen beiden abweicht. Hier ist die mittlere Dauer bei 210_RGD_L um $15\,\mathrm{s}$ bzw. $21\,\mathrm{s}$ größer als bei 280_RGD_L und 140_RGD_L. Dies wird bei der Betrachtung der weiteren Daten überprüft und berücksichtigt. Insgesamt muss ebenfalls der steigende Fehler durch die manuelle Bedienung und die gesamte Zyklusdauer im Vergleich zu 140_RGD_L bei der Analyse beachtet werden.

Die Abbildung 5.27 enthält Temperaturkurven am $TE-075$ für die Versuche 140_RGD_L, 210_RGD_L, 280_RGD_L über die gesamte Dauer der Reihen. Die Füllstudie ist für 140_RGD_L klar erkennbar. Für die beiden anderen Versuche liegen keine vollständigen Füllstudien vor. In den Verläufen von 210_RGD_L und 280_RGD_L sind jeweils bei zwei Zyklen Abweichungen zu sehen. Die Ursache für diese Abweichungen liegt in der Versuchsdurchführung. Bei den zwei ersten Abweichungen der beiden Verläufe lagen Fehler in der Maschine vor. Die beiden späteren Abweichungen zeigen Fehler beim Auswerfen der Bauteile aus dem Formeinsatz. Merkmale dafür sind die minimalen Veränderungen in der Abkühlrate zwischen $2883\,\mathrm{s}$–$2972\,\mathrm{s}$ bei 210_RGD_L und zwischen $2765\,\mathrm{s}$–$2790\,\mathrm{s}$ bei 280_RGD_L.

Der Unterschied in den maximalen Temperaturen der drei Versuche ist eindeutig erkennbar. 140_RGD_L erreicht mit $102{,}8\,°\mathrm{C}$ die höchste Temperatur. Sowohl 210_RGD_L als auch der Versuch 280_RGD_L, liegen beide mit $93{,}5\,°\mathrm{C}$ und $91{,}2\,°\mathrm{C}$ deutlich unter $100\,°\mathrm{C}$. Der geringe Unterschied zwischen 210_RGD_L und 280_RGD_L gibt einen ersten Hinweis auf das Gleichgewicht für die spezifische Kombination im Anwendungsfall aus Hohlgeometrie, Formmasse und Formeinsatzmaterial. Diese Annahme kann durch einen Vergleich mit den HTP-Versuchen spezifiziert werden. Diese sind im Detail in der Abbildung 4 im Anhang zu finden. Hier liegt die maximale Temperatur beim $140\,\mathrm{s}$-Versuch bei $99{,}8\,°\mathrm{C}$. Bei 280_HTP_L liegt das Maximum bei $86{,}5\,°\mathrm{C}$ und, von den Ausreißern in der Zyklusdauer abgesehen, bei $93{,}5\,°\mathrm{C}$ für 210_HTP_L. Im Vergleich von $TE-075$ zum tieferliegenden Thermoelement $TE-200$ sind die Temperaturen beim Erstgenannten erwartungsgemäß höher. Allerdings weichen die maximalen Temperaturen von 210_RGD_L und 280_RGD_L mit $90{,}5\,°\mathrm{C}$ bzw. $79{,}9\,°\mathrm{C}$ deutlich stärker voneinander ab, als es in der Reihe von $TE-075$ der Fall ist. Für die HTP-Versuche weisen die Ergebnisse für $TE-200$ eine stärkere Parallelität im Vergleich zu den RGD-Versuchen auf. Hier liegen die maximalen Temperaturen für 140_HTP_L bei $96{,}1\,°\mathrm{C}$, für 210_HTP_L bei $95{,}1\,°\mathrm{C}$ und bei $87{,}8\,°\mathrm{C}$ für 280_HTP_L. Zur Übersicht sind die Daten in Tabelle 5.7 zusammengefasst und die weiteren Versuchsreihen in den Abbildung 5 und Abbildung 6 im Anhang abgebildet.

Für die Analyse der Zusammenhänge liefern die Differenzen zwischen Maximum und Minimum weitere Hinweise auf die Zusammenhänge zwischen Material und Prozessparameter. Offensichtlich ist der Einfluss der zusätzlichen Zeit mit geöffnetem Werkzeug. Dennoch zeigen die beiden Materialien ein unterschiedliches Verhalten. Während das Maximum für beide Materialien für $TE-075$ auf einem ähnlichen Niveau liegt, gibt es signifikante Unterschiede für die Werte am $TE-200$. Die Werte für RGD sind in allen Reihen niedriger, insbesondere fällt das Maximum für RGD in allen Reihen stärker als bei HTP. Die minimalen Temperaturen zeigen das gleiche Bild.

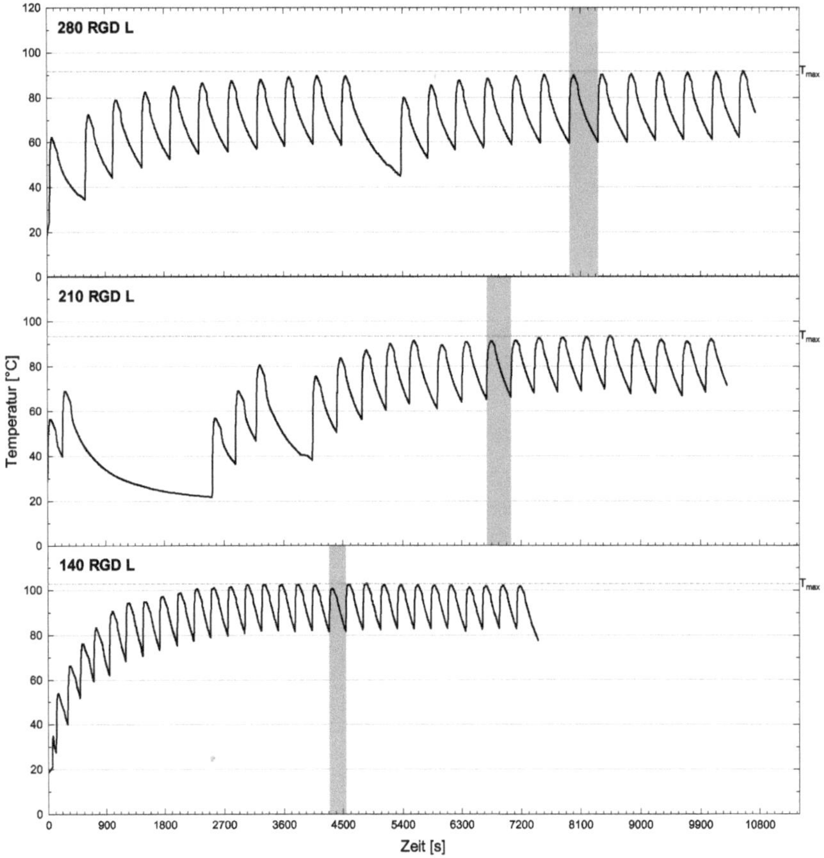

Abbildung 5.27: Temperaturkurve des Thermoelementes $TE-075$ der Versuche PRZ_RGD_L[567]

[567] Eigene Darstellung

Zusätzlich bestätigen die mittleren Differenzen diesen Eindruck. Auch hier sind die Differenzen zwischen Minimum und Maximum, insbesondere bei $TE - 075$ signifikant unterschiedlich. Lediglich bei $TE - 200$ sind die Unterschiede nicht mehr erkennbar. Abschließend ist festzuhalten, dass RGD stärker durch die Veränderungen der Prozessparameter beeinflusst wird.

Versuch	**Maximum [°C]**		**Differenz [°C]**	
	$TE - 075$	$TE - 200$	$TE - 075$	$TE - 200$
140_RGD_L	102,8	96,5	27,5	19,1
140_HTP_L	99,8	96,1	16,9	21,6
210_RGD_L	93,5	90,5	23,9	17,2
210_HTP_L	93,5	95,1	18,9	15,7
280_RGD_L	91,2	79,9	37,4	19,9
280_HTP_L	86,5	87,8	23,2	19,6

Tabelle 5.7: Zusammenfassung von Maximal- und Differentialwerten

Die Detailbetrachtung der exemplarischen Zyklen liefert weitere Hinweise auf die Wirkzusammenhänge. Zunächst werden die charakteristischen Zyklen der Versuchsreihen 210_MAT_L und 280_MAT_L beschrieben. Für 140_MAT_L sind die entsprechenden Zyklen bereits in Kapitel 5.2.1.6 und Kapitel 5.2.2 vorgestellt. Im Versuch 210_RGD_L ist Zyklus Nr. 13 den Sollwerten am nächsten, liegt jedoch außerhalb des eingeschwungenen Bereiches. Dieser beginnt mit dem Zyklus Nr. 15 und ist für minimale und maximale Temperaturen für beide Thermoelemente ab dem 18. Zyklus erreicht. Daher wird der Zyklus Nr. 24 als Beispielzyklus weitergehend analysiert und ist in Abbildung 7a dargestellt. Die Gesamtdauer beträgt $367\,\mathrm{s}$ bei einer Abkühldauer von $287\,\mathrm{s}$. Im Zyklus 210_RGD_L-24 wird eine maximale Temperatur von $91{,}9\,°\mathrm{C}$ für $TE-075$ und $89{,}1\,°\mathrm{C}$ für $TE - 200$ erreicht. Insgesamt stehen 149 Datenpunkte zur Berechnung der linearen Regressionsgleichung zur Verfügung. Die Gleichung der Heizrate ergibt sich zu $h_{24}^{075}(x) = 77,03+0,291x$. Im Vergleich dazu ergibt sich die Gleichung für $TE - 200$ mit $h_{24}^{200}(x) = 74,96 + 0,172x$. Nach dem erreichen des Maximums fällt die Temperatur weitestgehend linear ab. Die Regression für $TE - 075$ ergibt eine negative Steigung von $-0,087$ und für den Verlauf von $TE - 200$ einen Wert von $-0,064$.

Dem gegenüber steht im Versuch 210_HTP_L der Zyklus Nr. 15 mit einer Abkühldauer von $259\,\mathrm{s}$ und einer Gesamtlänge von $349\,\mathrm{s}$. Für den 210_HTP_L-15 liegt die maximale Temperatur bei $93{,}1\,°\mathrm{C}$ für $TE - 075$ und bei $94{,}1\,°\mathrm{C}$ für $TE - 200$. Trotz des früheren Zeitpunkts im Versuch werden höhere Temperaturen ausgewiesen. Aus den 216 Datenpunkten berechnet sich per linearer Regressionsgleichung die Gleichung für die Heizrate zu $h_{15}^{075}(x) = 80,72 + 0,225x$. Für das tieferliegende Thermoelement ist die Gleichung $h_{15}^{200}(x) = 81,14+0,163x$. Der folgende Abfall ist, wie bei 210_RGD_L-24, nahezu linear. Die Regression für $TE - 075$ errechnet eine negative Steigung von $-0,080$ und für den Verlauf von $TE - 200$ einen Wert von $-0,068$.

Für die Versuche 280_RGD_L und 280_HTP_L sind die Zyklen Nr. 18 respektive Nr. 13 charakteristisch. Der 18. Zyklus bei 280_RGD_L ist $427\,\mathrm{s}$ und teilt sich in $61\,\mathrm{s}$ Erwärmungsdauer und

366 s Abkühldauer. Bei 280_HTP_L ist der 13. Zyklus 418 s lang, wobei die Erwärmungsdauer 103 s und die Abkühldauer 315 s beträgt. Im Zyklus 280_RGD_L-18 steigt die Temperatur auf maximal 89,9 °C für $TE-075$ und auf 78,3 °C für $TE-200$. Insgesamt stehen 209 Datenpunkte zur Berechnung der linearen Regressionsgleichung zur Verfügung. Mit $h_{18}^{075}(x) = 76,85 + 0,263x$ liegt die Steigung etwas über der von 210_RGD_L-13, bei einem ähnlichen Niveau des Wertes der Konstante. Für $TE - 200$ lautete die Gleichung $h_{18}^{200}(x) = 65,64 + 0,122x$. Hier liegt die Konstante etwas niedriger, ebenso wie die Steigung. Die Abkühlung ist erneut weitestgehend linear wie in Abbildung 7b dargestellt. Die Regression für $TE - 075$ ergibt eine negative Steigung von $-0,085$ und für den Verlauf von $TE - 200$ einen Wert von $-0,042$.

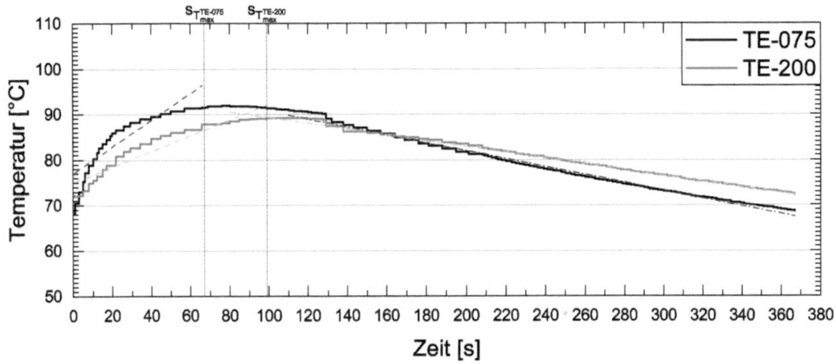

(a) 210_RGD_L

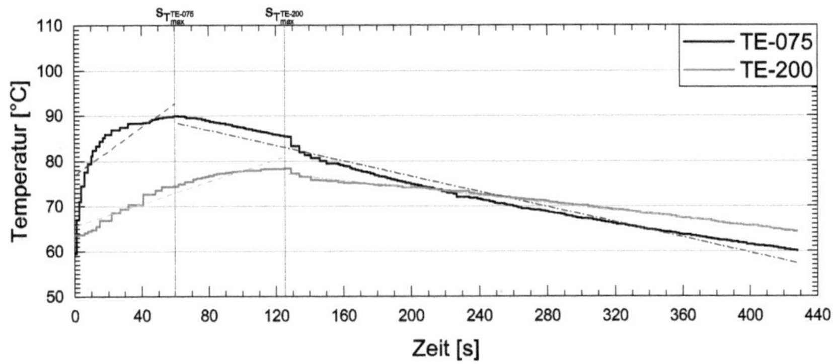

(b) 280_RGD_L

Abbildung 5.28: Beispielzyklen des Versuchs PRZ_RGD_L[568]

568 Eigene Darstellung

Im Zyklus 280_HTP_L-13 wird eine maximale Temperatur von 84,3 °C für $TE-075$ und 86,2 °C für $TE-200$ erreicht. Insgesamt stehen 257 Datenpunkte zur Berechnung der linearen Regressionsgleichung zur Verfügung. Die Gleichung der Heizrate ergibt sich zu $h_{13}^{075}(x) = 71,49 + 0,164x$. Sowohl die Steigung also auch die Konstante weichen von 210_HTP_L-15 ab. Bei $TE-200$ errechnet die Regression die Gleichung als $h_{13}^{200}(x) = 70,12 + 0,193x$. Die Erwärmungs- und die Kühlungskurve sind in Abbildung 7 im Anhang gezeigt. Für die Abkühlung zeigt der Versuch kleinere Unterschiede zu 210_HTP_L-15. Für $TE-075$ beträgt die negative Steigung $-0,066$ und bei $TE-200$ $-0,064$.

Die Bi-Gauß-Funktion dient auch für dieses Verhaltenselement als Basis für die Modellierung. Für 210_MAT_L können für beide Thermoelemente alle Zyklen mit einer Bi-Gauß-Funktion beschrieben werden. Der Unterschied zwischen den realen Werten und der Modellierung ist für die Erwärmungsphase bei $TE-075$ von 210_RGD_L mit einer Abweichung von 1,30 % in der abgedeckten Fläche, gering. Auch im Versuch 210_HTP_L beträgt die Abweichung nur 0,79 %. Während die 140_MAT_L -Versuche für die Abkühlphasen eine schlechtere Übereinstimmung von Modell und Realwerten aufweisen, sind die Abweichungen für die 210_MAT_L mit −0,39 % und 0,2 % noch geringer. Die integrierte Fläche des Modells ist für das Thermoelement $TE-200$ bis x_c um 0,56 % bzw. 0,06 % größer als die Fläche unter den gemessenen Werten für die Erwärmung. Für die Abkühlung deckt das Modell −0,20 % bzw. −0,02 % weniger Fläche ab. Zusammenfassend ist das Modell für 210_HTP_L etwas besser geeignet. In Tabelle 5.8 sind die Konstanten des Modells für 210_MAT_L nach Versuchen zusammengefasst, aus denen sich nach Gleichung 5.2 die Modellfunktionen bilden.

Versuch	**Thermoelement**	y_0'	H'	x_c'	w_1'	w_2'
210_HTP_L	075	0,906 16	0,355 86	0,517 49	0,366 11	2,616 61
210_HTP_L	200	0,906 33	1,053 67	0,294 50	0,736 85	2,250 06
210_RGD_L	075	0,926 05	0,894 56	0,302 96	0,553 75	2,494 68
210_RGD_L	200	0,936 17	0,530 09	0,413 10	0,337 41	2,510 31

Tabelle 5.8: Berechnete Parameterkonstanten für den Versuch 210_MAT_L

Die Bi-Gauß-Funktion eignet sich auch zur Beschreibung aller Zyklen von 280_MAT_L über beide Thermoelemente hinweg. In der Erwärmungsphase bei $TE-075$ erzeugt die Integration der Modellfunktion für 280_RGD_L bis x_c eine 1,84 % größere Fläche. Für 280_HTP_L beträgt die Abweichung nur 0,58 %. Die Abkühlphase für 280_HTP_L kann mit einer kleinen Abweichung von −0,07 % modelliert werden. Eine Modellierung von 280_RGD_L zeigt hier eine Abweichung von 1,56 %. Für das Thermoelement $TE-200$ funktioniert die Modellierung in der Erwärmungsphase besser. Die Abweichungen liegen mit 0,58 % für 280_RGD_L und 0,04 % für 280_HTP_L unter den Werten des Vergleichs von $TE-075$. Die Abkühlungsphase kann für 280_RGD_L ähnlich gut modelliert werden. Hier weicht das Modell um 1,51 % ab. Bei 280_HTP_L verschlechtert sich das Modell und weicht um −1,34 % von den realen Daten ab. Abschließend ist festzustellen, dass die Modellierung für 280_HTP_L die realen Daten besser wiedergibt als bei 280_RGD_L.

Mit den Werten in Tabelle 5.8 können die Konstanten für die Gleichung 5.2 gebildet werden und die Modellfunktion für 280_MAT_L hergeleitet werden.

Versuch	**Thermoelement**	y_0'	H'	x_c'	w_1'	w_2'
280_HTP_L	075	0,936 04	0,890 54	0,378 52	0,607 89	3,058 92
280_HTP_L	200	0,915 65	1,090 29	0,357 50	0,694 43	3,018 32
280_RGD_L	075	1,056 49	0,437 89	0,513 12	0,206 92	2,656 13
280_RGD_L	200	0,954 18	1,317 68	0,270 76	0,710 04	3,327 18

Tabelle 5.9: Berechnete Parameterkonstanten für den Versuch 280_MAT_L

Die Art des Versuchsaufbaus lässt eine Abschätzung zu, ob der Einfluss der Kühlzeit bei offenem Werkzeug linear ist. Tabelle 5.10 zeigt die interpolierten Werte für 210_MAT_L aus den Modellen von 140_MAT_L und 280_MAT_L für beide Thermoelemente und die Abweichungen zum realwertbasierten Modell. Die Güte des Modells aus der Interpolation wird aus dem Vergleich mit dem exemplarischen Zyklus ermittelt. Hierbei zeigen sich für 210_HTP_L im Thermoelement $TE-075$ Abweichungen in den Temperaturen T_0, T^{max} und T_E von $-0{,}74\,°C$, $0{,}06\,°C$ und $-2{,}09\,°C$. Somit kann von einer guten Näherung der maximalen Temperatur auch durch das interpolierte Modell ausgegangen werden. Kritisch ist die Abweichung der Zyklusendtemperatur. Beide Vermutung werden durch die Ergebnisse für $TE-200$ nicht bestätigt. Hier liegen die Abweichungen bei $-0{,}45\,°C$, $0{,}70\,°C$ und $-0{,}54\,°C$ auf einem gleichen Betragsniveau. Die Gestalt der interpolierten Zykluskurve ist flacher als für das realwertbasierte Modell. Die Interpolation für 210_RGD_L erzeugt ebenfalls Abweichungen. Diese sind mit $3{,}74\,°C$ und $-2{,}31\,°C$ für T^{max} für beide Thermoelemente deutlich erkennbar.

Interpolation	**Thermoelement**	y_0'	H'	x_c'	w_1'	w_2'
210_HTP_L	075	0,843 01	0,686 31	0,416 01	0,537 52	2,672 76
	Δ	−0,063	0,169	0,060	0,171	0,056
210_HTP_L	200	0,852 71	0,966 92	0,358 39	0,743 49	2,551 43
	Δ	−0,054	−0,087	0,064	0,007	0,301
210_RGD_L	075	0,966 76	0,333 84	0,451 46	0,181 02	2,300 74
	Δ	0,041	−0,561	0,149	−0,373	−0,194
210_RGD_L	200	0,872 88	0,999 24	0,321 08	0,665 17	2,765 28
	Δ	−0,063	0,469	−0,092	0,328	0,255

Tabelle 5.10: Interpolierte Parameterkonstanten für den Versuch 210_MAT_L

5.2.3.3 Zusammenfassung des Verhaltenselementes Prozesssteuerung

Dieses Verhaltenselement soll die Grundlage für eine zyklusorientierte Parameterauswahl bilden. Die Ausführungen zeigen die Vorgehensweise zur Erzeugung eines Prozessmodells anhand der Kühlzeit bei offenem Werkzeug. Das Modell beschreibt den Einfluss der Kühlzeit auf die Temperatur im Formeinsatz und kann somit Aufschluss über die Wahl der Zyklusparameter geben, um z. B. Verformung von nicht voll-erstarrten Bauteilen zu vermeiden. Das exemplarische Modell kann weiterhin zur Erweiterung des Materialmodells von Kapitel 5.2.2 eingesetzt werden. Im exemplarischen Vorgehen sind bereits RGD und HTP berücksichtigt. Hinsichtlich der erzeugten Ergebnisse bietet sich die Modellierung mit einer zweifachen gefalteten Gaußfunktion an. Die Güte der Näherung über einen Zyklus ist global gesehen gut. Hinsichtlich der Extremwerte T_0, T^{max} und T_E ist mit Abweichungen zu rechnen. Diese sind vernachlässigbar, denn die Abweichungen liegen im Bereich von $\pm 1{,}5\,\%$. Für die Steuerung hingegen ist zu berücksichtigen, dass die modellierten Zeitpunkte für T^{max} vor dem tatsächlichen Zeitpunkt liegen könnten. Im Zusammenhang mit der tendenziell zu hoch prognostizierten Temperatur kann weiterhin ein möglicher Zeitpunkt zur Entformung festgelegt werden.

Die zyklusorientierte Parameterauswahl kann nun anhand des Prozessmodells durchgeführt werden. Nutzende können anhand einer Darstellung wie Abbildung 5.29 das erwartbare Temperaturniveau sowie die Aufheizgeschwindigkeit und Abkühlgeschwindigkeit abhängig von der Kühlzeit bestimmen und passende Vorgaben für den Prozess machen. Die Abbildung 5.29b zeigt die unbeständige Modellierung zu RGD. Analog zum Verhaltenselement der Werkzeugmaterialeigenschaften ist es für Nutzende möglich, eine Erweiterung um weitere Prozesseinstellungen, z. B. Nachdruckzeit selbstständig durchzuführen.

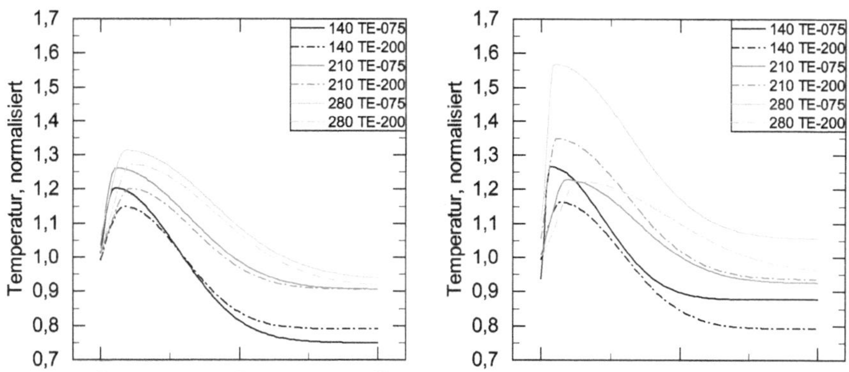

(a) Prozessmodell für HTP

(b) Prozessmodell für RGD

Abbildung 5.29: Kurvensimulation der Prozessmodelle[569]

[569] Eigene Darstellung

5.2.4 Werkzeuggestaltung

Dieses Verhaltenselement strukturiert den Einfluss der Werkzeuggestaltung auf die thermische Auslegung. Als dritter Einflussfaktor erzeugt die Veränderung der Bauteil- oder der Werkzeuggeometrie neue Verhältnisse in der Wärmebilanz des Formeinsatzes. Im Fokus des Verhaltenselementes liegt daher der Wirkungsgrad des Prototypenwerkzeugs in seiner Funktion als Wärmetauscher. Diese ist hauptsächlich durch das geometrische Volumen bestimmt und somit abhängig von der Bauteilgeometrie bzw. der daraus abgeleiteten Werkzeuggestalt. Im Detail ist dann die segmentbezogene Temperaturleitfähigkeit von Interesse, welche zur Bewertung von geometrischen Sektionen des Formeinsatzes hinsichtlich des thermischen Verhaltens herangezogen werden kann. Diese Gestaltungsaspekte fasst Abbildung 5.30 zusammen. Folgend steht die Modellierung des Einflusses des geometrischen Volumens im Fokus. Die Grundlagen zur Gestaltung des Verhältnisses von Hohlraumgeometrie, Prototypenwerkzeug und Werkzeugsystem hinsichtlich ihrer Wärmekapazität bilden den Kern des Verhaltenselementes.

Das Vorgehen zur Gestaltung des Verhaltenselementes beginnt mit den Ergebnissen des Basisversuchs 140_RGD_L. Darauf aufbauend erfolgt die Modellierung des Einflusses der Werkzeuggestalt anhand der Variation der Formeinsatzgröße. Es handelt sich hierbei um keine Erweiterung des Prozessmodells, denn das System des Formeinsatzes selbst besteht unabhängig vom Prozess. Allerdings kann auch hier eine Erweiterung des Materialmodells möglich sein. Für die Extraktion der gestaltspezifischen Einflussstärke werden die Daten auch für ein zweites Material erhoben. Im Vergleich der Materialien kann dann der Einfluss der Werkzeuggestalt bestimmt werden. Als Materialien kommen beispielhaft wieder RGD und HTP zum Einsatz.

Abbildung 5.30: Gestaltungsaspekte der Werkzeuggestaltung[570]

[570] Eigene Darstellung

5.2.4.1 Versuchsaufbau zur Datenerhebung

Die Datenerhebungen für Kapitel 5.2.2 und Kapitel 5.2.3 zeigen bereits, dass zu einem bestimmten Zeitpunkt t_G die Temperatur T_0^{075} kleiner als die Temperatur T_0^{200} ist. Daraus folgend nimmt ein Formeinsatz über den Verlauf der Zyklen Wärme auf. Diese verteilt sich im Volumen des Formeinsatzes. Ein Teil dieser Wärme wird während der Zyklen über Konvektion und Strahlung an der Oberfläche sowie der Konduktion an den Wänden zum Spannrahmen wieder abgegeben. Die abzugebende Menge bestimmt sich aus den thermischen Eigenschaften aus Kapitel 5.2.2.1 in Verbindung mit der eingetragenen Wärme. Ein ergänzender Faktor ist die Dimensionierung des Formeinsatzes selbst.

Die Dimensionierung des Formeinsatzes bestimmt die Wärmespeicherzahl s in $\mathrm{kJ\,m^{-3}\,K^{-1}}$ und bestimmt, wie viel Wärme vom Formeinsatz bei einer Temperaturerhöhung von $1\,\mathrm{K}$ aufgenommen wird. Dies stellt die volumenbezogene Wärmekapazität dar. Für die beiden vorliegenden Werkstoffe Rigur RGD450 und Formlabs High Temp v2 beträgt die Wärmespeicherzahl bei $20\,°\mathrm{C}$ $0{,}992\,\mathrm{J\,cm^{-3}\,K^{-1}}$ bzw. $0{,}661\,\mathrm{J\,cm^{-3}\,K^{-1}}$.

Das Verhaltenselement sollte mindestens drei Versuchsreihen je Material aufweisen. Im exemplarischen Beispiel sind dies drei Stufen der Höhe des Formeinsatzes bis zum Formhohlraum an der niedrigsten Stelle. Daraus ergeben sich wiederum drei verschiedene Formeinsatzhöhen, die für Auswerfer- und Düsenseite gleichermaßen angewendet werden. Abschließend stehen damit drei Formeinsatzpaare mit unterschiedlichen Volumen-zu-Hohlraum-Verhältnis für die Datenerhebung zur Verfügung. Alle drei Stufen unterscheiden sich in der Wärmespeicherzahl, die das Volumen mit der spezifischen Wärmekapazität in Zusammenhang bringt. Für die im Folgenden vorgestellten Versuche sind die Parameter in Tabelle 5.11 aufgeführt. Die Daten für die Formeinsatzgröße L werden aus der vorangegangenen Versuchsdurchführung erneut verwendet. Die Daten für die Größen M und S werden durch neue Erhebungen ermittelt.

Größe	Höhe bis Hohlraum [mm]	Einsatzhöhe [mm]
S	4,0	18,2
M	7,5	21,7
L	11,0	25,2

Tabelle 5.11: Detaillierung der Versuchsstufen: Werkzeuggestalt

5.2.4.2 Einfluss der Werkzeuggestalt

Die Analyse des Einflusses der Werkzeuggeometrie beginnt mit der Übersicht über die Zyklen der sechs Versuchsreihen, wobei eine Versuchsreihe keine ausreichenden Ergebnisse liefert. 140_RGD_L und 140_HTP_L bilden die Basis. Die Daten aus den Versuchen sind bereits in der vorherigen Analyse integriert. Diese Vorarbeiten werden bei der Untersuchung der Werkzeuggeometrie weiter berücksichtigt. Hinzu kommen die Versuchsreihen 140_RGD_M, 140_RGD_S und 140_HTP_S. Für die Reihe 140_HTP_M kommt auf der Düsenseite eine alternative Größe zum

Einsatz, die nicht der Größe aus 140_RGD_M entspricht. So können die Ergebnisse nur unter Vorbehalt zur Analyse verwendet werden. Eine Interpretation des Einflusses der Werkzeuggeometrie lassen dennoch die verbliebenen fünf Versuchsreihen zu.

Abbildung 5.31 zeigt eine Stapelsicht der Zyklusverläufe für das Material RGD über die drei Formeinsatzgrößen. Zu den 29 Zyklen zu 140_RGD_L ergänzen ebenfalls 29 Zyklen zu 140_RGD_M und 28 Zyklen für 140_RGD_S die Analyse. Diese Anzahl reduziert sich auf Grund der Füllstudie und Abweichungen in der Ausführung für 140_RGD_L und 140_RGD_M auf 23 Zyklen und bei 140_RGD_S auf 27 Zyklen. Letzterer Versuch enthält keine vollständige Füllstudie, da die Kriterien für eine vollständige Formfüllung und Zykluslängen innerhalb der ersten Zyklen erfüllt sind.

Im Mittel beträgt die Zyklusdauer des Versuchs 140_RGD_M 253,7 s bei einer durchschnittlichen Abkühldauer von 159,2 s. Mit 251,8 s Zyklusdauer weist 140_RGD_S nur eine geringe Abweichung zu den beiden anderen Versuchsreihen auf. Bei der Abkühldauer und der Erwärmungsdauer zeigen sich Unterschiede von 140_RGD_M. Hier liegt eine Verschiebung von Abkühldauer zur Erwärmungsdauer vor. Allerdings weisen alle drei Versuchsreihen erkennbare Unterschiede bei diesen beiden Größen auf. 140_RGD_L liegt bei 198,9 s und 54,9 s. Für 140_RGD_M beträgt die mittlere Abkühldauer 159,2 s und die mittlere Erwärmungsdauer 94,5 s. Bei 140_RGD_S ist der Mittelwert bei179,8 s für die Abkühldauer und bei 72,0 s für die Erwärmungsdauer. Hinsichtlich der Standardabweichung der Phasenlängen sticht die Abkühldauer von 140_RGD_S mit 11,19 hervor und bestimmt so auch die Standardabweichung der gesamten Zyklusdauer.

Die Zykluswerte von 140_HTP_L, 140_HTP_M und 140_HTP_S liegen ähnlich nah beieinander wie bei den Vergleichsversuchen mit RGD450. 248,5 s beträgt die mittlere Zyklusdauer bei 140_HTP_L. Mit 245,6 s bzw. 249,0 s sind 140_HTP_M und 140_HTP_S in einem vergleichbaren Bereich. Während 140_HTP_L eine mittlere Erwärmungsdauer von 69,7 s und eine durchschnittlicher Abkühldauer von 178,8 s aufweist, unterscheiden sich die Werte für 140_HTP_M und 140_HTP_S davon signifikant. Diese liegen bei 95,7 s und 149,8 s für 140_HTP_L bzw. 89,5 s und 159,5 s für 140_HTP_S.

Auf der Basis der Zyklusdaten kann nun die Analyse der Temperaturkurven erfolgen. Die Verläufe von 140_RGD_L, 140_RGD_M und 140_RGD_S für das Thermoelement $TE-075$ zeigt Abbildung 5.31. Auffallend sind die ähnlich hohen Maximaltemperaturen von 140_RGD_M bei 103,7 °C und 140_RGD_L bei 102,8 °C. Als Zweites können Unterschiede in den Temperaturdifferenzen identifiziert werden. Im eingeschwungenen Zustand beträgt die Differenz im Durchschnitt 20,8 °C im Versuch 140_RGD_L. 140_RGD_M und 140_RGD_S liegen mit 16,1 °C bzw. 16,3 °C darunter. Die Betrachtung der Temperaturkurve für das Thermoelement $TE-200$, die im Anhang in Abbildung 8 abgebildet ist, bestätigt die Beobachtungen. Allerdings ist nun ein Unterschied der maximalen Temperatur zwischen allen drei Versuchsreihen erkennbar. Besonders deutlich sind die Unterschiede in der beobachteten Temperaturdifferenz. Hier liegen 140_RGD_M und 140_RGD_S bei 7,5 °C und 8,3 °C. Mit 14,3 °C liegt 140_RGD_M 72 % höher. Die Beobachtung der Kurven zeigt somit einen visuellen Einfluss des Formeinsatzvolumens auf den Gesamtverlauf der Temperatur.

Der Vergleich zu den Versuchsreihen mit HTP liefert notwendige Hinweise auf die Phänomene, die den Beobachtungen zugrunde liegen. Im Anhang sind die entsprechenden Temperaturverläufe für Thermoelement $TE-075$ und Thermoelement $TE-200$ in Abbildung 9 und Abbildung 10 zu sehen. Wie auch bei RGD zeigt das Thermoelement $TE-075$ kleinere Maximaltemperaturen bei der Formeinsatzgröße S, während die Größen L und M eng beieinander liegen. Der direkte Vergleich mit Thermoelement $TE-200$ offenbart, dass auch hier ein analoges Verhalten zu den Versuchsreihen mit RGD vorliegt. Somit kann an dieser Stelle schon eine Indikation für einen Einfluss des Formeinsatzvolumens auf das thermische Verhalten festgehalten werden.

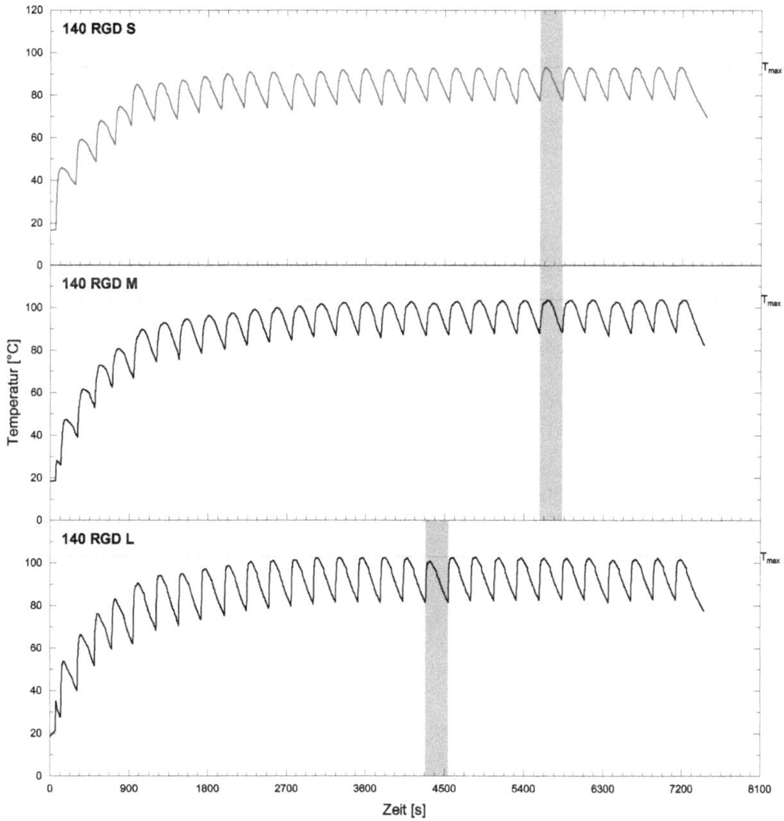

Abbildung 5.31: Temperaturkurve des Thermoelementes $TE-075$ für unterschiedliche Formeinsatzgrößen mit RGD[571]

[571] Eigene Darstellung

Ein weiterer Hinweis für diese Indikation zeigt die ähnliche Entwicklung der Differenz zwischen den minimalen und maximalen Temperaturen je Zyklus. Der Versuch 140_HTP_L hat sowohl für Thermoelement $TE-075$ als auch für Thermoelement $TE-200$ eine größere mittlere Differenz je Zyklus als die anderen beiden Versuchsreihen. Die Differenz bei Thermoelement $TE-200$ ist im Mittel kleiner, analog zu den Versuchen bei RGD.

Im nächsten Schritt steht die statistische Analyse der Zeitreihen. Die Ergebnisse zum Thermoelement $TE-075$ zeigen im Versuch 140_RGD_L, dass für die maximale Temperatur ab dem 8. Zyklus das Gleichgewicht einsetzt. Die minimale Temperatur je Zyklus bleibt jedoch über die 29 im Aufwärtstrend. Für 140_RGD_M und 140_RGD_S errechnet sich ein anderes Verhalten. Hier steigt die maximale Temperatur je Zyklus über alle 30 bzw. 29 Zyklen weiterhin an. Ein Gleichgewicht stellt sich demnach nicht ein. Die minimale Temperatur erreicht ein Gleichgewicht bei Zyklus Nr. 16 bzw. Nr. 18. Bei den Versuchsreihen mit HTP können die Beobachtungen nicht bestätigt werden. Jedoch sind die Beobachtungen gleichförmiger und zeigen frühere Gleichgewichtszustände bei den niedrigen Formeinsatzvolumina als bei der Größe L.

In der Detailanalyse der exemplarischen Zyklen über die verschiedenen Werkzeuggrößen zeigen sich einige Unterschiede. Die Beispiele für exemplarische Zyklen sind die Nr. 19 im Versuch 140_RGD_L, Nr. 24 für 140_RGD_M und Nr. 23 bei 140_RGD_S. Mit dem Werkzeugmaterial HTP sind es für den Versuch 140_HTP_L die Nr. 16, für 140_HTP_M Nr. 16 und Nr. 21 bei Versuch 140_HTP_S. Im Folgenden ist auf die Unterschiede der Zyklen einzugehen. Dabei ist die Position des Zyklus in der Versuchsreihe einzubeziehen. Ein eingeschwungener Zustand kann nicht vorausgesetzt werden, weil dieser statistisch in wenigen Versuchsreihen nicht nachweisbar ist. Unter Annahme von quasi Gleichgewichtszuständen bei den Versuchen mit RGD können gleiche und unterschiedliche Charakteristika abgeleitet werden. Der Einfluss des Formeinsatzvolumens ist damit zu begründen oder abzulehnen.

Als Grundlage für den Vergleich der Zyklen dient Abbildung 5.32. Dort sind die Zyklen der Versuche 140_HTP_L, 140_HTP_M und 140_HTP_S dargestellt. Alle Zyklen befinden sich in einem eingeschwungenen Zustand. Dieser Zustand erlaubt die Annahme, dass andere Einflussfaktoren an dieser Stelle einander aufheben. Aus den gezeigten Zykluskurven kann basierend darauf qualitativ ermittelt werden, ob und welchen Einfluss das Formeinsatzvolumen hat.

Die drei Kurven unterscheiden sich vom Temperaturniveau. Im Gleichgewichtszustand bedeutet dies, dass alle Formeinsätze keine signifikant höhere oder niedrigere Maximaltemperatur in den Folgezyklen erreichen. Ebenso wird die minimale Temperatur in der Folge nicht steigen oder sinken. Aus der globalen Perspektive ist bereits bekannt, dass das Formeinsatzvolumen unterschiedlich hohe maximale und minimale Temperaturen erzeugt. Aus der Grafik sind die Niveaus auch für die einzelnen Zyklen entnehmbar. Zudem lassen sich die geringeren Differenzen zwischen Minimum und Maximum der Temperatur an den Kurvenverläufen nachvollziehen. Dabei hat der Versuch 140_HTP_S die geringste Differenz im eingeschwungenen Zustand und 140_HTP_L weist den größten Abstand aus. Die Steigungen der Kurven sind demnach für 140_HTP_S und 140_HTP_M kleiner. Dies zeigt sich auch in einer einfachen linearen Modellierung.

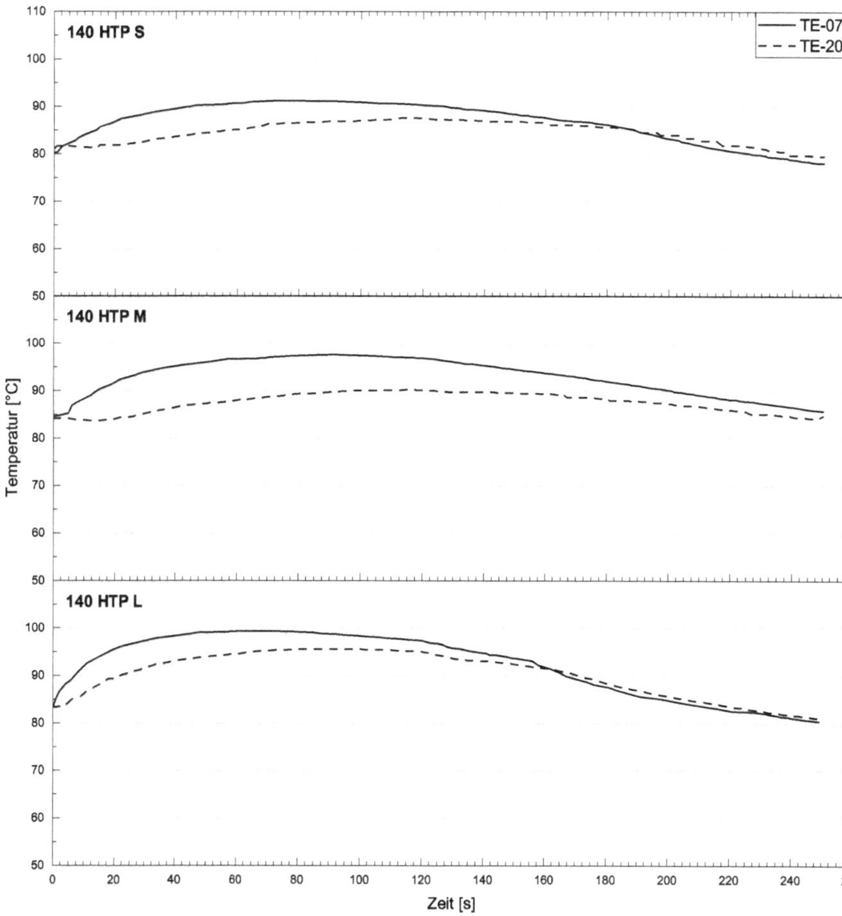

Abbildung 5.32: Temperaturverlauf von exemplarischen Zyklen unterschiedlicher Formeinsatzgrößen mit HTP[572]

Die Modellierung ist zunächst exemplarisch für 140_HTP_S dargestellt. In diesem Versuch können für $TE - 200$ alle Zyklen und für $TE - 075$ bis auf die ersten drei Zyklen alle Zyklen mit einer Bi-Gauß-Funktion beschrieben werden. Für den exemplarischen Zyklus deckt die Integration der Modellfunktion in der Erwärmungsphase $101{,}31\,\%$, der integrierte Fläche der gemessenen Werte ab. Für $TE - 200$ beträgt der Unterschied lediglich $0{,}08\,\%$. Werte größer oder gleich

572 Eigene Darstellung

x_c zeigen größere Unterschiede auf. Im Anhang ist in der Abbildung 11 der Temperaturverlauf nach gemessenen und modellierten Werten zu finden. Demnach ist die folgende Modellfunktion für den exemplarischen Zyklus eine passende Näherung insbesondere bei Werten kleiner x_c. Die Modellfunktionen für $TE - 075$ bzw. $TE - 200$ sehen wie folgt aus:

$$
\begin{aligned}
y(T_0) &= 0,65159T_0 + 0,50229T_0 e^{-0.5\left(\frac{x-0,82089T_0}{1,00410T_0}\right)^2} \quad (x < x_c) \\
y(T_0) &= 0,65159T_0 + 0,50229T_0 e^{-0.5\left(\frac{x-0,82089T_0}{2,82032T_0}\right)^2} \quad (x \geq x_c)
\end{aligned}
\tag{5.8}
$$

$$
\begin{aligned}
y(T_0) &= 0,93432T_0 + 0,15445T_0 e^{-0.5\left(\frac{x-1,57082T_0}{1,13222T_0}\right)^2} \quad (x < x_c) \\
y(T_0) &= 0,93432T_0 + 0,15445T_0 e^{-0.5\left(\frac{x-1,57082T_0}{1,40094T_0}\right)^2} \quad (x \geq x_c)
\end{aligned}
\tag{5.9}
$$

In Tabelle 5.12 sind die entsprechenden Parameterkonstanten der Modellfunktionen über die Formeinsatzgrößen für HTP zusammengefasst. Die vorangegangene Detaillierung des Versuchs 140_HTP_S dient hier als Vergleich zu 140_HTP_M und 140_HTP_L. Letzterer ist bereits in Kapitel 5.2.2 vorgestellt. Die erhobenen Daten von 140_HTP_M_16 können durch die Kurvenanpassungen mit kleineren Unterschieden für das Thermoelement $TE - 075$ gefittet werden. Für das Thermoelement $TE - 200$ können größere Unterschiede beobachtet werden. In der Erwärmungsphase bis x_c unterscheiden sich die berechneten Flächeninhalte um $0{,}03\,\%$ für $TE - 075$ und um $1{,}36\,\%$ für $TE - 200$. Die Unterschiede in der Abkühlungsphase betragen $-0{,}09\,\%$ für $TE - 075$ und $3{,}23\,\%$ für $TE - 200$. Demnach eignet sich die errechnete Modellfunktion zur Nachbildung des Temperaturverlaufs von $TE - 075$, weist jedoch für $TE - 200$ deutliche Abweichung auf. Auf eine weitere Detaillierung von 140_HTP_M wird an dieser Stelle verzichtet, denn hier bietet sich ein direkter Vergleich zu einer Interpolation zwischen 140_HTP_L und 140_HTP_S an.

Versuch	**Thermoelement**	y'_0	H'	x'_c	w'_1	w'_2
140_HTP_S	075	0,651 59	0,502 29	0,820 89	1,004 10	2,820 32
140_HTP_S	200	0,934 32	0,154 45	1,570 82	1,132 22	1,400 94
140_HTP_M	075	0,772 18	0,380 44	0,763 96	0,794 72	2,262 75
140_HTP_M	200	0,904 80	0,192 74	1,458 04	1,132 83	1,761 67
140_HTP_L	075	0,749 98	0,453 49	0,482 08	0,467 16	2,286 59
140_HTP_L	200	0,789 77	0,359 28	0,843 54	0,792 55	2,084 54

Tabelle 5.12: Berechnete Parameterkonstanten für den Versuch 140_HTP_G

Für die Beschreibung der Zyklen von 140_RGD_G wird ebenfalls die zweifach gefaltete Gauß-Funktion eingesetzt. Nahezu alle Zyklen der Versuche 140_RGD_S und 140_RGD_L lassen sich durch eine solche Funktion fitten. Dies gilt für beide Thermoelemente. Lediglich die ersten Zyklen einer Füllstudie können nicht gefittet werden. Der Vergleich der integrierten Fläche der Bi-Gauß-Funktion und den experimentellen Werten zeigt die Unterschiede. Für die Erwärmungsphase des Thermoelements $TE-075$ erzeugt die Integration der Modellfunktion für 140_RGD_S bis x_c eine $2{,}49\,\%$ größere Fläche. Für das Thermoelement $TE-200$ ist die Modellierung mit einer Abweichung von $0{,}77\,\%$ unter den Werten von $TE-075$. Die Abkühlphase für 140_RGD_S kann mit einer Abweichung von $2{,}09\,\%$ für $TE-075$ und von $1{,}75\,\%$ für $TE-200$ beschrieben werden. Für den Versuch 140_RGD_L ist der Vergleich in Kapitel 5.2.1.6 zu finden. Dies zeigt, dass die Modellierung für 140_RGD_L die realen Daten besser wiedergibt als bei 140_RGD_S. In Tabelle 5.13 sind für diese beiden Versuche und für 140_RGD_M die Parameterkonstanten zusammengetragen. Die Daten des Versuchs 140_RGD_M können für das Thermoelement $TE-075$ nur teilweise erfolgreich gefittet werden. Daher unterscheiden sich die Parameterkonstanten deutlich. Die zugrundeliegende Datenbasis von erfolgreichen Anpassungsfunktionen liegt bei elf Zyklen. Eine detaillierte Bewertung der Parameterkonstanten erfolgt auf Basis der Datenlage nicht.

Versuch	**Thermoelement**	y_0'	H'	x_c'	w_1'	w_2'
140_RGD_S	075	0,876 66	0,346 05	0,553 33	0,409 58	2,022 67
140_RGD_S	200	0,942 06	0,169 25	1,253 10	0,892 26	1,646 47
140_RGD_M	075	1,084 92	0,649 02	0,622 81	0,495 29	2,835 92
140_RGD_M	200	0,851 14	0,251 28	1,331 57	1,330 13	1,986 47
140_RGD_L	075	0,877 03	0,389 81	0,229 79	0,155 12	1,945 35
140_RGD_L	200	0,791 57	0,371 40	0,680 81	0,620 30	2,203 38

Tabelle 5.13: Parameterkonstanten für den Versuch 140_RGD_G

Die unklare Datenqualität und die daraus resultierende mangelhafte Kurvenanpassung bietet dennoch die Möglichkeit der Überprüfung des Zusammenhangs zwischen Temperatur im Formeinsatz und der Werkzeuggestalt. Dieser Zusammenhang könnte linear sein. Eine solche Hypothese kann aus den vorher genannten Gründen nicht über die Modellierung der realen Daten überprüft werden. Stattdessen wird ein Modell auf Basis interpolierter Parameterkonstanten erstellt und dessen Güte, die realen Zyklusverläufe von 140_RGD_M und 140_HTP_M darzustellen, bewertet. Tabelle 5.14 zeigt die interpolierten Werte für 140_MAT_G für beide Thermoelemente und die Abweichungen zum realwertbasierten Modell. Insbesondere die Differenzen für y_0' und H' zeigen bei 140_RGD_M_075 größere Abweichungen als die anderen Parameter. Das interpolierte Modell für 140_HTP_M weist im Flächeninhalt zum realwertbasierten Modell eine weitere Abweichung nach oben von $1{,}77\,\%$ auf. Die Abkühlphase ist mit einer Abweichung von $-0{,}04\,\%$ nahezu gleichwertig modelliert. Der Vergleich der unterschiedlichen Funktionen ist mit der Abbildung 12 und der Abbildung 13 im Anhang möglich.

Interpolation	Thermoelement	y_0'	H'	x_c'	w_1'	w_2'
140_HTP_M	075	0,700 79	0,477 89	0,651 49	0,735 63	2,553 46
	Δ	−0,071	0,097	−0,112	−0,059	0,291
140_HTP_M	200	0,862 05	0,256 86	1,207 18	0,962 39	1,742 74
	Δ	−0,043	0,064	−0,251	−0,170	−0,019
140_RGD_M	075	0,876 85	0,367 93	0,391 56	0,282 35	1,984 01
	Δ	−0,208	−0,281	−0,231	−0,213	−0,852
140_RGD_M	200	0,866 82	0,270 33	0,966 96	0,756 28	1,924 93
	Δ	0,016	0,019	−0,365	−0,574	−0,062

Tabelle 5.14: Interpolierte Parameterkonstanten für den Versuch 140_MAT_G

5.2.4.3 Zusammenfassung des Verhaltenselementes Werkzeuggestaltung

Dieses Verhaltenselement erzeugt ein Regelwerk für die Dimensionierung eines additiven Prototypenwerkzeugs. Die Ausführungen zeigen die Vorgehensweise zur Bestimmung des Einflusses des Formeinsatzvolumens auf die Temperaturverläufe. Das Modell kann damit Anhaltspunkte für eine thermisch-orientierte Dimensionierung liefern. Das exemplarische Modell ermöglicht eine zusätzliche Erweiterung des Materialmodells aus Kapitel 5.2.2. RGD und HTP finden im exemplarischen Vorgehen Berücksichtigung. Hinsichtlich der erzeugten Ergebnisse bietet sich die Modellierung mit einer zweifachen, gefalteten Gaußfunktion an. Die Güte der Näherung über einen Zyklus ist global gesehen gut. Hinsichtlich der Extremwerte T_0, T^{max} und T_E ist mit Abweichungen zu rechnen. Diese sollten bei der Anwendung bedacht werden, denn die Abweichungen liegen im Bereich von $\pm 5\,\%$.

Der Wirkungsgrad als Wärmetauscher kann auf Basis des vorgestellten Vorgehens qualitativ ermittelt werden. Die Übertragung des Vorgehens auf einzelne Segmente des Formeinsatzes können Nutzende verwenden, um die segmentbezogene Temperaturleitfähigkeit zu berechnen. Dabei hilft die Abbildung 5.33, das erwartbare Temperaturniveau sowie die Aufheizgeschwindigkeit und Abkühlgeschwindigkeit in Abhängigkeit der Werkzeuggestalt bzw. Formeinsatzhöhe zu bestimmen und passende Vorgaben für den Prozess zu machen. Analog zum Verhaltenselement der Werkzeugmaterialeigenschaften ist es für Nutzende möglich, eine Erweiterung um zusätzliche Variationen, z. B. Formeinsatzvolumen zu Formteilvolumen, selbstständig durchzuführen.

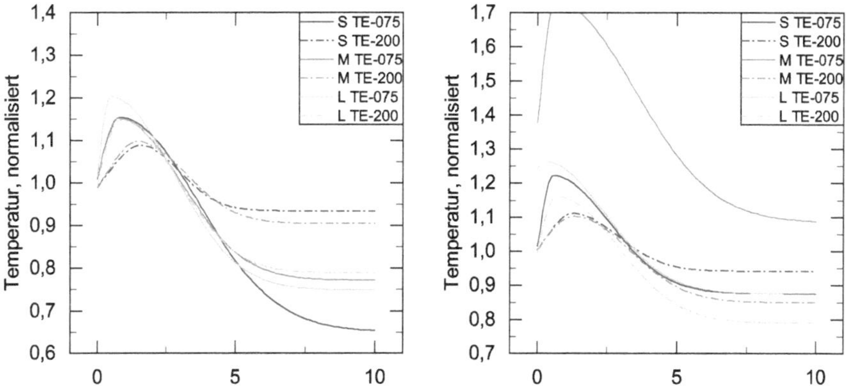

(a) Normalisiertes Modell für HTP (b) Normalisiertes Modell für RGD

Abbildung 5.33: Normalisiertes Modell zur Werkzeuggestalt[573]

5.3 Aktivitätselemente

Aktivitätselemente als Gestaltungselemente der thermischen Auslegung additiver Prototypenwerkzeuge thematisieren die operative Durchführung der thermischen Auslegung. Dazu zählt die Segmentierung des Formeinsatzes, die Identifizierung der Prozesslasten sowie die Konkretisierung der Anforderungen an das Temperiersystem. Die Detaillierung der Gestaltungselemente erfolgt in den weiteren Abschnitten des Kapitels.

5.3.1 Segmentierung des Formeinsatzes

Zur Gestaltung einer effektiven thermischen Auslegung benötigen Nutzende eine Möglichkeit zur Einteilung und Interpretation dreidimensionaler Daten des Formeinsatzes. Die Segmentierung der Hohlraumgeometrie soll entsprechend die Identifizierung von ortsbezogenen Bedarfen für eine Temperierung ermöglichen. Mit der Definition einzelner geometrischer Segmente und einer Beschreibung deren Verhalten unter thermischer Last kann ein Nutzender die thermische Auslegung eines additiven Prototypenwerkzeugs produktseitig fertigstellen. Das Fundament dieses Aktivitätselementes bildet das Prinzip der Segmentierung. Aufgabe der Segmentierung ist es, einzelne geometrische Bereiche zu definieren. Das Aktivitätselement dient hierfür als Rahmenwerk zunächst für eine globale Segmentierung, also zur Orientierung, in welchen Bereichen des Objektsystems Prototypenwerkzeug eine lokale Segmentierung benötigt wird. Eine solche lokale Segmentierung erfolgt dann zur Unterteilung der globalen Bereiche in vordefinierte geometrische Figuren. Zuletzt benötigt die Gestaltung der thermischen Auslegung eine Gruppierung von Segmenten in Gruppen ähnlichen Temperierbedarfes. Diese ist nicht Teil des Aktivitätsele-

[573] Eigene Darstellung

mentes, sodass hier lediglich Gruppen ähnlicher Struktur oder Positionierung gebildet werden. Diese drei Gestaltungsaspekte sind in Abbildung 5.34 zusammengefasst. Weitere Informationen über mögliche thermo-mechanische Belastungen oder Temperiersystem sind durch die anderen Gestaltungselemente hinzuzufügen.

Die Visualisierung und Beschreibung der durch die Segmentierung erhaltenen Bereiche, Segmente und Segmentgruppen stellen das Ergebnis des Aktivitätselementes dar. Während die Visualisierung eine operative Tätigkeit durch die mit der Auslegung beschäftigten Personen darstellt, sollten Nutzende anhand der im Folgenden beschriebenen Möglichkeiten ein Regelwerk für die Tätigkeiten entwickeln. Dies umfasst zunächst die Beschreibung von Kriterien zur Bestimmung von Bereichs- und Segmentgrenzen. Weiterhin dient die Spezifizierung geometrischer Grundformen zur Fokussierung in der lokalen Segmentierung. Auf Basis geometrischer Grundformen können so auf den Nutzungsraum eines Werkzeugbaubetriebs solche Formen weiter definiert werden, die den Produktgeometrien am ehesten entsprechen. Vor dem Hintergrund der Effizienz des Gestaltungsmodells reduziert dies den Aufwand bei der Nutzung des Modells. Abschließend erfolgt die Segmentgruppierung. Dies stellt einen operativen Arbeitsschritt dar, dessen Ergebniserwartung durch dieses Gestaltungsmodell definiert wird. Alle Aufgaben sollten derart ausgeführt sein, dass für den nutzenden Betrieb übliche interne Standards integriert werden können.

Die mathematische Grundlage der Segmentierung bildet die Zellzerlegung. Bei der Zellzerlegung werden Körpermodelle in eine unbestimmte Menge vordefinierter Zellen zerlegt. Solche Zellen sind als Segmente in Kapitel 5.1.1 beschrieben. Bei der Verwendung des Gestaltungsmodells sind verschiedene Zelltypen durch die Nutzenden definiert, sodass die Zellzerlegung mit diesen durchgeführt wird. Insgesamt handelt sich hierbei um ein sogenanntes Hybridmodell, welches das Begrenzungsflächenmodell mit einem Zellmodell kombiniert.[574]

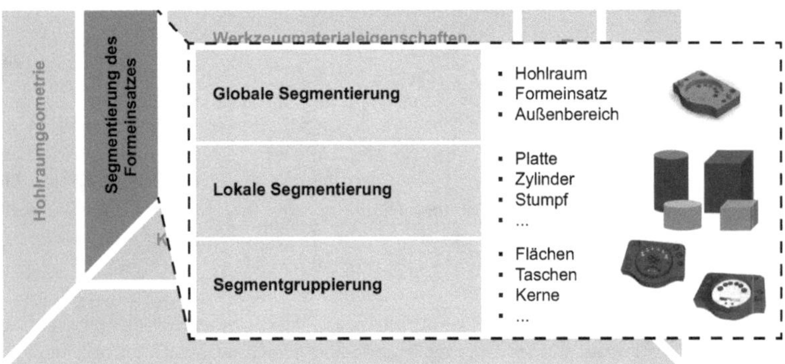

Abbildung 5.34: Gestaltungsaspekte der Segmentierung der Hohlraumgeometrie[575]

574 Vgl. Encarnação et al., *Graphische Datenverarbeitung 2: Modellierung komplexer Objekte und photorealistische Bilderzeugung*, S. 57.

575 Eigene Darstellung

5.3.1.1 Globale Segmentierung

Nutzende müssen als erstes die globale Segmentierung definieren. Die globale Segmentierung kann der Auslegungssystematik nach KRETZSCHMAR folgen. Diese beginnt mit der Einteilung des Werkzeugs in die drei Teilbereiche Formteil, Innenbereich und Außenbereich.[576] Mit dem Formteil ist die tatsächliche Hohlraumgeometrie gemeint. An deren Randbereichen existiert der Innenbereich des Werkzeugs, also der Formeinsatz. Der Außenbereich wiederum spiegelt alle an den Formeinsatz angrenzenden Bereiche, auch der Umwelt wider.

Nach KRETZSCHMAR stellt insbesondere der Außenbereich einen Unsicherheitsfaktor bei der Simulation der thermischen Vorgänge dar, weshalb insbesondere dort definierte Schnittstellen vorliegen sollten.[577] Die Kriterien zur Bestimmung von Grenzen zwischen dem Außen- und dem Innenbereich können aus der Produkt- und Funktionsstruktur eines Werkzeugs abgeleitet werden. Ein exemplarisches Schema für eine solche Struktur ist in Abbildung 5.35 gezeigt. Die Einteilung in Haupt- und Nebenfunktionen nach BRUNKHORST[578] ermöglicht, die Funktionswichtigkeit als Grenzkriterium zwischen Außen- und Innenbereich zu verwenden. Werkzeugkomponenten mit Nebenfunktion sind damit dem Außenbereich zuzuordnen. Die äußeren Grenzen des Außenbereichs, wie von KRETZSCHMAR vermerkt, sind darüber hinaus abhängig einer mechanischen Auslegung. Beispielsweise führen Schieber und Kerne die Hauptfunktion der Formgebung mit aus, werden jedoch durch den Außenbereich geführt. Somit liegt hier eine Schnittstelle zwischen den beiden Auslegungsdisziplinen. Dies kann, je nach Zielorientierung, zu Konflikten bei der Wahl von Ausführungsweisen führen. Die Bedeutung für die thermische Auslegung kann jedoch für additive Prototypenwerkzeuge als weniger relevant erachtet werden, denn eine Anpassung des Produktes zugunsten eines weniger komplexen Werkzeugs kommt durch die Anwendungsszenarien nicht in Frage.

Die Definition des Grenzkriteriums der Funktionswichtigkeit erzeugt automatisch auch den Innenbereich. Alle dort verorteten Werkzeugkomponenten müssen die Hauptfunktion der Formgebung erfüllen. Nach BRUNKHORST sind dies Kerne, Schieber und der Formeinsatz. Überdies können auch weitere Komponenten, welche im speziellen Anwendungsfall zur Formgebung aktiv beitragen, dazu gezählt werden. Insofern ist die Erfüllung der Hauptfunktion eines Werkzeugs eine notwendige Bedingung für die Zuordnung einer Werkzeugkomponente zum Innenbereich. Hinreichende Bedingung ist, dass außerhalb der Komponententypen Kern, Schieber und Formeinsatz andere Komponenten auch zur Formgebung beitragen könnten und entsprechend Teil des Innenbereiches sind.

Die Abgrenzung des Formteils bzw. der Hohlraumgeometrie zum Innenbereich kann nicht anhand der Funktions- und Produktstruktur eines Werkzeugs erfolgen. Eine Unterscheidung kann über ein zugeordnetes Material erfolgen. Sofern die Basis der globalen Segmentierung ein CAD-Datensatz ist, können die dort hinterlegten Materialinformationen verwendet werden. Das Formteil ist damit

576 Vgl. KRETZSCHMAR, „Rechnerunterstützte Auslegung von Spritzgießwerkzeugen mit segmentbezogenen Berechnungsverfahren", S. 45 f.

577 Vgl. ebd., S. 46.

578 Vgl. Uwe BRUNKHORST, „Integrierte Angebots- und Auftragsplanung im Werkzeug- und Formenbau" (Dissertation, Leibniz Universität Hannover, 1995), S. 35.

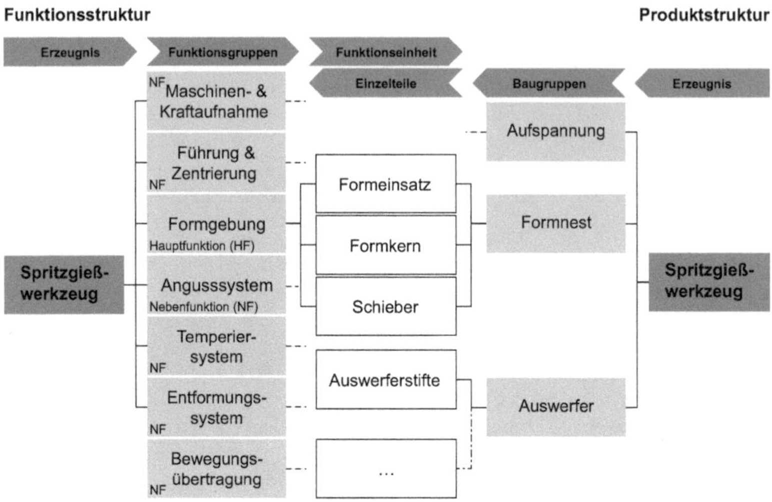

Abbildung 5.35: Funktions- und Produktstruktur eines Werkzeugs[579]

zweifelsfrei abzugrenzen. Für Fälle, in denen dies nicht möglich wäre, kann ein Konturvergleich angewendet werden. Hierbei wird die Kontur des Innenbereiches mit der Kontur des Außenbereiches abgeglichen. Eine gleiche Kontur bedeutet, dass dort die Grenzfläche zum Außenbereich liegt. Definitionsgemäß der Unterteilung in die drei Bereiche sind ungleiche Konturen der Grenzfläche zur Hohlraumgeometrie zuzuordnen. Für die Herstellung eines Formteils wird wiederum eine geschlossene Kontur benötigt, sodass gefolgert werden kann, dass die Hohlraumgeometrie durch alle Konturen begrenzt wird, die nicht der Schnittstelle von Innen- und Außenbereich zuzuordnen sind.

Zusammengefasst können drei Kriterien zur Aufteilung eines Werkzeugsystems in die drei von KRETZSCHMAR vorgeschlagenen Bereiche angewendet werden. Zunächst eignet sich das Kriterium der Funktionswichtigkeit zur Unterteilung in Haupt- und Nebenfunktionen. Als Zweites das Kriterium des Anwendungszusammenhangs, welches auch Komponenten außerhalb vordefinierter Typen der Hauptfunktion zuordenbar macht. Zuletzt kann das Kriterium der Konturgleichheit angewendet werden. Daraus ergibt sich die Kontur der Hohlraumgeometrie und damit der dritte Bereich der globalen Segmentierung.

579 Eigene Darstellung nach BRUNKHORST („Integrierte Angebots- und Auftragsplanung im Werkzeug- und Formenbau", S. 35)

5.3.1.2 Lokale Segmentierung

Sobald die drei Bereiche für einen vorliegenden Anwendungsfall festgelegt sind, kann die lokale Segmentierung erfolgen. Diese kann für den Außen-, Innen- und den Hohlraumgeometriebereich durchgeführt werden. Eine Durchführung für den Innenbereich ist notwendig. Die Durchführung für den Außenbereich ist hinsichtlich des Gießsystems als nicht formgebendes, aber formfüllendes Element relevant, soll an dieser Stelle aufgrund der Gleichartigkeit der Durchführung für die anderen globalen Bereiche nicht detailliert werden. Eine lokale Segmentierung des Hohlraumgeometriebereiches stellt eine Spiegelung der lokalen Segmentierung des Innenbereiches dar. Dies hat einerseits eine Kontrollfunktion zur Sicherstellung der korrekten Durchführung, andererseits Vorteile hinsichtlich der Bauteilqualitätskontrolle. Genauso wie lokale Segmente des Innenbereiches werden auch lokale Segmente der Hohlraumgeometrie, sobald diese durch Formmasse gefüllt und erstarrt ist, Objekt mechanischer und thermo-mechanischer Belastungen. Für die thermische Auslegung additiver Prototypenwerkzeuge ist das jedoch zweitrangig und das Vorgehen ebenfalls analog zum Innenbereich.

Die lokale Segmentierung basiert auf dem Prinzip der räumlichen Zerlegungsmethoden, wendet dazu allerdings zuvor benannte definierte Grundkörper an. Zu Beginn der lokalen Segmentierung steht die Erkennung von geometrischen Körpern, die in der Folge als kleinste Bausteine den Innenbereich konstituieren. Nutzende können aus einem eigenständig nach der Logik aus Kapitel 5.1.1 entwickelten Katalog Körper entnehmen. Für spezifische Anwendungsfälle sind zuerst Querschnitte festzustellen. Darauf folgt die Feststellung einer möglichen räumlichen Wiederholung des Querschnitts. Dieser kann variabel oder konstant vorliegen. Bei der variablen Wiederholung entstehen Untersegmente, die ebenfalls auf den Grundkörpern basieren. Eine konstante Querschnittwiederholung wiederum resultiert in einem größeren, weil gleichmäßigen, Segment aus Extrusion oder Rotation des Querschnitts. Nutzende sollten beachten, dass alle üblichen geometrischen Formen ihres Werkzeugportfolios sich so beschreiben lassen. Eine Ausnahme bilden Freiformflächen, die mittels mathematischer Gleichungen generiert werden. Die Abgrenzung eines solchen Freiformsegmentes erfolgt bestenfalls durch ein angrenzendes geometrisches Segment. Ein Segment, unabhängig seiner Art, ist durch die kleinste Querschnittdimension entlang des Wärmeeintrags durch die Kunststoffschmelze zu beschreiben. Für die thermische Auslegung ist diese Beschreibung ausreichend, denn maßgeblich für ein mögliches Versagen des Formeinsatzes ist das schwächste Segment. Das schwächste Segment ist solches, welches aufgrund der aufgenommenen Wärme eine Temperatur erreicht, die zu einem mechanischen Versagen führt.

5.3.1.3 Segmentgruppierung

Abschließend für das Aktivitätselement der Segmentierung ist die Gruppierung. Die Gruppen dienen der späteren Zuteilung der Prozesslasten und der Auswahl bzw. Zuweisung von Temperiersystemen. Die Gruppierung erfolgt anhand der Anzahl, Anordnung und Typisierung von Segmenten. Zunächst sind Segmente, die zusammen eine makroskopisch identifizierbare Geometrie bilden, zu gruppieren. Ein Beispiel dafür wäre eine Geometrie, die auf Basis von gleichen Segmenten mit einer variablen Querschnittwiederholung erzeugt wird. In der Segmentierung wird diese unterteilt, muss jedoch für den weiteren Ablauf der thermischen Auslegung trotzdem als verbunden betrachtet werden. Solche Gruppen können als logische Gruppen bezeichnet werden

Nachdem die logischen Untergruppen aus der Segmentierung gebildet sind, werden globale Gruppen gebildet. Diese orientieren sich an Sammlungen gleicher oder mindestens geometrisch ähnlicher Segmente. Solche Sammlungen bilden unter anderem Gitterstrukturen mittels einer Vielzahl von Rippensegmenten. Für die thermische Auslegung wäre es nicht zu empfehlen, jedes Rippensegment einzeln zu betrachten, sondern stattdessen auch den Überlagerungseffekt der Rippensegmente zueinander mit dem Ziel, das makroskopische Element der Gitterstruktur wie gewünscht abzubilden.

Die Hauptgruppen werden gebildet aus Ebenensektionen, Taschensektionen, Sektionen mit Hinterschnitten sowie Sektionen, die durch Kerne oder Einleger gebildet werden. Ebenensektionen sind Bereiche der Geometrie, in denen keine anderen Segmente zu finden sind außer der Grundebene des Formeinsatzes bzw. des Formteils. Ausgenommen davon sind Randbereiche, wie sie z. B. bei Werkzeugen für Behälter und Boxen zu finden sind. Eine entsprechende Darstellung ist im Anhang in Abbildung 14 hinterlegt. Die Randbereiche von Ebenensektionen sind meistens Taschensektionen, eine Bezeichnung die auf der Darstellung in einem Formeinsatzteil basiert. Grundsätzlich sind damit erst einmal alle Geometriesegmente adressiert, die aus der Grundebene herausragen oder in diese unterbrechen. Auch hierfür ist ein Beispiel im Anhang in Abbildung 15 dargestellt. Von den Taschensektionen sind Sektionen mit Hinterschnitten zu unterscheiden. Während die Taschensektionen immer Entformungsschrägen erhalten, sind Hinterschnitte entweder durch Einlege oder Kerne abzubilden oder aber durch eine Zwangsentformung gekennzeichnet. Additive Verfahren eignen sich besonders, Formeinsätze herzustellen, die bereits Hinterschnitte beinhalten. Solche Bereiche sind bei der Segmentierung gesondert zu betrachten, da dort die thermo-mechanischen Belastungen bei der Entformung deutlich höher sind. Zuletzt bilden Kerne und Einleger eine vierte Gruppe. Kerne und Einleger besitzen keinen Stoffschluss mit dem restlichen Formeinsatz, sondern lediglich einen Formschluss. Eine separate Betrachtung ist an dieser Stelle zu empfehlen.

5.3.1.4 Zusammenfassung der Segmentierung

Die Einteilung und Interpretation dreidimensionaler Daten des Formeinsatzes sind zentrale Bestandteile der thermischen Auslegung additiver Prototypenwerkzeuge. Die Segmentierung der Hohlraumgeometrie ermöglicht die Identifizierung von ortsbezogenen Bedarfen für eine Temperierung. Eine Definition einzelner geometrischer Segmente und die Gruppierung solcher Segmente für einen Anwendungsfall vereinfacht die konstruktive Ausführung des Formeinsatzes. Nutzende ziehen Vorteile aus diesem Aktivitätselement in Form des strukturierten Segmentierungsvorgehens. Dabei adressieren die Gestaltungsaspekte die formalen Anforderungen Nr. 5 und Nr. 6 sowie die inhaltlichen Anforderungen Nr. 1 und Nr. 2.

5.3.2 Identifizierung der Prozesslasten

Das zweite Aktivitätselement, die Identifizierung der Prozesslasten, dient der transparenten Darstellung der Zusammenhänge von Prozessparametern und Belastungen des additiven Prototypenwerkzeugs. Die Transparenz wird durch eine Transformation von Eingangsgrößen zu Belastungsinformationen erzielt. Diese Transformationen beinhalten zunächst die Identifizierung mechanischer und thermischer Belastungen im Spritzgießzyklus. Unabhängig voneinander betrachtet ermöglichen diese Informationen bereits die Definition von Anforderungen an Temperiersysteme hinsichtlich der Platzierung und notwendiger Wirksamkeit. Die Platzierung ist hinsichtlich der gleichmäßigen Abkühlung der Bauteile wichtig. Die Wirksamkeit hingegen ermöglicht die Reduktion von Zykluszeiten durch kleinere Abkühlzeiten. Somit adressiert das Gestaltungselement die inhaltliche Anforderung Nr. 2 und differenziert nach den Zielgrößen Zykluszeit und Bauteilqualität. Weiterhin gestalten Nutzende die Extraktion thermo-mechanischer Belastungen aus der Kombination der mechanischen und thermischen Belastungen. Die Materialeigenschaften von Kunststoffen erfordern die Betrachtung mechanischer Belastungen unter ihrer Temperaturabhängigkeit, um strukturelles Versagen zu modellieren. Damit adressiert das Gestaltungselement auch die dritte Zielgröße der Standzeit.

Die Abbildung 5.36 veranschaulicht die Gestaltungsaspekte und erzeugt den Kontext im Gestaltungsmodell. Für die weitere Vorgehensweise zur Gestaltung der thermischen Auslegung müssen Nutzende Informationen aufbereiten. Zentrale Informationen, die das Gestaltungselement verarbeitet, kommen aus den Strukturelementen, der Hohlraumgeometrie und der Prozessbedingungen. Dabei werden mechanische Kennwerte des Werkzeugmaterials, Simulationsergebnisse, Erkenntnisse aus Experimenten und Erfahrungswerte aus früheren Aufträgen aggregiert. Als Beispiel für Daten aus Experimenten können die in Kapitel 5.2 vorgestellten Ergebnisse dienen. Erfahrungswerte aus vergangenen Aufträge können beispielsweise über eine Methodik, wie AYVAZ sie beschreibt, gesammelt und nutzbar gemacht werden.

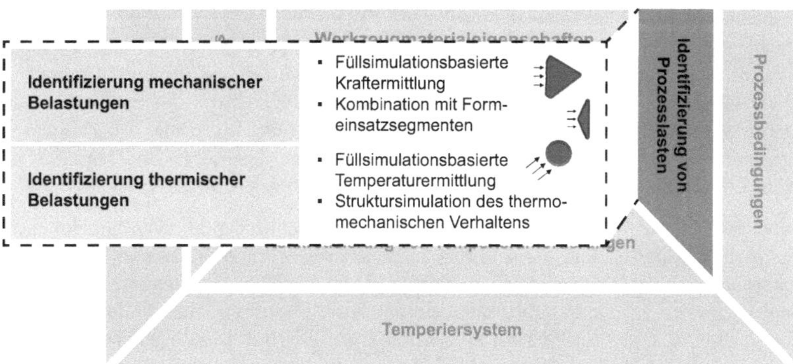

Abbildung 5.36: Gestaltungsaspekte der Identifizierung von Prozesslasten[580]

580 Eigene Darstellung

Neben praktischen Experimenten und Erfahrungen von Aufträgen sind Simulationen eine weitere Möglichkeit, strukturiert an spezifische oder leitende Informationen über Prozesslasten zu gelangen. Bei leitenden Informationen handelt es sich um solche Informationen über Prozesslasten, die für Nutzende des Gestaltungsmodells ausreichend detailliert, aber nicht für spezifische Anwendungsfälle, sondern nur für Segmentgruppen oder bestimmte Formen vorliegen. Simulationen sind grundsätzlich auch in der Lage, spezifische Informationen zu liefern. Diese Verwendung für Simulationen soll an dieser Stelle explizit nicht ausgeschlossen werden. Im Hinblick auf den Aufwand für das Gestaltungsmodell kann es für additive Prototypenwerkzeug sinnvoll sein, nicht auf spezielle Simulationen zurückzugreifen. Die Datenbasis der Programme müsste mindestens auf deren Eignung zur Simulation von Kunststoffen als Werkzeugmaterial überprüft werden. Daher wird im Folgenden erläutert, welche leitenden Informationen für mechanische und thermische Belastungen durch Simulationen geliefert werden könnten.

5.3.2.1 Identifizierung mechanischer Belastungen

Ein Spritzgießzyklus mit seinen unterschiedlichen Phasen erzeugt dynamische Belastungen. Ein Weg, diese dynamischen Belastungen zu erhalten, sind Füllsimulationen. Solche Simulationen erfüllen üblicherweise den Zweck, die Formfüllung und die Erstarrung zu untersuchen und Fehler zu vermeiden.[581] Die Simulationsprogramme liefern nicht nur Informationen über den Fluss oder die Erstarrung der Formmasse, sondern auch über Druck und Temperatur im Werkzeug. Im Folgenden werden mechanische Kräfte beschrieben, die aus solchen Füllsimulationen, welche auch die anderen Phasen des Spritzgießzyklus abbilden können, ersichtlich werden. Nutzende können anhand dieser exemplarischen Beschreibungen konkrete Berechnungen oder Simulationen durchführen.

Mit Beginn jedes Zyklus erfährt das Werkzeug eine erste mechanische Belastung durch das Schließen. Während dieser Bewegung werden hauptsächlich die Führungselemente belastet. Teilweise werden auch in einem Formeinsatz geometrische Segmente integriert, die beispielsweise der Zentrierung von der Düsen- und zu der Auswerferseite dienen. Die hier entstehende Reibung verändert sich dynamisch über mehrere Zyklen je nach Bewegung des Formeinsatzes aufgrund von thermischer Ausdehnung. Neben der Reibung entsteht eine Druckbelastung an den aufeinanderliegenden Werkzeugflächen, welche zum Zyklusbeginn durch die Schließkraft bestimmt ist. Zu einem geringen Maße steigt bereits der Werkzeuginnendruck durch die komprimierte Luft in der Hohlraumgeometrie. Allerdings kann zu diesem Zeitpunkt mit dem Gießsystem und dem Düsenansatz eine gute Entlüftung gewährleistet werden.

Während der Füllphase wird die Formmasse mit einer Geschwindigkeit v_0 in die Hohlraumgeometrie gedrückt. Über die Länge des Fließwegs verliert die Formmasse dann an Geschwindigkeit. Daraus resultiert zu Beginn der Füllphase ein Werkzeuginnendruck p_0. Von dort steigt der Werkzeuginnendruck, da die Verdrängung der Luft durch die Entlüftungsbereiche langsamer abläuft als Komprimierung durch die Füllung mit Formmasse. Aufgrund der steigenden Viskosität, der sinkenden Geschwindigkeit, der geringen Dichte und des hohen Drucks der Strömung liegt die

[581] Vgl. Maw-Ling WANG et al., *Molding simulation: Theory and practice*, 2nd Edition (Munich: Hanser, 2022), S. 139.

Reynoldszahl im unteren Bereich. Damit kann der Schmelzestrom als laminar strömend charakterisiert werden. Turbulente Strömungen, wie sie an Ecken und Kanten vorkommen, können vernachlässigt werden.[582]

Das Gießsystem verhindert, je nach Auslegung, dass die Schmelze mit der vollen Einspritzgeschwindigkeit auf den Formeinsatz trifft. Die bereits erwähnten praktischen Hinweise von AYVAZ ermöglichen es, die mechanische Belastung aufgrund der dynamischen Kräfte an der Strömungsfront zu begrenzen. Im Gießsystem, aber auch in der Hohlraumgeometrie, sofern diese additiv hergestellt sind, tritt aufgrund des Treppenstufeneffekts ein Kerbeffekt an den Übergängen einzelner Schichten auf. Dieses Phänomen ist von RODET und COLTON untersucht worden und tritt auch in der folgenden Nachdruck- und Kühlphase auf.

Nach der vollständigen Füllung der Kavität beginnt die Nachdruckphase. Dieser Druck ist hydrostatisch, was dazu führt, dass in jeder Richtung der gleiche Druck auf die Formeinsatzwände wirkt. Bei bestimmten geometrischen Anordnungen kann dieser Nachdruck das Werkzeug zum Öffnen zwingen. Weiterhin können Kerbwirkungen an scharfen Übergängen in der Topologie zu Rissen in der Struktur führen. Solche Kräfte und die resultierenden Defekte beschreiben DAVOUDINEJAD et al. und halten fest, dass der hydrostatische Druck zu Kompressionsbelastungen am Spritzling führt.[583] Von außen muss die Schließkraft gesteigert werden, um das Werkzeug geschlossen zu halten. Auf die äußeren Flächen des Werkzeugs sowie die aufeinander liegenden Flächen des Formeinsatzes wirken höhere Kräfte als während der Füllphase.

In der Kühlphase reduzieren sich die mechanischen Belastungen. Das Werkzeug wird weiter geschlossen gehalten, während das Bauteil abkühlt. Hauptmechanismus für weitere Belastung ist die Schwindung der Formmasse. Dabei entstehen vorwiegend Druckbelastungen auf verschiedene Bereiche des Formeinsatzes, die von dem Spritzling umschlossen werden. Die Kerbwirkungen können durch ein Aufschrumpfen verstärkt werden und hier ohne weitere Krafteinwirkungen bereits versagen. Indizien sind fehlende Schwimmhäute bei entformten Bauteilen, aber offensichtliche Ausbrüche am Formeinsatz.

Die Entformung ist aus der Sicht möglicher mechanischer Belastungen ein kritischer Punkt. Dies betrifft das Bauteil und den Formeinsatz gleichermaßen. Sofern das Bauteil nicht ausreichend erstarrt ist, bildet sich sogenannter Weißbruch. Dies kann einerseits mit einer zu starken Haftung des Spritzlings an der Formeinsatzoberfläche begründet sein. Während der Entformung wird dann zwischen dem haftenden und dem freien Teil des Formteils eine Verstreckung erzeugt. Andererseits kann Weißbruch auch durch einen zu großen Unterschied in der lokalen Druck- bzw. Zugfestigkeit entstehen. Die Ursache des Unterschieds in Festigkeit liegt in einer Temperaturdifferenz.

Neben dem Weißbruch treten zusätzliche Belastungen hauptsächlich an solchen Formeinsatzsegmenten auf, die ganz oder zumindest teilweise durch das Bauteil umschlossen werden. Auch hier spielt der Treppenstufeneffekt eine entscheidende Rolle. Die Treppenstufen erzeugen eine höhere Oberflächenrauheit, wodurch das Gleiten des Formteils aus der Form heraus erschwert wird. Das

[582] Sadegh RAHMATI und Philip DICKENS, „Stereolithography for injection mould tooling", *Rapid Prototyping Journal* 3, Nr. 2 (1997): S. 300.

[583] DAVOUDINEJAD et al., „Experimental investigation and thermo-mechanical modelling for tool life evaluation of photopolymer additively manufactured mould inserts in different injection moulding conditions", S. 418-420.

Formteil bleibt in den feinen Stufen des additiv hergestellten Formeinsatzes hängen und benötigt dadurch höhere Entformungskräfte.

In der Wartephase ist das Werkzeug geöffnet, sodass keinerlei mechanische Kräfte wirken. Die verbliebenen Spannungen sind durch Temperaturdifferenzen induziert. Beispielsweise wird bei der Verwendung eines Spannrahmens der Formeinsatz durch entsprechende Expansion bzw. Kontraktion diversen Druck- bzw. Zugbelastungen ausgesetzt. Zusätzlich werden in dieser Phase gegebenenfalls Losteile wie Kerne in den Formeinsatz gelegt. Auch hier können durch Expansion und Kontraktion zusätzliche mechanische Belastungen entstehen.

5.3.2.2 Identifizierung thermischer Belastungen

Thermische Belastungen können nach dem gleichen Prinzip analysiert und für die Gestaltung der thermischen Auslegung genutzt werden. Anders als die mechanischen Belastungen hängen die thermischen Belastungen stärker von den Verarbeitungsparametern der Formmasse und dem Werkzeugmaterial selbst ab. Die Wärmeleitung im Formeinsatz verändert stetig die thermischen Verhältnisse. Spritzgießsimulationen sind teilweise in der Lage, diese Veränderungen mit zu berücksichtigen. Insbesondere bei der Simulation von Temperierkanälen werden derartige Daten berechnet und veranschaulicht. Im Folgenden werden thermische Kräfte beschrieben, die aus solchen Füllsimulationen, welche auch die anderen Phasen des Spritzgießzyklus abbilden können, ersichtlich werden. Nutzende können anhand dieser exemplarischen Beschreibungen konkrete Berechnungen oder Simulationen durchführen.

Zu Beginn des Zyklus wird das Werkzeug geschlossen. Die Möglichkeit, durch Konvektion Energie an die Umgebung abzugeben, wird damit eingeschränkt. Lediglich die verbliebene Luft in der Hohlraumgeometrie kann sich durch gegebenenfalls aus vorherigen Zyklen im Formeinsatz verbliebene Wärme aufheizen. Somit resultiert aus dieser Phase keine aktive thermische Belastung. Vielmehr verringert sich die gespeicherte Wärme durch eine weitere, jedoch reduzierte Abgabe von Wärmeenergie.

In der Füllphase wird die Formmasse in die Hohlraumgeometrie eingespritzt. Dabei hat die Formmasse die Einspritztemperatur T_E, welche am Düsenausgang die höchste Temperatur im Prozess darstellt. Im weiteren Verlauf der Füllung nimmt diese Temperatur immer weiter ab. Dabei wird die Energie an die Innenwände des Formeinsatzes sowie an die vorhandene Luft in diesem abgegeben. Mit der Verdrängung der Luft aus dem Formeinsatz steigt die Temperatur der Innenwände zusätzlich weiter an. Während die Wände des Formeinsatzes zu Beginn der Füllphase die niedrigste Temperatur aufweisen, heizt die Formmasse die Wände auf. Der Wärmeeintrag nimmt mit der Fließlänge ab, da die Kunststoffschmelze bereits an Temperatur verliert. Aufgrund des Umstands, dass die Füllphase nur einen geringen Anteil an einem gesamten Zyklus hat, ist die Last durch eine maximale Temperatur gering.

Nachdem der Umschaltpunkt des Einspritzdrucks erreicht wurde, beginnt die Nachdruckphase. Diese Phase ist auch für die thermischen Belastungen relevant, obwohl das eigentliche Ziel die Verringerung der Bauteilschwindung ist. ANDERSSON und BÄCKSTRÖM und ZINK und KOVÁCS zeigen neben anderen die Temperaturabhängigkeit der Wärmeleitung einer möglichen Formmasse zum Formeinsatz aus Kunststoff.[584] Somit ist anzunehmen, dass der Wärmeeintrag in den Formeinsatz während der Nachdruckphase nicht konstant ist, sondern aufgrund des Nachdrucks ansteigt. Ausgleichend dazu sinkt wiederum die Temperaturdifferenz von Formmasse zum Formeinsatz.

Nachdem die Formmasse soweit Temperatur verloren hat, dass eine weitere Schwindung durch ein weiteres Nachdrücken von Schmelze nicht mehr korrigiert werden kann, setzt die Kühlphase ein. Der Formeinsatz ist überall mit konstantem Druck in Kontakt mit der warmen Formmasse. Mögliche Druckunterschiede durch das Aufschrumpfen oder Lösen der Formmasse aufgrund der Topologie der Hohlraumgeometrie sind zu erwarten, allerdings ist der genaue Einfluss in der Literatur nicht dokumentiert. Auch die genannten Studien von ANDERSSON und BÄCKSTRÖM und ZINK und KOVÁCS geben keine Hinweise auf eine notwendige Differenzierung der thermischen Last. Somit bleibt während der Kühlphase ein Wärmestrom von der Formmasse in den Formeinsatz.

In der Entformungsphase wird das warme, aber formstabile Formteil aus dem Formeinsatz entfernt. Die Wärmeleitung an den Grenzflächen verändert sich kurzfristig vom Wärmeeintrag durch das Bauteil zur konvektiven Wärmeabgabe an die Umgebung. Dabei wird eine Seite des Formeinsatzes, je nach Länge des Auswerfens, länger mit dem Wärmeeintrag belastet. Eingelegte Formeinsatzkomponenten unterliegen abhängig von der Positionierung noch länger einem Wärmeeintrag. Letztlich ist in dieser Phase des Zyklus jegliche mechanische Belastung bedeutender.

Die Wartephase bis zum nächsten Zyklus kann beispielsweise durch das Einlegen von Kernen prozessbedingt sein. Für additive Prototypenwerkzeuge ist es üblicherweise eine notwendige Phase im Zyklus, um die Wandtemperatur des Formeinsatzes über Konvektion durch die kältere Umgebungsluft zu reduzieren. Die Belastungen durch Wärme werden so aktiv reduziert. Die Länge der Wartephase kann einen Beitrag zur Verbesserung der Standzeit der Formeinsätze leisten.

5.3.2.3 Zusammenfassung der Prozesslastenidentifizierung

Das Aktivitätselement der Prozesslastenidentifizierung stellt im Gestaltungsmodell die formende Funktion auf der Prozessseite dar. Die Umsetzung der Gestaltungsaspekte befähigt Nutzende zur Sammlung und Klassifizierung von Informationen mit dem Zweck der Anforderungsgestaltung für additive Prototypenwerkzeuge aus Prozesssicht. Die beiden Gestaltungsaspekte der Identifizierung mechanischer und thermischer Belastungen adressieren die inhaltliche Anforderung Nr. 2 und die formalen Anforderungen Nr. 5 und Nr. 6. Die strukturierte Anwendung von Simulationen, um das Wissen aus Verhaltenselementen und Erfahrungswissen aus der Praxis mit Serienwerkzeugen zu unterstützen, ist Inhalt beider Gestaltungsaspekte.

[584] P. ANDERSSON und G. BÄCKSTRÖM, „Pressure dependence of the thermal conductivity, thermal diffusivity, and specific heat of polyethylene", *Journal of Applied Physics* 44, Nr. 6 (1973): 2601–2605; Béla ZINK und József Gábor KOVÁCS, „Pressure-dependent heat transfer coefficient measurement for thermoplastic melts", *Polymer Engineering & Science* 62, Nr. 4 (2022): 1137–1146.

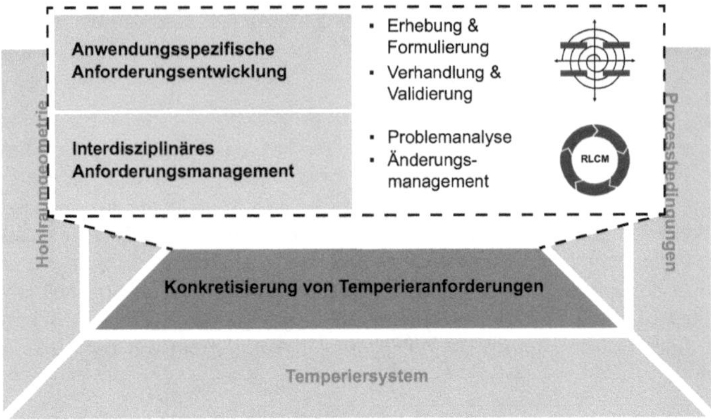

Abbildung 5.37: Gestaltungsaspekte zur Konkretisierung der Anforderungen an Temperiersysteme[585]

5.3.3 Konkretisierung der Anforderungen

Die Detaillierung der Anforderungskonkretisierung für Temperiersysteme fokussiert die beiden Gestaltungsaspekte der anwendungsspezifischen Anforderungsentwicklung und des interdisziplinären Anforderungsmanagements. Vor dem Hintergrund der thermischen Auslegung ist ein ausgewähltes und spezifiziertes Temperiersystem das erstrebte Mittel zur Erreichung der Ziele der thermischen Auslegung. Wie bei jeder Entwicklung eines technischen Systems vergrößern sich die Kosten einer Fehlerbeseitigung, je weiter die Entwicklung des Systems fortgeschritten ist. Anforderungen bilden in einem strukturierten Entwicklungsprozess den Startpunkt. Eine korrekte Herleitung der Anforderungen ist also für eine Fehlervermeidung unabdingbar. Auch für Temperiersysteme als Teil der additiven Prototypenwerkzeuge gilt es, Fehler bei der Auslegung zu vermeiden und die Notwendigkeit für spätere Korrekturen zu eliminieren. Nutzende profitieren daher von einem spezifisch auf den Gestaltungsbereich der Temperiersysteme für additive Prototypenwerkzeuge zugeschnittenen Vorgehen zur Anforderungsentwicklung und zum Anforderungsmanagement. Dieser Zusammenhang ist in Abbildung 5.37 schematisch dargestellt.

Zu beiden Gestaltungsaspekten existieren eine Reihe von wissenschaftlichen und praxisorientierten Grundlagen. Dabei handelt es sich um Definitionen von Begriffen und Vorgehensweisen, Beschreibungen von Methoden und Werkzeugen, aber auch um Prozessbeispiele und Detaillierungen für spezifische Anwendungsgebiete. Für den Prozess der Anforderungsentwicklung eignen sich die Ausführungen von KOTONYA und SOMMERVILLE als Fundament. Dort wird die Anforderungsentwicklung als eine geordnete Menge an Aktivitäten zur Formulierung, Analyse und Dokumentation von Anforderungen beschrieben.[586] Dem Prozess der Anforderungsentwicklung

[585] Eigene Darstellung

[586] Vgl. KOTONYA und SOMMERVILLE, *Requirements engineering: Processes and techniques*, S. 21.

ordnen KOTONYA und SOMMERVILLE fünf Inputfaktoren zu: Informationen zum adressierten System, Bedarfe der Interessengruppen, Standards der Organisation, Regularien und Informationen zur Anwendung des Systems. Daraus generiert der Prozess der Anforderungsentwicklung vereinbarte Anforderungen, Systemspezifikationen und Systemmodelle.[587] Nach KOTONYA und SOMMERVILLE folgt der Prozess dem Schema, dass zunächst die Anforderungen erhoben und dann analysiert und verhandelt werden. Darauf erfolgt die Dokumentation und die Validierung der Anforderungen.[588]

Die Anforderungsentwicklung wird geläufig als Teil des Anforderungsmanagements verstanden. Tatsächlich deckt das Anforderungsmanagement einen anderen Bereich des Lebenszyklus einer Anforderung ab. Nach der Entwicklung einer Anforderung muss diese „verwaltet" werden, denn das System, zu dem die Anforderung zählt, unterliegt gegebenenfalls einem steten Wandel. Für das Anforderungsmanagement stehen verschiedene Techniken, Methoden und Werkzeuge zur Verfügung. Nutzende des Gestaltungsmodells können auf diese Möglichkeiten zurückgreifen, sofern diese im Anwendungsfall Erfolg versprechend sind.

5.3.3.1 Anwendungsspezifische Anforderungsentwicklung

Das Anwendungsspezifische in der Anforderungsentwicklung bezieht sich auf den Gestaltungsbereich der thermischen Auslegung von additiven Prototypenwerkzeugen. Im Hinblick auf die Einhaltung der ersten formalen Anforderungen an das Gestaltungsmodell ist die Anforderungsentwicklung nicht als übertragbares Konzept anzusehen. Vielmehr müssen die einzelnen Stufen hinsichtlich ihrer uneingeschränkten Eignung überprüft und gegebenenfalls angepasst werden. Nutzende müssen zunächst die Rollen agierender Personen betrachten und danach die Prozessschritte der Anforderungserhebung, der Anforderungsanalyse und -verhandlung sowie der Anforderungsdokumentation und -validierung gestalten. Die folgenden Erläuterungen dienen der Strukturierung dieser Gestaltung.

Im Anforderungsentwicklungsprozess agieren verschiedene Personen, die einerseits den Interessengruppen, andererseits Rollen in den Prozessschritten zugeordnet werden können. Allgemein wird in fünf Rollen unterschieden: Domänenexpertise, Systemnutzung, Anforderungsentwicklung, Systementwickelung und Projektmanagement.[589] Für das Gestaltungsmodell ist nun festzulegen, welche dieser Typen welcher organisationsinternen Position in einem Werkzeugbau entspricht. Die meisten Werkzeugbaubetriebe haben ihre Aufträge in einer Projektlogik sortiert und können daher die Rolle des Projektmanagements festlegen. Die Systementwicklung findet während der Konstruktion des Werkzeugs statt, entsprechend können die Mitarbeitenden der Konstruktion dem Typ der Systementwickelung zugewiesen werden. Die Systemnutzung obliegt meistens den auftraggebenden Unternehmen bzw. einer internen auftraggebenden Organisationseinheit. Teilweise fällt auch die Try-Out-Abteilung in dieses Rollenbild. Domänenexpertise kann an verschiedenen Stellen vorliegen. Je nach Organisation des Betriebs können Personen des Projektmanagements, der Konstruktion oder des Try-Outs die notwendige Domänenexpertise aufweisen. In besonderen

587 Vgl. ebd., S. 28.
588 Vgl. ebd., S. 32.
589 Vgl. ebd., S. 37.

Fällen können auch dezidierte Expertinnen oder Experten für additive Prototypenwerkzeuge in der Organisation vorhanden sein. Die Rolle der Anforderungsentwicklung findet sich selten mit einer klaren personellen Verortung in Werkzeugbaubetrieben wieder. Am ehesten können Mitarbeitende der Arbeitsvorbereitung und des Projektmanagements diese Rolle einnehmen.

Die Anforderungserhebung kann in vier Schritte unterteilt werden: Verstehen der Anwendungsdomäne, Schaffung des spezifischen Problemverständnisses, Integration in das Organisationsziel, Berücksichtigung der Bedarfe und Restriktionen der Interessengruppen. KOTONYA und SOMMERVILLE stellen dies als einen spiralförmigen Prozess dar.[590] Das Verstehen der Anwendungsdomäne für die Entwicklung von Temperiersystemen im Rahmen der thermischen Auslegung wird üblicherweise durch Kenntnisse im Spritzgießen und im Werkzeugbau berücksichtigt. Nutzende sollten für ihre Organisationseinheiten sicherstellen, dass mit der Anforderungsentwicklung betraute Mitarbeitende die Grundlagen der thermischen Auslegung von Spritzgießwerkzeugen beherrschen. Hierzu können unterschiedliche Wissensquellen, wie Erfahrungswissen oder Arbeitsanweisungen, verwendet werden. Das spezifische Problemverständnis ist eng mit dem Grundlagenwissen in der Domäne verknüpft. Dort stehen Nutzende des Gestaltungsmodells vor den Herausforderungen, Zeit zur Verfügung zu stellen, das Domänenwissen anzuwenden und gleichzeitig die Offenheit für neue Lösungsansätze zu fordern. Andernfalls könnten immer gleiche Lösungen für neue Probleme in Anforderungen übersetzt werden. Da es sich bei der Temperiersystemauswahl um ein spezifisches technisches Problem handelt, ist die Integration in die Organisationsziele keine offensichtliche Notwendigkeit. Zumindest müssen die Handlungsszenarien aus Kapitel 2.4 durch die Nutzenden aufbereitet und für die Anforderungsentwicklung zur Verfügung gestellt werden. Dies unterstützt die Berücksichtigung der Bedarfe und Restriktionen der Interessengruppen wie z. B. des Anlagenbedienenden.

Nach der Erhebung der Anforderungen müssen diese analysiert und verhandelt werden. Beide Aktivitäten zielen auf die Reduktion von Fehlern in den Anforderungen und die Vermeidung von Konflikten zwischen Anforderungen ab.[591] KOTONYA und SOMMERVILLE[592] schlagen acht Prüfungskriterien für die Anforderungsanalyse vor. Alle acht Kriterien können ohne Anpassungen durch Nutzende des Gestaltungsmodells eingesetzt werden. Eine Spezifizierung der Kriterien kann durch die Verwendung der Inhalte aus den Strukturelementen umgesetzt werden. Eine sich anschließende Verhandlung der Anforderungen findet aufgrund der relativen Größe des Temperiersystems zum Gesamtsystem Werkzeug bestenfalls innerhalb der dafür vorgesehenen Abstimmungen statt. Zur Konfliktlösung können Interaktionsmatrizen eingesetzt werden, in denen gegenläufige Anforderungen identifiziert und bewertet werden.

Nachdem die erhobenen Anforderungen analysiert und verhandelt sind, erfolgt die Dokumentation und Validierung. Dabei geht es um die Identifizierung von Fehlern in den Anforderungen hinsichtlich der Verständlichkeit, der Vollständigkeit, der Mehrdeutigkeit, der Verfolgbarkeit und der Durchgängigkeit. Nach der Validierung wird die finale Anforderung dokumentiert.[593] Bei der Gestaltung von Temperiersystemen können verschiedene Fehler in den Anforderungen auftreten.

---

590 Vgl. KOTONYA und SOMMERVILLE, *Requirements engineering: Processes and techniques*, S. 54 f.

591 Vgl. ebd., S. 77-82.

592 Vgl. ebd., S. 79.

593 Vgl. ebd., S. 96-99.

Hinsichtlich der Verständlichkeit können andersartige Begriffe als durch die Strukturelemente vorgegebenen Worte verwendet werden. Dabei kann es sich zum Beispiel um die Bezeichnung von Segmenten handeln. Ein Beispiel für mangelnde Vollständigkeit ist das Fehlen von Angaben von Zahlenwerten für Dimensionen, obwohl der Zusammenhang zu einer Größe in einer Anforderung erwähnt ist. Anforderungen können nach Rollentyp oder Interessengruppe unterschiedlich verstanden werden. Eine unklare Benennung z. B. von Materialien für das Bauteil und für das Werkzeug veranschaulicht eine mögliche Missinterpretation an dieser Stelle. Nutzende sollten die Fehlerarten für die Anforderungsentwicklung von Temperiersystemen definieren und durch einen Arbeitsprozess eine Überprüfung definieren. Die abschließende Dokumentation erfolgt üblicherweise schriftlich, kann allerdings auch grafische Elemente enthalten. Derartige Vorgaben sind Teil des Gestaltungsaspektes des Anforderungsmanagements.

5.3.3.2 Interdisziplinäres Anforderungsmanagement

Das Anforderungsmanagement begleitet Anforderungen während der Nutzungsphase. Dabei sind die Hauptaufgaben die Koordination von Anforderungsänderungen, die Kontrolle von Beziehungen von Anforderungen untereinander und Speicherung von Anforderungen.[594] In diesem Sinne ist Anforderungsmanagement immer interdisziplinär. Im Fall der thermischen Auslegung sollte dieser Aspekt durch die Nutzenden explizit beschrieben werden. Die Gestaltung des Anforderungsmanagements im Rahmen der thermischen Auslegung muss berücksichtigen, dass die anderen Auslegungsdisziplinen ebenfalls Anforderungen stellen. Nach der Anforderungsentwicklung ist der Bereich der thermischen Auslegung abgestimmt, jedoch nur in sich. Das interdisziplinäre Anforderungsmanagement fokussiert also die Verknüpfung der unterschiedlichen Auslegungsdisziplinen entlang des hierarchischen Systemmodells des Werkzeugbaubetriebs, welches in Abbildung 4.4 dargestellt ist.

Im Rahmen des interdisziplinären Anforderungsmanagements erstellen die Nutzenden des Gestaltungsmodells ein Speichersystem, welches die Darstellungsweise aller Anforderungen an das Gesamtsystem des Werkzeugs berücksichtigt. Diese Tätigkeit geht über den Gestaltungsbereich des Gestaltungsmodells hinaus. Daher folgen die Hinweise aus Sicht der thermischen Auslegung. Eine textuelle Darstellung der Anforderungen wird hierzu als Standard vorausgesetzt. Zu prüfen ist eine Fähigkeit zur grafischen Darstellung von Anforderungen. Dies kann sich für die Integration von Lokalisierungsangaben in Anforderungen als nützlich erweisen. Dazu wäre die Verwendung von technischen Zeichnungen oder anderen grafischen Abbildungen denkbar. Allgemein benötigt das System eine entsprechende Kennung für Anforderungen explizit aus der thermischen Auslegung oder für die Gestaltung der Temperiersysteme.

Die Hauptaufgabe des interdisziplinären Anforderungsmanagements ist Koordination von Anforderungsänderungen. Hierzu schlagen KOTONYA und SOMMERVILLE ein Vorgehen mit drei Schritten vor.[595] Die generische Natur des Vorgehens ermöglicht den direkten Einsatz für diesen Gestaltungsaspekt. Ein Änderungswunsch wird durch ein Problem aktiviert. Darauf folgt eine

[594] Vgl. ebd., S. 114 f.
[595] Vgl. ebd., S. 124.

Problemanalyse und die Anpassungen der Anforderungen. Analog zum Anforderungsentwicklungsprozess muss die geänderte Anforderung analysiert und gegebenenfalls erneut verhandelt werden. Zudem kommt eine Kostenanalyse, um die Auswirkungen auf den spezifischen Auftrag aus finanzieller Sicht zu ermitteln. Abschließend wird die geänderte Anforderung implementiert. Somit ist die Kostenanalyse der einzige Schritt, für den die Nutzenden des Gestaltungsmodells eine Informationsbasis erschließen müssen. Die anderen Schritte sind mit organisatorischen Anpassungen bzw. Beschreibungen umsetzbar.

5.3.3.3 Zusammenfassung der Anforderungskonkretisierung

Die beiden Gestaltungsaspekte der anwendungsspezifischen Anforderungsentwicklung und des interdisziplinären Anforderungsmanagements ermöglichen die Gestaltung der Anforderungskonkretisierung für Temperiersysteme. Elementar ist die interessengerechte und fehlerfreie Formulierung der Anforderungen innerhalb der Organisation. Der Anwendungsfokus unterscheidet sich zwischen den nutzenden Organisationen und ist daher individuell zu erarbeiten. Zur Verstetigung der Anforderungskonkretisierung kann ein interdisziplinäres Anforderungsmanagement Konflikte zwischen den Auslegungsdisziplinen moderieren und langfristig Anpassungen koordinieren. Nutzende profitieren von diesem Aktivitätselement durch ein spezifisch auf den Gestaltungsbereich der Temperiersysteme für additive Prototypenwerkzeuge zugeschnittenes Vorgehen zur Anforderungskonkretisierung.

5.4 Wechselwirkungen der Gestaltungselemente

Das beschriebene Vorgehen zur Gestaltung der thermischen Auslegung für additive Prototypenwerkzeuge aus Kunststoff detailliert auf Basis existierender Ansätze die Besonderheiten für solche Prototypenwerkzeuge und erläutert neue Ausführungsweisen. Das Gestaltungsmodell ist dazu als eine Einheit zu verstehen. Die Wechselwirkungen unter den Gestaltungselementen müssen für die Nutzung des Modells beachtet werden. Das theoretisch mögliche Nutzenpotenzial des Gestaltungsmodells wird erst durch die Berücksichtigung der Wechselwirkungen nutzbar. Die aktive Gestaltung von Wechselwirkungen in einem Modell besitzt integrativen Charakter. Die Struktur-, Aktivitäts- und Verhaltenselemente können für sich stehen, jedoch kann ihre jeweilige Kernaufgabe durch Vor- oder Rückkoppelung unterstützt werden. Im Folgenden sind diese Vor- bzw. Rückkopplungen zwischen den Elementen je Bereich und zwischen den Bereichen beschrieben. Die schematische Zusammenfassung zeigt Abbildung 5.38.

Der Produktbereich bildet im Modell die Einfluss- und Zielgrößen der Produkte ab. Innerhalb des Bereiches kommt es zu Wechselwirkungen zwischen dem Struktur- und dem Aktivitätselement. Diese besteht einseitig vom Strukturelement auf das Aktivitätselement wirkend. Normative Regelungen durch das Strukturelement steuern die Aktivität der Segmentierung des Formeinsatzes. Die Art und Weise der Beschreibung von Produktrandbedingungen und die enthaltenen Informationen selbst bilden eine Entscheidungsgrundlage für die Einzelhandlungen der Segmentierung. Dabei haben die Produktrandbedingungen nur einen indirekten Einfluss, im Gegensatz zu der Segmentcharakterisierung, welche aktive Leitfäden für die Segmentierung vorgibt. Diese fokussiert sich

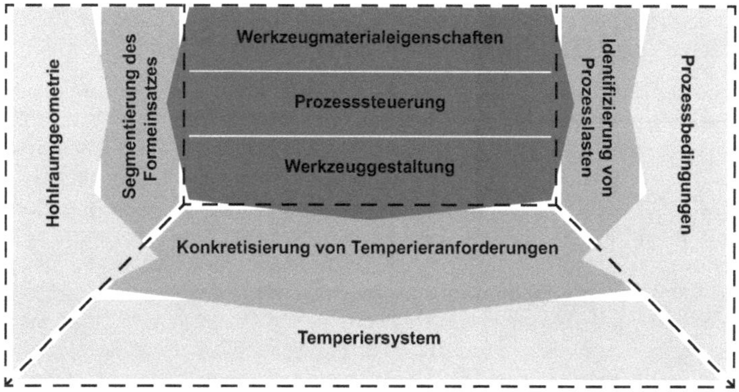

Abbildung 5.38: Wechselwirkungen im Gestaltungsmodell zur thermischen Auslegung additiver Prototypenwerkzeuge für das Spritzgießen[596]

im Strukturelement zwar auf die Hohlraumgeometrie, welche jedoch nicht von der Geometrie des Formeinsatzes trennbar ist. Zwischen den beiden Elementes des Produktbereiches steht die mechanische wie rheologische Auslegung des Formeinsatzes oder des Werkzeugs. Diese befinden sich außerhalb des zu gestaltenden Systems, liefern jedoch Informationen zur Verarbeitung nach den Kriterien des Gestaltungsmodells für die thermische Auslegung additiver Prototypenwerkzeuge.

Im Prozessbereich sind die Wechselwirkungen analog zum Produktbereich. Das Strukturelement wirkt einseitig auf das Aktivitätselement. Ursächlich dafür ist auch hier der normative Charakter. Eine strukturierte Konkretisierung von Prozesseinflüssen sowie eine definierte Vorgehensweise liefern die Grundlage für die Identifizierung der Prozesslasten. Die im Aktivitätselement vorgeschlagenen Handlungen bedürfen der Informationen des Strukturelementes. Daneben sind auch hier weitere Daten von außerhalb des Gestaltungsmodells notwendig. Die Konstruktion des Formeinsatzes in Form der mechanischen und rheologischen Auslegung ist Voraussetzung für Tätigkeiten im Aktivitätselement.

Der Bereich des Temperiersystems zeigt andere Wechselwirkungen auf. Aufgrund der Orientierung auf das Ziel eines Temperiersystems wirkt hier das Aktivitätselement einseitig auf das Strukturelement. Das Strukturelement hat, wie auch in den anderen Bereichen, einen normativen Charakter und beschreibt morphologisch einen Zielraum für Temperiersysteme. Das Aktivitätselement beschreibt jedoch nicht die Konstruktion des Temperiersystems, sondern formuliert und koordiniert die Anforderungen an ein solches. Diese wiederum sind generisch durch das Strukturelement in Ausführungshinweise zu überführen und so eine Norm für die Umsetzung in der Konstruktion oder Prozessdurchführung vorzugeben. Aus dem Produkt- und dem Prozessbereich wirken die dort definierten Normen und Handlungen auf das Aktivitätselement der Anforderungskonkretisierung. Ohne diese Wirkung wäre eine Anforderungsentwicklung nicht möglich und ein Anforderungs-

596 Eigene Darstellung

management hinfällig. Letzteres wird auch zwischen der Realisierung konkreter Anwendungsfälle durch das Gestaltungsmodell durch die beiden anderen Bereiche geformt.

Der Interdependenzbereich wirkt auf die anderen Bereiche ein. In diesem Bereich finden sich nur Verhaltenselemente, deren Haupteigenschaft die Verhaltensbegründung ist. Daraus entsteht eine Verhaltensleitung, welche für die andere Bereiche eine Priorisierung von Normen oder Handlungen darstellt. So ermöglichen die modellierten Verhaltensweisen des Werkzeugmaterials und der Werkzeuggestaltung vor dem Hintergrund der thermischen Auslegung die Auswahl und Detaillierung der relevanten Produktrandbedingungen. Ebenso wird die Segmentierung strukturiert, weil Verhaltensmuster bekannt sind. Auf der Seite des Prozesses wirken ähnliche Effekte. Hier stehen die Verhaltenselemente, Werkzeugmaterialeigenschaften und die Prozesssteuerung im Fokus. Auch hier ermöglichen die modellierten Verhaltensweisen die Auswahl und Detaillierung der Prozesseinflüsse. Besonders für die Spezifikation von Prozesseinstellungen ist das Verhaltenselement der Prozesssteuerung entscheidend. Die Wirkung des Interdependenzbereichs auf den Zielbereich des Temperiersystems ist ebenfalls einseitig. Im Vordergrund steht der Vergleich zur Bestimmung der Leistungsfähigkeit eines konkreten Temperiersystems.

6 Fallbeispiele für Temperiersysteme und Validierung des Gestaltungsmodells

6.1 Einleitung zu möglichen Temperiersystemen

Die Verhaltenselemente in Kapitel 5.2 zeigen, mit welchen Randbedingungen mögliche technische Lösungen zur Temperierung von additiven Prototypenwerkzeugen entwickelt werden müssen. Die Berücksichtigung einer systematischen Vorgehensweise offenbart weitere Anforderungen, die, spezifisch für jeden Anwendungsfals aufgestellt, den Nutzen einer Temperierung bestimmen. Zuweilen ist noch zu klären, welche technischen Lösungen konkret mit der Morphologie aus Kapitel 5.1.3 abgeleitet werden können und wie diese zu steuern sind. Beispielhaft werden dazu zwei charakterisierte Temperiersysteme technisch beschrieben und entsprechende Experimente definiert, mit denen die Wirksamkeit untersucht und mögliche Gestaltungsrichtlinien entwickelt werden.

6.2 Temperierung im Wirkbereich Formeinsatz

In den Wirkbereich des Formeinsatzes fallen entsprechend der theoretischen Herleitung aus Kapitel 5.1.3.1 verschiedene Lösungen. Bei der Konkretisierung dieser Lösungen hilft die Betrachtung anderer Gießverfahren nach DIN Deutsches Institut für Normung e. V.[597] Aus dieser Betrachtung können Methoden zur Steuerung von Wärmeflüssen auf den Anwendungsfall additive Prototypenwerkzeuge abgeleitet werden. So werden beispielsweise im Schwerkraftgießen mit Sandformen sogenannte „Kühleisen" eingesetzt. In Versuchen wurde diese konstruktive Methode als wirksam für die Steuerung des Erstarrungsverhaltens zur Vermeidung von Wärmerissen oder für die Steigerung des Speisungsvermögens angesehen.[598] Das Kühleisen erzeugt eine lokale Beschleunigung der Wärmeströme, sodass sich die Gefügeausbildung des Gussbauteils verändert.[599] Während diese Erkenntnisse sich auf Bauteile aus Metall beziehen, hat Beal et al. einen ähnlichen Effekt für Spritzgießbauteile beobachtet.[600] Aus dieser Betrachtung leitet sich eine Lösungshypothese für additive Prototypenwerkzeuge ab: In additiven Prototypenwerkzeugen aus Kunststoff können wärmeleitende Einsätze aus Metall verwendet werden, um die Wärmebilanz passiv zu

[597] Vgl. DIN Deutsches Institut für Normung e. V., *Fertigungsverfahren - Begriffe, Einteilung*, S. 11.

[598] Vgl. Andreas Bühring-Polaczek et al., *Handbuch Urformen*, [vollst. überarb. Neuaufl.], Edition Handbuch der Fertigungstechnik (München: Hanser, 2014), S. 33, 35.

[599] Vgl. Paul Kainzinger et al., „Einfluss der lokalen Gefügeausbildung auf die Schwingfestigkeit von Gusseisen mit Kugelgraphit", *BHM Berg- und Hüttenmännische Monatshefte* 160, Nr. 1 (2015): S. 4.

[600] Vgl. Valter Estevão Beal et al., „Evaluating the Use of Aluminum Inserts on SL Puzzle Molds for Injection Molding of Complex Parts: A Case Study", in *ANTEC - Conference Proceedings*, hrsg. Society of Plastics Engineers, Technical papers / Society of Plastics Engineers (Brookfield, Conn.: Society of Plastics Engineers, 2003), S. 885.

steuern und dabei die mechanische Stabilität des Formeinsatzes nicht negativ zu beeinflussen. Für diesen Ansatz erfolgt die Herleitung eines exemplarischen Vorgehens.

Eine zweite Lösung bedient sich dem Konzept digitaler Materialien. Wie in Kapitel 2.2.1.3 beschrieben eignet sich die additive Fertigung zur Darstellung von Volumenpixeln im Material. Die in den Voxeln definierten Materialeigenschaften bilden im Zusammenspiel der angrenzenden Voxel einen Eigenschaftsgradienten. Solche Gradienten sind für thermische Eigenschaften realisierbar. Daraus formuliert sich eine weitere Lösungshypothese: In additiven Prototypenwerkzeugen können Gradienten thermischer Materialeigenschaften eingesetzt werden, um die Wärmebilanz passiv zu steuern und die mechanische Stabilität nicht negativ zu beeinflussen. Das Prototypenwerkzeug besteht dann nicht mehr aus einem homogenen Material, sondern aus einem digitalen Material. Dieser zweite Ansatz wird experimentell validiert.

6.2.1 Konzept der wärmeleitenden Einsätze

Im Vordergrund steht zunächst die Überprüfung der ersten Lösungshypothese, die sich auf die Nutzung von wärmeleitenden Einsätzen bezieht. Ziel ist es, die Wärme aus dem Spritzling schneller durch den schwächer wärmeleitenden Kunststoff abzuführen. Hierbei spielt die Randschicht des Formeinsatzes eine wichtige Rolle. Die Ergebnisse aus Kapitel 5.2 zeigen die Temperaturschwankungen während des Spritzgießens in den randnahen Bereichen des Formeinsatzes. Die darunterliegenden Schichten erfahren weniger starke Schwankungen, erwärmen sich jedoch deutlich nachhaltiger. Dieser Temperaturanstieg verringert den Wärmetransport vom Spritzling durch die Randschicht und verändert so Zyklus um Zyklus das Erstarrungsverhalten. Zur Verhinderung dieser Veränderung muss der Wärmestau im Volumen des Formeinsatzes verhindert oder zumindest reduziert werden.

Als Lösung können analog zum Schwerkraftgießen oder zu den Ausführungen von SCHÜRMANN[601] metallische Einsätze platziert werden. Die dabei identifizierten kritischen Elemente sowie Segmente mit einem hohen Wärmeeintrag aufgrund von Wanddickensprüngen, Kanten oder Ecken definieren Anforderungen an die Ausgestaltung des metallischen Einsatzes. Insbesondere ist die mechanische Stabilität von Bedeutung. Der Wärmetransport ist für den Formeinsatz positiv, weil die eingesetzten Formeinsatzmaterialien bei niedrigeren Temperaturen bessere mechanische Eigenschaften aufweisen. Allerdings haben die unterschiedlichen thermischen Eigenschaften von Metall und Kunststoff ein Potenzial für andere Eigenspannungen im Formeinsatz.

Das Konzept des Versuches basiert auf den Experimenten von ALTAF et al. Ziel hierbei war ebenfalls die Erhöhung der Wärmeabfuhr, um schneller auf die Entformungstemperatur zu kommen. Die Auswertung der Temperaturmessung im Werkzeug zeigt, dass das Einlegen des Inserts die Temperatur in einer Messstelle von $80\,^{\circ}\mathrm{C}$ auf $69\,^{\circ}\mathrm{C}$ reduziert. Durch die geringe Werkzeugtemperatur über den Spritzgießzyklus konnte ebenfalls die Zykluszeit von $1000\,\mathrm{s}$ auf $440\,\mathrm{s}$ reduziert werden. Für den folgenden Versuchsaufbau ist die Erkenntnis zentral, dass es nicht notwendig

601 Vgl. SCHÜRMANN, „Abschätzmethoden für die Auslegung von Spritzgießwerkzeugen", S. 81 f.

scheint, die Metalleinlage direkt mit der Schmelze in den Kontakt zu bringen, sondern eine Platzierung innerhalb des Formeinsatzes ausreichend ist.[602]

Versuchskonzept zu wärmeleitenden Einsätzen

Für eine genaue Untersuchung der Anwendbarkeit und Wirksamkeit metallischer Einsätze ist ein Versuchsaufbau zu wählen, der drei Kriterien erfüllt. Zunächst muss eine Vergleichbarkeit zu einer Versuchsvariante ohne wärmeleitende Einsätze ermöglicht werden. Zugleich ist sicherzustellen, dass die Versuchsgeometrie Segmente aufweist, die eine Temperierung notwendig machen. Mindestens ist dabei jedoch die Messbarkeit eines Effektes sicherzustellen. Zuletzt muss der Versuchsaufbau eine Herstellung von additiven Formeinsätzen mit Einsätzen zulassen, welche auch unter praktischen Bedingungen angewendet würde.

Die erste Anforderung wird durch die Übernahme der Versuchsgeometrie für die Versuche aus Kapitel 5.2 sichergestellt. Die Vergleichbarkeit der Ergebnisse ist lediglich durch unterschiedliche Versuchsreihen eingeschränkt. Neben den manipulierten Formeinsätzen mit den Metalleinsätzen wird parallel ein Formeinsatz ohne diese Veränderungen im gleichen Zyklus gefüllt. Dies ermöglicht einen direkten Vergleich zwischen den beiden Gestaltungsvarianten. Gleichzeitig ist diese Versuchsgeometrie derart konzipiert, dass an mehreren Stellen Wanddickensprünge und andere fehleranfällige Segmente vorkommen. Eine Platzierung von wärmeleitenden Einsätzen ist somit entlang der Vorgaben aus Kapitel 5.3.1 und Kapitel 5.1.3 durchführbar.

Die Schwachstelle einer Versuchsreihe zur Untersuchung der metallischen Einsätze ist die Platzierung dieser Einsätze. Alle additiven Verfahren, die für die Herstellung von additiven Prototypenwerkzeugen aus Kunststoff infrage kommen, weisen Schwächen bei der Prozessierung von Halbzeugen auf. Ein solches Halbzeug ist ein metallischer Einsatz. Nach aktuellem Stand der Technik sind die meisten Anlagen und Verfahren in der Standardkonfiguration befähigt, Halbzeuge aufzunehmen, den additiven Prozess zu unterbrechen oder die Bahnplanung zum Auftrag des Materials anzupassen. Zur Verfügung stehende Lösungen sind lediglich im Versuchsstadium und eignen sich bisher nicht zur Herstellung eines komplexen Formeinsatzes. Daher wird an dieser Stelle eine Anpassung der Geometrie für eine manuelle Platzierung des metallischen Einsatzes vorgesehen.

Auf Basis der Erkenntnisse von LINDNER sind für die Wärmeleiter Materialien mit einer hohen Wärmeleitfähigkeit zu nutzen. Die spezifische Wärmekapazität ist hierbei ebenfalls zu berücksichtigen. Eine Indikation, ob diese möglichst hoch oder eher niedrig zu wählen ist, lässt sich für einen spezifischen Anwendungsfall festlegen. Für eine ausgewogene Analyse werden zwei Legierungen als metallischen Einsätze verwendet. Zur Verwendung kommen zwei Schweißdrahtlegierungen, einmal 3.0805 Aluminium und 1.4571 Stahl. Die technischen Daten sind in der Tabelle 6.1 mit der Versuchsplanung zusammengefasst dargestellt.

602 Vgl. Khurram ALTAF et al., „Prototype production and experimental analysis for circular and profiled conformal cooling channels in aluminium filled epoxy injection mould tools", *Rapid Prototyping Journal* 19, Nr. 4 (2013): S. 275 f.

Legierung	Wärmeleitfähigkeit [W/(mk)$^{-1}$]	Ausdehnungskoeffizient [1/K^{-1}]
3.0895 Aluminium	$210 - 230$	$23{,}5 \cdot 10^{-6}$
1.4571 Stahl	15	$16{,}5 \cdot 10^{-6}$

Tabelle 6.1: Eigenschaften der metallischen Einsätze

6.2.2 Konzept der Materialgradienten

Eine weitere Variante eines Temperiersystems stellen Materialgradienten dar. Dies steht im Kontrast zu einem hybriden Ansatz aus Metall und Kunststoff. Im Fokus steht die Realisierung von Eigenschaftsgradienten in der Materialkategorie Kunststoff. Auch hier ist die Randschicht des Werkzeugs im Fokus der Analyse. Jedoch sollen explizit die Schwächen einer hybriden Bauweise vermieden werden. Das Konzept sieht ebenfalls einen Wärmetransport durch den Bereich mit einer höheren Wärmeleitfähigkeit vor. Die unterschiedliche Wärmeleitfähigkeit wird in den Voxeln definiert und durch den additiven Prozess an der richtigen geometrischen Position eingebracht. Das entstandene digitale Material kann so einen präziseren Wärmetransport von der Randschicht zum Spannrahmen oder anderen Wärmesenken übernehmen.

Ähnlich wie bei den metallischen Einsätzen besteht die Gefahr von Eigenspannungen durch unterschiedliche Ausdehnungskoeffizienten oder andere thermischen Eigenschaften. Demnach ist ein zentrales Problem die Identifikation passender Materialpaarungen und stellt die erste Anforderung an den Versuchsaufbau dar. Weiterhin muss die Veränderung der Temperatur durch die höhere Wärmeleitfähigkeit erkennbar sein. Zuletzt gilt auch hier zu berücksichtigen, dass die Formeinsätze unter den heute üblichen Bedingungen herstellbar sind. Möglichkeiten hierzu werden von SHA et al.[603] aufgezeigt.

6.2.2.1 Versuchsaufbau für Materialgradienten

Der aktuelle Stand der Technik der additiven Fertigungsverfahren erlaubt nur in einzelnen Prozesstechnologien die Definition von Voxel. In Kapitel 2.2.3.3 wird beispielsweise dargestellt, wie im Freistrahl-Materialauftrag Farbgradienten hergestellt werden können. Gradienten thermischer Materialeigenschaften sind derzeit nicht Gegenstand der Funktionen von kommerziellen additiven Fertigungsanlagen. Daher wird für die Erarbeitung des Konzepts ein MEX-Verfahren genutzt. Die MEX-Verfahren bieten im Vergleich zu den anderen AM-Technologien den Vorteil, dass eine große Anzahl an verschiedenen Kunststoffen zur Verfügung steht. Ebenso existieren kommerzielle Anlagen, die mindestens zwei Materialien in einem Baujob gleichzeitig verarbeiten können. Ein Nachteil ist jedoch, dass keine Vermischung der Materialien in der Schmelzphase möglich ist. Die Voxel können daher nicht präzise in Lage und Zusammensetzung definiert werden. Ein weiterer Nachteil ist die bisher geringe Verbreitung des Verfahrens zu Herstellung von Prototypenwerkzeugen für das Spritzgießen aufgrund der hohen Oberflächenrauheit mit fühlbaren Riefen.

[603] Vgl. Wei SHA et al., „Robustly printable freeform thermal metamaterials", *Nature communications* 12, Nr. 1 (2021): S. 5.

Die Versuchsobjekte werden auf einem ULTIMAKER S5 hergestellt. Das Modell verfügt über ein beheiztes Druckbett und einen abgeschlossenen Bauraum mit Luftfilter. Der Kunststoff wird in Filamentform durch eine von zwei Düsen ausgetragen. Die Anlage gehört zu der Klasse der Desktop-Drucker und stellt durch die Komponentenqualität und -konfiguration den Einstieg in die professionelle Anwendung dar. Für die Herstellung qualitativ ausreichender Versuchskörper eignen sich diese Anlagen, wie die spätere Versuchsauswertung zeigt.

Die erforderlichen Eigenschaften der Maschinen sind im Kontext der Versuchsmaterialien zu betrachten. Mit Polyamid wird ein klassischer Konstruktionskunststoff gewählt. Im Vergleich zu den in Kapitel 5.2 verwendeten duroplastischen Materialien auf Epoxid- oder Acrylharzbasis liegen bei Polyamid ähnliche mechanische und thermische Eigenschaften vor. Polyamid gibt es in amorphen und teilkristallinen Typen, wobei auch Co-Polymere als Mischung von amorphen und teilkristallinen Polyamiden vorkommen. Solche Co-Polymere werden üblicherweise für 3D-Druck-Material in Filamentform verwendet. Der amorphe Anteil im Polyamid dient der Verbesserung der Druckeigenschaften[604]. Für die Versuchsobjekte werden Polyamid-Varianten der Firma BASF genutzt. Der Basiswerkstoff war BASF ULTRAFUSE®PA mit 2,85 mm Filamentdurchmesser. Als Gradientenmaterial wird BASF ULTRAFUSE®PAHT CF15 mit dem gleichen Durchmesser verwendet. Laut Herstelleraussage basiert das BASF ULTRAFUSE®PAHT CF15 auf dem Standard-Polyamid und hat zusätzlich einen Volumen-Anteil von 15 % Kohlefaser.

Die Anpassung des additiven Herstellungsverfahrens von MJT auf MEX bedingt ebenfalls eine Anpassung der Versuchsgeometrie. Einerseits, weil Form- und Lagetoleranzen bei MEX schlechter eingehalten werden, andererseits, weil die Kombination der beiden Polyamide zu Abweichungen bei der Herstellung führen kann. Die Rahmenbedingungen für einen angepassten Versuchskörper werden durch einen Vorversuch ermittelt. Dieser Vorversuch dient der praktischen Erprobung der multimateriellen Darstellung von Segmenten in Formeinsätzen. Als Demonstrationssegment wird eine einfache Säule mit 7,5 mm Höhe und 7,5 mm Durchmesser verwendet. Die Abbildung 6.1 zeigt die schematische Darstellung des Demonstrationssegmentes. Dieses Segment wird in fünf Varianten mit unterschiedlicher Deckschichtdicke d_d zur Formeinsatzoberfläche hergestellt. Alle fünf Stufen, welche auch bei dem Hauptversuch in einem Formeinsatz überprüft werden, sind in Tabelle 6.2 zusammengefasst.

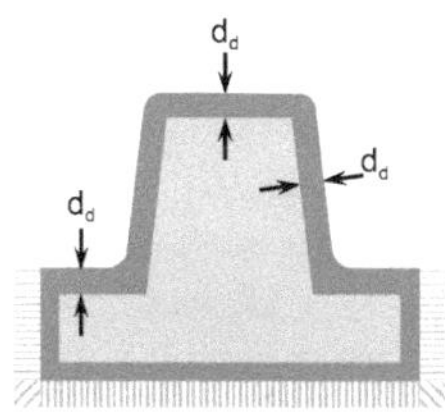

Abbildung 6.1: Schematische Darstellung des Demonstrationssegmentes[605]

604 Kapitel 2.2.3.2

605 Eigene Darstellung

Zur Aufnahme der Temperaturen im Formeinsatz werden an zwei Stellen die gleichen Thermoelemente wie in Kapitel 5.2 verwendet. Die Positionierung der Thermoelemente erfolgt anhand der Fließwege der Schmelze im Hohlraum. Eine Messstelle wird nah dem Anschnitt platziert, während die Zweite fern des Anschnitts liegt. Diese Messstelle ist in der vertikalen Ansicht des Formeinsatzes unter einem Demonstrationssegment verortet. Im Vergleich zu dem Referenzformeinsatz kann so der Einfluss des zweiten Materials bestimmt werden.

Variante	Deckschichthöhe [mm]	Nomenklatur
1	0,0	MaGrad_L_00
2	0,4	MaGrad_L_04
3	0,8	MaGrad_L_08
4	1,2	MaGrad_L_12
5	1,6	MaGrad_L_16

Tabelle 6.2: Übersicht zu Versuchsparametern der Materialgradienten

6.2.2.2 Analyse zur Temperierung durch Materialgradienten

Die Abbildung 6.2 schafft eine Übersicht über die grundlegenden Zykluslängen der Versuche. Zwischen den Zykluslängen der fünf Versuchsreihen bestehen signifikante Unterschiede, die aus den gewählten Parametern und dem explorativen Charakter der Versuche resultieren. Während MaGrad_L_00, MaGrad_L_04 und MaGrad_L_16 gleichmäßig lange Zykluslängen aufweisen, fallen MaGrad_L_08 und MaGrad_L_12 deutlich ab. Ursächlich dafür sind Veränderungen in den Versuchsparametern, um eine Formfüllung zu erzeugen. Im weiteren Verlauf werden diese Veränderungen in die Analyse einbezogen. Jedoch werden an dieser Stelle MaGrad_L_08 und MaGrad_L_12 aus der Analyse ausgeklammert. Im Anhang sind in der Abbildung 16 auch die Boxplots der Versuche MaGrad_L_08 und MaGrad_L_12 dargestellt.

Die Zyklen des Versuchs MaGrad_L_00 haben eine mittlere Länge von $457{,}1\,\mathrm{s}$ bei einer durchschnittlichen Erwärmungsdauer von $122{,}8\,\mathrm{s}$ bzw. $334{,}3\,\mathrm{s}$ für die Abkühldauer. Für MaGrad_L_04 verschieben sich die Durchschnittswerte bei der Erwärmungsdauer auf $143{,}3\,\mathrm{s}$ bzw. $313{,}7\,\mathrm{s}$ für die Abkühldauer, während die Zyklusdauer im Schnitt genauso lange ist wie bei MaGrad_L_00. Die Zyklusdauer von MaGrad_L_16 beträgt lediglich $1{,}5\,\mathrm{s}$ weniger als bei den beiden anderen Versuchen. Für die Erwärmungsdauer und die Abkühldauer liegen die Werte mit $145{,}0\,\mathrm{s}$ und $310{,}6\,\mathrm{s}$ nahe an den Werten von MaGrad_L_04. Insgesamt wurden für MaGrad_L_00 23 Zyklen ausgewertet, für MaGrad_L_04 waren es 15 und für MaGrad_L_16 21 Zyklen.

Der zeitliche Verlauf der Temperaturen ähnelt den bekannten Mustern aus Kapitel 5.2. MaGrad_L_00 und MaGrad_L_16 erreichen eine maximale Temperatur von $81{,}5\,^{\circ}\mathrm{C}$ bzw. von $83{,}5\,^{\circ}\mathrm{C}$. MaGrad_L_04 weist ein Maximum bereits kurz nach der Füllstudie auf, welches nicht repräsentativ ist. Die Zykluslängen sind bis zu diesem Zeitpunkt unterdurchschnittlich und führen so zu einem schnelleren Wärmeeintrag in den Formeinsatz. Eine repräsentative Maximaltemperatur beträgt $77{,}1\,^{\circ}\mathrm{C}$ im 25. Zyklus. Die Differenzen zwischen Minima und Maxima der Zyklen sind zwischen den Versuchen ähnlich. MaGrad_L_00 weist eine gemittelte Differenz von Minimum zu Maximum von $32{,}8\,^{\circ}\mathrm{C}$ auf. Mit $24{,}7\,^{\circ}\mathrm{C}$ und $28{,}9\,^{\circ}\mathrm{C}$ sind die Differenzen bei MaGrad_L_04 bzw. MaGrad_L_16 deutlich kleiner. Die Daten zeigen keine Proportionalität zwischen der Deckschichtdicke und den gemessenen Temperaturwerten, jedoch eine Symmetrie zwischen keiner Deckschicht und einer relativ sehr breiten Deckschicht. Für alle drei Versuche sind die charakteristischen Zyklen in Abbildung 6.3 hinterlegt.

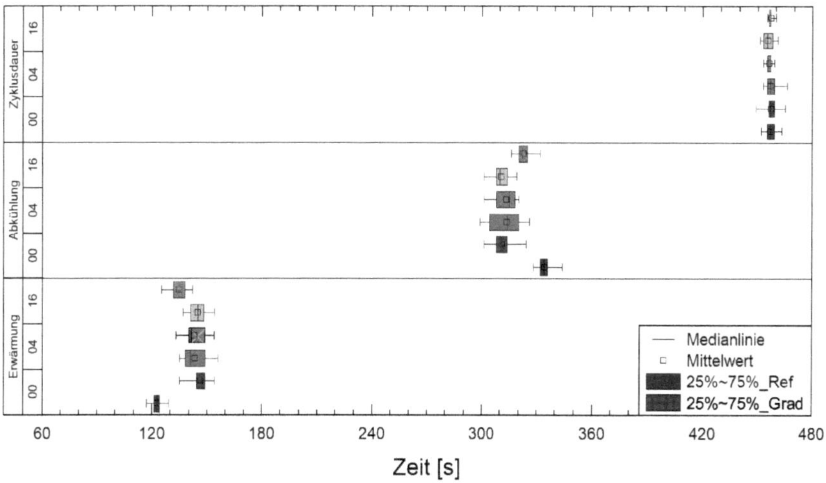

Abbildung 6.2: Boxplot der Zyklusdauern von Formeinsätzen mit Gradienten und deren Referenzeinsätzen[606]

6.2.2.3 Zwischenfazit zu Materialgradienten

Die experimentelle Demonstration von Materialgradienten als Temperiersystem für additive Prototypenwerkzeuge zeigt keine statistisch signifikanten Verbesserungen. Die Unterschiede im eingeschwungenen Zustand hinsichtlich maximaler und minimaler Temperatur sind gering. Lediglich die Differenz der Extremwerte weist statistisch nachweisbare Unterschiede auf. Die verwendeten Materialien haben keine Historie in der Forschung zu additiven Prototypenwerkzeugen und dienen ausschließlich einem demonstrativen Zweck. Daher sind der Versuchsaufbau und die Ergebnisse als Ausgangspunkt für weitere experimentelle Studien in diese Richtung zu deuten. Das theoretische Potenzial besteht und ist durch die aufgeführten Ergebnisse nicht widerlegt.

606 Eigene Darstellung

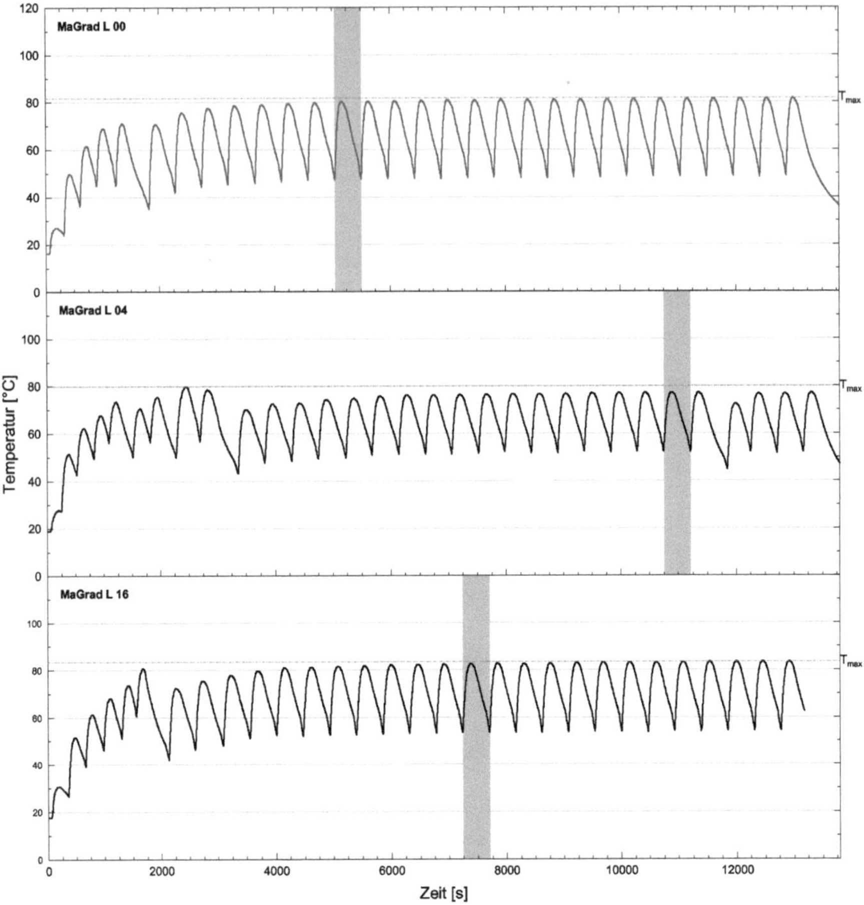

Abbildung 6.3: Temperaturverlauf über Zeit der Versuche 00, 04 und 16[607]

607 Eigene Darstellung

6.3 Temperierung im Wirkbereich Produktionsanlage

In den Wirkbereich der Produktionsanlage fallen auf Basis der theoretischen Herleitung aus Kapitel 5.1.3.1 weitere Ansätze zur Temperierung. Diese Ansätze können mehrheitlich unter der Oberflächentemperierung zusammengefasst werden. Eine Oberflächentemperierung kann hierbei durch verschiedene Medien erfolgen und ebenso an verschiedenen Oberflächen des Werkzeugsystems erfolgen. Die Temperierung erfolgt durch Konvektionsprozesse, durch die der Energieaustausch stattfindet. Mit der Kühlung als Hauptziel sind die präferierten Medien Gase oder Aerosole. Letztere werden durch Konduktion mit anschließender Evaporation der Flüssigkeit des Aerosols wirksam.

6.3.1 Konzept der konvektiven Temperierung

Der theoretischen Ausführung von Kapitel 5.1.3.1 folgend ist eine konvektive Temperierung als eine vom Werkzeugsystem unabhängige Möglichkeit zu beschreiben. Die Dauer und die Intensität kann gesteuert werden und ist abhängig vom Anwendungsfall zu wählen. Dahinter steckt die Lösungshypothese, dass für additive Prototypenwerkzeuge aus Kunststoff auch eine solche Temperierung einen ausreichenden Effekt auf Standzeit und Bauteilqualität hat. Im einfachsten Fall erfolgt der Wärmeaustausch bei einem geöffneten Werkzeug direkt über die Oberflächen des Formeinsatzes und der vorbeiströmenden Luft. Dies entspräche jedoch nicht den Ansprüchen an eine aktive Temperierung. Doch kann hier bereits ein Effekt eintreten, wie in Kapitel 5.2 gezeigt. Fraglich ist, welche Vorgehensweise und technischen Ausführungen für zusätzliche Effekte sorgen können und ob Kreuzeffekt entstehen, wenn die konvektive Temperierung aktiv eingesetzt wird.

Eine solche aktive Temperierung erfolgt durch das Beströmen der Oberflächen mit Aerosolen oder Gasen. Eine aktive konvektive Temperierung liegt dann vor, wenn die Geschwindigkeit des Mediums, mit der es die Oberflächen passiert, höher ist als der durchschnittliche Wert, mit der die Raumluft an der Oberfläche strömt. Die Medien können zusätzlich selbst temperiert werden. Weiterhin kann das Beströmen gerichtet auf spezifische Punkte erfolgen oder diffus auf die gesamte Oberfläche. Grundsätzlich ergibt sich für die Berechnung der Zykluszeiten folgende Ergänzung der Formel Gleichung 5.1 . Die Kühlzeit bei einem geöffneten Werkzeug teilt sich nun auf in zwei Variablen. t_{aK} stellt die Zeit der aktiven Temperierung dar, während durch t_{nK} die Zeit ohne aktive Temperierung hinzugefügt wird.

$$t_K^O = t_{aK} + t_{nK} = Rd(t_E + t_N + t_K^G + t_{Weg}) \tag{6.1}$$

6.3.2 Versuchsaufbau zur konvektiven Temperierung

Für die Gestaltung des Versuchsaufbaus zur Untersuchung der aktiven konvektiven Temperierung stehen verschiedene Möglichkeiten zur Auswahl. Zunächst werden die gleichen Maschinen und Werkzeugaufbauten verwendet wie in Kapitel 5.2. Darüber hinaus kommen die gleichen Werkzeuggeometrien aus diesen Versuchen zum Einsatz. Demnach sind Anpassungen lediglich am Maschinenaufbau vorhanden. Die Erzeugung einer aktiven Beströmung erfordert entsprechende

Anschlüsse an eine Medienversorgung, bspw. mit Druckluft, sowie eine Apparatur zur Applikation des Mediums. Letztere kann durch einen Angusspicker erfolgen. Ein Angusspicker dient üblicherweise der Entfernung von Angüssen und dem Gießsystem, nachdem das Werkzeug geöffnet und das Bauteil von diesen Teilen getrennt wurde. Die verwendete ENGEL-Spritzgießmaschine verfügt über einen solchen Angusspicker mit einem Linearroboter. Mithilfe eines Gelenkschlauches wird eine Druckluftzufuhr so am Angusspicker positioniert, dass eine diffuse Druckluftströmung auf die Auswerferseite appliziert wird. Die Druckluftzufuhr entstammt der Pneumatik des Angusspickers, welche normalerweise für das Steuern von Handlingsmodulen verwendet wird.

Als Zeitpunkt der Applikation ist der Zeitpunkt direkt nach vollständiger Öffnung des Werkzeugs festgelegt. So kann der Angusspicker ohne Kollisionsrisiko zwischen die Werkzeughälften gefahren werden. Gleichzeitig hat die passive Konvektion noch keinen starken Effekt, sodass die Temperatur an der Oberfläche des Einsatzes noch nahezu der Entformungstemperatur entspricht. Als Grundlage für anvisierte Soll-Zeiten im Zyklus werden die gleichen Annahmen und Parameter wie in Kapitel 5.2 angesetzt. Die Länge der aktiven Temperierung ist ohne Anhaltspunkte aus der Praxis oder wissenschaftliche Literatur abzuschätzen. Mitunter dienen die folgenden Versuche, um Anhaltspunkte für die Bestimmung einer sinnvollen Dauer festzulegen.

Tabelle 6.3 listet die drei Stufen zur Untersuchung der aktiven konvektiven Temperierung auf. Die Parameter sind voll faktoriell zu testen. t_K^O variiert in den Multiplikatorstufen 1.0, 1.5 und 2.0 mit t_Z^G als Basiswert. Dieser Basiswert ist analog zu Kapitel 5.2 bei $140\,\mathrm{s}$. In der ersten Stufe für t_{aK} findet keine aktive konvektive Temperierung statt. Für die beide Stufen 2 und 3 verringert sich t_K^O um $30\,\mathrm{s}$ bzw. $60\,\mathrm{s}$ und für diese Zeiten wird eine Druckluftzufuhr aktiviert. Diese Druckluft wird durch zwei Düsen gleichzeitig auf Auswerfer- und Düsenseite geblasen, dabei existiert keine genauere Steuerung bzgl. Durchfluss oder Temperatur der Luft.

Variante	Kühlzeit, offen [s]	Aktive Konvektion [s]	Nomenklatur
1	140	0	140_MAT_G_00
2	140	30	140_MAT_G_30
3	140	60	140_MAT_G_60
4	210	0	210_MAT_G_00
5	210	30	210_MAT_G_30
6	210	60	210_MAT_G_60
7	280	0	280_MAT_G_00
8	280	30	280_MAT_G_30
9	280	60	280_MAT_G_60

Tabelle 6.3: Übersicht zu Versuchsparametern der aktiven konvektiven Temperierung

Die insgesamt neun Versuche werden randomisiert hintereinander durchgeführt. Andere Störeinflüsse sind so zu minimieren. Die Versuche erfolgen mit einzelnen Formeinsätzen und das zweite Nest im Spannrahmen wird durch ein Blindstück ersetzt. Etwaige Kreuzphänomene durch Konduktion zwischen den beiden Formeinsätzen können so ebenfalls ausgeschlossen werden. Die Reihenfolge, welche zu den folgenden Ergebnissen führt, ist wie folgt: 210-0, 140-30, 140-0, 280-0, 140-60, 280-60, 210-60, 210-30.

6.3.3 Analyse der konvektiven Temperierung

Die Abbildung 6.4 zeigt die Übersicht der Zykluslängen als Boxplot, sortiert nach den anvisierten t_K und der t_{aK}. Für alle Versuchsreihen liegen unterschiedliche Stichprobengrößen vor. Dabei ist die kleinste Stichprobe an relevanten Zyklen mit zehn Zyklen bei 210_RGD_L_30 zu finden. Maximal werden 33 Zyklen für den Versuch 280_RGD_L_30 in die Grafik einbezogen. Statistisch signifikante Ausreißer sind nicht in die Auswertung aufgenommen.[608] Die grafischen Auswertungen für die Abkühlzeiten und Erwärmungszeiten befinden sich im Anhang in Abbildung 17 und Abbildung 18.

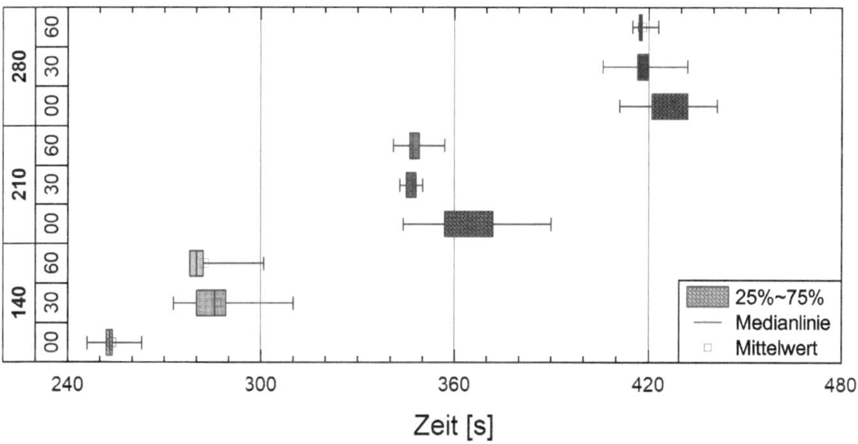

Abbildung 6.4: Boxplots der Zykluslängen mit und ohne konvektiver Temperierung[609]

Der Versuch 210_RGD_L bietet eine schlüssige Übersicht zum Einfluss der konvektiven Temperierung und ist vollständig in Abbildung 6.5 dargestellt. Im Mittel beträgt die Zyklusdauer des Versuchs 210_RGD_L_00 $364{,}3\,\mathrm{s}$ bei einer durchschnittlichen Abkühldauer von $289{,}0\,\mathrm{s}$. Die Zyklusdauer ist im Mittel $34{,}3\,\mathrm{s}$ kürzer als der Sollwert von $330\,\mathrm{s}$. Im Versuch 210_RGD_L_30 ist der Mittelwert der Zyklusdauer mit $346{,}4\,\mathrm{s}$ etwas geringer als der Sollwert von $400\,\mathrm{s}$ oder die Zyklusdauer bei keiner konvektiven Temperierung. Die geringere Dauer ist ausschließlich auf eine kürzere Abkühldauer zurückzuführen. Der Unterschied in der Erwärmungsdauer beträgt lediglich $2{,}5\,°\mathrm{C}$. Die durchschnittliche Abkühldauer hingegen ist auf $268{,}9\,\mathrm{s}$ verkürzt. Aus dieser

[608] Grubbs-Ausreißertest mit einem Signifikanzniveau von 0,05

[609] Eigene Darstellung

Konstellation wäre ein höheres Temperaturniveau zu erwarten. Jedoch liegt das durchschnittliche Minimum im Versuch 210_RGD_L_30 bei 63,4 °C und damit um 4,3 °C unter dem Minimum von 210_RGD_L_00 . Daraus kann bereits die Wirkung der konvektiven Temperierung abgeleitet werden. Die Bestätigung liefert der Versuch 210_RGD_L_60. Mit 347,7 s für die gemittelte Zyklusdauer und 272,5 s sind die Unterschiede zu 210_RGD_L_30 relativ gering, sodass ein Temperaturunterschied auf die konvektive Temperierung zurückgeführt werden kann. Im Versuch 210_RGD_L_60 pendelt sich das durchschnittliche Minimum auf 60,6 °C für den eingeschwungenen Zustand ein.

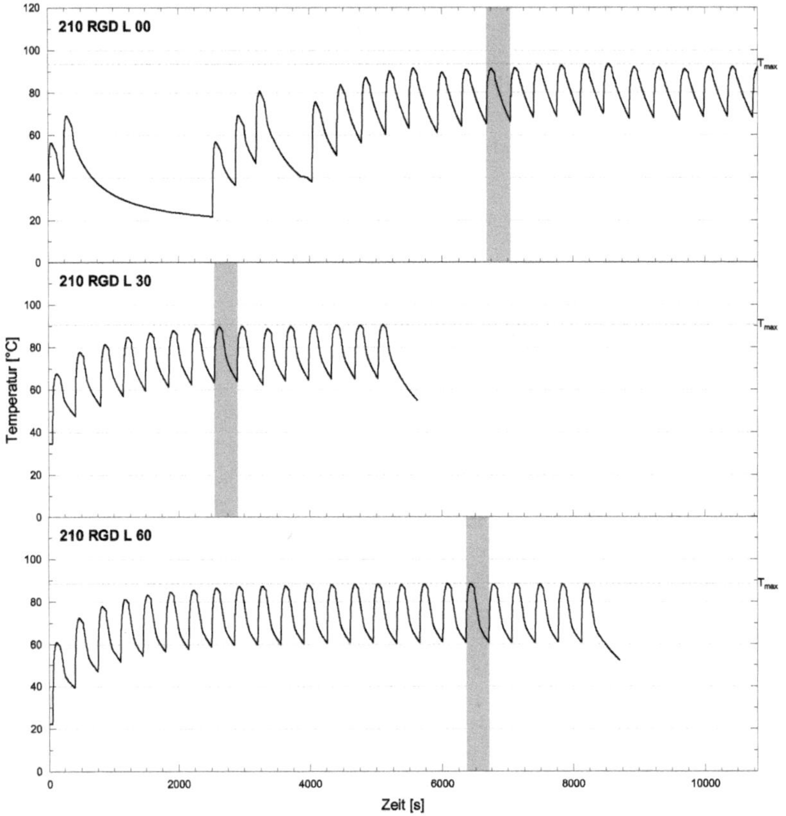

Abbildung 6.5: Grafische Darstellung der Temperaturen bei unterschiedlichen Parametern der konvektiven Temperierung[610]

610 Eigene Darstellung

Eine konvektive Temperierung bleibt jedoch eine Ergänzung zum normalen Zyklusablauf. Daher ist der Datenvergleich mit den Versuchen 140_RGD_L und 280_RGD_L für die Bewertung der Einflussstärke einer konvektiven Temperierung sinnvoll. Die vorliegenden Datenreihen zeigen in allen Versuchen die Wirkung der konvektiven Temperierung. So sinkt im Versuch 140_RGD_L das durchschnittliche Minimum im eingeschwungenen Zustand von $80{,}3\,°\mathrm{C}$ für den Durchlauf ohne konvektive Temperierung auf $63{,}6\,°\mathrm{C}$ bei $60\,\mathrm{s}$ konvektiver Temperierung. Für 140_RGD_L_30 liegt das Minimum bei $67{,}9\,°\mathrm{C}$. Die Interpretation dieser Werte ist deutlich. Zusätzlich ist den Daten zu entnehmen, dass die Versuche 140_RGD_L in der Ausführung voneinander abweichen. Ein wichtiges Indiz dafür ist die höhere maximale Temperatur über die Zyklen von 140_RGD_L_60 zu 140_RGD_L_30. So kann insgesamt zwar festgehalten werden, dass die Hypothese der Wirksamkeit von konvektiver Temperierung auch für einen kürzeren Zyklus gilt, das Verhältnis der Einflüsse von Temperierung zur Kühlzeit bei offenem Werkzeug lässt sich jedoch nicht genauer beschreiben.

Neben den Versuchsreihen 140_RGD_L und 210_RGD_L bestätigt auch 280_RGD_L die Wirksamkeit der konvektiven Temperierung. Das durchschnittliche Minimum der Temperatur sinkt über die drei Versuchsreihen von $59{,}0\,°\mathrm{C}$ über $54{,}1\,°\mathrm{C}$ zu $51{,}0\,°\mathrm{C}$. Hierbei ist zu beachten, dass die Zyklen des Versuchs 280_RGD_L_00 um etwa $8\,\mathrm{s}$ kürzer sind. Daraus lässt sich ableiten, dass die Effektivität der konvektiven Temperierung noch deutlicher sein könnte. Bei den Differenzen zwischen Minimum und Maximum im eingeschwungenen Zustand ist ein signifikanter Unterschied zwischen 280_RGD_L_30 und 280_RGD_L_60 erkennbar. Jedoch ist die Differenz bei 280_RGD_L_00 ähnlich groß wie bei 280_RGD_L_60. Eine Begründung kann der längere Zyklus sein. Dies erscheint jedoch nicht plausibel, da das Minimum im Vergleich sinkt. Die deutliche Abweichung beim Maximum indiziert eine Verschiebung der Temperatursteuerung von einer Dominanz der Kühlzeit hin zu einer Dominanz der konvektiven Temperierung. Zur weiteren Untersuchung ist die Analyse exemplarischer Zyklen der nächste Schritt.

Die Ermittlung der exemplarischen Zyklen erfolgt nach dem Schema aus Kapitel 5.2. Ein exemplarischer Zyklus weist die kleinste Abweichung zum Mittelwert der Zyklusdauer, der Erwärmungsdauer und der Abkühldauer auf. Wie bereits in der Betrachtung aller Zyklen der Versuche wird als Beispiel der exemplarische Zyklus des Versuchs 210_RGD_L untersucht. Die Positionen der passenden Zyklen variieren über die Versuchsreihen, sodass für 210_RGD_L_00 der 13. Zyklus, für 210_RGD_L_30 der 8. Zyklus und für 210_RGD_L_60 der 19. Zyklus die repräsentative Zyklen darstellen. Abbildung 6.6 enthält die Temperaturkurven der beiden Thermoelemente $TE-075$ und $TE-200$ sowie die lineare Modellierung der Erwärmungs- und der Abkühlphase für die zuvor genannten Zyklen.

Die exemplarischen Zyklen zeigen ein ähnliches Bild im Vergleich zur globalen Übersicht der Temperaturkurven. Die maximale und minimale Temperatur im Zyklusverlauf sinken mit steigender Zeit einer aktiven konvektiven Temperierung. Für diesen Vergleich sind neben den gezeigten Verläufen auch die Zyklen zu den jeweiligen Zeitpunkten zu betrachten. Hierzu kann die Abbildung 6.5 als Datengrundlage verwendet werden. Die beiden Versuchsreihen mit aktiver konvektiver Temperierung zeigen stärkere Rückgänge der Temperatur zum Einsetzen von t_K bei ca. $130\,\mathrm{s}$. Die leichte Abnahme der Temperatur vor diesem Umschaltpunkt, bedingt durch die Konduktion im Formeinsatz, gleicht sich unter den Versuchen. Am Zeitpunkt, zu dem das Werkzeug geöffnet wird, ist die Temperaturdifferenz bei 210_RGD_L_00 relativ zu 210_RGD_L_30 nur etwa halb so groß. Im Verhältnis zu 210_RGD_L_60 verdreifacht sich die Differenz. Ebenso für alle Versuchsreihen gleichermaßen charakteristisch ist die Verzögerung des Maximums im Thermoelement $TE-200$, wie auch schon in Kapitel 5.2 beobachtet wird.

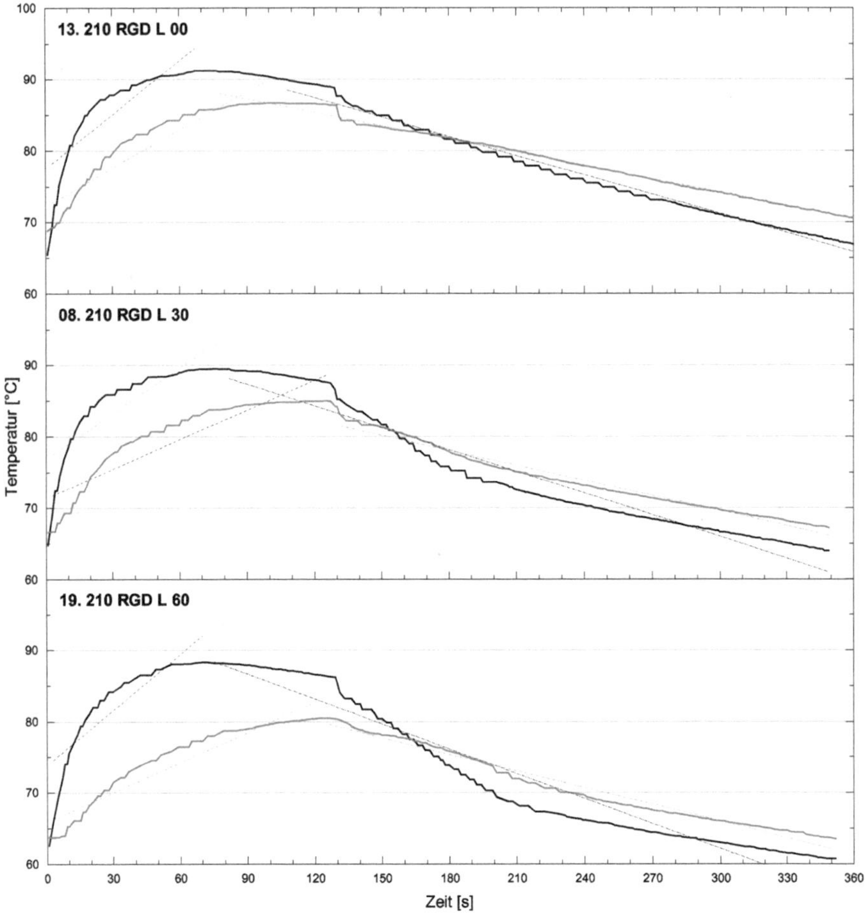

Abbildung 6.6: Exemplarische Zyklusverläufe im Versuch 210_RGD_L bei unterschiedlichen Parametern der konvektiven Temperierung[611]

611 Eigene Darstellung

Die Beobachtung einer Verzögerung des Maximums erlaubt die Vermutung, dass die konvektive Temperierung die Wärmebilanz der unteren Schichten des Formeinsatzes nicht beeinflusst. Zur Bestätigung dieser Vermutung benötigt es den globalen Vergleich der minimalen und maximalen Temperaturen von $TE - 200$. Im Versuch 210_RGD_L_30 ist die durchschnittliche Differenz im Vergleich zu 210_RGD_L_00 und 210_RGD_L_60 am geringsten. Jedoch sind die Minima und Maxima von 210_RGD_L_00 bis zu 210_RGD_L_60 steigend. Die Versuche 210_RGD_L_00 und 210_RGD_L_60 weisen eine ausreichende Anzahl an Zyklen auf, um einen statistischen Tendenztest durchzuführen. Für beide Versuche kann so nachgewiesen werden, dass sich ein Gleichgewicht einstellt. Diese Gleichgewichtszustände erlauben die Feststellung, dass auch für die unteren Schichten die aktive konvektive Temperierung wirksam ist. Das Minimum entwickelt sich im Durchschnitt von $72{,}1\,°C$ über $65{,}7\,°C$ zu $63{,}5\,°C$ bei steigender Zeit der aktiven konvektiven Temperierung. Das Maximum verläuft von $89{,}3\,°C$ über $84{,}3\,°C$ zu $80{,}2\,°C$.

Die Modellierung der Temperaturkurven folgt dem gleichen Ansatz wie in den Kapiteln zuvor beschrieben. Auch die Modellierung des Einflusses konvektiver Temperierung durch verschiedene Längen der Temperierung sowie die Berücksichtigung der Kreuzeinflüsse durch die Kühlzeit bei offenem Werkzeug zeigt einen passenden Fit mittels einer Bi-Gauß-Funktion. In der Tabelle 6.4 werden die Gleichgewichtsfunktionen für die Versuche zusammengefasst. Über die Versuche hinweg sinkt y_0 mit höherer t_K^O und auch mit höherer t_{aK}. x_c und w_2 zeigen ein ähnliches Verhalten, mit einer Ausnahme für x_c bei 210_RGD_L_00. w_1 zeigt ein umgekehrtes Verhalten, wobei auch hier für 210_RGD_L_00 eine Ausnahme erkennbar ist. Eine weitere Auffälligkeit sind die Werte für H. Hier liegt der Wert für alle Versuche auf einem ähnlichen Niveau. Weder t_K^O noch t_{aK} scheinen einen Trend zu verursachen. Die Versuche mit $t_{aK} = 30\,\mathrm{s}$ ergeben die niedrigsten H-Werte. Außerdem listet H_140 höher als H_280, gefolgt von H_210.

Versuch	y_0	x_c	H	w_1	w_2
140_RGD_L_00	72,204	20,554	30,304	15,378	153,608
140_RGD_L_30	66,608	39,631	27,692	25,075	161,518
140_RGD_L_60	61,514	55,645	33,661	40,902	97,377
210_RGD_L_00	66,150	43,419	27,004	28,303	146,466
210_RGD_L_30	64,626	42,533	26,902	27,122	118,936
210_RGD_L_60	60,954	52,011	28,908	34,277	102,883
280_RGD_L_00	61,373	24,301	29,619	14,433	155,601
280_RGD_L_30	57,363	31,556	26,280	23,429	132,365
280_RGD_L_60	53,459	45,766	30,013	27,981	113,864

Tabelle 6.4: Berechnete Parameterkonstanten für PRZ_RGD_L_KONV

6.3.4 Zwischenfazit zur konvektiven Temperierung

Die experimentelle Demonstration von aktiver konvektiver Temperierung als Temperiersystem für additive Prototypenwerkzeuge zeigt statistisch signifikante Verbesserungen. Die Unterschiede im eingeschwungenen Zustand hinsichtlich maximaler und minimaler Temperatur sind sichtbar. Die Differenz der Extremwerte vergrößert sich nachweislich, während die Maximaltemperatur mit höheren t_{aK} abnimmt. Daher sind der Versuchsaufbau und die Ergebnisse als Ausgangspunkt für eine praktische Anwendung und für weitere experimentelle Studien nutzbar. Das theoretische und praktische Potenzial besteht und ist durch die aufgeführten Ergebnisse nicht widerlegt.

6.4 Anwendungsbeispiel: TDK Electronics AG

Die TDK Electronics AG ist ein global agierendes Unternehmen der Elektrotechnikbranche. Es ging 2018 aus der EPCOS AG hervor und war unter dieser Bezeichnung bereits seit 2010 Teil der TDK Corporation. Die TDK Corporation ist ein japanischer Konzern und Hersteller diverser elektronischer Bauteile.[612] Insgesamt bietet die TDK Corporation 116 446 Artikel an.[613] Im Fokus stehen die Automobilbranche, Mikromobilität, Konsumgüterelektronik und Haushaltswaren, Medizintechnik und Informations- und Kommunikationstechnologie.[614] Dort setzt die TDK Coporation für das Geschäftsjahr bis März 2023 insgesamt ¥ 2180,8 Mrd. um.[615] Früher war die Marke durch Trägermedien wie CDs und DVDs auch im B2C-Geschäft tätig, bis 2014 der Ausstieg aus diesem Geschäft erfolgte.[616] Dennoch finden sich viele der Artikel des Unternehmens in Produkten des täglichen Lebens. Hierfür beschäftigt die TDK Corporation weltweit 102 908 Menschen.[617]

In Deutschland ist die TDK Corporation durch die beiden Tochterunternehmen TDK-Micronas GmbH und eben TDK Electronics AG (TDK) vertreten.[618] Für TDK arbeiten weltweit ca. 23 000 Menschen und erwirtschaftete mit € 2 Mrd. rund ein Sechstel des Konzernumsatzes.[619] In Deutschland konzentriert sich die Produktion auf die Standorte Berlin für Sensoren und auf Heidenheim für Aluminium-Elektrolyt-Kondensatoren, Folien-Kondensatoren und Induktivitäten.

6.4.1 Ausgangssituation

Zur Herstellung der verschiedenen Produkte von TDK kommen unterschiedliche Verfahren zum Einsatz. Die Prozesskette für Produkte aus dem Geschäftsbereich Magnet beinhaltet einen Beschichtungsprozess. Diese Beschichtung dient dem Schutz elektronischer Bauteile vor Schmutzpartikeln und Umwelteinflüssen. Der Prozess ist eine Variante der physikalischen Gasphasenab-

612 Vgl. TDK Corporation, *TDK at a Glance*, 2023.
613 Vgl. TDK Corporation, *TDK Product Center*, 12.08.2023.
614 Vgl. TDK Corporation, *Application Guides*, 11.08.2023.
615 Vgl. TDK Corporation, *TDK at a Glance*.
616 Vgl. TDK Corporation, „History", 2021-02-08,
617 Vgl. TDK Corporation, *TDK at a Glance*.
618 Vgl. ebd.
619 Vgl. TDK Electronics AG, *TDK Electronics - Unternehmensprofil*, 10.08.2023.

scheidung, mit dem Schichten von wenigen µm realisiert werden können. Die genau Funktionsweise unterliegt dem Betriebsgeheimnis der TDK.

Die Durchführung des Beschichtungsprozesses benötigt Hilfsmittel, um die Bauteile prozesssicher zu beschichten. Eines dieser Hilfsmittel ist ein Werkstückträger aus Kunststoff zur Aufnahme von Bauteilträgern. In Abbildung 6.7 ist der Werkstückträger in vereinfachter Form dargestellt. Auf dem Werkstückträger werden die zu beschichtenden Bauteile platziert und für die Dauer der Prozessschritte fixiert. Die wichtigsten Anforderungen an einen solchen Werkstückträger beziehen sich auf die Maßhaltigkeit von Form- und Lagetoleranzen.

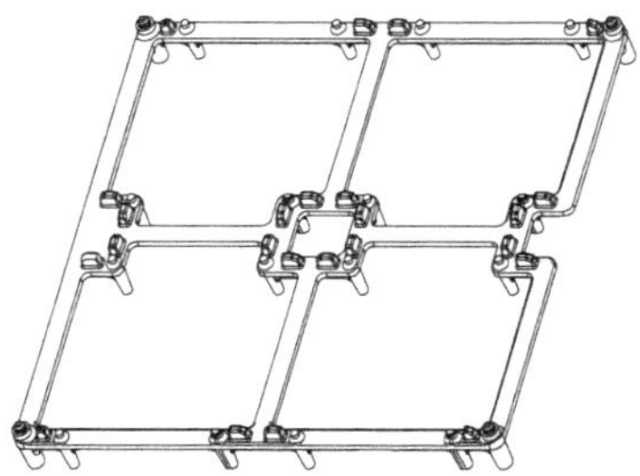

Abbildung 6.7: Isometrische Ansicht des Werkstückträgers[620]

Im Kontext der Szenarien aus Kapitel 2.4.2 zeigt das Anwendungsbeispiel keine klare Fokussierung auf ein Szenario. Die Motivation der Herstellung der Werkstückträger mittels additiven Prototypenwerkzeugen ergibt sich aus der Flexibilität für die wirtschaftliche Herstellung eines kleinen Stückzahlspektrums. Die Werkstückträger unterliegen häufigen Änderungsschleifen zur Anpassung auf neue Produkte, sodass für den Prozessschritt der Beschichtung nur wenige Hundert Stück des gleichen Modells benötigt werden. Solange die Herstellung dieser Stückzahlen mit einem additiven Prototypenwerkzeug wirtschaftlich möglich ist, wird keine Alternative benötigt.

Werkzeuge sind in der Aktivitätsstrategie der TDK am Standort Heidenheim als relative Schwäche hinsichtlich der eigenen Fertigungskompetenz einzuordnen. Dementsprechend wird eine Wertschöpfungsstrategie mit Fokus auf zwischenbetriebliche Kooperation verfolgt. Lieferanten für Werkzeuge müssen passende Kosten- oder Differenzierungsvorteile bieten. Hierbei stehen verschiedene Werkzeugbaubetriebe im Wettbewerb zueinander. Die additiven Prototypenwerkzeuge stellen in diesem Wettbewerb ein mögliches Differenzierungsmerkmal dar. Ein Werkzeugbaubetrieb hat demnach das Ziel, für TDK ein wirtschaftlich wie qualitativ vorteilhaftes Angebot durch den Einsatz additiver Prototypenwerkzeuge zu machen.

6.4.2 Anwendung

Die Gestaltung der thermischen Auslegung für TDK bezieht sich zunächst nur auf das vorliegende Anwendungsbeispiel des Werkstückträgers. Das reale System, in dem die Gestaltung erfolgt, ist

[620] Eigene Darstellung nach Konstruktion TDK Electronics AG

im Gegensatz zur Konzeptionierung interorganisational, denn die Tätigkeit zur Herstellung und Anwendung des additiven Prototypenwerkzeugs findet bei einem externen Werkzeugbaubetrieb statt. Die 2. Ebene der hierarchischen Darstellung aus Abbildung 4.4 ist zwischen der Konstruktion und dem Qualitätsmanagement geteilt. Beide Subsysteme werden durch TDK und den externen Werkzeugbaubetrieb bedient. Vor der Konstruktion und nach dem Qualitätsmanagement finden relevante Arbeiten für die thermische Auslegung bei TDK statt. Zwischen der Konstruktion und dem Qualitätsmanagement übernimmt der externe Werkzeugbaubetrieb die Aktivitäten der thermischen Auslegung.

In der weiteren Gestaltung der thermischen Auslegung übernehmen TDK und der externe Werkzeugbaubetrieb die vorgestellten exemplarischen Ansätze aus Kapitel 5. Eine Anpassung an die eigenen Organisationen findet nur begrenzt statt. Die zentrale Position der Verhaltenselemente zeugt von der Wichtigkeit dieser Informationen und gleichzeitig zeigt das Gestaltungsmodell für diesen Bereich den größten Aufwand für die nutzenden Organisationen an. Die exemplarischen Daten aus den drei Verhaltenselementen können ohne Anpassungen verwendet werden, um eine thermische Auslegung additiver Prototypenwerkzeuge durchzuführen. Für die Werkzeugkonstruktion können Erkenntnisse aus Kapitel 5.2.4 eingesetzt werden. Im Hinblick auf die Bauteildicke kann das Werkzeug auf eine minimale Höhe ausgelegt werden. Dies verringert die Wärmespeicherzahl und ermöglicht einen schnelleren Wärmeaustausch mit restlichem Werkzeugsystem.

6.4.2.1 Produktbereich

Das Bauteil ist in Abbildung 6.7 in leicht abgeänderter Variante abgebildet. Dies soll die finale Variante veranschaulichen, die durch mehrere Iterationen entstanden ist. Auslöser dieser Iterationen sind notwendige Anpassungen hinsichtlich der Bauteilfunktion, identifizierte Probleme bei der Füllsimulation hinsichtlich der Formfüllung und erwartbarer Prozesslasten. Unter Anwendung des Gestaltungsmodells erfolgt eine Sammlung der Produktrandbedingungen. Die Aufzählung orientiert sich an dem Beispiel aus Tabelle 5.1.

Hinsichtlich der Auftragsgröße werden zur Ausrüstung des Beschichtungsschrittes in der Produktion in mehreren Stufen bis zu 300 Rahmen benötigt. Die Eventualität zusätzlicher Varianten für ähnliche Produkte ist eine ergänzende Information. Als Bauteilmaterial dient ein schwindungsarmes Polystyrol. Polystyrol ist ein Standardkunststoff, der bevorzugt für steife und sprödharte Produkte zum Einsatz kommt. In modifizierter Form zeichnet er sich auch durch eine hohe Schlagzähigkeit aus.[621] Die reduzierte Schwindung vereinfacht außerdem die Übertragung der funktionsorientierten Konstruktion des Beschichtungsrahmens in eine spritzgießgerechte Variante. Der Einsatz für endkonturnahe Bauteil ist somit ein wichtiges Einsatzgebiet. Für das Anwendungsbeispiel ist die Verwendung von STYROLUTION® 495 F vorgesehen. Bezüglich der Oberfläche wird keine Angabe gemacht. Die von TDK erstellte Konstruktion enthält die notwendigen Toleranzangaben, aus denen die Toleranzgruppe ermittelt werden kann. Aus den Angaben errechnet sich die Toleranzgruppe TG4. Mehrere Geometriesegmente sind außerdem bereits spritzgießgerecht ausgelegt.

621 Vgl. KAISER, *Kunststoffchemie für Ingenieure: Von der Synthese bis zur Anwendung*, S. 319 f.

Die Werkzeugkonstruktion erfolgt anhand des Konstruktionsstandes in Abbildung 6.7. Der externe Werkzeugbaubetrieb wählt ein Wechselformsystem mit einer maximalen Formeinsatzgröße von $170\,\mathrm{mm} \times 270\,\mathrm{mm}$ mit zwei Positionen, eine zentral und eine horizontal zu einer kurzen Seite versetzt, für Angussbuchsen. Aufgrund der Größe des Werkstückträgers wird die zentrale Position gewählt und der Formeinsatz für eine zentrale Positionierung ausgelegt. Zur Einsparung von Druckmaterial nimmt der Formeinsatz nicht die volle Breite der Wechselform ein, sondern erhält die Abmaße $170\,\mathrm{mm} \times 170\,\mathrm{mm}$. Die verbliebenen $100\,\mathrm{mm}$ werden durch Zwischenplatten aus Aluminium gefüllt.

Die konstruktive Umsetzung des Formeinsatzes mit erfüllten Anforderungen an mechanische und thermische Auslegung ist in Abbildung 6.8 mit Auswerfer- und Düsenseite abgebildet. Beide Hälften des Formeinsatzes sind quadratisch und ohne Verschraubungen für die Verbindung mit der Wechselform ausgeführt. Die Auswerferseite ist in der finalen Variante $12{,}99\,\mathrm{mm}$ hoch, während die Düsenvariante nur $12{,}79\,\mathrm{mm}$ hoch ist. Die Formeinsatzhälften werden über zwei Positionierungsdorne zueinander ausgerichtet. Am zentral platzierten Anguss auf der Düsenseite ist der Schirmanguss erkennbar, der in vier rechteckige Anschnitte verjüngt wird. Auf der Auswerferseite sind insgesamt 19 Löcher für Auswerfer vorgesehen. Diese sind symmetrisch an den Eck- und Kantenmittelpunkten entlang der durchgängigen Bauteilkanten mit Versatz auf die dazu längs liegenden Kanten platziert. Auf den Bauteilmittelachsen sind jeweils zwei weitere Auswerfer positioniert. Die Positionierung konnte nicht vollständig auf das Bauteil angepasst werden, da die Auswerferplatte über ein festes Raster verfügt. Zusätzliche Auswerferpunkte befinden sich an den Kantenunterbrechungen. Beide Formhälften sind mit zahlreichen Entlüftungsspalten in der Trennebene versehen. Entlüftungspunkte befinden sich in den Ecken der Hohlraumgeometrie.

Die Segmentierung erzeugt sieben unterscheidbare Geometriesegmente. Drei Segmentgruppen basieren auf Variationen von Platten, die fünf anderen Segmentgruppen stellen Varianten von rotationssymmetrischen Formen dar. Alle Segmentgruppen sind als Taschen ausgeführt, wobei eine der Plattensegmentgruppen die rahmenartige Grundstruktur des Bauteils abbildet und daher keine Taschensektion im eigentlichen Sinne, sondern eher eine Flächensektion darstellt. Fortan wird diese Segmentgruppe als Balken bezeichnet. Die Balken bestehen im Querschnitt aus zwei ungleichen, gleichschenkligen Trapezen. Die Trapezform bedingt die notwendigen Entformungsschrägen. Die Kanten des Balkens sind für die Entformung mit einem Radius verrundet. Die Länge der Balken variiert zur Abbildung der Hohlraumgeometrie.

Die beiden anderen rechteckigen Segmentgruppen charakterisieren sich gleichermaßen durch den Längsschnitt eines abgeschnittenen Rechtecks. Beide Gruppen unterschieden sich durch die Länge der langen Rechteckseite und durch die Länge der langen abgeschnittenen Seite. Alle Kanten der dreidimensionalen Abbildung der abgeschnittenen Rechtecke sind zu Entformungszwecken abgerundet. Diese Segmente sind in Abbildung 6.8d und Abbildung 6.8e zu sehen. Unter den vier rotationssymmetrischen Segmenten befinden sich drei Kegelstümpfe und ein Zylinder. Der Zylinder entsteht durch das Fehlen von Entformungsschrägen, da an diesen Stellen eine Zwangsentformung vorgesehen ist. Eine Besonderheit des Zylinders ist, dass dieser aus zwei Zylindersegmenten besteht, die durch unterschiedliche Radien gekennzeichnet sind. Die Kegelstümpfe unterscheiden sich durch die Höhe, den Deck- und Grundflächenradius sowie durch den Winkel der Entformungsschräge. Ein Kegelstumpf ist teilweise durch einen in die Deckfläche hineinragenden Zylinder ausgehöhlt. Das komplexeste rotationssymmetrische Segment ist ein Kegelstumpf mit einer zweifach abgesetzten zylindrischen Basis. In einer Detailbetrachtung wären die zylindrischen Basen ebenfalls Kegelstümpfe, allerdings ist hier der Winkel klein gegenüber dem echten Kegelstumpf. Dieses Segment ist rechts in Abbildung 6.8e erkennbar. Die letzte rotationssymmetrische Segmentgruppe bilden die Auswerferlöcher. In Tabelle 6.5 sind die Segmentgruppen zusammengefasst und die vorkommende Anzahl aufgeführt. Bei der Segmentierung sind die Varianten des Bauteilspanners und der dazu passenden Spanndornen zusammen aufgeführt. Bei beiden Segmentgruppen enthält der Formeinsatz zwölf Segmente der zylindrischen Variante, viermal liegt ein elliptischer Zylinder bzw. Kegelstumpf vor. Neben den identifizierten Segmentgruppen wird die Hohlraumgeometrie durch weitere einzelne Segmente abgebildet.

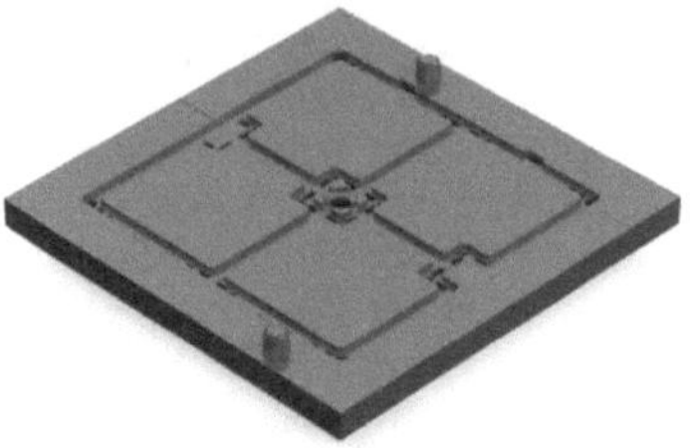

(a) Düsenseite des Formeinsatzes

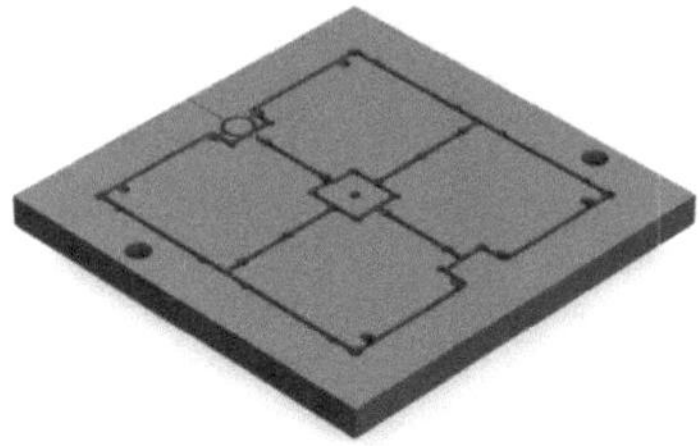

(b) Auswerferseite des Formeinsatzes

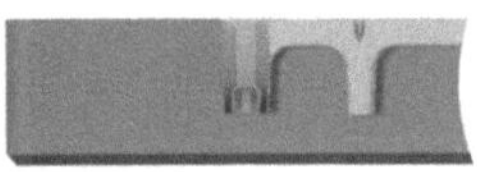

(c) Rotationssymmetrische Segmente

(d) Rotationssymmetrische und rechteckige Segmente

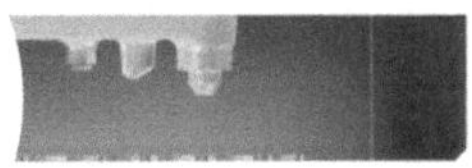

(e) Rotationssymmetrische und rechteckige Segmente

Abbildung 6.8: Gerenderte Ansichten des Formeinsatzes und Segmentausschnitte des Anwendungsbeispiels[622]

[622] Eigene Darstellung

Bezeichnung	Segmenttyp	Merkmal	Anzahl [1]
Balken	Platte	Doppeltes Trapez	12
Block Groß	Platte	Lange abgeschnittene Seite	20
Block Klein	Platte	Kurze abgeschnittene Seite	4
Trägerfuß	Kegelstumpf	Zylindrisch einseitig ausgehöhlt	4
Positionierdorn	Kegelstumpf	Doppelte zylindrische Basis	12 (16)
Bauteilspanner	Kegelstumpf	Runde und elliptische Variante	12
Spanndorn	Zylinder	Runde und elliptische Variante mit Stufe	12 (16)
Auswerferloch	Zylinder	Durchgängig	19

Tabelle 6.5: Segmentgruppen des Anwendungsbeispiels

6.4.2.2 Prozessbereich

Im Strukturelement Prozessbedingungen wird eine Ursache-Wirkungsanalyse zur Definition spezifischer Prozessbedingungen vorgeschlagen. Für dieses Anwendungsbeispiel wird die empfohlene Methode des Ishikawa-Diagramms genutzt. In Abbildung 6.9 sind die Ergebnisse der Analyse dargestellt. Die Verarbeitungsparameter der Formmasse sind Teil der Auflistung. Weiterhin wird auf Basis der Werkzeugkonstruktion der Spannrahmen festgehalten, außerdem die Eigenschaften des Angusssystems. Im Formeinsatz ist keine metallische Angussbuchse oder ein Angusssystem vorgesehen. Zuletzt ist auch das Werkzeugmaterial definiert. Hinsichtlich der Bedienung durch das Personal steht fest, dass es eine zyklusindividuelle Bedienung geben wird. Zudem steht nur eine manuelle Entnahme mit Unterstützung automatischer Auswerfer zur Verfügung. Die verfügbare Spritzgießmaschine mit max. $110\,\mathrm{kN}$ Schließkraft kann bis zu $800\,\mathrm{kg}$ Werkzeuggewicht tragen, das Wechselformsystem mit additivem Prototypenwerkzeug liegt darunter. Falls notwendig, stehen vier Werkzeugkühlkreise und ein Entnahmeroboter mit Druckluftdüsen zur Verfügung. Die Bauteilherstellung wird in einer Fabrikhalle stattfinden, die über keine Klimatisierung verfügt. Ein zusätzliches Messsystem in Ergänzung zu den Sensoren der Spritzgießmaschine ist nicht geplant.

Aufgrund der Bauteilgeometrie wird auf eine Füllsimulation verzichtet. Die Segmentierung des Formeinsatzes zeigt keine Segmente, die in Fließrichtung einer starken Druck-, Zug- oder Scherbelastung ausgesetzt sind. Die symmetrische Anordnung der Rahmenbereiche und des zentralen Anschnitts bedeuten, dass die Fließlänge über das Bauteil nahezu homogen ist. Wandstärken sind bereits konstruktiv optimiert, sodass keine Materialanhäufungen vorhanden sind. Eine Herausforderung ist der Werkzeuginnendruck, der zwar durch die Entlüftungsschlitze gemindert werden kann, trotzdem die Luft bei der Formfüllung kompensiert und die feinen Kanten des Formeinsatzes stärker erhitzt, als andere Bereiche durch die Schmelze erwärmt werden.

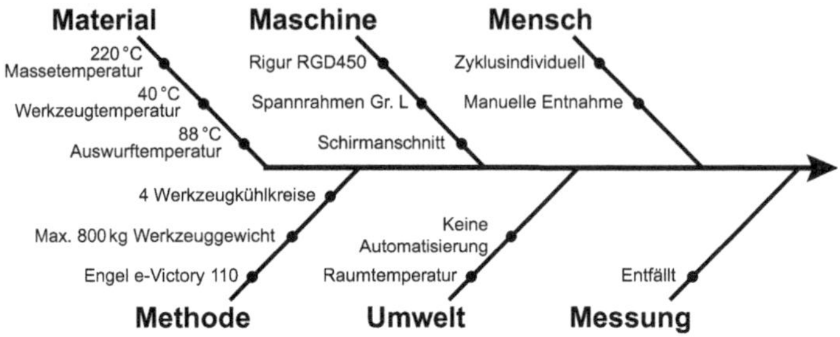

Abbildung 6.9: Einflussfaktoranalyse für den Werkstückträger[623]

6.4.2.3 Temperiersystembereich

Die Anforderungen an das Temperiersystem entwickeln sich aus den Produktrandbedingungen des Strukturelementes „Hohlraumgeometrie" und den Prozessbedingungen. Der Formeinsatz verfügt auf beiden Seiten über keinerlei Kernsektionen, sodass keine Segmente ihren kleinsten Querschnitt in Fließrichtung der Schmelze aufweisen. Somit liegen keine segmentspezifischen Anforderungen an eine Temperierung vor. Beide Hälften des Formeinsatzes weisen eine geringere Dicke als der kleinste Formeinsatz aus Kapitel 5.2 auf. Die kleinste Höhe bis zum Hohlraum beträgt $1{,}92\,\mathrm{mm}$ und liegt damit ebenfalls unter dem Wert der Formeinsatzgröße „S". Aus globaler Sicht kann daher den Verhaltenselementen entnommen werden, dass die Formeinsätze eine maximale Temperatur von etwa $95\,^{\circ}\mathrm{C}$ erreichen, sofern diese aus dem Material RGD hergestellt sind. Weitere Anforderungen sind:

- Die Segmente der Trägerfüße weisen den längsten Fließweg auf und müssen prozesssicher gefüllt werden.
- Der externe Betrieb muss eine Zykluszeit von max. $300\,\mathrm{s}$ erreichen, damit die erforderliche Stückzahl wirtschaftlich auf der Spritzgießmaschine hergestellt werden kann.
- Die Kanten der Balkensegmente benötigen eine Temperaturkontrolle vor jedem Zyklus aufgrund der Formentlüftung.

Die Herleitung eines passenden Temperiersystems basiert für das Anwendungsbeispiel auf erfüllbaren Anforderungen. Für den vorliegenden Formeinsatz ohne tief liegende Segmente bietet sich die Konvektion als wirksamstes Funktionsprinzip an. Der Nachteil, nur bei geöffnetem Werkzeug zu kühlen, kann in Kauf genommen werden, da mit maximal $300\,\mathrm{s}$ Zykluszeit ausreichend Zeit zur Verfügung steht. Entsprechend wird die Temperierung der Phasen „Bewegen" und „Pausieren" zugeordnet. Die Konvektion kann als aktive Variante durch die Druckluftdüsen auf dem Entnahmeroboter ausgeführt werden. Mit diesem Aufbau fällt die Temperierung in das Objektsystem der Produktionsanlage. Die Druckluftdüsen können in der verfügbaren Konfiguration nicht auf die

623 Eigene Darstellung

Hohlraumgeometrie angepasst werden, daher liegt eine globale Wirksamkeit vor. Die Intensität ist konstant, denn der Entnahmeroboter fährt zur gleichen Position, während der Druckluftstrom nicht steuerbar ist. Der Einsatzbereich der Temperierung ist auf Flächen bezogen. Die vorliegenden Taschensektionen werden durch den Druckluftstrom erreicht, allerdings liegt kein strömungsoptimierter Luftstrom für die Konvektion vor. Das Ergebnis der Herleitung ist in Abbildung 6.10 als morphologischer Kasten festgehalten.

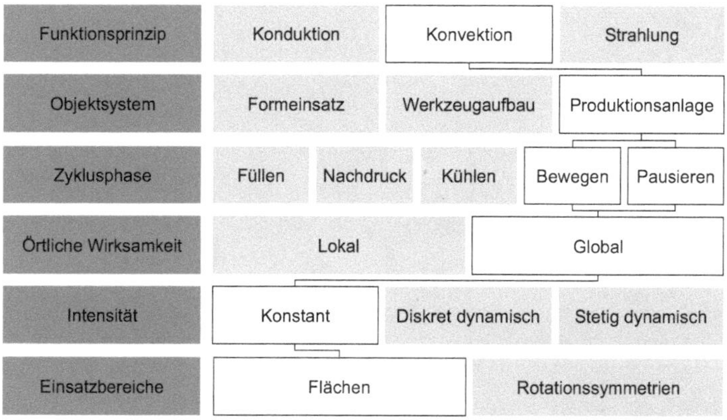

Abbildung 6.10: Morphologischer Kasten für das Temperiersystem des Anwendungsbeispiels[624]

6.4.3 Fazit zum Anwendungsbeispiel

Das Beispiel zeigt, wie die Inhalte der Gestaltungselemente die Leistungsfähigkeit additiver Prototypenwerkzeuge verbessern können. Eine strukturierte Vorgehensweise in allen drei Auslegungsdisziplinen, mit Inhalten auf die spezifischen Eigenschaften additiver Prototypenwerkzeuge aus Kunststoff angepasst, ermöglicht eine höhere Standzeit, kürzere Zykluszeiten und eine reproduzierbare Bauteilqualität. Bereits die exemplarische Detaillierung zeigt, dass eine Verbesserung durch einfache Maßnahmen erreicht werden kann. Als Ergebnis konnten pro Formeinsatzpaar bis zu 150 Werkstückträger hergestellt werden. Die finale Prozesseinstellung für die Temperierung mit aktiver Konvektion beträgt $15\,\mathrm{s}$ bei einer zusätzlichen Kühlzeit von $100\,\mathrm{s}$ bei geöffnetem Werkzeug. Die gesamte Zykluszeit liegt im Mittel bei $250\,\mathrm{s}$ mit einer Nachdruckzeit von $6\,\mathrm{s}$ und einer Kühlzeit im geschlossenen Zustand von $120\,\mathrm{s}$. Somit konnte die Anforderung hinsichtlich der Zykluszeit voll erfüllt werden. Die Aufnahme der Produktrandbedingungen veranschaulicht alle Anforderungen an die Bauteilherstellung. Die Segmentierung des erstellten Formeinsatzes und die Beschreibung der spezifischen Prozesseinflüsse zeigen kritische Bereiche, die wiederum durch die Identifizierung der Prozesslasten verifiziert werden können. Im vorliegenden Fall ergeben sich keine zwingenden Anforderungen an ein aktives Temperiersystem. Die Morphologie kommt

624 Eigene Darstellung

somit nicht vollständig zum Einsatz. Die Vorteile einer aktiven Temperierung werden dennoch ersichtlich. Zuletzt kann anhand der Fallbeispiele für die Temperiersysteme die Wirksamkeit für das Anwendungsbeispiel abgeschätzt werden und damit das Ergebnis der Anwendung additiver Prototypenwerkzeuge für dieses Beispiel verbessert werden.

7 Fazit

7.1 Zusammenfassung

Der Ausgangspunkt dieser Arbeit ist die Anforderung, das Anwendungspotenzial additiver Prototypenwerkzeuge aus Kunststoff zu steigern, unter Berücksichtigung der Anforderungen an Bauteilqualität, Lebensdauer und Prozesszeiten im Spritzgießen. Für den Werkzeugbau sind additive Prototypenwerkzeuge eine Antwort auf die zunehmende Verkürzung von Entwicklungszyklen oder Variantensteigerung bei ihren Kunden. Die Technologieanwendung erfüllt bisher nur unzureichend die daraus resultierenden Anforderungen. Insbesondere im Spritzgießen können die benötigten Stückzahlen oder Bauteileigenschaften nicht erreicht werden. Die Ursache liegt in einem engen thermischen Prozessfenster. Deswegen konzentriert sich diese Arbeit auf die Entwicklung eines Gestaltungsmodells zur thermischen Auslegung von additiven Prototypenwerkzeugen für das Spritzgießen.

Zur Vertiefung des Problemverständnisses beschreibt die Arbeit Grundlagen der Kunststofftechnik, der additiven Fertigung und des Spritzgießens. Die Leistungsfähigkeit additiver Prototypenwerkzeuge ist eng mit dem thermo-mechanischen Verhalten verbunden. Im Gegensatz zu Stahl beginnt für Kunststoffe bei vergleichsweise niedrigen Temperaturen eine plastische Verformung. Die verminderte thermische Leitfähigkeit führt gleichzeitig zu einem geringeren Abtransport von Wärme. Dies gilt auch für Kunststoffe, die in additiven Fertigungsverfahren zur Herstellung von Prototypenwerkzeugen eingesetzt werden. Dennoch bietet die additive Fertigung Vorteile in Bezug auf die Geschwindigkeit der Herstellung von Werkzeugen und erlaubt eine freie Gestaltung der Werkzeuge.

Im Spritzgießen ist die thermische Auslegung eine von drei Auslegungsdisziplinen in der Konstruktion von Werkzeugen. Das primäre Ziel ist die Sicherstellung der gleichmäßigen, aber schnellstmöglichen Abkühlung der Formmasse. Unter Berücksichtigung der neuen Randbedingungen der neuen Werkzeugmaterialien aus der Gruppe der Kunststoffe verändern sich die Prämissen für die rheologische, mechanische und thermische Auslegung. Die größte Veränderung ist für die thermische Auslegung festzustellen. Zwar liegt keine Änderungen hinsichtlich der Formmassen vor, sodass das primäre Ziel nach wie vor besteht, jedoch liegt die praktische Gebrauchstemperatur des Werkzeugmaterials nahe der physikalisch möglichen Gebrauchstemperatur. Daraus entsteht ein zweidimensionales Zielsystem, in dem der Erhalt der Funktion des Werkzeugs unter thermo-mechanischen Belastungen das zweite Ziel zur Anwendung additiver Prototypenwerkzeuge darstellt. Je nach Anwendungsfall in der Praxis wird den Zielen ein unterschiedliches Gewicht zugeschrieben. Betriebe stehen folglich vor der Herausforderung, die Auslegung der Werkzeuge nach diesen beiden Zielkriterien auszurichten.

Eine ähnliche Problematik findet sich bereits im Druckgießwerkzeugbau. Auch hier liegt die Temperatur der vergossenen Schmelze nahe an den Einsatztemperaturen der Werkzeugmaterialien. Der entscheidende Unterschied besteht in den Materialeigenschaften von Kunststoffen und Metallen. Bei Kunststoffen tritt elastisches und viskoses Materialverhalten zeit-, temperatur- und frequenzabhängig häufiger und stärker auf als bei Metallen. In einem Überlappungsbereich der Prozesstemperaturen und der Gebrauchstemperaturen im Spritzgießen mit Werkzeugen aus Kunststoff stellen sich daher andere Effekte ein als beim Druckgießen mit Werkzeugen aus Metall.

In der Wissenschaft ist die Untersuchung der Anwendbarkeit additiver Prototypenwerkzeuge durch experimentelle Studien bedient. Im Fokus steht dabei die Eignung bestimmter Kunststoffe für den Einsatz als Prototypenwerkzeug. Gegenstand der Experimente ist die erzielbare Standzeit des Werkzeugs bei definierten Prozessparametern sowie die Qualität der hergestellten Bauteile. Weiterführend wird untersucht, welche geometrische Komplexität abgebildet werden kann. Während diese experimentellen Ansätze eine Datenlage für generische Auswahlprozesse passender additiver Herstellprozesse und geeigneter Materialien liefern, fehlen methodische Lösungen für die Gestaltung der Werkzeuge und des dazugehörigen Spritzgießprozesses. Die Gestaltung der thermischen Auslegung bildet hierbei keine Ausnahme.

Ein systematisches Vorgehen zur Gestaltung der thermischen Auslegung sollte daher die elementaren Einfluss- und Zielgrößen für additive Prototypenwerkzeuge berücksichtigen. Zu den Einflussfaktoren zählt das Werkzeugmaterial „Kunststoff“, die Bauteilgeometrie und die Prozessparameter des Spritzgießens. Eine differenzierte Betrachtung der Zielgrößen Standzeit des Werkzeugs, Zykluszeit im Spritzgießprozess und die anforderungsgerechte Bauteilqualität stellt die Anwendbarkeit des Gestaltungsmodells sicher. Das Konzept basiert auf etablierten Vorgehensweisen für Spritzgießwerkzeuge aus Metall, die in der Praxis breite Anwendung finden und somit den Grundsätzen der Richtigkeit, Klarheit und Vergleichbarkeit entsprechen. Ein methodischer Rahmen aus dem Kontext der systemorientierten Betriebswirtschaft stellt die Grundsätze der Relevanz, der Wirtschaftlichkeit und des systematischen Aufbaus sicher.

Das Gestaltungsmodell besteht aus einer rahmenbildenden Struktur, die Gestaltungsaspekte normativer Art hat. So werden produkt- und prozessseitig Gestaltungsaspekte hergeleitet, die kombiniert die Gestaltung von Temperiersystemen als zentrales Ergebnis einer thermischen Auslegung ermöglichen. Die Umsetzung des normativen Rahmens benötigt formende Elemente, die eine Konkretisierung der Gestaltungsaspekte der Strukturelemente befähigen. Auch hier wird die Produkt-, die Prozess- und die Ergebnisseite berücksichtigt. Zuletzt fundiert das Gestaltungsmodell auf Wirkzusammenhängen der Realität, welche modelliert als handlungsleitende Verhaltenselemente den Kern des Gestaltungsmodells bilden.

Die Gestaltung der thermischen Auslegung benötigt ein ausreichend detailliertes Abbild der Realität im Hinblick auf das Zusammenwirken verschiedener Einflussfaktoren. Beziehungen unter solchen Einflussfaktoren besitzen unterschiedliche Eigenschaften, die entsprechend mit unterschiedlicher Vorgehensweise aufgedeckt und für das Gestaltungsmodell nutzbar gemacht werden müssen. In drei Verhaltenselementen wird ein exemplarisches Vorgehen definiert und für Einflussfaktoren aus den Bereichen der Werkzeugmaterialeigenschaften, der Prozesssteuerung und der Werkzeuggestaltung demonstriert. Das Vorgehen passen die Nutzenden des Gestaltungsmodells auf eigene, spezifische Faktoren an und erheben auf dieser Basis Daten. Diese Datenbasis muss ausreichen, um für die Nutzenden ein anwendbares Modell zur Beschreibung der Realität zu generieren.

Die thermische Auslegung benötigt neben einem solchen Modell Normen und Regeln. In den Strukturelementen des Gestaltungsmodells finden sich Normen und Regeln für die Gestaltung der produkt- und prozessseitigen Informationen in textlicher und grafischer Form. Produktseitig sind dies Produktrandbedingungen, wie z. B. die zu verwendende Formmasse, Besonderheiten der geometrischen Gestalt und Ausführungshinweise im Kontext additiver Prototypenwerkzeuge. Auf der Prozessseite definiert das Strukturelement die Ordnung der Prozesseinflussparameter und die Spezifikation von Prozesseinstellungen. Konflikte zwischen Informationen werden durch Bewertungsmöglichkeiten moderiert. Zuletzt definiert das Strukturelement des Temperiersystems per Morphologie die Normen und Regelungsmöglichkeiten für Temperiersysteme und beschreibt Ausführungshinweise solcher Systeme.

Damit die thermische Auslegung in der Praxis realisiert werden kann, benötigen Nutzende neben Struktur- und Verhaltenselementen noch die Aktivitätselemente, in denen die Form der thermischen Auslegung gestaltet wird. In der Praxis stellen diese Elemente wiederkehrende Aufgaben dar. Nutzende müssen drei Elemente definieren. Dazu zählt die Segmentierung des Formeinsatzes, welches mittels eines dreistufigen Vorgehens realisiert werden kann. Die Gliederung in globale Bereiche des Formeinsatzes, lokale Segmente und Segmentgruppen bildet die Grundlage für eine Konkretisierung der Anforderungen an ein Temperiersystem. Vorher müssen noch Prozesslasten ermittelt werden. Auf Basis von Simulationsmethoden können Prozessrandbedingungen in Lastenprofile umgewandelt werden. Idealerweise können Informationen von der Produktseite bereits an dieser Stelle integriert werden. Sofern auch Prozesslasten vorliegen, folgt das Gestaltungsmodell den Ansätzen der Anforderungsentwicklung und des Anforderungsmanagements. Diese sind angepasst auf die thermische Auslegung und schlagen konkrete Gestaltungswege im Kontext des spezifischen Themenbereiches vor.

Das Ergebnis dieser Arbeit ist ein systemorientiertes Gestaltungsmodell für die thermische Auslegung additiver Prototypenwerkzeuge. Mit diesem Gestaltungsmodell soll die industrielle Praxis befähigt werden, eine Leistungssteigerung bei der Nutzung additiver Prototypenwerkzeuge zu realisieren. Die wissenschaftliche Fragestellung, wie ein solches Gestaltungsmodell aussehen kann, wird grafisch und semantisch beantwortet. Ebenso ermöglicht die Detaillierung des Gestaltungsmodells die Antwort der Teilforschungsfragen. Zunächst wird die Frage nach den relevanten Faktoren des thermischen Verhaltens solcher Prototypenwerkzeuge durch die Herleitung und Detaillierung der Verhaltenselemente beantwortet. Weiterhin kann auf die Frage nach den Möglichkeiten der Berücksichtigung diverser Zielgrößen bei der Nutzung additiver Prototypenwerkzeuge durch die ergebnisorientierte Zusammenstellung von Struktur- und Aktivitätselementen reagiert werden. Zuletzt ergibt sich die Antwort nach der Berücksichtigung technischer Lösungsansätze zur Steuerung der Temperatur durch die Morphologie der Temperiersysteme und die Darstellung der Fallbeispiele im Kontext der Validierung dieser Arbeit.

7.2 Ausblick

Aus Sicht der Praxis sind additive Prototypenwerkzeuge eine Nischenanwendung. Die additive Fertigung birgt, neben den heute bekannten Möglichkeiten für konturnahe Kühlung, in der Zukunft weitere Potenzial für den Serienwerkzeugbau. Dennoch sehen insbesondere interne Werkzeugbaubetriebe oder externe Betriebe mit dem Fokus auf Dienstleistungen nahe der Produktentwicklungen auch für additive Prototypenwerkzeuge eine Zukunft. Die Verbesserung der Leistungsfähigkeit ist weiterhin das handlungsleitende Ziel. Der technologische Wettbewerb ist einerseits die direkte additive Fertigung von Bauteilen, die umso stärker wird, je mehr Bauteile tatsächlich als additiv hergestelltes Produkt verwendet werden. Additive Prototypenwerkzeuge müssen daher in Zukunft noch schneller ausgelegt, konstruiert und hergestellt werden. Mit zunehmender Standardisierung im Serienwerkzeugbau verbessern sich auch die Eigenschaften von Prototypenwerkzeugen aus Aluminium. Hier können additive Prototypenwerkzeuge bestehen, wenn passende Kunststoffe mit einer anforderungsgerechten Werkzeug- und Prozessauslegung kombiniert werden.

Diese Arbeit stellt nur einen Aspekt zur Lösung der aktuellen und zukünftigen Herausforderungen für additive Prototypenwerkzeuge dar. Das Gestaltungsmodell verbessert die systematische Anwendung solcher Werkzeuge durch die Unterteilung in die vier Bereiche des Produktes, des Prozesses, der Temperiersysteme und der Interdependenzen. Einer erfolgreichen Anwendung steht eine ausreichende Datenlage entgegen. Die Datenerhebung in Kapitel 5.2 kann neben der existierenden Literatur nur einen Bruchteil der erforderlichen Informationen liefern. Insofern kann in der Zukunft das Gestaltungsmodell als Rahmenwerk für weitere experimentelle Studien genutzt werden.

Diese Arbeit basiert auf einem systemorientierten Ansatz. Dadurch enthält das Gestaltungsmodell mehrere abgrenzbare Bereiche. Derartige Abgrenzungen bergen das Risiko, Aspekte unberücksichtigt zu lassen, sofern diese weder in das eine noch das andere System passen. Die Gestaltungselemente sind dahingehend gestaltet, ihre Themen breit abzudecken. Dennoch kann nicht ausgeschlossen werden, dass in der Realität weitere Aspekte auftreten, die nicht durch das Gestaltungsmodell abgedeckt werden. Das Merkmal eines jeden Modells ist die Verkürzung der Realität. Insofern kann diese Limitation nicht vermieden werden, jedoch durch die Art und Weise der Herleitung und Detaillierung des Gestaltungsmodells eingeschränkt werden. Das Gestaltungsmodell ermöglicht Nutzenden selbstständig Erweiterungen und enthält somit einen Lösungsweg zur Vermeidung einer unpassenden Verkürzung der Realität.

Der wissenschaftliche Beitrag dieser Arbeit besteht in der Entwicklung eines ganzheitlichen Lösungsansatzes zur Gestaltung der thermischen Auslegung für additive Prototypenwerkzeuge aus Kunststoff für das Spritzgießen. Unternehmen müssen die Elemente der Gestaltung für ihre eigenen Rahmenbedingungen anpassen und anwenden. Auf der Grundlage des Aufbaus dieser Elemente werden weitere wissenschaftliche Untersuchungen durchgeführt, um neue Ansätze zur Steigerung der Leistungsstärke additiver Prototypenwerkzeuge zu entwickeln. Potenziale können sowohl in der thermischen Auslegung als auch in den angrenzenden Disziplinen oder in der Interaktion der Auslegungsdisziplinen liegen. Die Nutzung dieser Potenziale birgt Chancen für die Steigerung der Leistungsfähigkeit und Wirtschaftlichkeit von Werkzeugbaubetrieben.

Literaturverzeichnis

AGAMBEN, Giorgio. *The signature of all things: On method*. 2. print. New York, NY: Zone Books, 2010.

AGARWALA, M., R. V. WEEREN, A. BANDYOPADHYAY, P. WHALEN, A. SAFARI und S. DANFORTH. „Fused Deposition of Ceramics and Metals : An Overview". In *Proceedings of the Solid Freeform Fabrication Symposium*, S. 385–392. 1996.

AHRENS, C. H., A. S. RIBEIRO JR und V. E. BEAL. „Heat flux canals (HFC) technique: an alternative to cool down stereolithography moulds". *Journal of the Brazilian Society of Mechanical Sciences and Engineering* 25, Nr. 3 (2003): 254–258.

ALLERT, Silke. „Untersuchungen zur Temperierung von Spritzgießwerkzeugen mit Impulskühlung". Dissertation, Rheinisch-Westfälische Technische Hochschule Aachen, 2014.

ALTAF, Khurram, Ahmad MAJDI ABDUL RANI und Vijay R. RAGHAVAN. „Prototype production and experimental analysis for circular and profiled conformal cooling channels in aluminium filled epoxy injection mould tools". *Rapid Prototyping Journal* 19, Nr. 4 (2013): 220–229.

ALURU, Rajitha, Michael KEEFE und Suresh ADVANI. „Simulation of injection molding into rapid–prototyped molds". *Rapid Prototyping Journal* 7, Nr. 1 (2001): 42–51.

ANDERSON, R. L. „Distribution of the Serial Correlation Coefficient". *The Annals of Mathematical Statistics* 13, Nr. 1 (1942): 1–13.

ANDERSSON, P. und G. BÄCKSTRÖM. „Pressure dependence of the thermal conductivity, thermal diffusivity, and specific heat of polyethylene". *Journal of Applied Physics* 44, Nr. 6 (1973): 2601–2605.

ANNONI, Massimiliano, Hermes GIBERTI und Matteo STRANO. „Feasibility Study of an Extrusion-based Direct Metal Additive Manufacturing Technique". *Procedia Manufacturing* 5 (2016): 916–927.

ASTM AMERCIAN SOCIETY FOR TESTING AND MATERIALS. *Verfahren für die Prüfung der Temperaturleitfähigkeit mittels Flash-Verfahren*, 1461:2013.

AYVAZ, Peter. „Methode zur merkmalbasierten Gesamtkostenermittlung für polymer-additiv gefertigte Spritzgießwerkzeug". Dissertation, Rheinisch-Westfälische Technische Hochschule Aachen, 2021.

BAEKELAND, Leo H. Method of making insoluble products of phenol and formaldehyde. Patent 942699A, eingereicht 1909.

BAGALKOT, Anurag, Dirk PONS, Don CLUCAS und Digby SYMONS. „A methodology for setting the injection moulding process parameters for polymer rapid tooling inserts“. *Rapid Prototyping Journal*, 2019.

BAGALKOT, Anurag, Dirk PONS, Digby SYMONS und Don CLUCAS. „Categorization of Failures in Polymer Rapid Tools Used for Injection Molding“. *Processes* 7, Nr. 1 (2019): 17.

BARGEL, Hans-Jürgen und Günter SCHULZE, Hrsg. *Werkstoffkunde*. 11. Aufl. 2012. Springer-Lehrbuch. Berlin, Heidelberg: Springer Berlin Heidelberg, 2012.

BAUMERS, Martin und Matthias HOLWEG. „On the economics of additive manufacturing: Experimental findings“. *Journal of Operations Management* 65, Nr. 8 (2019): 794–809.

BAUR, Erwin, Guenther HARSCH und Martin MONEKE. *Werkstoff-Führer Kunststoffe: Eigenschaften - Prüfungen - Kennwerte*. 11., aktualisierte Auflage. 2019.

BEAL, Valter Estevão, Aurélio DA COSTA SABINO NETTO und Carlos Henrique AHRENS. „Evaluating the Use of Aluminum Inserts on SL Puzzle Molds for Injection Molding of Complex Parts: A Case Study“. In *ANTEC - Conference Proceedings*, herausgegeben von SOCIETY OF PLASTICS ENGINEERS, S. 884–888. Technical papers / Society of Plastics Engineers. Brookfield, Conn.: Society of Plastics Engineers, 2003.

BEAUMONT, John. „Plastic Part Design: To Use Ribs or Not to Use Ribs - That is the Question“. *Plastics Engineering* 72, Nr. 9 (2016): 36–41.

BEAUMONT, John P., Hrsg. *Auslegung von Anguss und Angusskanal: Spritzgießwerkzeuge erfolgreich einsetzen*. 2., aktualisierte und erweiterte Auflage. Hanser eLibrary. München: Hanser, 2020.

BECKER, Jörg, Michael ROSEMANN und Reinhard SCHÜTTE. „Grundsätze ordnungsmäßiger Modellierung“. *Wirtschaftsinformatik* 37, Nr. 5 (1995): 435–455.

BELLINI, Anna, Lauren SHOR und Selcuk I. GUCERI. „New developments in fused deposition modeling of ceramics“. *Rapid Prototyping Journal* 11, Nr. 4 (2005): 214–220.

BHUVANESH KUMAR, M. und P. SATHIYA. „Methods and materials for additive manufacturing: A critical review on advancements and challenges“. *Thin-Walled Structures* 159 (2021).

BLAIKIE, Norman W. H. *Analyzing quantitative data: From description to explanation*. London und Thousand Oaks, CA: SAGE Publications Ltd, 2003.

BLEICHER, Knut. *Das Konzept integriertes Management*. Bd. 1. Campus Manager-Magazin. Frankfurt/Main: Campus-Verl., 1991.

———. *Das Konzept Integriertes Management: Visionen - Missionen - Programme*. 8., aktualis. u. erw. Aufl. Bd. 1. St. Galler Management-Konzept. Frankfurt am Main: Campus-Verl., 2011.

BLEICHER, Knut und Christian ABEGGLEN. *Das Konzept integriertes Management: Visionen - Missionen - Programme.* 9., aktualisierte und erweiterte Auflage des Standardwerks. Frankfurt und New York: Campus Verlag GmbH, 2017.

BOOS, Wolfgang. „Methodik zur Gestaltung und Bewertung von modularen Werkzeugen". Dissertation, Rheinisch-Westfälische Technische Hochschule Aachen, 2008.

———. *Erfolgreich Additive Manufacturing nutzen im Werkzeugbau.* Herausgegeben von WBA AACHENER WERKZEUGBAU AKADEMIE GMBH. Aachen, 2021.

BOOS, Wolfgang, Kristian ARNTZ, Lars JOHANNSEN, Tim DRÖSCHER, Moritz WOLLBRINK und Marcel PRÜMMER. *Erfolgreich Fertigungstechnologien Einsetzen: Im Werkzeugbau.* Aachen: WBA Aachener Werkzeugbau Akademie GmbH, 2023.

BOOS, Wolfgang, Kristian ARNTZ, Christoph KELZENBERG, Marcel PRÜMMER, Christoph EBBECKE, Christoph FREY und Tammo DANNEN. *Erfolgreich Additive Manufacturing nutzen: Im Werkzeugbau.* Aachen: WBA Aachener Werkzeugbau Akademie GmbH, 2022.

BOOS, Wolfgang, Gerret LUKAS, Niklas KESSLER, Julian SCHWEINS, Bernd HAASE und Jonas KENFENHEUER. *World of Tooling 2022.* 3. Auflage. Aachen: RWTH Aachen Werkzeugmaschinenlabor, 2022.

BRANKAMP, Klaus, Hrsg. *Wettbewerbsfaktor Werkzeug- und Betriebsmittelbau.* Praxisleitfaden für das Management. Zürich und Köln: Verl. Industrielle Organisation / Verl. TÜV Rheinland, 1991.

BRAUN, Karsten, Edgar WILLENBORG und Johannes Henrich SCHLEIFENBAUM. „Laser polishing as a new post process for 3D-printed polymer parts". *Procedia CIRP* 94 (2020): 134–138.

BRUNKHORST, Uwe. „Integrierte Angebots- und Auftragsplanung im Werkzeug- und Formenbau". Dissertation, Leibniz Universität Hannover, 1995.

BÜHRING-POLACZEK, Andreas, Walter MICHAELI und Günther SPUR. *Handbuch Urformen.* [vollst. überarb. Neuaufl.] Edition Handbuch der Fertigungstechnik. München: Hanser, 2014.

CARNAP, Rudolf. „Formalwissenschaft und Realwissenschaft". *Erkenntnis* 5 (1935): 30–37.

CARNEIRO, O. S., A. F. SILVA und R. GOMES. „Fused deposition modeling with polypropylene". *Materials & Design* 83 (2015): 768–776.

CASAVOLA, C., A. CAZZATO, D. KARALEKAS, V. MORAMARCO und G. PAPPALETTERA. „The Effect of Chamber Temperature on Residual Stresses of FDM Parts". In *Residual Stress, Thermomechanics & Infrared Imaging, Hybrid Techniques and Inverse Problems, Volume 7,* herausgegeben von Antonio BALDI, Simon QUINN, Xavier BALANDRAUD, Janice M. DULIEU-BARTON und Sven BOSSUYT, S. 87–92. Conference Proceedings of the Society for Experimental Mechanics Series. Cham: Springer International Publishing, 2019.

CAZÓN, Aitor, Paz MORER und Luis MATEY. „PolyJet technology for product prototyping: Tensile strength and surface roughness properties". *Proceedings of the Institution of Mechanical Engineers, Part B: Journal of Engineering Manufacture* 228, Nr. 12 (2014): 1664–1675.

CHEN, Zhongbao und Lih-Sheng TURNG. „A review of current developments in process and quality control for injection molding". *Advances in Polymer Technology* 24, Nr. 3 (2005): 165–182.

CHUA, C. K., K. H. HONG und S. L. HO. „Rapid tooling technology. Part 1. A comparative study". *The International Journal of Advanced Manufacturing Technology* 15, Nr. 8 (1999): 604–608.

CHUA, Chee Kai, Kah Fai LEONG und Chu Sing LIM. *Rapid Prototyping: Principles and Applications.* 2nd ed. Singapore: World Scientific Publishing Company, 2003.

COLTON, J. S., J. CRAWFORD, G. PHAM, V. RODET und K. K. WANG. „Failure of Rapid Prototype Molds during Injection Molding". *CIRP Annals* 50, Nr. 1 (2001): 129–132.

CRIVELLO, James V. und Elsa REICHMANIS. „Photopolymer Materials and Processes for Advanced Technologies". *Chemistry of Materials* 26, Nr. 1 (2014): 533–548.

CRUMP, Scott. Apparatus and method for creating three-dimensional objects: Patentschrift. Patent US5121329, eingereicht 1992.

DALLNER, Claus und Gottfried Wilhelm EHRENSTEIN. „Thermische Einsatzgrenzen von Kunststoffen: Teil I: Kriechverhalten unter statischer Belastung". *Journal of Plastics Technology* 2, Nr. 3 (2006): 1–31.

———. „Thermische Einsatzgrenzen von Kunststoffen: Teil II: Dynamisch-Mechanische Analyse unter Last". *Journal of Plastics Technology* 2, Nr. 4 (2006): 1–33.

DAS, Arit, Camden A. CHATHAM, Jacob J. FALLON, Callie E. ZAWASKI, Eric L. GILMER, Christopher B. WILLIAMS und Michael J. BORTNER. „Current understanding and challenges in high temperature additive manufacturing of engineering thermoplastic polymers". *Additive Manufacturing* 34 (2020): 101218.

DAVOUDINEJAD, Ali, Mohamad BAYAT, David Bue PEDERSEN, Yang ZHANG, Jesper Henri HATTEL und Guido TOSELLO. „Experimental investigation and thermo-mechanical modelling for tool life evaluation of photopolymer additively manufactured mould inserts in different injection moulding conditions". *The International Journal of Advanced Manufacturing Technology* 102, Nrn. 1-4 (2019): 403–420.

DECELLES, P und M BARRIT. *Direct AIM Prototype Tooling.* Herausgegeben von 3D SYSTEMS INC. 3D Systems Inc., Valencia, CA, USA, 1997.

DEISTLER, Manfred und Wolfgang SCHERRER. *Time Series Models.* Bd. 224. Cham: Springer International Publishing, 2022.

DELIC, Mia und Daniel R. EYERS. „The effect of additive manufacturing adoption on supply chain flexibility and performance: An empirical analysis from the automotive industry". *International Journal of Production Economics* 228 (2020): 107689.

DIN DEUTSCHES INSTITUT FÜR NORMUNG E. V. *Polymere Werkstoffe: Gruppierung polymerer Werkstoffe aufgrund ihres mechanischen Verhaltens*, 7724:1993-04, Berlin, 1993-04-01.

———. *Additive Fertigung - Grundlagen - Terminologie*, 52900:2018-06, Berlin, 2018-06-01.

———. *Fertigungsverfahren - Begriffe, Einteilung*, 8580:2020-01, Berlin, 2020-01-01.

———. *Kunststoff-Formteile – Toleranzen und Abnahmebedingungen*, 20457:2018, Berlin, 2021-06-01.

DIZON, John Ryan C., Arnaldo D. VALINO, Lucio R. SOUZA, Alejandro H. ESPERA, Qiyi CHEN und Rigoberto C. ADVINCULA. „Three-dimensional-printed molds and materials for injection molding and rapid tooling applications". *MRS Communications* 9, Nr. 4 (2019): 1267–1283.

DREWS, Günter. *Lexikon der Projektmanagement-Methoden*. 1. Auflage. Haufe Projektmanagement. München: Rudolf Haufe Verlag GmbH & Co. KG, 2007.

EHRENSTEIN, Gottfried. *Polymer-Werkstoffe: Struktur ; Eigenschaften ; Anwendung*. 3. Aufl. s.l.: Carl Hanser Fachbuchverlag, 2011.

ENCARNAÇÃO, José, Reinhard KLEIN und Wolfgang STRASSER. *Graphische Datenverarbeitung 2: Modellierung komplexer Objekte und photorealistische Bilderzeugung*. 4., aktualisierte und wesentlich erweiterte Auflage. Reprint 2018. Berlin und Boston: Oldenbourg Wissenschaftsverlag, 2019.

EVERSHEIM, Walter und Fritz KLOCKE. *Werkzeugbau mit Zukunft: Strategie und Technologie*. Springer eBook Collection Computer Science and Engineering. Berlin, Heidelberg und s.l.: Springer Berlin Heidelberg, 1998.

FERREIRA, J. C. und A. MATEUS. „Studies of rapid soft tooling with conformal cooling channels for plastic injection moulding". *Journal of Materials Processing Technology* 142, Nr. 2 (2003): 508–516.

FRICK, Lutz. „Erfolgreiche Geschäftsmodelle im Werkzeugbau". Dissertation, Rheinisch-Westfälische Technische Hochschule Aachen, 2005.

GEBHARDT, Andreas. *Rapid Prototyping*. 1. ed. München: Hanser Verlag, 2003.

———. *Additive Fertigungsverfahren: Additive Manufacturing und 3D-Drucken für Prototyping - Tooling - Produktion*. 5., neu bearbeitete und erweiterte Auflage. München: Hanser, 2016.

GIBSON, I., D. W. ROSEN und B. STUCKER. *Additive Manufacturing Technologies: 3D printing, rapid prototyping, and direct digital manufacturing*. New York: Springer, 2016.

GIBSON, Ian, David W. ROSEN und Brent STUCKER. *Additive Manufacturing Technologies: Rapid Prototyping to Direct Digital Manufacturing*. Boston, MA: Springer US / Springer Science+Business Media LLC, 2010.

GKV GESAMTVERBAND KUNSTSTOFFVERARBEITENDE INDUSTRIE E.V. *Branchenstatistik der Kunststoffverarbeitung in Deutschland: Statistiken anlässlich der Aschermittwochs-Pressekonferenz am 22. Februar 2023.* Herausgegeben von GKV GESAMTVERBAND KUNSTSTOFFVERARBEITENDE INDUSTRIE E.V., 30.07.2023.

GORDON, M. Joseph. *Total quality process control for injection molding.* 2nd ed. Wiley series in plastics engineering and technology. Hoboken, N.J: Wiley, 2010.

GORDON, T. J. und H. HAYWARD. „Initial experiments with the cross impact matrix method of forecasting". *Futures* 1, Nr. 2 (1968): 100–116.

GOTHAIT, Hanan. Apparatus and method for three dimensional model printing: Patentschrift. Patent US6259962B1, eingereicht 2001.

GOTHAIT, Hanan. System and method for three dimensional model printing: Patentschrift. Patent US6850334B1, eingereicht 2005.

GRIFFITHS, C. A., S. S. DIMOV, S. FISCHER, M. SPITZBART und F. LACAN. „Micro-stereolithography tools for small-batch manufacture of polymer micro-parts". *Proceedings of the Institution of Mechanical Engineers, Part B: Journal of Engineering Manufacture* 226, Nr. 4 (2012): 708–721.

HAGUE, R., I. CAMPBELL und P. DICKENS. „Implications on design of rapid manufacturing". *Proceedings of the Institution of Mechanical Engineers, Part C: Journal of Mechanical Engineering Science* 217, Nr. 1 (2003): 25–30.

HARRIS, R., N. HOPKINSON, H. NEWLYN, R. HAGUE und P. DICKENS. „Layer thickness and draft angle selection for stereolithography injection mould tooling". *International Journal of Production Research* 40, Nr. 3 (2002): 719–729.

HARRIS, R. A., R. J. M. HAGUE und P. M. DICKENS. „Thermal conditions in stereolithography injection mould tooling and their use for polyether-ether-ketone moulding". *International Journal of Production Research* 42, Nr. 1 (2004): 119–129.

HARRIS, R. A., H. A. NEWLYN und P. M. DICKENS. „Selection of mould design variables in direct stereolithography injection mould tooling". *Proceedings of the Institution of Mechanical Engineers, Part B: Journal of Engineering Manufacture* 216, Nr. 4 (2002): 499–505.

HARRIS, R.A, H.A NEWLYN, R.J.M HAGUE und P.M DICKENS. „Part shrinkage anomilies from stereolithography injection mould tooling". *International Journal of Machine Tools and Manufacture* 43, Nr. 9 (2003): 879–887.

HARVEY, Andrew C. *Zeitreihenmodelle.* 2. Aufl. Reprint 2018. Lehr- und Handbücher der Statistik. Berlin und Boston: Oldenbourg Wissenschaftsverlag, 1994.

HEESCHEN, Dominik. „Kennzahlenbasierte Auswahl der Fertigungstechnologien und -ressourcen im industriellen Werkzeugbau". Dissertation, Rheinisch-Westfälische Technische Hochschule Aachen, 2015.

HELD, Leonhard und Daniel SABANÉS BOVÉ. *Applied statistical inference: Likelihood and Bayes.* Berlin und Heidelberg: Springer, 2014.

HELFRICH, Hede. *Wissenschaftstheorie für Betriebswirtschaftler.* 1. Auflage. Wiesbaden: Springer Gabler, 2016.

HENSEN, Tobias. „Strategische Auslegung industrieller Werkzeugbaubetriebe". Dissertation, Rheinisch-Westfälische Technische Hochschule Aachen, 2017.

HILLER, Jonathan und Hod LIPSON. „Design and analysis of digital materials for physical 3D voxel printing". *Rapid Prototyping Journal* 15, Nr. 2 (2009): 137–149.

HOPMANN, Christian, Frank EHRIG, Helmut GREIF und Walter MICHAELI. *Technologie des Spritzgießens: Lern- und Arbeitsbuch.* 4., aktualisierte Auflage. München: Hanser, 2017.

HOPMANN, Christian, Georg MENGES, Walter MICHAELI und Paul MOHREN. *Spritzgießwerkzeuge: Auslegung, Bau, Anwendung.* 7., neu bearbeitete Auflage. München: Hanser, 2018.

HOPMANN, Christian und Walter MICHAELI. *Einführung in die Kunststoffverarbeitung.* 7. Aufl. s.l.: Carl Hanser Fachbuchverlag, 2015.

HOPMANN, Christian, Walter MICHAELI, Helmut GREIF und Leo WOLTERS. *Technologie der Kunststoffe: Lern- und Arbeitsbuch für die Aus- und Weiterbildung.* 4., aktualisierte Auflage. München: Hanser, 2015.

HULL, Charles W. Apparatus for production of three-dimensional objects by stereolithography: Patentschrift. Patent US455330, eingereicht 1986.

ISHIKAWA, Kaoru. *Guide to Quality Control.* Tokyo: Asian Productivity Organization, 1968.

JAHAN, Suchana A. und Hazim EL-MOUNAYRI. „Optimal Conformal Cooling Channels in 3D Printed Dies for Plastic Injection Molding". *Procedia Manufacturing* 5 (2016): 888–900.

JAHAN, Suchana A., Tong WU, Yi ZHANG, Hazim EL-MOUNAYRI, Andres TOVAR, Jing ZHANG, Douglas ACHESON, Razi NALIM, Xingye GUO und Weng Hoh LEE. „Implementation of Conformal Cooling & Topology Optimization in 3D Printed Stainless Steel Porous Structure Injection Molds". *Procedia Manufacturing* 5 (2016): 901–915.

JANCZYK, M., R. MCLAUGHLIN und S. P. MCCARTHY. „Rapid stereolithography tooling for injection molding: The effect of cooling channel geometry". *Journal of Injection Molding Technology* 1, Nr. 1 (1997): 72–78.

JONAS, R., H. SCHLÜTER, E. BRACHES, P. THIENEL, H. BANGERT und E. SCHÜRMANN. *Spritzgerechtes Formteil und optimales Werkzeug.* Aachen, 8-10. März 1978.

JUNK, S., J. SÄMANN-SUN und M. NIEDERHOFER. „Application of 3D Printing for the Rapid Tooling of Thermoforming Moulds". In *Proceedings of the 36th International MATADOR Conference*, herausgegeben von Srichand HINDUJA und Lin LI, S. 369–372. London: Springer London, 2010.

KAINZINGER, Paul, Manuel WOHLFAHRT und Florian GRÜN. „Einfluss der lokalen Gefügeausbildung auf die Schwingfestigkeit von Gusseisen mit Kugelgraphit". *BHM Berg- und Hüttenmännische Monatshefte* 160, Nr. 1 (2015): 2–8.

KAISER, Wolfgang. *Kunststoffchemie für Ingenieure: Von der Synthese bis zur Anwendung*. 1. Aufl. s.l.: Carl Hanser Fachbuchverlag, 2011.

———. *Kunststoffchemie für Ingenieure: Von der Synthese bis zur Anwendung*. 5., neu bearbeitete und erweiterte Auflage. München: Hanser, 2021.

KAMPKER, Achim, Peter AYVAZ und Gerret LUKAS. „Direct Polymer Additive Tooling - Economic Analysis of Additive Manufacturing Technologies for Fabrication of Polymer Tools for Injection Molding". *Key Engineering Materials* 843 (2020): 9–18.

KAMPKER, Achim, Johannes TRIEBS, Bruno ALVES, Sebastian KAWOLLEK und Peter AYVAZ. „Potential analysis of additive manufacturing technologies for fabrication of polymer tools for injection moulding – A comparative study". In *2018 IEEE International Conference on Advanced Manufacturing (ICAM)*, S. 49–52. IEEE, 11/16/2018 - 11/18/2018.

KAMPKER, Achim, Johannes TRIEBS, Sebastian KAWOLLEK und Peter AYVAZ. „Direct Polymer Additive Tooling – Verwendung von Polymerwerkzeugen für den Einsatz im Kleinserien Spritzguss". In *Rapid.Tech + FabCon 3.D – International Trade Show + Conference for Additive Manufacturing*, herausgegeben von Michael KYNAST, Michael EICHMANN und Gerd WITT, S. 45–62. München: Carl Hanser Verlag GmbH & Co. KG, 2018.

KAMPKER, Achim, Johannes TRIEBS, Sebastian KAWOLLEK, Peter AYVAZ und Tom BEYER. „Direct polymer additive tooling – effect of additive manufactured polymer tools on part material properties for injection moulding". *Rapid Prototyping Journal* 25, Nr. 10 (2019): 1575–1584.

KANIG, G. „Das freie Volumen und die Änderung des Ausdehnungskoeffizienten und der Molwärme bei der Glasübergangstemperatur von Hochpolymeren". *Kolloid-Zeitschrift und Zeitschrift für Polymere* 233, Nrn. 1-2 (1969): 829–845.

KANTAROS, Antreas und Dimitris KARALEKAS. „Fiber Bragg grating based investigation of residual strains in ABS parts fabricated by fused deposition modeling process". *Materials & Design* 50 (2013): 44–50.

KARLINGER, Peter und Felix HINKEN. „Mold Design - Design Process". In *Mold-making handbook*, herausgegeben von Günter MENNIG und Klaus STOECKHERT, S. 301–420. Cincinnati: Hanser Publications, 2013.

KASCHKA, Uwe und Peter AUERBACH. „Selection and evaluation of rapid tooling process chains with Protool". *Rapid Prototyping Journal* 6, Nr. 1 (2000): 60–66.

KELLY, Brett E., Indrasen BHATTACHARYA, Hossein HEIDARI, Maxim SHUSTEFF, Christopher M. SPADACCINI und Hayden K. TAYLOR. „Volumetric additive manufacturing via tomographic reconstruction". *Science (New York, N.Y.)* 363, Nr. 6431 (2019): 1075–1079.

KELZENBERG, Christoph. „Datenstrukturmodell für den digitalen Schatten der Auftragsabwicklung von Werkzeugbaubetrieben". Dissertation, Rheinisch-Westfälische Technische Hochschule Aachen, 2019.

KENDALL, Maurice G., Maurice George KENDALL und Jean Dickinson GIBBONS. *Rank Correlation Methods*. 5. ed. A Charles Griffin title. London: Arnold, 1990.

KENETT, Ron S. „Cause-and-Effect Diagrams". In *Encyclopedia of statistics in quality and reliability*, herausgegeben von Fabrizio RUGGERI, Ron S. KENETT und Frederick W. FALTIN. Chichester: Wiley, 2007.

KETT, Ingo und Gerhard SCHEWE. „Aussagekräftig präsentieren". In *Management Skills*, herausgegeben von Ingo KETT und Gerhard SCHEWE, S. 111–159. Wiesbaden: Gabler, 2010.

KEUTH, Herbert. *Karl Popper: Logik der Forschung*. 3. Aufl. Bd. 12. Akademie Klassiker Auslegen. München: Oldenbourg Akademieverlag, 2007.

KLOCKE, Fritz, Günther SCHUH, Frederik ZOHM, Ingo Christian FRICKER, Alexander SAUER und Patrick WEGEHAUPT. *Zukunftsstudie Werkzeug- und Formenbau*. Aachen: Werkzeugmaschinenlabor WZL der RWTH Aachen, 2005.

KLOTZBACH, Christoph. „Gestaltungsmodell für den industriellen Werkzeugbau". Dissertation, Rheinisch-Westfälische Technische Hochschule Aachen, 2006.

KLOXIN, Christopher J., Timothy F. SCOTT und Christopher N. BOWMAN. „Stress relaxation via addition-fragmentation chain transfer in a thiol-ene photopolymerization". *Macromolecules* 42, Nr. 7 (2009): 2551–2556.

KOPP, Alexander, Thomas DERRA, Max MÜTHER, Lucas JAUER, Johannes H. SCHLEIFENBAUM, Maximilian VOSHAGE, Ole JUNG, Ralf SMEETS und Nadja KRÖGER. „Influence of design and postprocessing parameters on the degradation behavior and mechanical properties of additively manufactured magnesium scaffolds". *Acta biomaterialia* 98 (2019): 23–35.

KOREN, Yoram. *The Global Manufacturing Revolution: Product-process-business integration and reconfigurable systems*. Bd. v. 80. Wiley Series in Systems Engineering and Management. Hoboken, NJ, USA: John Wiley & Sons, Inc, 2010.

KOSSMANN, Mario. *Requirements Management: How to Ensure You Achieve What You Need from Your Projects*. 1st ed. London: Taylor and Francis, 2016.

KOTONYA, Gerald und Ian SOMMERVILLE. *Requirements engineering: Processes and techniques*. Reprint. Worldwide series in computer science. Chichester und Weinheim: Wiley, 1998.

KOVÁCS, József Gábor, Ferenc SZABÓ, Norbert Krisztián KOVÁCS, András SUPLICZ, Béla ZINK, Tamás TÁBI und Hajnalka HARGITAI. „Thermal simulations and measurements for rapid tool inserts in injection molding applications". *Applied Thermal Engineering* 85 (2015): 44–51.

KRETZSCHMAR, Otto. „Rechnerunterstützte Auslegung von Spritzgießwerkzeugen mit segmentbezogenen Berechnungsverfahren". Dissertation, Rheinisch-Westfälische Technische Hochschule Aachen, 1985.

KUBICEK, Herbert. „Heuristische Bezugsrahmen und heuristisch angelegte Forschungsdesigns als Elemente einer Konstruktionsstrategie empirischer Forschung". In *Empirische und handlungstheoretische Forschungskonzeptionen in der Betriebswirtschaftslehre*, herausgegeben von Richard KÖHLER, S. 3–36. Stuttgart: Poeschel, 1977.

KUHLMANN, Karl Kristian. „Methodik zur Gestaltung von Geschäftsprozessen im industriellen Werkzeugbau". Dissertation, Rheinisch-Westfälische Technische Hochschule Aachen, 2011-10-01.

KUHLMANN, Thomas. „Corporate Tooling". Dissertation, Rheinisch-Westfälische Technische Hochschule Aachen, 2017.

KUO, Chil-Chyuan und Zheng-Yan YOU. „Development of injection molding tooling with conformal cooling channels fabricated by optimal process parameters". *The International Journal of Advanced Manufacturing Technology* 96, Nrn. 1-4 (2018): 1003–1013.

LAMIKIZ, A., J. A. SÁNCHEZ, L. N. LÓPEZ DE LACALLE und J. L. ARANA. „Laser polishing of parts built up by selective laser sintering". *International Journal of Machine Tools and Manufacture* 47, Nrn. 12-13 (2007): 2040–2050.

LANGE, Johan de. „Prozessmodell für den Werkzeugbau im iterativen Produktentwicklungsprozess". Dissertation, Rheinisch-Westfälische Technische Hochschule Aachen, 2020.

LARMAN, C. und V. R. BASILI. „Iterative and incremental developments. a brief history". *Computer* 36, Nr. 6 (2003): 47–56.

LICHIUS, Ulrich. „Rechnerunterstützte Konstruktion von Werkzeugen zum Spritzgiessen von thermoplastischen Kunststoffen". Dissertation, Rheinisch-Westfälische Technische Hochschule Aachen, 1983.

LICHIUS, Ulrich und Leopold SCHMIDT. *Rechnergestütztes Konstruieren von Spritzgießwerkzeugen: Systematisches Entwickeln von Betriebsmitteln, Aufbau und Funktion von Spritzgießwerkzeugen*. 1. Aufl. Vogel-Fachbuch Technik / Kunststoffverarbeitung. Würzburg: Vogel, 1986.

LIGON, Samuel Clark, Robert LISKA, Jürgen STAMPFL, Matthias GURR und Rolf MÜLHAUPT. „Polymers for 3D Printing and Customized Additive Manufacturing". *Chemical reviews* 117, Nr. 15 (2017): 10212–10290.

LIKERT, R. „A technique for the measurement of attitudes". *Archives of Psychology* 22, Nr. 140 (1932): 5–55.

LINDNER, Christoph, Jan SCHMITT, Elena FISCHER und Julia HEIN. *Studie: Stoffstrombild Kunststoffe in Deutschland 2021*. Herausgegeben von BKV GMBH. Frankfurt am Main, 2022.

LINDNER, Falk. „Vergleichende Analyse zur Seriennähe von Rapid Tooling-Prozessketten und spritzgegossenen Kunststoffprototypen". Dissertation, Rheinisch-Westfälische Technische Hochschule Aachen, 2001.

LISKA, R., M. SCHUSTER, R. INFÜHR, C. TURECEK, C. FRITSCHER, B. SEIDL, V. SCHMIDT et al. „Photopolymers for rapid prototyping". *Journal of Coatings Technology and Research* 4, Nr. 4 (2007): 505–510.

LITTLE, Todd D. und Rex B. KLINE, Hrsg. *Principles and practice of structural equation modeling*. Fourth edition. Methodology in the social sciences. New York und London: The Guilford Press, 2016.

MALLOY, Robert A. *Plastic part design for injection molding: An introduction*. Second edition. Munich: Hanser Publishers, 2011.

MÄNTYLÄ, Martti. *An introduction to solid modeling*. Bd. 13. Principles of computer science series. Rockville, Maryland: Computer Science Pr, 1988.

MARXER, Michael, Carlo BACH und Claus P. KEFERSTEIN. „Prüfplanung, beherrschte Prüfprozesse". In *Fertigungsmesstechnik*, herausgegeben von Michael MARXER, Carlo BACH und Claus P. KEFERSTEIN, S. 285–303. Lehrbuch. Wiesbaden und Heidelberg: Springer Vieweg, 2021.

MASOOD, S.H und W.Q SONG. „Development of new metal/polymer materials for rapid tooling using Fused deposition modelling". *Materials & Design* 25, Nr. 7 (2004): 587–594.

MEISEL, Nicholas Alexander, David A. DILLARD und Christopher B. WILLIAMS. „Impact of material concentration and distribution on composite parts manufactured via multi-material jetting". *Rapid Prototyping Journal* 24, Nr. 5 (2018): 872–879.

MENDIBLE, Gabriel Antonio, Jack A. RULANDER und Stephen P. JOHNSTON. „Comparative study of rapid and conventional tooling for plastics injection molding". *Rapid Prototyping Journal* 23, Nr. 2 (2017): 344–352.

MILLING, Peter. „Die Konzipierung von Entscheidungsmodellen sozialer Systeme". In *Systemmodelle*, herausgegeben von Franz Xaver BEA, S. 31–71. München und Wien: Oldenbourg, 1979.

MIN, B.H. „A study on quality monitoring of injection-molded parts". *Journal of Materials Processing Technology* 136, Nrn. 1-3 (2003): 1–6.

MIRELES, Jorge, Ho-Chan KIM, HWAN LEE IN, David ESPALIN, Francisco MEDINA, Eric MACDONALD und Ryan WICKER. „Development of a Fused Deposition Modeling System for Low Melting Temperature Metal Alloys". *Journal of Electronic Packaging* 135, Nr. 1 (2013).

MISCHKOT, M. „Advanced process chains for prototyping and pilot production based on direct rapid soft tooling". Dissertation, Technical University of Denmark, 2018.

MISCHKOT, M., G. KREXNER, V. SOPRUNYUK, W. SCHRANZ, D. B. PEDERSEN, G. TOSELLO und H. N. HANSEN. „Influence of thermal ageing on the mechanical properties of an additively manufactured photopolymer used in soft tooling applications". In *Proceedings of the 18th International Conference of the European Society for Precision Engineering and Nanotechnology*, herausgegeben von D. BILLINGTON, S. 241–242. Bedford, UK: euspen, 2018.

MITTERLEHNER, T. „Auslegung und Charakterisierung additiv gefertigter Formeinsätze für Spritzgießwerkzeuge". Dissertation, Johannes Kepler Universität Linz, 2020.

MOURTZIS, Dimitris und Michael DOUKAS. „The Evolution of Manufacturing Systems". In *Handbook of research on design and management of lean production systems*, herausgegeben von Pavol SEMANCO und Vladimir MODRAK, Bd. 75, S. 1–29. Advances in Logistics, Operations, and Management Science. Hershey, PA, USA: IGI Global, 2014.

NAGAHANUMAIAH, K. SUBBURAJ und B. RAVI. „Computer aided rapid tooling process selection and manufacturability evaluation for injection mold development". *Computers in Industry* 59, Nrn. 2-3 (2008): 262–276.

NEGELE, Herbert, Ernst FRICKE und Eduard IGENBERGS. „ZOPH - A Systemic Approach to the Modeling of Product Development Systems". *INCOSE International Symposium* 7, Nr. 1 (1997): 266–273.

Operative Exzellenz im Werkzeug- und Formenbau. 1. Aufl. Aachen: Apprimus-Verl., 2010.

OSSWALD, Tim, Erwin BAUR und Natalie RUDOLPH. *Plastics Handbook: The Resource for Plastics Engineers*. 5. Auflage. Cincinnati, Ohio: Hanser Publications, 2018.

PANDEY, Pulak M., N. VENKATA REDDY und Sanjay G. DHANDE. „Improvement of surface finish by staircase machining in fused deposition modeling". *Journal of Materials Processing Technology* 132, Nrn. 1-3 (2003): 323–331.

PATZAK, Gerold. *Systemtechnik - Planung komplexer innovativer Systeme: Grundlagen, Methoden, Techniken*. Berlin, Heidelberg: Springer Berlin Heidelberg, 1982.

PAUL, B. K. und S. BASKARAN. „Issues in fabricating manufacturing tooling using powder-based additive freeform fabrication". *Journal of Materials Processing Technology* 61, Nrn. 1-2 (1996): 168–172.

PEARL, Judea. „The causal foundations of structural equation modeling". In *Handbook of structural equation modeling*, S. 68–91. New York, NY [u.a.]: Guilford Press, 2012, 2012.

PETROVIC, Vojislav, Juan VICENTE HARO GONZALEZ, Olga JORDÁ FERRANDO, Javier DELGADO GORDILLO, Jose RAMÓN BLASCO PUCHADES und Luis PORTOLÉS GRIÑAN. „Additive layered manufacturing: sectors of industrial application shown through case studies". *International Journal of Production Research* 49, Nr. 4 (2011): 1061–1079.

POPESCU, George A., Tushar MAHALE und Neil GERSHENFELD. „Digital material for digital Printing". In *Digital Fabrication*, herausgegeben von James STASIAK, S. 58–61. 2006.

PRUNER, Harry und Wolfgang NESCH. *Spritzgießwerkzeuge kompakt: Ein Praxisbuch für Einsteiger*. 2. Auflage. 2020.

QIN, Yuchu, Qunfen QI, Paul J. SCOTT und Xiangqian JIANG. „Status, comparison, and future of the representations of additive manufacturing data". *Computer-Aided Design* 111 (2019): 44–64.

RADHWAN, H., Z. SHAYFULL, M. R. FARIZUAN, M. S. M. EFFENDI und A. R. IRFAN. „Optimization parameter effects on the quality surface finish of the three-dimensional printing (3D-printing) fused deposition modeling (FDM) using RSM". In *5th International Conference on Green Design and Manufacture (IConGDM 2019)*, herausgegeben von Shayfull Zamree Bin Abd RAHIM und Mohd Mustafa AL BAKRI ABDULLAH, S. 020155.1–7. Conference collection. Melville, New York: AIP Publishing, 2019.

RAHMATI, Sadegh und Philip DICKENS. „Stereolithography for injection mould tooling". *Rapid Prototyping Journal* 3, Nr. 2 (1997): 53–60.

RODET, Vincent und Jonathan S. COLTON. „Properties of rapid prototype injection mold tooling materials". *Polymer Engineering & Science* 43, Nr. 1 (2003): 125–138.

ROSATO, Dominick V, Donald V ROSATO und Matthew V ROSATO. *Plastic Product Material and Process Selection Handbook*. Elsevier, 2004.

ROSEMANN, Michael, Ansgar SCHWEGMANN und Patrick DELFMANN. „Vorbereitung der Prozessmodellierung". In *Prozessmanagement*, herausgegeben von Jörg BECKER, Martin KUGELER und Michael ROSEMANN, S. 45–103. Berlin/Heidelberg: Springer-Verlag, 2005.

SCHINDLER-TSCHIRNER, Susanne und Werner SCHINDLER. *Mathematische Geschichten III – Eulerscher Polyedersatz, Schubfachprinzip und Beweise*. Wiesbaden: Springer Fachmedien Wiesbaden, 2021.

SCHLEYER, Carsten. „Erfolgreiches Kooperationsmanagement im Werkzeugbau". Dissertation, Rheinisch-Westfälische Technische Hochschule Aachen, 2006.

SCHMID, R. „Spezifische Eigenschaften von hochvernetzten Polymeren". In *Physik der Duroplaste und anderer Polymerer*, herausgegeben von E. W. FISCHER, F. Horst MÜLLER und R. BONART, Bd. 64, S. 17–32. Progress in Colloid & Polymer Science. Darmstadt: Steinkopff, 1978.

SCHÖTZ, Andreas, Hrsg. *Abmusterung von Spritzgießwerkzeugen*. München: Carl Hanser Verlag GmbH & Co. KG, 2019.

SCHUH, Günther, Georg BERGWEILER, Gerret LUKAS und Josef A. ABRAMS. „Feasibility and Process capability of polymer additive injection molds with slide technology". *Procedia CIRP* 93 (2020): 102–107.

SCHUH, Günther, Georg BERGWEILER, Gerret LUKAS, Steffen HOHENSTEIN und Jan SCHENK. „Feature-based Print Method for Multi-Axis Material Extrusion in Additive Manufacturing". *Procedia CIRP* 93 (2020): 85–89.

SCHUH, Günther, Michael SALMEN, Thomas KUHLMANN und Jan WIESE. „Highly Iterative Product Development Within The Tool and Die Making Industry". *Procedia CIRP* 61 (2017): 576–581.

SCHÜRMANN, Erich. „Abschätzmethoden für die Auslegung von Spritzgießwerkzeugen". Dissertation, Rheinisch-Westfälische Technische Hochschule Aachen, 1979.

SHA, Wei, Mi XIAO, Jinhao ZHANG, Xuecheng REN, Zhan ZHU, Yan ZHANG, Guoqiang XU et al. „Robustly printable freeform thermal metamaterials". *Nature communications* 12, Nr. 1 (2021): 7228.

SIEBERTZ, Karl, David VAN BEBBER und Thomas HOCHKIRCHEN. *Statistische Versuchsplanung*. Berlin, Heidelberg: Springer Berlin Heidelberg, 2017.

SLAPNIK, Janez und Irena PULKO. „Tailoring properties of photopolymers for additive manufacturing with mixture design". *Progress in Additive Manufacturing* 6, Nr. 1 (2021): 83–91.

SOUTH, Laura, David SAFFO, Olga VITEK, Cody DUNNE und Michelle A. BORKIN. „Effective Use of Likert Scales in Visualization Evaluations: A Systematic Review". *Computer Graphics Forum* 41, Nr. 3 (2022): 43–55.

SPENNEMANN, Frank. *Gestaltung von Organisationsstrukturen im Werkzeugbau: Zugl.: Aachen, Techn. Hochsch., Diss, 2001*. Bd. 2001,14. Berichte aus der Produktionstechnik. Aachen: Shaker, 2001.

STACHOWIAK, Herbert. *Allgemeine Modelltheorie*. Wien: Springer, 1973.

Statistiken anlässlich der Aschermittwochs-Pressekonferenz: Kunststoffverarbeitung 2021, 2022-03-02.

TDK CORPORATION. *Application Guides*, 11.08.2023.

———. *TDK Product Center*, 12.08.2023.

———. „History", 2021-02-08.

———. *TDK at a Glance*, 2023.

TDK ELECTRONICS AG. *TDK Electronics - Unternehmensprofil*, 10.08.2023.

THOMAS-SEALE, L.E.J., J. C. KIRKMAN-BROWN, M. M. ATTALLAH, D. M. ESPINO und D.E.T. SHEPHERD. „The barriers to the progression of additive manufacture: Perspectives from UK industry". *International Journal of Production Economics* 198 (2018): 104–118.

TOMCZAK, Torsten. *Forschungsmethoden in der Marketingwissenschaft - Ein Plädoyer für den qualitativen Forschungsansatz*. C.H. Beck in Gemeinschaft mit dem Verlag Franz Vahlen, 1992.

TÖPFER, Armin. „New products—Cutting the time to market". *Long Range Planning* 28, Nr. 2 (1995): 61–78.

TORTORELLI, D. A. und P. MICHALERIS. „Design sensitivity analysis: Overview and review". *Inverse Problems in Engineering* 1, Nr. 1 (1994): 71–105.

TOSELLO, Guido, Alessandro CHARALAMBIS, Laoucine KERBACHE, Michael MISCHKOT, David Bue PEDERSEN, Matteo CALAON und Hans Nørgaard HANSEN. „Value chain and production cost optimization by integrating additive manufacturing in injection molding process chain". *The International Journal of Advanced Manufacturing Technology* 100, Nrn. 1-4 (2019): 783–795.

TURAZZA, A., A. DAVOUDINEJAD, M. CALAON, D. B. PEDERSEN und G. TOSELLO. „Towards the integration of additively manufactured photopolymer dies in the polymer profile extrusion process chain". *Procedia CIRP* 93 (2020): 3–8.

UDROIU, Razvan und Ion Cristian BRAGA. „Polyjet technology applications for rapid tooling". *MATEC Web of Conferences* 112 (2017): 03011.

ULRICH, Hans. „Der systemorientierte Ansatz in der Betriebswirtschaftslehre". In *Wissenschaftsprogramm und Ausbildungsziele der Betriebswirtschaftslehre*, herausgegeben von Gert von KORTZFLEISCH, S. 43–60. Tagungsberichte des Verbandes der Hochschullehrer für Betriebswirtschaft e. V. Berlin: Duncker & Humblot, 1971.

ULRICH, Hans, Thomas DYLLICK und Gilbert J. B. PROBST. *Management: Hrsg. von Thomas Dyllick u. Gilbert J. B. Probst.* Bd. 13). (Schriftenreihe Unternehmung und Unternehmungsführung. Bern & Stuttgart: Haupt, 1984.

ULRICH, Peter und Wilhelm HILL. *Wissenschaftstheoretische Grundlagen der Betriebswirtschaftslehre*, 7+8, 1976.

VAIDYANATHAN, R., J. WALISH, J. L. LOMBARDI, S. KASICHAINULA, P. CALVERT und K. C. COOPER. „The extrusion freeforming of functional ceramic prototypes". *JOM* 52, Nr. 12 (2000): 34–37.

VAN WEEREN, R., M. AGARWALA, V. R. JAMALABAD, A. BANDYOPADHYAY, R. VAIDYANATHAN, N. LANGRANA, A. SAFARI, P. WHALEN, S. C. DANFORTH und C. BALLARD. „Quality of parts processed by fused deposition". In *Proceedings of the Solid Freeform Fabrication Symposium*, S. 314–321. 1995.

VDI 2221 Blatt 2, Entwicklung technischer Produkte und Systeme - Gestaltung individueller Produktentwicklungsprozesse: = Design of technical products and systems - configuration of individual product design processes. Ausg. deutsch/englisch. VDI-Richtlinien. Berlin: Beuth Verlag GmbH, November 2019.

VDI-GESELLSCHAFT PRODUKTION UND LOGISTIK. *Begriffe für die Produktionsplanung und -steuerung - Einführung, Grundlagen*, 2815, 1978-05-01.

VESEY, Joseph T. „Time-to-market: Put speed in product development". *Industrial Marketing Management* 21, Nr. 2 (1992): 151–158.

VOLPATO, Neri, Daphene Marques SOLIS und Carlos Alberto COSTA. „An analysis of Digital ABS as a rapid tooling material for polymer injection moulding". *International Journal of Materials and Product Technology* 52, Nrn. 1/2 (2016): 3.

WANG, Maw-Ling, Rong-Yeu CHANG und Chia-Hsiang HSU. *Molding simulation: Theory and practice.* 2nd Edition. Munich: Hanser, 2022.

WARD, Ian M. *Mechanical Properties of Solid Polymers.* 3rd ed. New York: John Wiley & Sons Incorporated, 2012.

WEIZÄCKER, Ernst von. „Erstmaligkeit und Bestätigung als Komponenten der pragmatischen Information". In *Beiträge zur Zeitstruktur von Information, Entropie und Evolution*, herausgegeben von Ernst von WEIZÄCKER, S. 82–113. Offene Systeme. 1974.

WELLER, Christian, Robin KLEER und Frank T. PILLER. „Economic implications of 3D printing: Market structure models in light of additive manufacturing revisited". *International Journal of Production Economics* 164 (2015): 43–56.

WERKZEUGMASCHINENLABOR DER RWTH AACHEN UNIVERSITY und FRAUNHOFER-INSTITUT FÜR PRODUKTIONSTECHNOLOGIE. *Benchmarking-Datenbank.*

WIBERG, Anton, Johan PERSSON und Johan ÖLVANDER. „Design for additive manufacturing – a review of available design methods and software". *Rapid Prototyping Journal* 25, Nr. 6 (2019): 1080–1094.

WILLIAMS, J. „Rapid tooling for plastic injection moulds: application and decision-maker tools, Rev". *Time-Compression Technol* 8, Nr. 2 (2000): 52–58.

WOHLERS, Terry, Robert Ian CAMPBELL, Olaf DIEGEL, Ray HUFF und Joseph KOWEN. *Wohlers Report 2019: 3D printing and additive manufacturing state of the industry.* Fort Collins, Colo.: Wohlers Associates, 2019.

WOLF, Joachim. *Organisation, Management, Unternehmensführung: Theorien, Praxisbeispiele und Kritik.* 6., überarbeitete und erweiterte Auflage. Wiesbaden: Springer Fachmedien Wiesbaden, 2020.

WOLF, Michael. „Die Leistungsfähigkeit des systemtheoretischen Ansatzes". In *Systemmodelle*, herausgegeben von Franz Xaver BEA, S. 4–30. München und Wien: Oldenbourg, 1979.

WU, Tong, Suchana A. JAHAN, Praveen KUMAAR, Andres TOVAR, Hazim EL-MOUNAYRI, Yi ZHANG, Jing ZHANG, Doug ACHESON, Kim BRAND und Razi NALIM. „A Framework for Optimizing the Design of Injection Molds with Conformal Cooling for Additive Manufacturing". *Procedia Manufacturing* 1 (2015): 404–415.

WU, Tong, Suchana A. JAHAN, Yi ZHANG, Jing ZHANG, Hazim ELMOUNAYRI und Andres TOVAR. „Design Optimization of Plastic Injection Tooling for Additive Manufacturing". *Procedia Manufacturing* 10 (2017): 923–934.

WÜBKEN, Gottfried. „Thermisches Verhalten und thermische Auslegung von Spritzgießwerkzeugen". Dissertation, Rheinisch-Westfälische Technische Hochschule Aachen, 1976.

YAO, Xifan und Yingzi LIN. „Emerging manufacturing paradigm shifts for the incoming industrial revolution". *The International Journal of Advanced Manufacturing Technology* 85, Nrn. 5-8 (2016): 1665–1676.

ZALASIEWICZ, Jan, Colin N. WATERS, Juliana A. IVAR DO SUL, Patricia L. CORCORAN, Anthony D. BARNOSKY, Alejandro CEARRETA, Matt EDGEWORTH et al. „The geological cycle of plastics and their use as a stratigraphic indicator of the Anthropocene". *Anthropocene* 13 (2016): 4–17.

ZHANG, Yang, David Bue PEDERSEN, Asger Segebrecht GØTJE, Michael MISCHKOT und Guido TOSELLO. „A Soft Tooling process chain employing Additive Manufacturing for injection molding of a 3D component with micro pillars". *Journal of Manufacturing Processes* 27 (2017): 138–144.

ZHAO, Donghua und Weizhong GUO. „Mixed-layer adaptive slicing for robotic Additive Manufacturing (AM) based on decomposing and regrouping". *Journal of Intelligent Manufacturing* 31, Nr. 4 (2020): 985–1002.

ZINK, Béla und József Gábor KOVÁCS. „Pressure–dependent heat transfer coefficient measurement for thermoplastic melts". *Polymer Engineering & Science* 62, Nr. 4 (2022): 1137–1146.

ZINK, Béla, Norbert Krisztián KOVÁCS und József Gábor KOVÁCS. „Thermal analysis based method development for novel rapid tooling applications". *International Communications in Heat and Mass Transfer* 108 (2019): 104297.

ZWICKER, Rudolf. „Der interne Werkzeugbau als Erfolgsfaktor im Wettbewerb: Strategische Positionierung". *Der Stahlformenbauer*, Nr. 6 (2014): 100–102.

ZWICKY, Fritz. *Discovery, invention, research through the morphological approach.* Toronto und New York: Macmillan, 1969.

Anhang

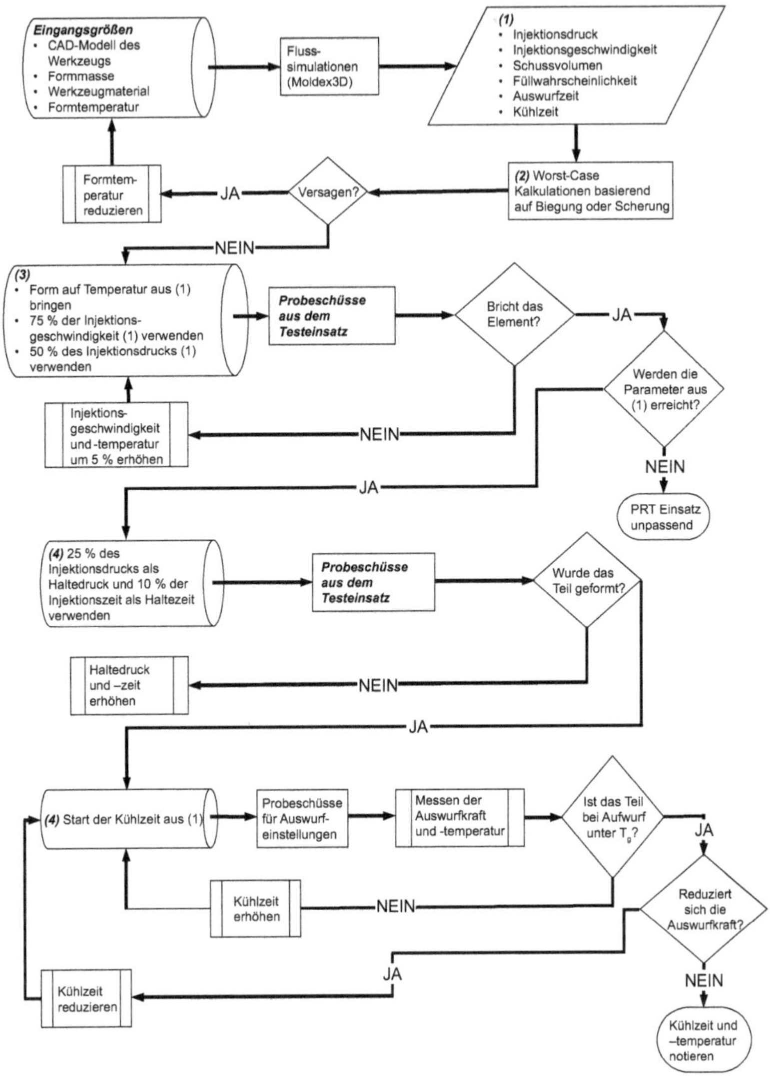

Abbildung 1: Methode zur Festlegung von Prozesseinstellungen[625]

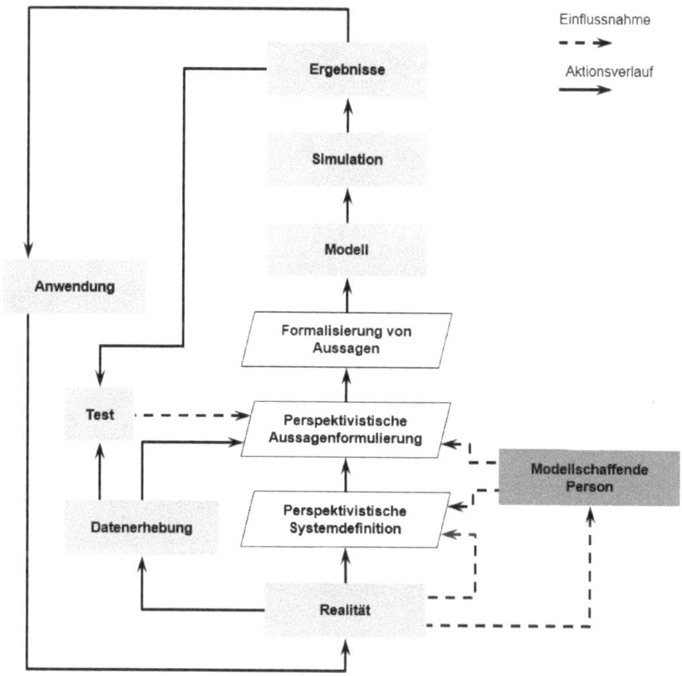

Abbildung 2: Konstruktion eines systemorientierten Modells

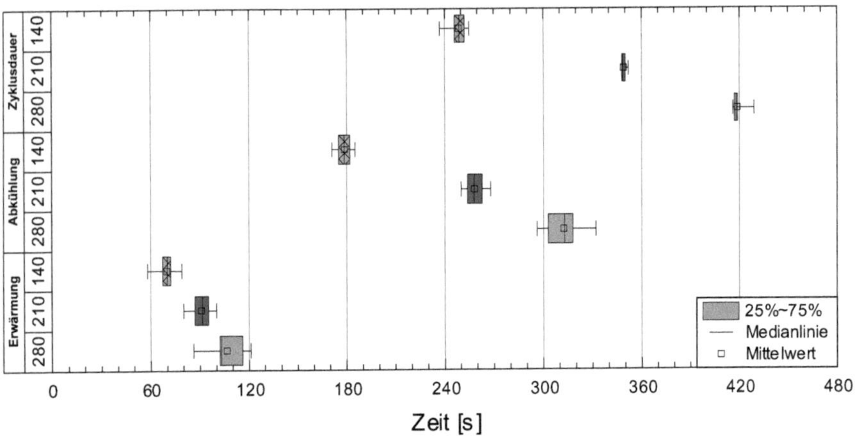

Abbildung 3: Boxplots der Zykluszeiten HTP

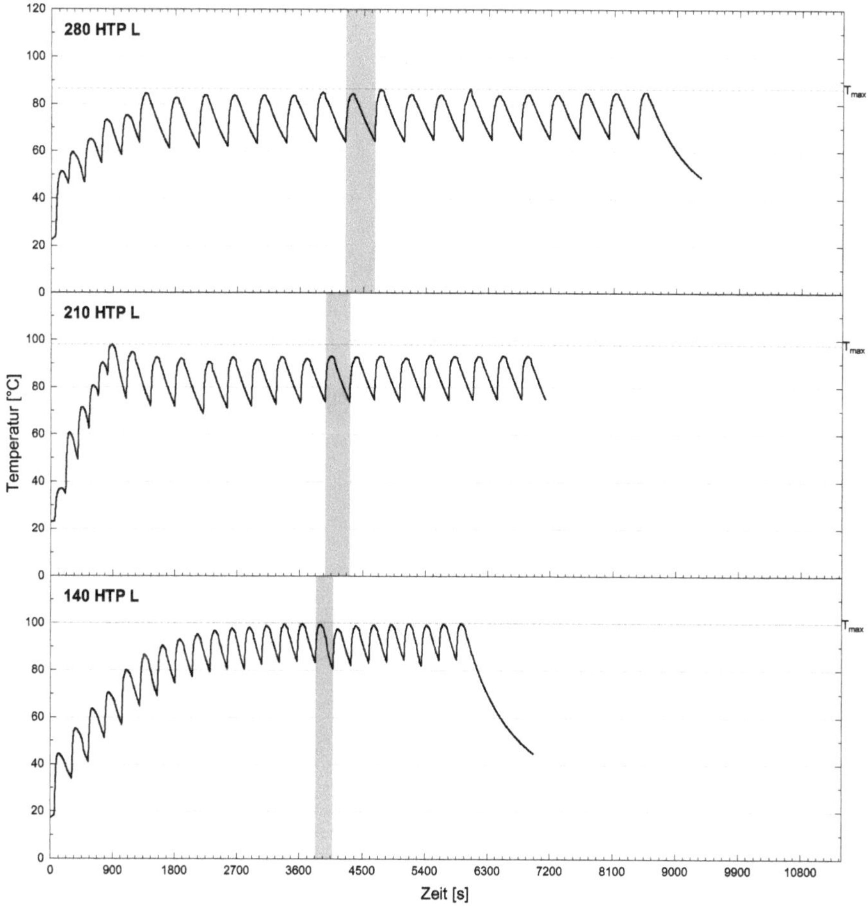

Abbildung 4: Temperaturkurve des Thermoelementes $TE-075$ der Versuche PRZ_HTP_L

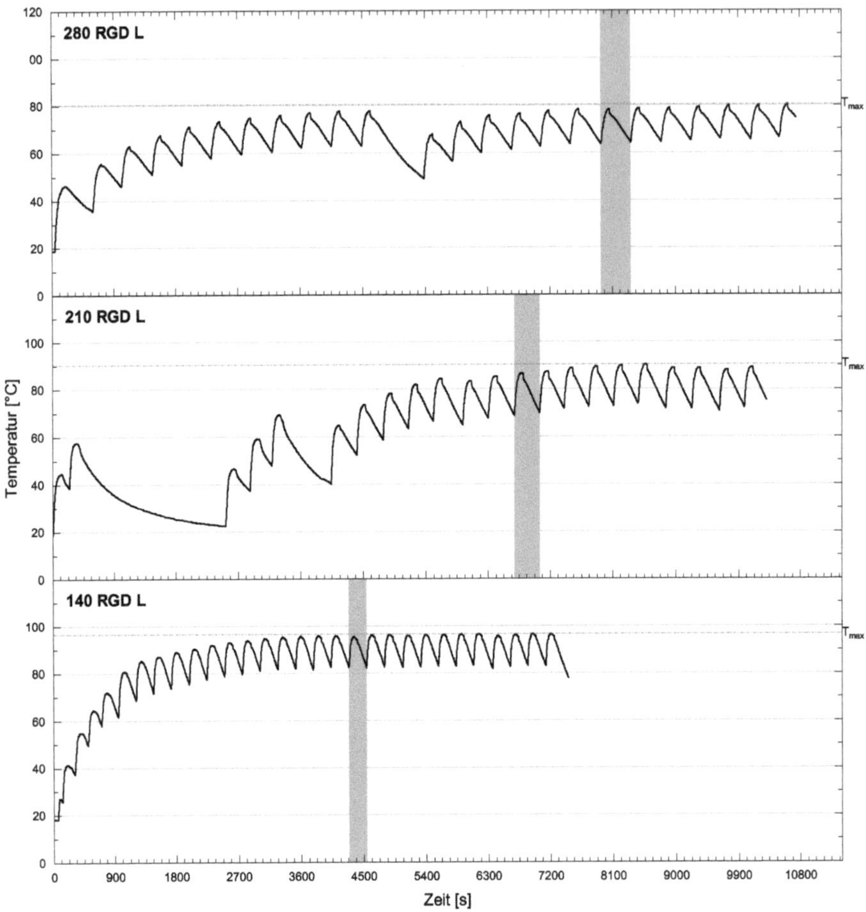

Abbildung 5: Temperaturkurve des Thermoelementes $TE-200$ der Versuche PRZ_RGD_L

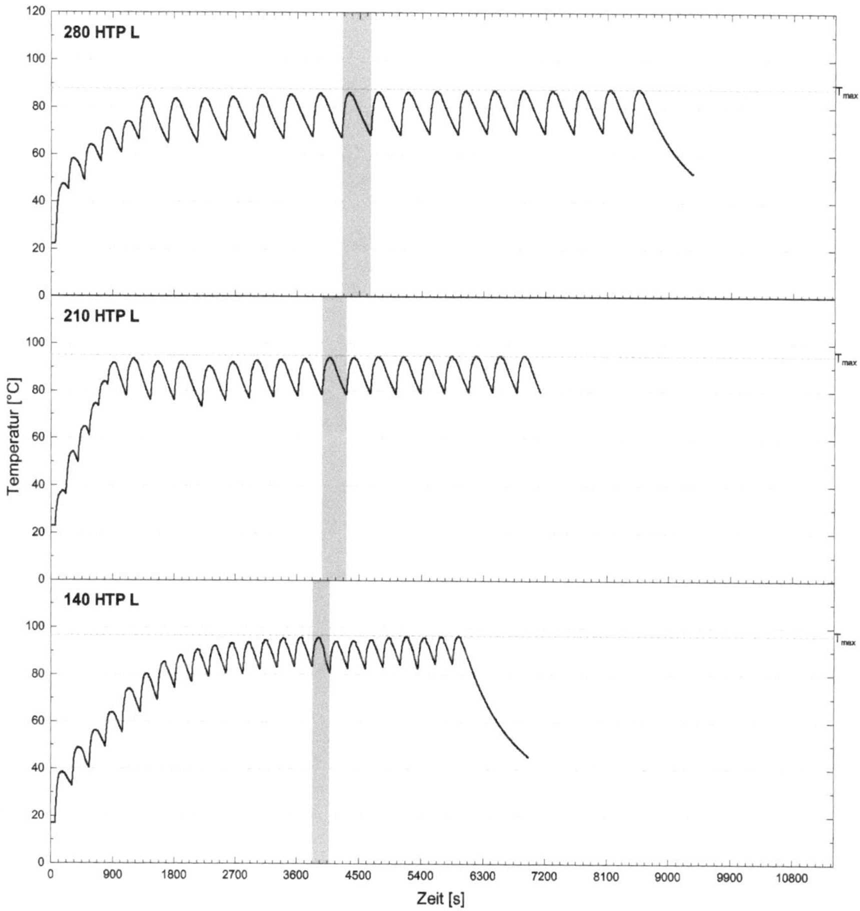

Abbildung 6: Temperaturkurve des Thermoelementes $TE - 200$ der Versuche PRZ_HTP_L

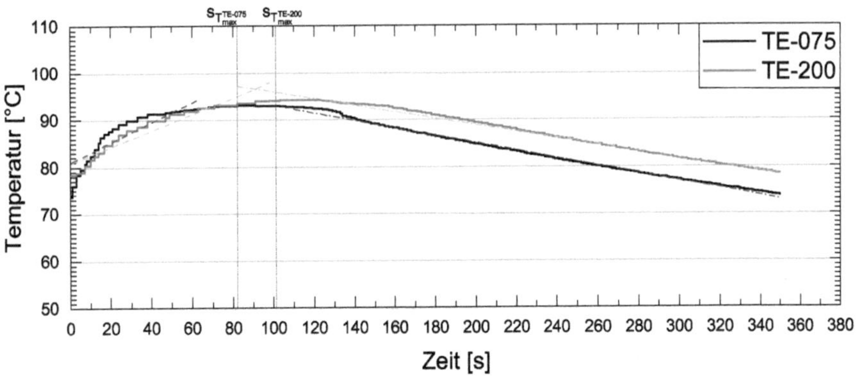

(a) 210_HTP_L

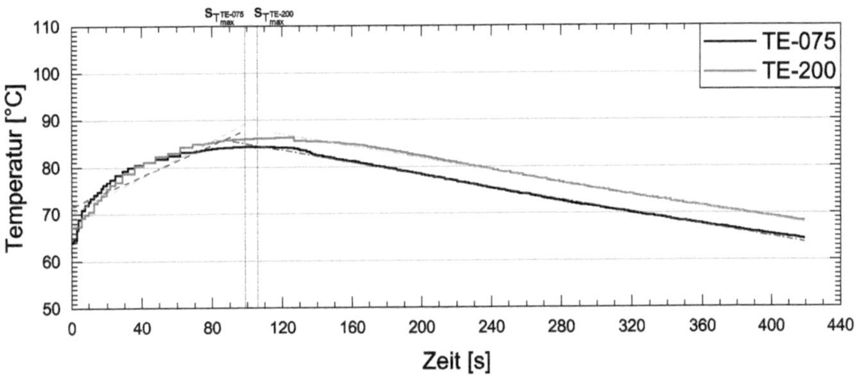

(b) 280_HTP_L

Abbildung 7: Beispielzyklen des Versuchs PRZ_RGD_L

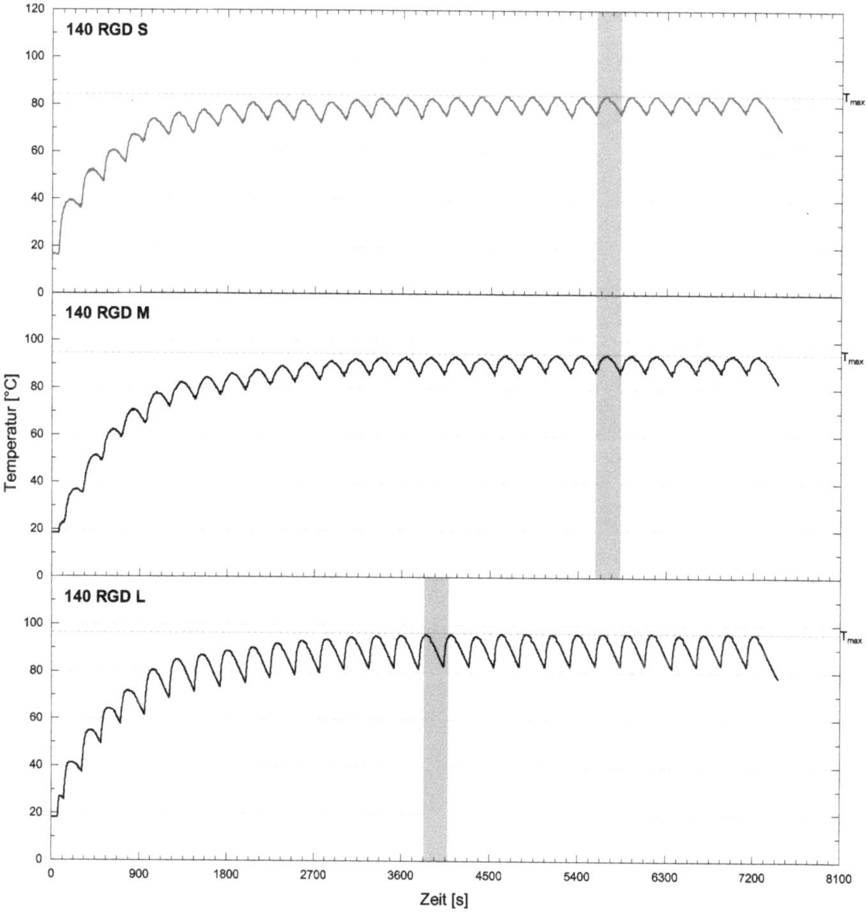

Abbildung 8: Temperaturverlauf des Thermoelementes $TE-200$ unterschiedlicher Formeinsatzgrößen mit RGD

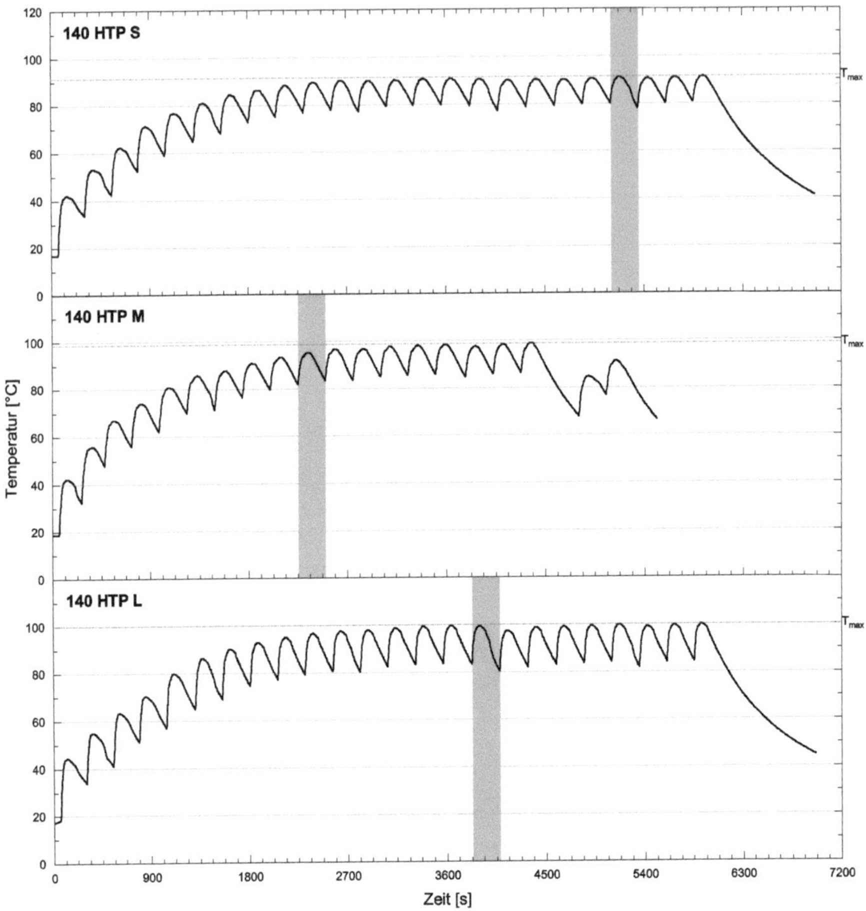

Abbildung 9: Temperaturverlauf des Thermoelementes $TE-075$ unterschiedlicher Formeinsatzgrößen mit HTP

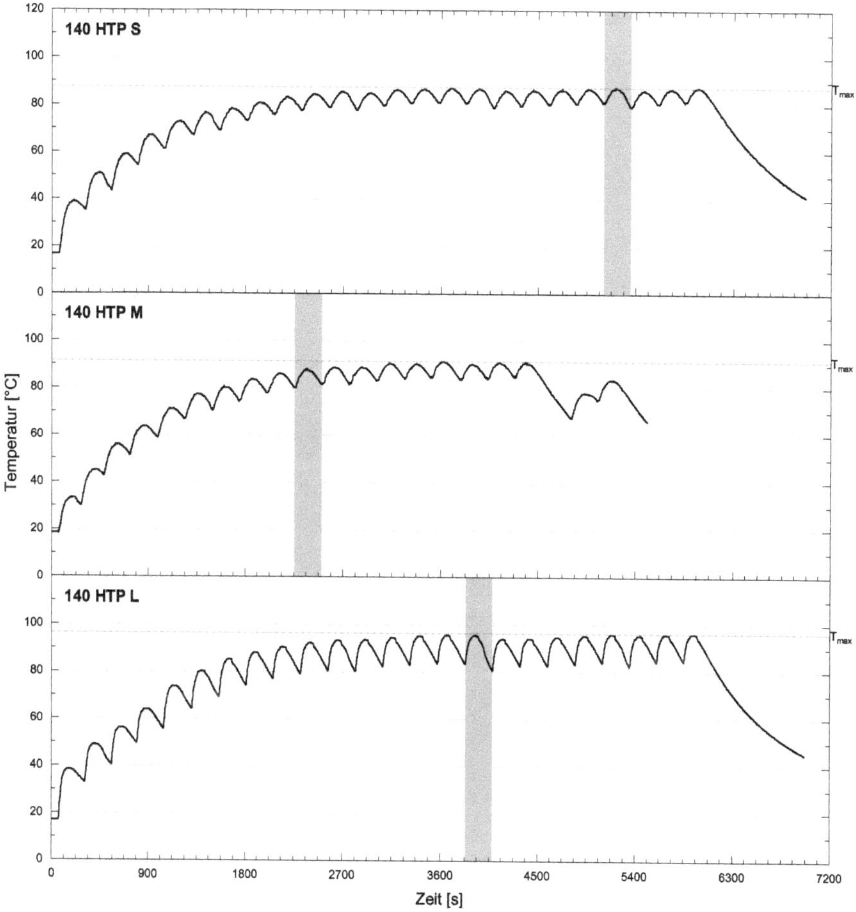

Abbildung 10: Temperaturverlauf des Thermoelementes $TE-200$ unterschiedlicher Formeinsatzgrößen mit HTP

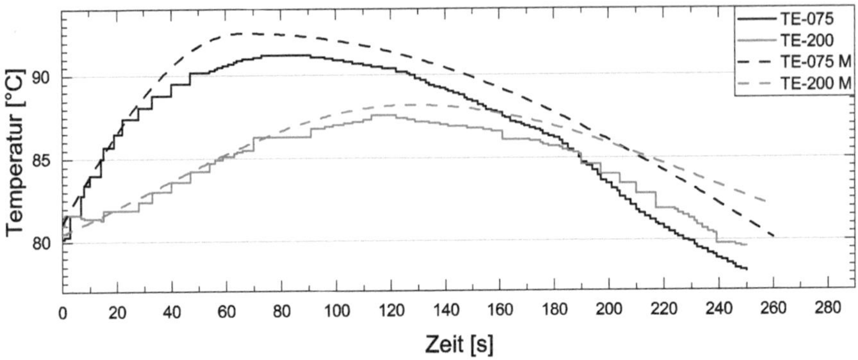

Abbildung 11: Modellierter und gemessener Temperaturverlauf des Formeinsatzes S mit dem Material HTP

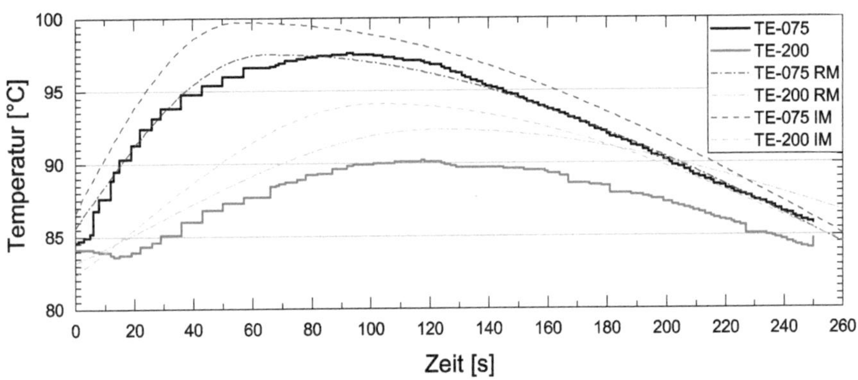

Abbildung 12: Modellierter, interpolierter und gemessener Temperaturverlauf des Formeinsatzes M mit dem Material HTP

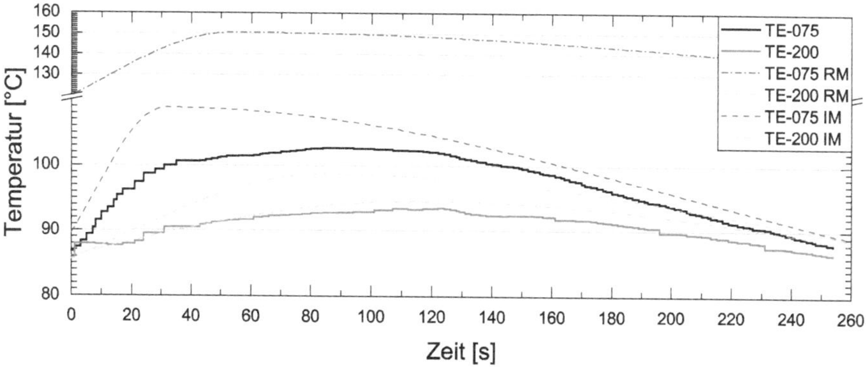

Abbildung 13: Modellierter, interpolierter und gemessener Temperaturverlauf des Formeinsatzes M mit dem Material RGD

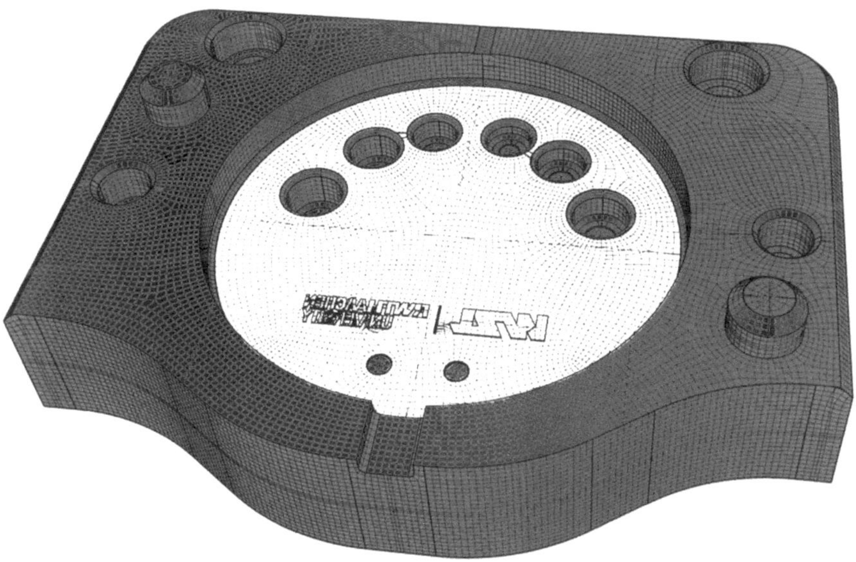

Abbildung 14: Beispiel für eine Flächensektion und deren Randbereiche

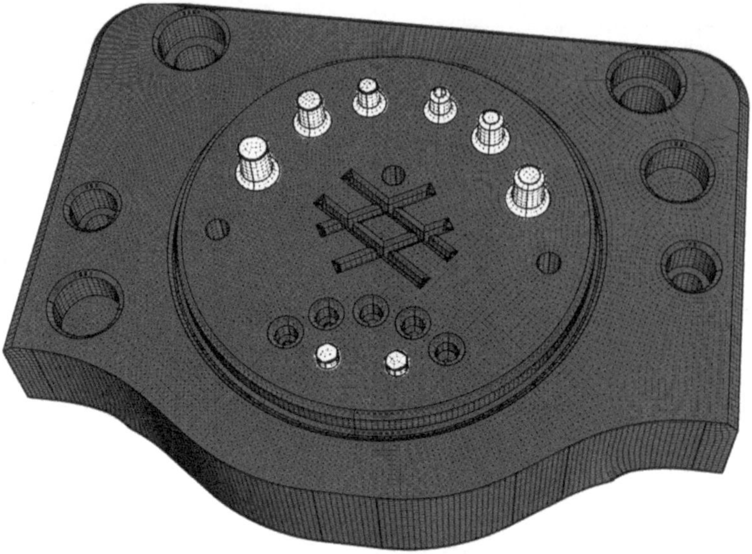

Abbildung 15: Beispiele für Taschensektionen

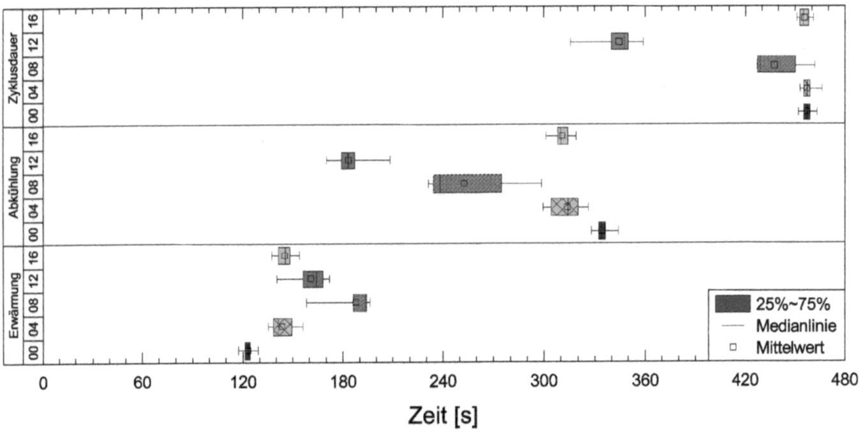

Abbildung 16: Boxplot der Zyklusdauern von Formeinsätzen mit Gradienten und deren Referenzeinsätzen

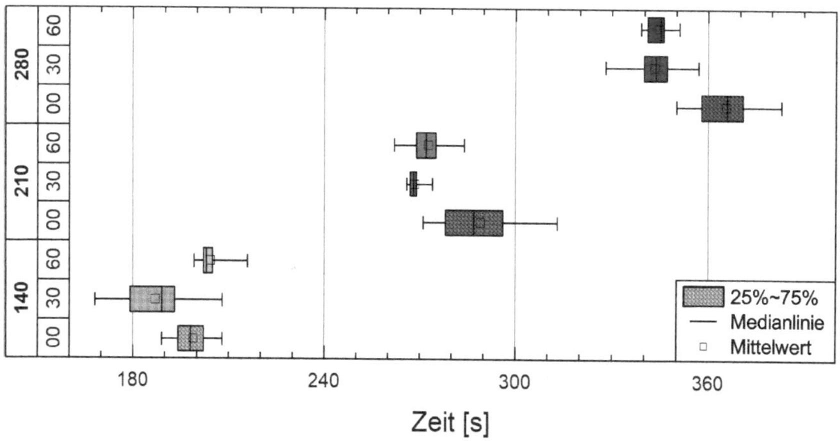

Abbildung 17: Boxplots der Abkühlzeiten mit und ohne konvektiver Temperierung

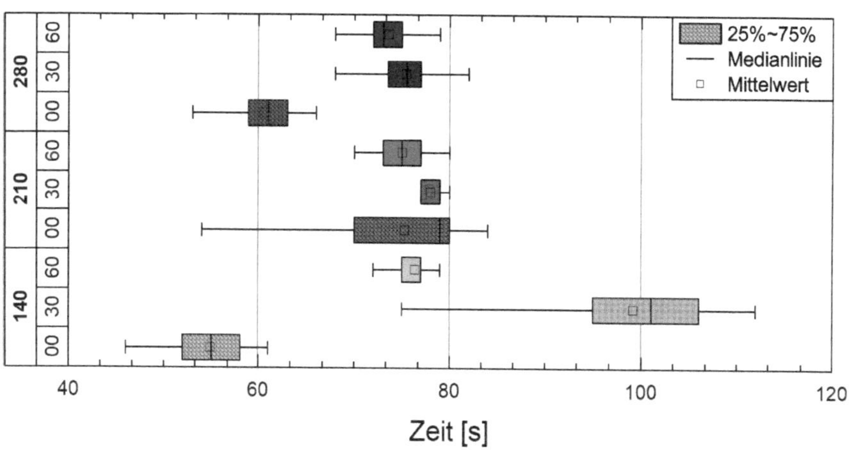

Abbildung 18: Boxplots der Erwärmungszeiten mit und ohne konvektiver Temperierung

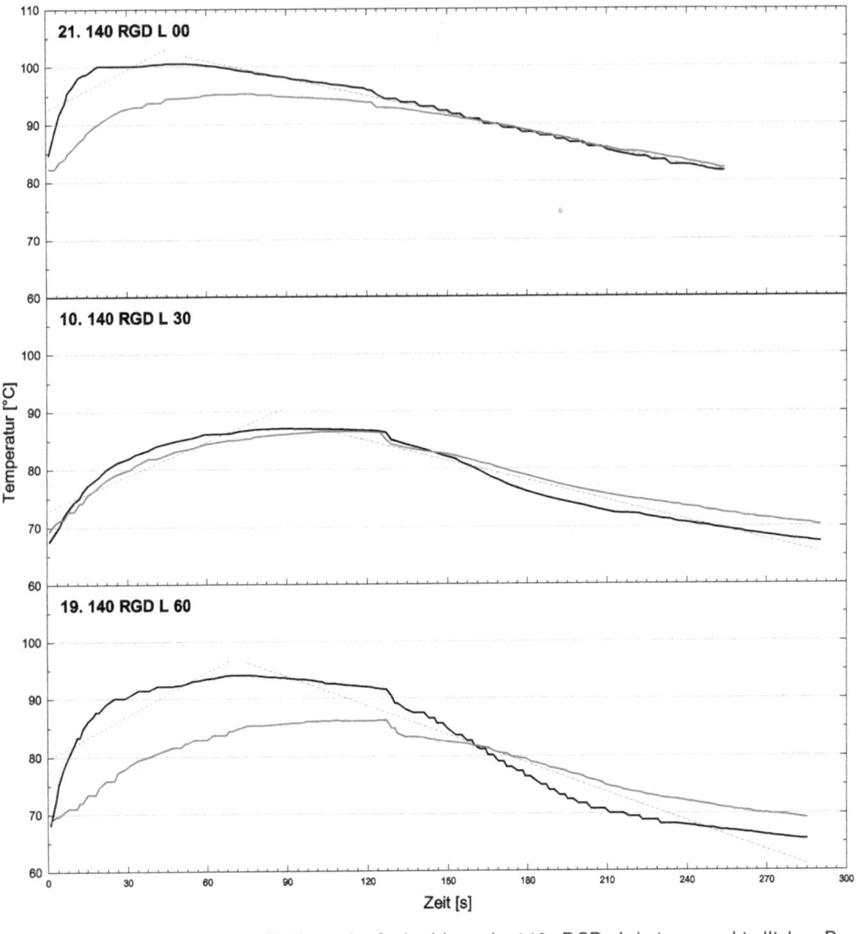

Abbildung 19: Exemplarische Zyklusverläufe des Versuchs 140_RGD_L bei unterschiedlichen Parametern der konvektiven Temperierung

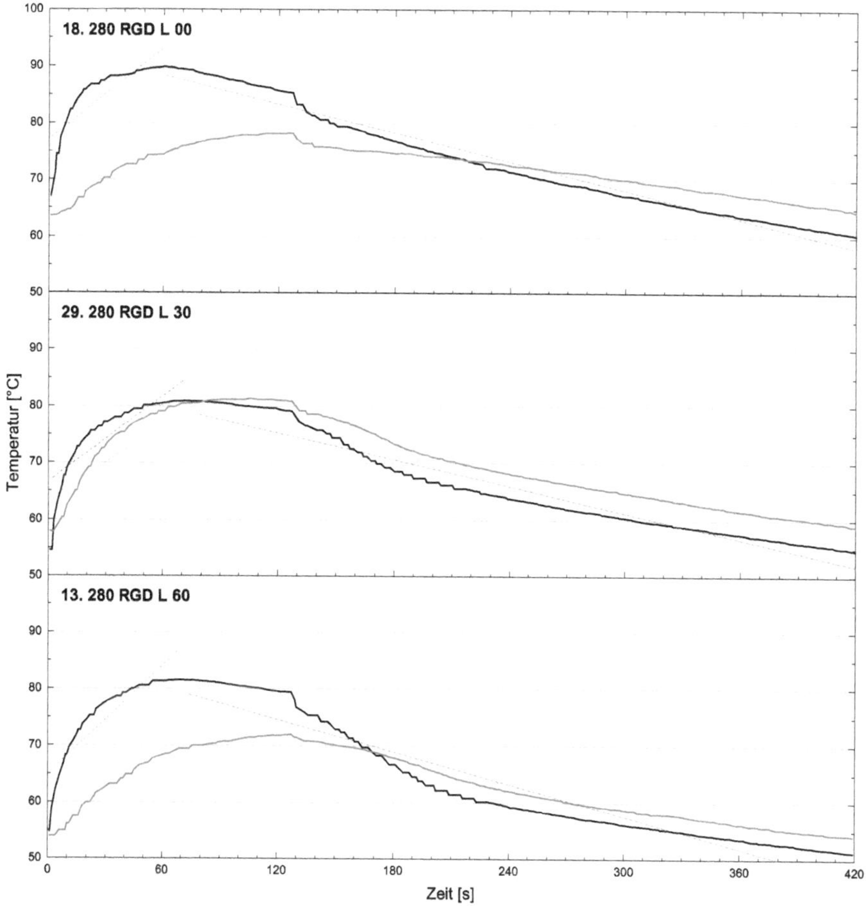

Abbildung 20: Exemplarische Zyklusverläufe des Versuchs 280_RGD_L bei unterschiedlichen Parametern der konvektiven Temperierung

In der Reihe **Ergebnisse aus der Produktionstechnik** zuletzt erschienen:

Lukas, Gerret:
Gestaltungsmodell zur thermischen Auslegung additiver Prototypenwerkzeuge aus Kunststoff
ISBN: 978-3-98555-209-2
Erscheinungsdatum: 03.06.2024

Löffler, Bernd:
Additiv gefertigte Kunststoffwerkzeuge für das Tiefziehen von Feinblech
ISBN: 978-3-98555-211-5
Erscheinungsdatum: 27.05.2024

Scholzen, Philipp:
Auslegung geräuschoptimierter pulvermetallurgischer Stirnradverzahnungen
ISBN: 978-3-98555-216-0
Erscheinungsdatum: 21.05.2024

Fiedler, Falko:
Produkt- und prozessseitige Auslegung von bauteilintegrierten Vorrichtungsfunktionen
ISBN: 978-3-98555-206-1
Erscheinungsdatum: 02.04.2024

Hohenstein, Steffen:
Multidirektionaler Aufbau in der additiven Fertigung von Kunststoffen
ISBN: 978-3-98555-203-0
Erscheinungsdatum: 05.03.2024

Dackweiler, Jonas:
Planungseffizienz und -effektivität durch Plattformbasierte Fabrikplanung
ISBN: 978-3-98555-220-7
Erscheinungsdatum: 27.05.2024

Schopen, Marco:
Datenbasierte hybride Analyse und Gestaltung von Geschäftsprozessen
ISBN: 978-3-98555-217-7
Erscheinungsdatum: 22.05.2024

Seelbach, Tobias:
Prädiktion der Maßhaltigkeit beim Räumen von Profilnuten
ISBN: 978-3-98555-213-9
Erscheinungsdatum: 21.05.2024

Theling, Julian:
Auslegung von Planetengetrieben im elastischen Verzahnungsumfeld unter Berücksichtigung der Wechselwirkungen des Mehrfacheingriffes
ISBN: 978-3-98555-205-4
Erscheinungsdatum: 26.03.2024

Schukat, Esben:
Kapazitätsorientierte Auftragsfreigabe in matrixstrukturierten Montagesystemen
ISBN: 978-3-98555-189-9
Erscheinungsdatum: 20.02.2024

Edition Wissenschaft
Apprimus

Ochel, Janis:
Datengetriebene Strukturierung von NC-Zerspanprozessen
ISBN: 978-3-98555-204-7
Erscheinungsdatum: 14.02.2024

Metzmacher, Amelie Isabel:
Beschäftigungsfähigkeit im produzierenden Sektor – Entwicklung des Predictive Model of Industrial Employability
ISBN: 978-3-98555-201-6
Erscheinungsdatum: 13.02.2024

Schulz, Malena:
Digital Twin Methodology for the Automated Fiber Placement with In-situ Consolidation of Thermoplastic Tape
ISBN: 978-3-98555-195-8
Erscheinungsdatum: 30.01.2024

Olivier, Marcel:
Abtragmechanismen beim drahtfunkenerosiven Bearbeiten elektrisch leitfähiger Keramiken im kohlenwasserstoffbasierten Dielektrikum
ISBN: 978-3-98555-200-9
Erscheinungsdatum: 30.01.2024

Schweins, Julian:
Datengestützte Gestaltung des nachhaltigen Werkzeuglebenszyklus
ISBN: 978-3-98555-197-2
Erscheinungsdatum: 22.01.2024

Landwehr, Markus:
Modellierung und Vorhersage des eigenspannungsbedingten Bauteilverzugs bei der Fräsbearbeitung
ISBN: 978-3-98555-194-1
Erscheinungsdatum: 09.01.2024

Ecker, Christian:
Flexible Inbetriebnahme roboterbasierter Montagesysteme durch Prozessdemonstration
ISBN: 978-3-98555-189-7
Erscheinungsdatum: 11.12.2023

Goergen, Fabian:
Analogieversuch zur Erzeugung von Zahnflankenbrüchen an Stirnrädern
ISBN: 978-3-98555-191-0
Erscheinungsdatum: 11.12.2023

Padberg, Melanie:
Ansätze der inhärent sicheren Konstruktion modifizierbarer, cyberphysischer Produktionssysteme
ISBN: 978-3-98555-184-2
Erscheinungsdatum: 07.12.2023

Studerus, Bastian:
Gestaltung von Kooperationen zwischen Technologiekonzernen und Start-ups
ISBN: 978-3-98555-186-6
Erscheinungsdatum: 04.12.2023

Wlecke, Shari:
Industrialisierung hochiterativ entwickelter Produkte
ISBN: 978-3-98555-171-2
Erscheinungsdatum: 13.11.2023

Riedel, Jörn:
Scannendes Verfahren zur flexiblen Messung asphärischer Optiken
ISBN: 978-3-98555-177-4
Erscheinungsdatum: 31.10.2023

Edition Wissenschaft
Apprimus

FSC
www.fsc.org
MIX
Papier | Fördert gute Waldnutzung
FSC® C083411

Zeitfracht Medien GmbH
Ferdinand-Jühlke-Straße 7
99095 Erfurt, Deutschland
produktsicherheit@kolibri360.de